JN016928

## RTK対応GPSレシーバの購入方法

**●CQ出版の直販**

CQ出版のWebサイトで「実験キットの購入」ボタンをクリックしたのち，検索欄に「RTK」と入力して探すか，以下のQRコードをご利用ください．障害物の多い都市部で使うなら，高価ですがZED-F9Pをお勧めします．田畑や水上など周囲が開けた場所ならばNEO-M8Pで十分です．

•トラ技2周波RTKスタータ・キット
（ZED-F9P）
　https://shop.cqpub.co.jp/detail/2357/

•トラ技RTKスターターキット基準局用
（NEO-M8P-2）
　https://shop.cqpub.co.jp/detail/2114

•トラ技RTKスターターキット移動局用
（NEO-M8P-0）
　https://shop.cqpub.co.jp/detail/2113

**●その他の通販サイト**

ZED-F9PやNEO-M8Pを搭載した基板は，CQ出版のほかに以下の通販サイトでも購入できます．アンテナの有無や接続方法などに注意が必要ですが，使い方は同じです．

▶ Ardusimple（スペイン）

https://www.ardusimple.com/
• simpleRTK2B - Basic Starter Kit
• simpleRTK2Blite - Basic Starter Kit
（アンテナとのセット商品です）

▶ sparkfun（アメリカ）

https://www.sparkfun.com/
• SparkFun GPS-RTK2 Board - ZED-F9P (Qwiic)

▶スイッチサイエンス（日本）

https://www.switch-science.com/catalog/5413/
　Sparkfun社のQwiic GPS-RTK2 Boardを取り扱っています．

▶ Eltehs GNSS OEM Store（ラトビア）

https://www.gnss.store/
　NEO-M8T搭載基板も扱っています．
• ZED-F9P RTK GNSS receiver board with SMA Base or Rover
• NEO-M8P RTK GNSS receiver board with SMA Base or Rover
• NEO-M8T TIME & RAW receiver board with SMA (RTK ready)

# 3万円から試せるセンチ・メートル衛星測位

## ■ 電波が遮られやすい自動車でも実用になる 受信機が個人でも買える価格帯に！

GPSなどの全地球航法衛星システム（GNSS：Global Navigation Satellite System）を使った自己位置推定方法の中で，移動中でもcmの精度を出せるのがRTK（RealTime Kinematic）です．

RTK対応の受信機ZED-F9P（ユーブロックス社）は，1セット数百万円する測量用受信機並みの高性能が数万円で得られるコスト・パフォーマンスの良い自己位置推定モジュールとして，世界で注目されています．

ZED-F9Pの基板やキットは，スペインのArdusimple（simpleRTK2Bキットが約3万円），ラトビアのEltehs GNSS OEM Store，アメリカのSpark Fun，フランスのDROTEK Electronicsなど各国で発売されています．国内では，無線モジュールとともに防水ケースに収めたDG-PRO1RWS（ビズステーション）も販売されています．

CQ出版社でもアンテナ，USBケーブルをセットにした2周波RTKスタータ・キットを開発しました（**写真1**）．

### ■ スピーディに高精度な測位データが 得られる

新型のZED-F9Pは，高精度な測位データが得られた目安となるFix状態になるまでの時間が大幅に短縮されました．ほとんどの場合，電源を入れてから数十秒でFix状態になります．2周波対応と測位エンジンの改良により，ビルの谷間のような受信環境の悪いところでもcm精度が得られます．

**写真1** cm精度の自己位置推定ができるGNSS受信モジュール「トラ技2周波RTKスタータ・キット」

### ■ F9Pキット（アンテナ付き）と本書が あれば始められる

RTKの実験環境を**図1**に示します．用意するものは次の3つです．

(1)RTK対応の受信機
(2)受信機に合わせたアンテナ
(3)インターネット接続できるWindowsパソコン 1台

（初期設定後はラズベリー・パイなどでも可能）

RTKが高精度な測位データを得られる理由は，正確な位置が分かっている基準局の受信データを使うからです．

RTK測位は，基準局との差を使って精度を出すことから，基準局に近いほど精度が上がります．国土地理院による電子基準点が1300カ所（およそ20km間隔）ある日本は，国内のどこでも高精度が得られる準備が整っています．加えて，ドコモとソフトバンクが

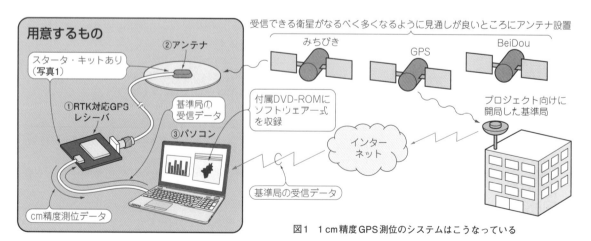

**図1** 1cm精度GPS測位のシステムはこうなっている

# 全国基準局プロジェクト

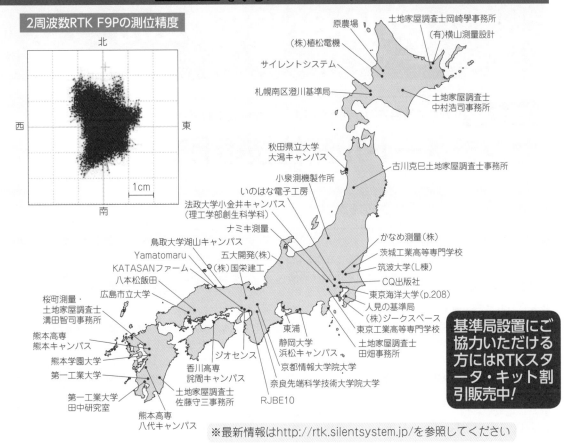

**2周波数RTK F9Pの測位精度**

原農場
土地家屋調査士岡崎學事務所
(有)横山測量設計
(株)植松電機
サイレントシステム
札幌南区澄川基準局
土地家屋調査士
中村浩司事務所

秋田県立大学
大潟キャンパス
古川克巳土地家屋調査士事務所
小泉測機製作所
いのはな電子工房
法政大学小金井キャンパス
(理工学部創生科学科)
ナミキ測量
かなめ測量(株)
茨城工業高等専門学校
鳥取大学湖山キャンパス
五大開発(株)
筑波大学(L棟)
Yamatomaru
(株)国栄建工
CQ出版社
KATASANファーム
東京海洋大学(p.208)
八本松飯田
人見の基準局
広島市立大学
(株)ジークスペース
桜町測量・
土地家屋調査士
溝田智司事務所
東京工業高等専門学校
土地家屋調査士
田畑事務所
熊本高専
熊本キャンパス
東浦
静岡大学
浜松キャンパス
熊本学園大学
ジオセンス
京都情報大学院大学
第一工業大学
香川高専
詫間キャンパス
奈良先端科学技術大学院大学
第一工業大学
田中研究室
土地家屋調査士
佐藤守三事務所
RJBE10
熊本高専
八代キャンパス

**基準局設置にご協力いただける方にはRTKスタータ・キット割引販売中!**

※最新情報はhttp://rtk.silentsystem.jp/を参照してください

**図2　全国45か所！無料で使えるオープン基準局**(善意の基準局，2020年2月28日調べ)
オープン基準局の半径10km圏内なら，センチ・メートル精度で測位できる．オープン基準局開局にご協力いただける方には「トラ技RTKスタータキット」を特別割引きサービス中

2020年から独自に整備したRTK基準局を使う高精度測位サービスを始めました（2020年2月時点では法人向け）．

## ■ 基準局の設置と公開にご協力ください

　個人が試すには，無料で使える基準局が欲しくなります．そこでCQ出版社では，自社にRTK基準局を設置したほか，全国基準局プロジェクトを続けています．現在は図2のように使える基準局が増えてきました．

　基準局設置にご協力いただける方には42,000円（税抜）の「トラ技2周波RTKスタータ・キット」を1万円引きの32,000円（税抜）で提供いたします．

---

## 単独高精度測位「MADOCA」と「CLAS」も解説！

　基準局がなくとも，国内や全世界で数cmの精度が得られる方法があります．それが本書の後半で紹介する「MADOCA」や「CLAS」です．

　「CLAS」は国内で数cm精度の測位が可能になる手法で，2周波/3周波の受信機と，日本専用測位衛星「みちびき」から放送される補正情報を組み合わせて実現します．詳しくは第6章で紹介します．

　「MADOCA」は，アンテナを固定して数分〜数十分程度待つ必要があるものの，全世界で10cm未満の精度が得られる手法です．2周波受信機と補正情報を組み合わせて実現します．補正情報は「みちびき」から放送されているほか，インターネット経由の配信で受け取ることもできます．ZED-F9PとRTKLIBで試すこともできます．詳しくは第7章で解説します．　　　　　　　〈編集部〉

# RTK-GNSSの応用
## リアルタイム・センチメートル測位が身近になってきた

**第1話** かつて数百万円かかった夢の技術が個人でも試せる！

# センチメートル測位技術「RTK」誕生

## 誤差数cm！鉛筆の動きもキャッチ

### ● 誤差は従来のGPSの1/100以下

本特集で扱う高精度衛星測位の代表格であるRTK（Real Time Kinematic）は，基準局を用いる相対測位の1種で，リアルタイムに数cmの精度が得られます．これに対して，一般的なGPS測位（相対測位に対して単独測位と呼ぶ）は精度が数mです（**図1**）．

この精度の違いは，測位に使う信号の長さ（時間分解能）に起因しています．単独測位では，衛星から放送される1.023MHzのコードを観測しており，このコードは1023ビットの情報で構成されています．コード長は電波の状態で約300kmであり，1ビットぶんは約300m，受信機はこれを1/100にする分解能があることから，数mの精度で衛星-アンテナ間を測距し

ます．**図1（a）**に定点での単独測位の結果（水平方向）を示します．単独測位では，誤差となるばらつき範囲が水平方向に数mとなりました．

これに対してRTK測位では，コードを地上まで送り届けるために利用する約1.5GHzの搬送波（キャリア）を観測します．波長約19cmの1/100の分解能を有するので，約2mmの精度で測距できます．**図1（b）**に定点でのRTK測位結果（水平方向）を示します．RTK測位では，誤差となるばらつき範囲が水平方向に数cmとなりました．

リアルタイムにcmレベルで測位可能な方法は，RTK以外にも，いくつか存在します．次世代の高精度測位を見通す上でとても重要であることから，後ほど紹介します．

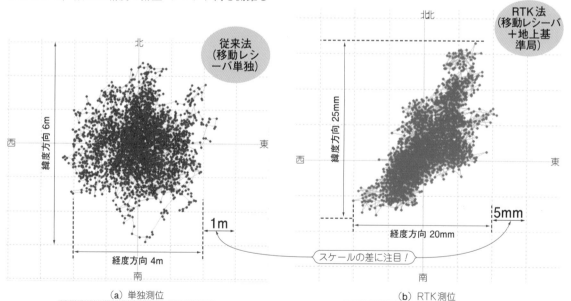

**（a）単独測位**
緯度方向6m，経度方向4mにばらつく

**（b）RTK測位**
緯度方向25mm，経度方向20mmと良好

**図1　定点の測位で精度を比較（水平方向）**
RTK法は，衛星と移動レシーバ間の距離情報（疑似距離）に加えて，移動レシーバと地上基準局が1機の衛星から受信する電波の位相差情報も利用する．アンテナを3脚で固定して計測しているので，測位結果のばらつきは誤差を表す．アンテナ周囲に障害物が多く，精度が落ちやすい環境で試した

# 応　用

## ● 建設工事

建設工事における衛星測位の利用は，1980年代後半から検討され始めました．

皆さんも街中で3脚の上に載った測量機をのぞき込む作業員を一度は見たことがあると思います．あの測量機は光波測距測角儀と呼ばれ，レーザを使った測距とエンコーダによる測角を行います．ターゲットとなるプリズムと測量機間の相対位置関係を測距測角により計測します．

この測量機の代替として，GPS測量の応用研究が始まりました．当時はまだGPS衛星が全24機しか配備されておらず，RTK法では精度が得られにくかったため，1時間以上アンテナを固定して2点間の相対位置を後処理で算出するStatic法が主流でした．

リアルタイムに高精度測位が可能なRTK法は1994年に日本に導入され，土木事業を中心に重機群の稼働管理や誘導といった，新たな施工方法を検討する研究開発が始まりました．

### ▶情報化施工

1994年から始まった雲仙普賢岳の無人化施工試験では，遠隔操縦する重機などにRTK受信機を搭載し，測量に利用されました．これが建設機械に搭載したさまざまなセンサから施工で得られる情報を工事に活用する情報化施工の始まりです．

現在この情報化施工は，GPS測位を利用した造成工事における盛土の締め固め回数管理や，地盤を切り盛りする土工事の仕上がり形状の管理に広く利用されています．近年では写真1に示すように，図面に合わせて油圧ショベル，ブルドーザのブレード・バケット角を自動コントロールする3Dマシン・ガイダンスなど，さまざまな自動制御を実現しています．

**写真1　2台のGPS受信機を搭載した油圧ショベルの3Dマシン・ガイダンスによる法面施工**（写真提供：西松建設）
ショベルの位置と姿勢を高精度に計測して，目印なしで設計図通りの斜面にしていく

### ▶地下埋設物の可視化

都市の近代化や人口集中に伴って，地下空間を利用する土木工事は増えています．都市部の掘削工事では，地下に埋設された上下水道管や電力，通信ケーブルなどがあり，このような埋設物の位置に注意しながら工事を進めることが重要です．

写真2に示すように高精度衛星測位およびAR（Augmented Reality）技術により，タブレット端末を利用して地下埋設物をカメラ画像に精度良くオーバーレイする地下埋設物の可視化技術が実用化され，都市部の土木工事で利用されています．

## ● 公共測量

国土交通省は，2000年にRTK測位の利用について「RTK-GPSを利用する公共測量作業マニュアル」をまとめました．2002年には電子基準点を利用した商用の基準点ネットワーク方式の基準局配信サービスが開始されました．写真3に示すような電子基準点を使ったRTK法が利用可能となり，これを契機に公共測量でも採用されるようになりました．

## ● 災害調査

東北大震災をはじめ，広島土砂災害，関東・東北豪

タブレット端末　　アンテナ

（a）操作者の装備例

受信機（胸ポケット内）

埋設管

（b）タブレット端末の表示

**写真2　地下埋設物可視化システムAR View**（清水建設，菱友システムズ）

写真3 国土地理院が設置している電子基準点
全国に1300点配置され，GPSによる測位を続けている．リアルタイムの測位情報は有料サービスに提供されている

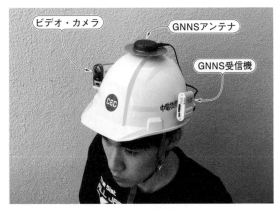

ビデオ・カメラ
GNNSアンテナ
GNNS受信機

写真4 災害調査用ヘルメット（中電技術コンサルタント）
ヘルメットに装着された高精度衛星測位受信機やビデオ・カメラの情報をスマートフォンを介して逐次，災害対策本部へ伝送し，情報の正確な把握に役立てる

雨，熊本地震など，想定を大きく上回る災害が頻繁に起きました．

災害時には通信インフラが不通となり，災害現場で何が起きているのか把握することさえ困難な状況になります．現場では生死に関わるさまざまな災害が起き，調査員がいち早く現地に入って状況を収集して，人命救助や復興に向けた適切な計画を迅速に立てて行動することが求められます．

現地に入る調査員のヘルメットに衛星測位受信機やビデオ・カメラを付け（写真4），スマートフォンを使ったIP通信または低電力長距離無線LPWA（Low Power Wide Area）を用いて，調査情報を逐次本部へ送信する研究の取り組みが行われています．その中で，高精度衛星測位の活用が試行されています．

● ロボット制御

自律走行するロボットでは自己位置推定は重要な問題です．自己位置は，ロボットに搭載されたレーザ・レーダなどのセンサ情報から周囲の特徴的な反射物の位置を捉え，相対的に推定します．しかしレーザ・レーダの到達距離には制限があり，到達距離の範囲に反射物がない環境では，自己位置推定ができません．その解決手段として，高精度衛星測位の利用が模索されています．

2019年で13回目となったつくばチャレンジは，移動ロボットに自律走行をさせる大会です．つくば市内の公園を障害物や歩行者を避けながら走行し，信号機に従って横断歩道を渡ったり，特定の人を探索しながら2km先のゴールを目指します．

昨年度からRTK測位をロボットに搭載する取り組みが始まりました．2017年度は17台のロボットに高

## コラム1　日本の衛星みちびきを使ったセンチ・メートル級測位

みちびきからはセンチ・メートル級測位補強サービスとなるCLAS（シーラス）が放送されています．国土地理院が整備運用する電子基準点のデータから生成した補強信号をみちびきにアップリンクして受信機へ放送します．

このみちびきから放送される信号を受信することで，水平方向で静止6cm，動態12cm（95％確率）

の精度が得られます．

このサービスはL6という信号で送られているので，対応する受信機やデコーダ，アンテナが必要です．

近い時期に安価になり，コンシューマ向けの低価格受信機にも内蔵される見通しです．そのような受信機が普及すれば，高精度衛星測位の普及はより加速するでしょう．　　　　　　　〈岡本　修〉

（a）防衛大学校冨沢研究室
ロボット後部の一番高い位置にGPSアンテナを搭載

（b）芝浦工業大学長谷川研究室
ロボットの中央にポールを立ててGPSアンテナを搭載，RTK測位データによる制御も試していた

**写真5　高精度衛星測位受信機を搭載した自立走行ロボット**
筑波大学に設置された基準局データを受信してRTK測位する．周囲の把握にはレーザ・レーダなどを使うが，開けた場所に出たときはRTK測位がもっとも高精度になる

精度衛星測位受信機を搭載し，その有効性や利用方法についてデータを取得する実証実験が行われました．その様子を**写真5**に示します．

## 注目されている理由

### ● 個人でも試せる

RTK測位は，座標値がわかっている点に1台の受信機とアンテナを固定設置しておき（基準局と呼ぶ），位置を計測したい側（移動局と呼ぶ）と合わせて2カ所で得られた観測データからリアルタイムに測位する手法です．

搬送波を観測できる受信機と，基準局の観測データを移動局まで送る伝送手段（無線か，モバイル・ルータなどによるIP通信）を組み合わせます．

オープンソースのプログラムによりパソコン上で測位を計算できます．高須 知二氏によるプログラム・パッケージRTKLIBが有名です．**図2**にRTKLIBを使うときの機器構成の例を示します．

RTKLIBの測位性能は世界的に評価されていて，市販されている受信機の多くが影響を受けています．
▶ネット上の基準局を使う場合は受信機1台で可能
● 搬送波を観測できる受信機
● ネットワークに接続できるパソコン

### ● 衛星が増えて精度が出るまでの待ち時間が短縮された

準天頂衛星みちびきが4機体制となり，日本における高精度衛星測位の利用環境は大きく進展します．日本独自の衛星だけでなく，米国が運用するGPSに加えてロシアのGLONASS，中国のBeiDou，欧州連合によるGalileoなど，利用できる衛星の全体数も増えていて，すでに百機以上になっています．これらの総称としてGNSS（Global Navigation Satellite System）という言葉も使われています．

衛星数の増加は，特に低価格なコンシューマ向け受信機にとって大きな意味をもちます．

高精度測位では，位置を確定するまでの待ち時間（初期化時間）が長くなりがちです．衛星数の増加により，受信できる信号の種類が限られるコンシューマ向けの受信機であっても，実用的な初期化性能が得られるようになりました．

### ● 高精度な測位結果がすぐに得られる多周波受信機も安価になってきた

GPS衛星からは，異なる周波数の電波も放送されています．周波数の異なる2周波，3周波に対応する受信機では，物差しとなる搬送波を組み合わせて，粗い目盛りや細かい目盛りが作れます．例えば，2周波対

11

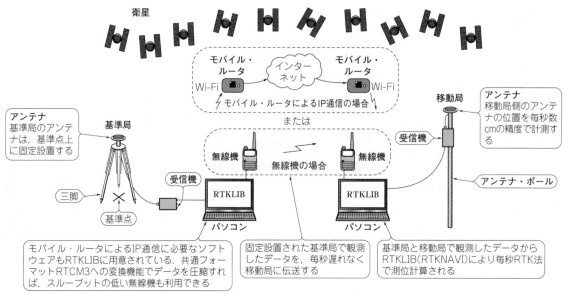

衛星

モバイル・ルータ
Wi-Fi — インターネット — モバイル・ルータ Wi-Fi
モバイル・ルータによるIP通信の場合

または

移動局

アンテナ
移動局側のアンテナの位置を毎秒数cmの精度で計測する

アンテナ
基準局のアンテナは，基準点上に固定設置する

基準局

三脚

基準点

受信機

無線機 ～ 無線機
無線機の場合

受信機

アンテナ・ポール

RTKLIB
パソコン

RTKLIB
パソコン

モバイル・ルータによるIP通信に必要なソフトウェアもRTKLIBに用意されている．共通フォーマットRTCM3への変換機能でデータを圧縮すれば，スループットの低い無線機も利用できる

固定設置された基準局で観測したデータを，毎秒遅れなく移動局に伝送する

基準局と移動局で観測したデータからRTKLIB(RTKNAVI)により毎秒RTK法で測位計算される

**図2　オープンソース・プログラム・パッケージRTKLIBを使ったセンチ・メートル測位システムの例**
受信機2台，パソコン2台と通信手段が必要だが，受信機は以前より格段に安価になった

---

応受信機では，19 cmの目盛りのほか，ワイドレーンとなる86 cmの粗い目盛りと，ナローレーンとなる細かい11 cmの目盛りが作れます．これにより，高速に（条件が良ければ1秒以内に）正確なFix解が得られます．

そのような2周波，3周波対応の受信機は業務用にラインナップされていて，現在でも数百万円します．コンシューマ向け受信機メーカからも，そのような多周波受信機のメリットに着目した低価格受信機が発売されるようになってきました．

● **測位開始直後から得られるのは精度があいまいなFloat解だがFix解が得られるまで少し待つとcm精度が出る！**

RTK測位では約1.5 GHzの搬送波を観測して距離を測りますが，波長が19 cmと短いことから，受信開始時には衛星-アンテナ間にある波数が不確定です．この波数を整数値バイアスまたは整数アンビギュイティと呼びます．高精度な測位結果を得るためには，整数値バイアスの候補を絞り込んでいき，波数を決定する初期化が必要です．

初期化には，周囲に障害物のない理想的な環境で，10～30秒かかります．初期化時間は実用上とても重要な性能です．

図3に，初期化時間と精度の関係を示します．この絞り込む過程の測位解をFloat解，波数を決定した解をFix解といいます．Float解は水平方向で20 cm～数mの精度しか得られません．Fix解では水平方向で数cmの精度が得られます．一般的にRTK測位にお

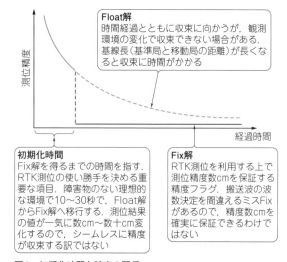

Float解
時間経過とともに収束に向かうが，観測環境の変化で収束できない場合がある．基線長（基準局と移動局の距離）が長くなると収束に時間がかかる

測位精度

経過時間

初期化時間
Fix解を得るまでの時間を指す．RTK測位の使い勝手を決める重要な項目．障害物のない理想的な環境で10～30秒で，Float解からFix解へ移行する．測位結果の値が一気に数cm～数十cm変化するので，シームレスに精度が収束する訳ではない

Fix解
RTK測位を利用する上で測位精度数cmを保証する精度フラグ．搬送波の波数決定を間違えるミスFixがあるので，精度数cmを確実に保証できるわけではない

**図3　初期化時間と精度の関係**
基準局と移動局の距離が10km以上のときは，波数を決定できずFix解が得られないか，間違った波数に決定するミスFixが発生する．そのときは波数を決定せずFloat解のまま利用する．ゆっくりとしか収束しないうえに，精度は20cm以上となってしまう

ける精度はFix解のときを指します．

周囲に障害物がある劣悪な環境下での測位では，初期化に時間がかかる上に，搬送波位相の波数を間違って決定するミスFixが生じることがあり，Fix解でも精度を保証できません．受信機では搬送波位相を連続的にカウントしてFix解を維持しているので，衛星-アンテナ間が一瞬でも遮られるとFloat解に戻ってしまい，再初期化が必要となります．　〈岡本　修〉

## 第2話　田んぼアートにも!?測位情報を元にハンドルを自動操縦

# 1センチ・リアルタイム測位の応用① 無人トラクタ

田んぼで作業してトラクタを降りたら，体がフラフラで腕がダルいことに気がつきました．トラクタにはハンドルの操舵をアシストするパワー・ステアリングがないので，腕に負担が掛かっていたようです．こんなとき，トラクタに自動運転機能があれば楽なのに…と感じました．

情報収集をしていたら，2013年の秋に参考文献(1)で，RTKを使った自動運転の応用事例を知りました．3年の開発期間を経て，2016年の春に，ついにトラクタの自動運転に成功しました．当時はルートを外れずに1時間動く程度でしたが，改良を重ね，今年は田んぼを一通り回れるようになりました．

**送信機ボックス．この中にGNSS受信機とWi-Fiモジュールがある**

**エア・タンク**

**Wi-Fiモジュールやマイコン・ボード，モータ・ドライバ**

**ハンドルを操作するステッピング・モータ**

**GNSSアンテナ．ハンドルを切った結果が即座に測位に反映されるように前輪の上に設置**

**土をかきまわすロータリ．この上下の操作レバーをエア・シリンダで動かす**

**写真1　自動運転できるよう改造したトラクタ**
ハンドルの操作，ロータリの上下を自動化した．GPS受信機の信号をノート・パソコンに送信し，操作信号を受信する．速度は制御していないが，トラクタのもつ機能で一定速度を保つ

**基準局アンテナ．見通しが良いように高く上げた**

**写真2　基準局のアンテナは母屋に設置**
落雷が怖いので，トラクタを動かさない時期は下ろす

**Wi-FiモジュールESP-WROOM-02**

**マイコン・ボード**

**GNSS受信モジュール**

**写真3　トラクタの移動局受信データはWi-Fiで送信**
Wi-Fi接続にはESP-WROOM-02を使っている

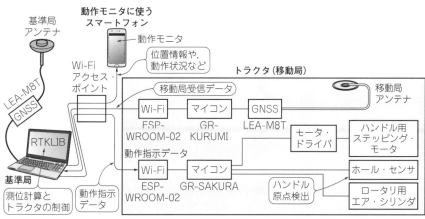

**図1　自動運転システムの構成要素と信号の流れ**
無線接続はいろいろ試した結果Wi-Fiになった．見通しがよい場所にWi-Fiアクセス・ポイントを設置する

駆動軸

操作信号はこの箱の中のWi-Fiモジュールで受ける

ハンドルをベルトで回す

原点確認用ホール・センサがハンドルの下にある.ハンドル側に磁石

Wi-Fiモジュールなどの入った箱

ハンドルを回すベルト

ステッピング・モータ

（a）ハンドルはベルトで駆動する　　（b）ステッピング・モータでベルトを回す

写真4　Wi-Fiで操作信号を受信してハンドルを動かす
駆動トルクが足りなくて苦労した

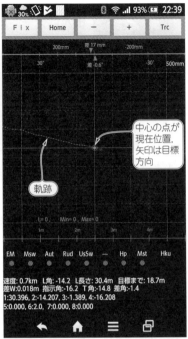

▶図2　スマートフォンで動作モニタする
非常停止も遠隔操作できる

中心の点が現在位置.矢印は目標方向

軌跡

● システム構成

写真1に自動運転機能を組み込んだ無人トラクタを，図1にシステムの全体像を示します．

基準局は，母屋に設置したアンテナ（写真2）とGPS受信モジュールLEA-M8T，RTK演算を行うノート・パソコンで構成しました．GPS受信モジュールとノート・パソコンは，USBで接続します．

移動局のアンテナはトラクタのボンネットの上に設置しました．トラクタの上部フレームに写真3の送信機ボックスを取り付けています．Wi-FiモジュールESP-WROOM-02，マイコン・ボードGR-KURUMI，GPS受信モジュールLEA-M8Tを収めています．移動局の受信データは，ESP-WROOM-02からWi-Fi経由でノート・パソコンに転送しています．

▶制御はノート・パソコンで行う

RTKLIBによる測位やトラクタの制御信号の生成は，基準局のノート・パソコンで行います．

トラクタの制御信号は，運転台にあるもう1つのESP-WROOM-02へWi-Fi経由で送信します．送られてきた制御信号は，GR-SAKURAでデコードして，ハンドルを操作するステッピング・モータ（写真4）や，車体後部のロータリを上げ下げするエア・シリンダのソレノイド・バルブの制御に使われます．今後は，クラッチ・ペダルと左右2本のブレーキ・ペダル，合計3本のエア・シリンダを追加したいと思っています．

▶スマートフォンでモニタ＆緊急停止

ノート・パソコンからスマートフォンへ制御情報を送信して，動作のモニタや非常停止ができるようにしました．制御情報は図2のような自作アプリケーションで表示します．

● 安全対策

田んぼの周りには住宅も多く，人通りが結構あります．無人で動かすと危険です．基本的には人が乗って動かしますが，念のために，次のようなときにはトラ

クタのエンジンを停止します．

▶トラクタ側
● 前部センサが障害物を感知した時
● 無線LANが数秒間途絶えた時

▶パソコン側
● 走行ルートの1秒後の位置に半径1mの円を設定し，その範囲から外れた時
● 作業エリア（田の外周から1.5m内側）の外に出た時
● 手動停止（パソコンまたはスマートフォンから）

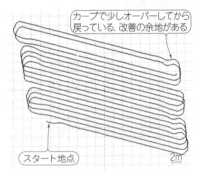

カーブで少しオーバーしてから戻っている.改善の余地がある

スタート地点

2m

図3　自動運転したときの移動局のログ
それなりにトレースしてくれるようになってきた

● 実際の走行履歴

走行履歴を図3に示します．一部ひずんでいるのは，指示通りに曲がり切れなかった部分です．

〈渡辺 豊樹〉

## 第3話 山道の上り下りも高精度追跡！観光ビジネスに一役
# 1センチ・リアルタイム測位の応用② 人間トレーサ

### ■ 公園内で測位データを元に観光案内する実験

#### ● 時速10 km以下の移動をトレース

浜松地域活性化ICT技術研究組合は，老若男女の被験者にPMV（パーソナル・モビリティ・ビークル）を使ってもらう社会実験を行いました[1]．

場所は浜松市西区のはままつフラワーパーク[2]で2017年の7月から9月の日曜日のうちの4日間です．

利用したPMVはセグウェイ社のNinebot mini[3]にハンドルを追加したものです．横2輪の立ち乗り型PMVで，最高時速は10 km/h程度です．80歳代の方も問題なく乗っていました．

#### ● データ取得が目的なのでRTK測位も行う

PMVとスマートフォン・アプリによる案内で，被験者には観光地を効率よく楽しく移動してもらい，その基礎データを取得するのが本実験の目的です．

被験者は観光案内アプリ（ここで用いる位置情報はスマートフォンに内蔵された従来精度の衛星測位タイプ）を使い，PMVに乗ってフラワーパーク内を観光します．

同時に，高精度衛星測位技術によるPMVに乗った被験者の位置および慣性運動のデータを収集しました．高精度衛星測位技術の実用化のためのノウハウの取得と，PMVの運転挙動の解析のためです．ここに私たちの研究グループが協力しました．

#### ● スマートフォンの通信回線を使って小型パソコンで測位＆ログ取得

被験者は**写真1**のような装備を身につけます．

PMVの運転では，安全のためヘルメットを着用します．本実験ではヘルメットに衛星測位用のアンテナを付けました．ウェスト・ポーチには小型パソコン（ラズベリー・パイ），電池，衛星測位用モジュールが入っています．アンテナ線はこのモジュールにつながれます．

PMVのハンドルにはスマートフォンを固定しました．観光ナビゲーション・アプリで被験者に情報提供を行います．ウェスト・ポーチ内のラズベリー・パイに高精度位置測位のためのインターネット通信をテザリングで提供する，内蔵の慣性センサで移動のようすをロギングする，といった用途も兼ねます．

ヘルメットの上にGPSアンテナ

スマートフォン．ネット接続と位置表示

セグウェイ

**写真1 公園の中をパーソナル・モビリティで移動するようすをロギング**

#### ● 実験内容

1回当たり5人の被験者がそれぞれPMVによってフラワーパークを1周します．2人のインストラクタが引率します．

被験者のほとんどはPMV初体験であるため，15分程度の練習のあと，インストラクタに付いてパークを1周します．距離は約2.5 km，高低差は約20 mです．所要時間は休憩も入れて1回1時間強です．

#### ● 測位システムの構成

被験者が使った高精度衛星測位システムの構成を**表1**

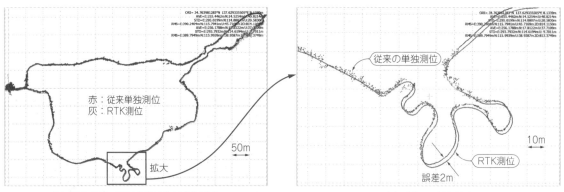

ORI = 34.76398128?°N 137.629335505°E 8.1339m
AVE=E255.4462m,N14.5254m,U40.8214m
STD=E295.0199m,N114.8801m,U20.5830m
RMS=E390.240m,N115.7941m,U45.7168m,2D814.1362m
AVE=E256.1788m,N17.8112m,U37.7109m
STD=E293.7932m,N114.619m,U7.7011m
RMS=E389.7949m,N115.9939m,U38.9367m,2D813.3749m

赤：従来単独測位
灰：RTK測位

50m

拡大

（a）経路全景．所要時間は約1時間20分

ORI = 34.76398128?°N 137.629335505°E 8.1339m
AVE=E255.0199m,N14.5254m,U40.8214m
STD=E295.0199m,N114.8801m,U20.5830m
RMS=E390.240m,N115.7941m,U45.7168m,2D814.1150m
AVE=E256.1788m,N17.8112m,U37.7109m
STD=E293.7932m,N114.619m,U9.7011m
RMS=E389.7949m,N115.9939m,U38.9367m,2D813.3749m

従来の単独測位

RTK測位

誤差2m

10m

（b）（a）の一部を拡大

**図1　ある被験者のフラワーパーク1周分の測位結果**
　後処理演算での測位結果．赤は単独測位，灰色（Fix解）とピンク（Float解）はRTK測位結果．両方同じログ・データから計算．スムージング等のフィルタ処理はなし

従来の単独測位（赤）

RTK測位（緑）

Google Earth

**図2　測位結果の一部をGoogle Earth上にプロットしたようす**
図1（b）とほぼ同じ範囲

**表1　被験者が使った高精度衛星測位システムの構成**

| 項　目 | 仕様（型名） |
|---|---|
| GNSSモジュール | NEO-M8T（ユーブロックス） |
| アンテナ | TW2710（Tallysman） |
| パソコン | ラズベリー・パイ3 |
| ソフトウェア | RTKLIB 2.4.3b9 |
| 使用GNSS | GPS，QZSS，Galileo，BeiDou |
| GNSS計測間隔 | 5 Hz |
| 使用電子基準局 | 静岡大学浜松キャンパス電子基準点 |
| 使用基準点からの距離（基線長） | 8.6 k～9.2 km |
| 仰角マスク | 25°（実験に基づく） |

に示します．後処理測位演算用データのロギングだけではなく，RTKLIBのlinux向けアプリケーションRTKRCVを使ったリアルタイム測位も行いました．
　リアルタイムで測位演算したデータをRTKLIBのlinux向け通信アプリケーションSTR2SVRを用いて転送し，ウェブ上の地図に表示します．被験者がスマートフォンで測位結果を確認できます．

**表2 仰角マスクとFix率の対応**
仰角が低い衛星の信号は誤差が大きいので測位に使わないよう指定するのが仰角マスク. あまり大きくすると使える衛星の数が減りすぎてしまう

| 仰角マスク | 15° | 20° | 25° | 30° | 35° |
|---|---|---|---|---|---|
| Fix率 [%] | 11.9 | 13.1 | 14.1 | 11.9 | 11.8 |

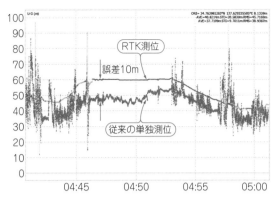

**図3 高さ方向の測位結果を比較**

## ■ 高精度測位データの評価

### ● バイアス的なずれがなくスムージングも不要でそのまま使えるデータが得られる

図1にある被験者の1周分の測位結果を示します. これはロギングした衛星からの受信信号データをRTKLIBの後処理解析ソフトウェアRTKPOSTで位置データ化したものです.

図1(b)を見てもらえば分かるように, 従来の単独測位では全体的に北西に2m程度の誤差がありますが, RTK測位の図1(a)では誤差がありません.

図2に示すように単独測位での推定位置は, 実際の道から外れています. Google Earthでの航空写真自体の真位置からのずれは十分小さいことが確認できています.

ここでの結果は, カルマン・フィルタなどによるスムージングの処理をしていません. それでもRTK測位では非常に安定した軌跡が得られています. 単独測位がばらついているところは, 木の陰で衛星からの信号がより微弱になったためと考えられます. RTKでもFix解を保つことができずFloat解になっています.

### ● 高さ方向の精度は劇的に改善している

図3に高さ方向の測位結果を示します.

従来法(移動レシーバ単独)の水平方向の誤差は図1(b)を見ると約2m程度, ばらつきの幅は数mです. しかし図3を見ると, 高さ方向では誤差が10m程度あり, ばらつきは何十mと非常に大きいことがわかります.

それに対して, RTK測位では, 高さ方向の精度も非常に安定しています. PMVが転倒したかどうかの判断も, 衛星測位のみで実現できそうです.

### ● 仰角マスクの設定で測位精度が変わってくる

はままつフラワーパークは少し谷間の土地にあり, 南北に小高い丘があります. そのため, 仰角の低い衛星の信号は受信できません.

RTK測位を移動体で使うには, 受信状態の良好な信号の衛星のみで測位演算することがコツです. ソフ

トウェア的に誤差の大きい信号を排除することは簡単ではありません.

多くの衛星が受信できる現在では, マルチパスや誤差を多く含む恐れのある衛星は, 仰角マスクやSNRマスクで最初から演算対象から外しておきます.

表2に仰角マスクを変えながら演算した実験第1回のある被験者の測位結果のFix率を示します. 他のパラメータのチューニングが済んでいないときだったので, Fix率が15%以下と低いのですが, この場所では仰角25°付近が最良であることが分かります.

仰角マスクの角度が低いと不可視衛星も演算に使ってしまい誤差が増えますが, 角度を高くしすぎると, 演算に使える衛星数が減る, というトレードオフがあります.

### ● 高精度計測ではアンテナの設置場所が重要

今回の実験でのFix率は平均35%程度でした. 経路に藤棚があったり, 林の中を通ったりということもありますが, もう少し設定をチューニングする余地がありそうです.

一部の被験者に限って, Fix率が10%以下と著しく低いことがありました. そのほとんどは女性でした. ヘルメットが頭のサイズに合わず, 実験中に段々後ろにずれて, アンテナが上を向いていなかったことが理由です.

RTK測位では, 各測位衛星からの信号を直接(反射ではなく)受信する必要があります. 1周波RTKでは, Fix解が求まるまでに時間がかかります.

良好な測位結果を得るには, 継続的に同じ衛星の信号を受信できるように, アンテナの設置場所には注意が必要です. 〈木谷 友哉〉

## コラム2　1cmRTK測位と無人運転／運転支援

● **現状の高精度測位の活用場所は道路外がほとんど**

　現在，高精度衛星測位が活躍している場所は，田畑や工事現場です．道路交通法などの制約がなく，不特定の他者がいない場所では，自動運転も実用化されています．

▶ **農機具・建機**

　高精度測位を利用して，トラクタなどの農機具の運転を支援するGPSガイダンス・システムがすでに市販されています[4]．センチ・メートル精度で機体の絶対位置を推定できるRTK測位を用います．利用者は，農機具に搭載したそのシステムに表示される通りに運転したり，自動操舵システムに任せることで，真っ直ぐな畝を作れます．土地利用効率の向上や，作業従事者の手間の削減を行っています．同様のことが，工事現場では建機で行われています．

▶ **ドローン**

　ドローンなどの無人飛行機（UAV：Unmanned Aerial Vehicles）とRTK測位も良く組み合わされています．ドローンの操縦のためには，その機体の姿勢や座標を精密に計測することが必要です．ドローンにカメラを搭載して航空写真を撮影する場合，どこを撮影したのかという付加情報として，精密な位置情報が有効です．

● **自動車の運転支援にはカメラのほうが有効**

▶ **研究の現状[5]**

　高度交通システム（ITS：Intelligent Transport Systems）は，情報処理技術・情報通信技術（IT）を用いて，交通の円滑化，効率化を図るためのシステムです．

　通信機能付きカー・ナビゲーション・システム搭載車や，プローブ・カーなどによって交通情報をセンシングして共有するシステムや，車-車間通信による交通情報の共有，カメラやセンサによる衝突防止システム，自動運転といった研究が行われています．

▶ **測位ができてこその交通システムの情報化だが…**

　その中で測位は，要となる技術です．交通においては屋外であることが多いため，衛星測位が利用されています．ITSが構想されたのは1990年代半ばです．最初のGPS搭載カー・ナビゲーション・システムが市販されたのは1990年であり[6]，GPSがITS構想に大きな影響を与えたことは間違いないと言えるでしょう．

▶ **カメラと組み合わせれば誤差1mでも十分？**

　今のITSで利用されている一般的な衛星測位の精度は，誤差数メートルです．

　道路地図上で宛先まで案内するナビゲーション・サービスや，現在位置の変化をプローブして交通状況をセンシングするサービス，現在位置を利用して交通情報や広告情報を提示するサービスなどが展開されています．

　上記のような用途では，数メートル精度でもサービス可能であったり，詳細な案内を行うにしても1メートル程度の精度で十分であったりします．

　現時点の自動運転車両の研究では，高精度測位のみでの自動運転は困難であり，カメラやレーザなどのイメージング・センサと道路環境のダイナミック・マップを必要としています．車両の詳細な位置はイメージング・センサで同定するので，衛星測位による絶対位置の推定精度は1メートルもあれば十分と言われています[7]．

▶ **RTKほどの精度が必要な用途は正直少ない**

　速度域の低い自動駐車システムなら高精度測位を活かせそうですが，イメージング・センサでも可能なこと，屋根付きの車庫では使えないことから，なかなか有効な場面がでてきません．

● **2輪車向けになら cm 精度が役立ちそう**

▶ **2輪車向けの運転支援システムはほとんどない**

　2輪車は，運転者が身体的にバランスを取りながら操作しないといけないため，不用意な運転支援の介入は4輪車以上に危険を伴います．車両単価が低いことなどからも，4輪車に比べるとITSの導入は進んでいません．

　現に，自動車技術会の年次研究発表会（2017年度以前）において2輪車独自のITSに関する発表はほとんどなく，まだまだ黎明期です[8]．

▶ **車線の中の位置まで把握するなら cm 精度が欲しい**

　2輪車の道路内での位置取りの自由度は，4輪車より非常に高く，その移動性を利用した交通状況や環境のセンシングをするときには，サブメートルからセンチ・メートル精度の高精度衛星測位が有効になると考えられます．

　私は，2輪車とは身体能力を延長させるデバイスである，と捉えていますが，これをパーソナル・モビリティ・ビークル（PMV）にも発展させると，低速であれば，高精度衛星測位のみでのPMVの自動運転や運転支援も安価に実現できるのではないかと考えています．　　　　　　　　　　　　〈木谷　友哉〉

## 第4話　宇宙から毛筆の動きを完コピ！

# 1センチ・リアルタイム測位の応用③ 書道スキャナ

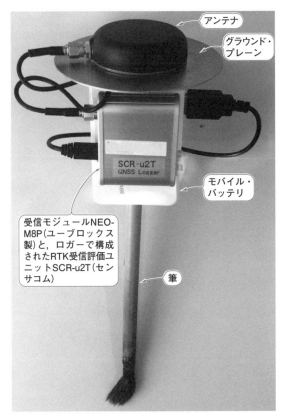

アンテナ

グラウンド・
プレーン

SCR-u2T
GNSS Logger

モバイル・
バッテリ

受信モジュールNEO-
M8P(ユーブロックス
製)と，ロガーで構成
されたRTK受信評価ユ
ニットSCR-u2T(セン
サコム)

筆

写真1　製作したRTKレシーバ搭載筆ペン「書道スキャナ」
キネマティック測位誤差の特徴を確認する

　写真1のように習字用の柄先に，GNSS受信モジュール「NEO-M8P(ユーブロックス)」とGNSSアンテナを装着して書道スキャナを製作しました．筆の運びと速さによって，cm単位の測位を可能にしたRTK(リアルタイム・キネマティック)測位誤差の特徴を確認できそうです．結果は図1，図2です．

● 実験の準備

　まずは予備実験で課題を明らかにしました．

① 障害のない実験場所の確保

　周囲に障害物のある環境では，安定した高精度測位解(Fix解)を得られません．反射，回折などのマルチパスによる誤差の影響を受けます．実験場所は周囲の障害物の影響が少ない屋上にしました．

② 書道の姿勢は，できるだけ伏せる

　書道の基本である背を伸ばした体勢だと，書き手自身が障害物になってしまいます．伏せた体勢で文字を書くことにしました(写真2)．

③ 書く文字は，ひらがななどの単純な文字

　書く題材(文字)は，漢字などの複雑な文字では判別が難しいです．ひらがなのように単純な文字のほうが確認できます．ここでは「みちびき」としました(写真3)．

書き手が障害物にならない
ように伏せた姿勢をとる

筆を常に垂直に保つ…
腕の震えに耐えろ！

写真2　「書道スキャナ」で文字を書いているところ
書き手自身が障害物にならないように伏せる．筆は常に垂直に走らせる

すずり（黒）の位置
まで筆を運んでい
る動作がわかる

一筆書きになる

**図1　測位結果の水平方向プロット**
一筆書きや，墨をつけるために筆を運ぶ動作もプロットされるので文字が判別しにくい

実際に書いた文字と微
妙に一致していない．
理由は筆を垂直に保持
できなかったから

**図2　不要部分を削除した測位結果の水平方向プロット**
写真3の実際に書いた文字と一致しないのは，筆が傾くから

**写真3　実際に書いた習字文字「みちびき」**

④ 毛先と柄先の動きを一致させるため筆を常に垂直に持つ

　普通に文字を書くと，毛先と柄先の動きが一致しないため，書いた文字と測位結果のプロットが一致しません．毛先と柄先の動きを同じにするために，筆は常に垂直を保つことにしました．

⑤ 筆を動かす速度はゆっくり

　普段どおりの速さで文字を書くと，測位結果のプロットが飛び飛びで文字に見えません．文字が判別できるように筆をゆっくり動かすことにしました．

● **システム構成**

　筆の柄先に装着するため，小型軽量のGNSSアンテナを選びます．アンテナ・ケーブルを引き回しながらの筆運びは書きづらいので，ワイヤレスにします．

　NEO-M8Pモジュールを搭載した小型受信機SCR-

u2T（センサコム）とUSBバッテリを装着した結果，ハイテクな風貌の筆になりました．筆は総重量320 g，柄の先に重たいGNSSアンテナがあるため，筆を垂直に保ったままで文字を書くことは辛い作業となります．文字を書く際に腕が震えます．

　当初はRTK測位での習字を試みました．リアルタイムの意義がないことから，ログ・データをRTKと同等の能力を持つキネマティック法で後処理解析することにしました．受信機に内蔵するマイクロSDカードに保存される観測データを，同時観測する基準局データとともに後処理解析することで，筆の動きを精度数cmでプロットできます．

● **処理の流れ**

　移動局となる筆に装着した受信機（NEO-M8P）で，ublox Raw形式（RXM-RAWX）の観測データを記録

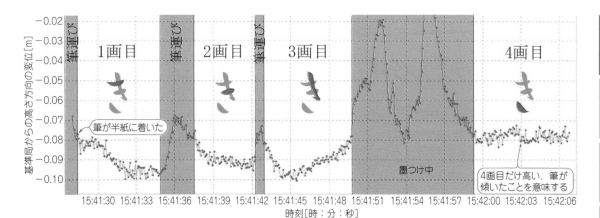

図3 文字「き」を書いているときの筆の高さ(基準局との差)方向のプロット
筆の動きを「水平」だけでなく「高さ」もよく捉えている

します．観測した衛星システムはGPSとBeiDouです．記録した観測データを次のように処理します．

(1) 「RTKLIB」のデータを変換するソフトウェア「RTKCONV」を使って，後処理解析できるようにRinex形式に変換する

↓

(2) 変換されたRinexデータを元に，RTKLIBの後処理解析ソフトウェア「RTKPOST」を使ってキネマティック法による測位計算をする

↓

(3) RTKLIBの表示ソフトウェア「RTKPLOT」で，測位結果をプロットする

「RTKLIB」があれば，すべての処理が完了します．

● M8Pの限界超え！75 ms周期に更新スピードを上げる

予備実験の結果から，筆をゆっくり動かさないと，プロットから文字を判別するのが困難なことは把握していました．

ゆっくり動かすにしても，筆が重いこともあり1文字書くだけでも難しいです．

NEO-M8Pでサポートしている観測データ出力の更新周期は最速100 ms(10 Hz)です．サポート外ですが，更新周期は最速75 ms(13.33 Hz)にできます．今回はサポート外の最速の設定で実験を行いました．

● 結果の評価

図1に測位データのプロット結果(水平方向)を示します．一筆書きになることや，すずりに筆を運ぶ墨をつける動作があるので，文字が判別しにくいことがわかります．

そこで，測位結果から不要なプロットを削除しました．図2が文字部分だけの測位結果(水平方向)です．写真3は実際に筆で書いた文字「みちびき」です．

図2と写真3を比較すると，測位結果のプロットと書いた文字が一致していません．習字の様子を撮影した動画で確認したところ，筆を垂直に保持したつもりでも，傾きが生じていました．書いた文字とプロットの形が一致しない原因です．これは予備実験で把握していたことですが，筆が重いため，意識しても垂直に維持することは困難ということです．

「みちびき」の文字のうち，「き」の文字に着目します．図3(p.52)に高さ方向を示します．「き」を書く際の筆の上げ下げを見ることができます．

「き」の文字は，15時41分28秒～15時42分7秒の39秒(約500点)でプロットしています．図3の縦軸は基準局との高さの差です．高さ方向の目盛りの−0.08 mから筆先が半紙に着きます．4角目の高さが他より高いのは，4角目だけ筆が傾いたことが原因です．

キネマティック測位は，まさに筆の動きを水平方向，高さ方向ともによく捉えています．40秒程度の時間経過では，マルチパス誤差の変動が少ないこともあります．

● 最後に

キネマティック測位で習字をする実験は，容易だろうという当初の予想に反し，筆の重さや垂直保持など，さまざまな問題が露呈しました．満足する結果が得られなかったものの，筆の動きを捉える衛星測位の実力を改めて認識することができました．

実験に取り組んでくれた前田 裕太さんをはじめ，協力してくれた研究室の学生の皆さん，お疲れ様でした．　〈岡本 修〉

# 1センチ・リアルタイム測位の応用④ バイク・トレーサ

**写真1　道路の損傷箇所を避けるようすが分かるかどうかを実験**
4輪車より路面状態に敏感な2輪車の走行データを使うと，補修が必要な場所を大きく損傷する前に見つけられるかもしれない

凹んでいる

**写真2　生活道路で実験**
片側1車線，幅員は3m弱．両側に家が並ぶ

道の両脇は建物が迫っていて見通しは悪い

● **自動2輪車への応用事例研究**

　本稿では，私の研究室で取り組んでいる自動2輪車を対象としたセンシングへの応用について紹介します．

　具体的には，2輪車は状態の悪い路面を4輪車よりも積極的に避けることから，走行位置を高精度に取得することで，補修したほうがよい場所を見つけやすくなる可能性について検証しました．

　精度とは本来，計測値のばらつきの小ささを表す言葉ですが，本稿では計測値のばらつきに加えて，真値からの誤差も小さいことを表す言葉として使います．

## 自動2輪車で路面を診断

● **加速度センサの情報を集めれば路面の状態が分かる？**

　一般の道路利用者の車などに搭載されている加速度センサなどの値をGNSSによる位置情報とともにセンシングし，そのデータを集約して処理することによって，路面性状を推定する試みがなされてきています．このデータは道路インフラの維持管理コストの低減に役立つと考えられています（コラムに詳述）．

　計測する項目は，**写真1**に示すような主に道路路面の進行方向の凹凸や，穴があるかどうか，といった情報です．

● **自動2輪車だからこそ測れる**

　タイヤから伝わった路面の振動を車内で計測しています．4輪車を用いた計測では，タイヤが通らない車線中央部にある穴などの検出が困難という結果が得ら

れています．

　それに対して自動2輪車は，車線内の走行位置については，4輪車よりも自由度があると考えられます．車線の中央や，轍以外の部分にある道路の瑕疵もセンシングできそうです．

　2輪車が走行するとき，車線内の走行位置を詳細に知るためには，従来のGNSSによる数m誤差の測位では精度が足りません．

　一般的な幹線道路の1車線の幅員は3～3.5m[(1)]なので，車線のどこを走っているかという情報を付加情報として知るためには，サブメートルより高い精度にします．そこでRTK測位に着目し，cm精度で位置情報を得て，センシング・データに付加します．

## 基礎実験

● **2輪車のほうが車線内の自由度が高いはず**

　一般的な道路の車線幅員は3m強，自動車の全幅は軽自動車で1.5m弱，普通車で約1.8mです．自動2輪車は原付から大型2輪でも80cm足らずです．そのため，2輪車の方が車線内走行位置の自由度は高いと仮説を立てましたが，果たしてそうでしょうか．ここでは，まずその仮説をRTK-GNSSによる計測結果から検証していきます．

● **実験の方法**

　軽自動車1台と原付ミニバイク2台を用意して，1車線の幅員が3m弱の片側1車線対面通行の生活道路（**写真2**）を走行してデータを取りました．

RTK‐GNSSのアンテナは，軽自動車は天井の中央部に，**写真3**に示す原付では車両後方のキャリア上にA4サイズのアルミ板を敷いて，その上に取り付けました．

対象の道路を同じ方向に自動車は60回，原付はそれぞれ30回走行します．走行区間の中央100 m分について，走行位置の分布を調べました．被験者には普段通りに走ってもらうように依頼していますが，現時点では個人差や心理的なバイアスについては考慮していません．

計測に利用したGNSSロガーの構成を**表1**に示します．

● **実験結果**

**図1**と**写真4**に，高精度測位オープンソース・ソフトウェア RTKLIB[2] を用いて後処理演算した結果を示します．

**図1**でFixとなっているのは，cm精度で結果が得られた点，Floatとなっているのは十数cmから数十cmの精度で結果が得られた点です．

4輪車のほうが屋根の高い位置にアンテナがあること，2輪車では運転者もGNSS信号受信の障害物になることなどから，4輪車の方が安定して高精度の測位結果が得られています．

## コラム3　RTKバイクで道路の維持コストを削減

● **インフラを維持するコストはとても大きい**

交通社会が発展するにつれ，道路インフラにかかるコストが世界的に大きな社会問題になっています．特に先進国においては，建設コストよりも維持管理のためのコストが大きいです[3]．

道路の維持は，路面性状を調査して補修箇所を決定し，道路工事によって補修します．道路を長寿命化し，維持管理コストを低減するには，損傷が小さなうちから適宜補修することが有効です．

路面性状の調査には，金銭的なコストもさることながら，時間がかかります．専門の道路コンサルタント業者の供給が足りていないため，一般的には主要幹線道路の定期的な調査しか行われていません．

例えば，浜松市の道路管理延長は8359 kmで，全国の市町村で最長です(都道府県を入れても北海道に次ぐ第2位！)．しかし定期的な路面性状の検査は，主要な1100 kmに留まっています[4]．

▶ **路面性状の調査項目**[5]

道路コンサルタント業者による路面性状調査では，専用の計測車両を用いて実際に道路を走行し，次の7項目を計測します．

(1) 道路のひび割れ率
(2) 轍掘れ量(道路横断方向の凹凸)
(3) 平坦性(IRI，道路進行方向の凹凸)
(4) ポット・ホールの存在
(5) パッチングの数
(6) 段差の大きさ
(7) 沈下・水たまり

● **路面性状のクラウド・センシング**

スマートフォンの普及や，MEMSセンサ／イメージング・デバイスの登場によって，専門業者でなく一般の利用者が走行中に路面性状のデータを計測できる可能性があります．そのデータを道路インフラの維持管理に役立てる試みが始まっています．

▶ **総務省による実証実験(2014年)**[5]

バスやタクシに，カメラ，加速度センサ，GNSS受信機を載せ，のべ2万kmのセンシング・データを取得して路面性状を推定する実証実験が行われました．

その結果，先述した7項目のうち，次の3項目については，専用の計測車両と遜色のないデータが取れました．

(1) ひび割れ率
(2) 轍掘れ量
(3) IRI

残りの4項目については大きな隔たりがあったと報告されています．

● **2輪車計測に期待**

上記の実証実験で大きな隔たりがあった項目は，4輪車ではタイヤが通過しない車線の中央などにある部分の性状を含んでいます．

そこで，車線内の走行位置の自由度の高い2輪車によるセンシング・データを使うことで，その隔たりを補えるのではないかと考え，研究を進めています．

このとき，2輪車の車線内走行位置の自由度を活用するためには，従来の衛星測位システムの精度では不十分です．より精密に車両位置を推定するために高精度衛星測位技術を利用しています．

〈木谷　友哉〉

（a）軽自動車（車幅150cm）

（b）原付（車幅70cm）

**写真3　実験に使用した車両とアンテナ設置位置**
2輪車の場合，アンテナの設置位置はヘルメットの上がベストだが，実際の運用では設置できないので，車体に設置した

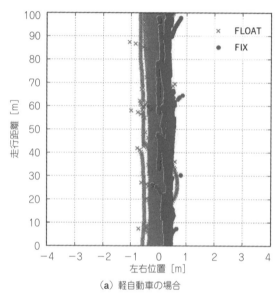

（a）軽自動車の場合

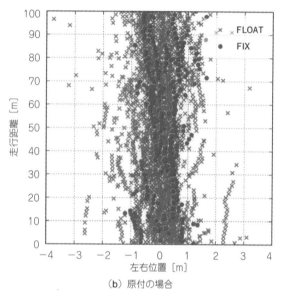

（b）原付の場合

**図1　RTKによる走行位置の計測結果から2輪車のほうが道の左右に広がって走行していそうなことがわかる**
両側が家なので見通しが悪くFix解が得られにくい

**表1　実験に利用したGNSSロガーの構成**
RTKLIBはLinuxで動くコマンド・ライン版もある

| 項　目 | 名称／仕様 |
|---|---|
| GNSSモジュール | NEO-M8T（ユーブロックス） |
| アンテナ | TW2710（Tallysman） |
| シングル・ボードPC | ラズベリー・パイ2＋ |
| ソフトウェア | RTKLIB 2.4.3b9 |
| 使用GNSS | GPS，QZSS |
| GNSS計測間隔 | 5Hz |
| 使用電子基準局 | 国土地理院電子基準点 |

（a）軽自動車の場合　　　（b）原付の場合

**写真4　走行軌跡を航空写真に重ねたイメージ（Googleマップ）**
2輪車の軌跡は道幅いっぱいに広がっている

24

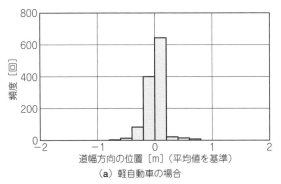

(a) 軽自動車の場合

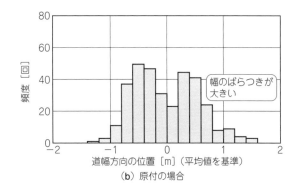

幅のばらつきが大きい

(b) 原付の場合

**図2 道幅に対する位置のヒストグラム**
2輪車のほうが道幅に対して幅広く分布していることが確認できた

● **車線内走行位置の統計処理**

測位精度の高いFIX解となっている計測結果だけを用いて，車線内走行位置の解析を行います．Fix率は，自動車で32.7％(のべ1166地点)，原付で9.4％(のべ334地点)でした．

走行位置の道路横断方向の分布をヒストグラムにすると**図2**のような結果です．

標準偏差 $\sigma$ は自動車で13.8 cm，原付で56.3 cmでした．分布が平均値を中心に正規分布となっていると仮定すると，$\pm 2\sigma$ の範囲に全体の95％が含まれます．この範囲($4\sigma$分)は，自動車で55.2 cm，原付で2.25 mです．自動2輪車のほうが車線内でより広い走行位置を取っていると言えるでしょう(**図3**)．

GNSSの測位が数m精度では，この信頼性を持つ結果を得ることは困難です．RTK-GNSSならではの実験結果と言えそうです．

## 実証実験

● **2輪車ならではの道路状態検出が可能かどうか**

自動2輪車のほうが4輪車より走行位置の自由度が高いことを確認しました．

それでは，自動2輪車からのプローブ・データを用いて車線内の障害物を検出できるでしょうか？

自動車の左右のタイヤが通らない部分に穴などがあったとして，その上を自動2輪車が通れば車体に路面からの振動が伝わるので，凹凸があることが検出できます．cm精度で測位すれば，それが車線中央なのか左側なのかも区別できます．通常は前方に穴があれば(2輪車であれば特に)避けようとするでしょう．

車線内に障害物があるとして，それを避ける動作が検出できるかを検証します．多くの2輪車が同じ場所で避ける動作をしているなら，そこに何かがあると推測できます．これはネガティブ・センシングと呼ばれる検出法です．

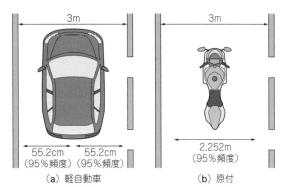

(a) 軽自動車

55.2cm 55.2cm
(95％頻度)(95％頻度)

(b) 原付

2.252m
(95％頻度)

**図3 道幅に対する左右の許容幅**

● **実験内容**

道路に損傷箇所のある片側1車線の対面通行の市道において，そこを原付ミニバイクで走行する実験を行いました．実際の損傷箇所を**写真1**に示します．

使用した車両は，先の実験で用いた**写真3(b)**の原付1です．この車両には，先の実験の機材に加えて，3軸の加速度(レンジは $\pm 16\,g$)，3軸の角速度(同 $\pm 250$ deg/s)を100 Hzで計測できる慣性計測装置(IMU：Inertial Measurement Unit)をハンドルとボディの振動軽減装置の上に装着し，加速度と各速度もロギングします．

被験者は，20歳代の男性6人で，路上障害物の有無によって各5回ずつ，のべ60回計測しました．走行時の速度は約30 kmです．

● **実験結果**

全被験者の走行軌跡をプロットした結果が**図4**です．左右位置0 mは左側車線の中央を表します．**写真4**の損傷箇所は，水平位置−2 m，距離135 mのところにあります．**図4**で，黒線は意識的に避けずに真っ直ぐ走行した軌跡，赤線は自然に避けて走行したときの軌跡です．

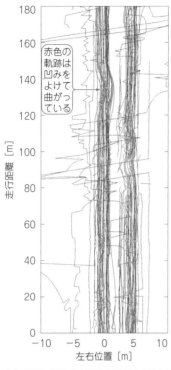

（a）RTK-GNSS高精度測位による走行
軌跡（精度は十数cm，フィルタ等の
後処理なし）

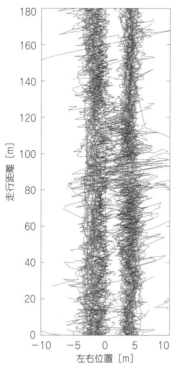

（b）渋滞時の単独測位による走行軌跡
（精度は数m，フィルタ等の後処理な
し）

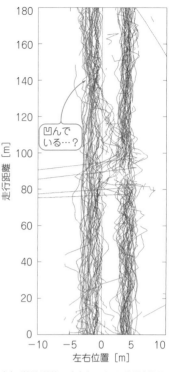

（c）単独測位の（b）を元に1秒間（前後
10エポック分）の移動平均を取り平滑
化した軌跡

**図4　写真1の道路を走ってもらったときの軌跡からRTK測位なら路面状態に関係するデータが取れそうだとわかる**
損傷箇所は左右位置−2m，距離135mの座標に相当．黒線は意識的に避けずに真っ直ぐ走行してもらった軌跡，赤線は自然に避けて走行してもら
った軌跡

▶高精度測位

RTKLIBを用いてRTK法（Kinematic設定）で後処
理測位演算を行ったときの走行軌跡が**図4（a）**です．
このときのFix解は全体の39.6％，Float解は60.4％
でした．

ちょうど座標（0m, 135m）付近で右に避けている
のが分かります．黒線のときには測位信号の受信状況
が悪かったときがあったようです．反対車線［座標
（4m, 80〜130m）］も黒線，赤線ともに避ける動作を
していることが読み取れます．こちらには道路工事を
したパッチングがありました．

▶単独測位

全く同じデータに対してRTKLIBの設定を変え，
高精度測位用の補正情報を使わずに従来の単独測位
（Single設定）で後処理演算を行ったときの走行軌跡が
**図4（b）**です．フィルタ処理を全く施していません．
全体的に左に2mのバイアス誤差が出ています．ラン
ダム・ノイズによって大きくばらついています．これ
では，何かを避けたかどうかを読み取るのは難しそう
です．

▶フィルタをかけた単独測位

この単独測位の結果を1秒ずつ移動平均を取って平
滑化したプロットが**図4（c）**です．10Hzでの計測なの
で，前後5個ずつの計測結果で移動平均を取りました．

赤線が座標（0m, 135m）付近で，右に避けている
のはかろうじて読み取れそうです．しかし，他にも疑
わしい軌跡がいろいろあり，誤った判断をしてしまい
そうです．

● 実験結果の考察

単独測位でも条件が良ければ，車線内の2輪車の細
かな動きを計測できるかもしれません．絶対的な位置
ではなく相対的な位置の変化，それもゆっくりとした
変化であれば単独測位でも利用価値はありそうです．

路上損傷箇所や路上障害物の検出などのサービスや
アプリケーションでは，RTKを使った高精度測位が
有効そうです．　　　　　　　　　　　〈木谷 友哉〉

## Appendix　50cmの違いで数千万円のコストダウン！　RTKは建設業とともに進化してきた

# 受信機一式で2千万円！ 私のリアルタイムcm測位初挑戦

● **20年以上前のお話…橋脚の建設に革命を起こした「RTK法」**

　高度約2万kmの軌道に位置する衛星から放送される電波を受信することで，リアルタイムに数cmの精度で計測できるという，すぐには信じ難いRTK法の技術は，20年以上前の1990年代初頭に実用化されました.

　当時は受信機一式が2千万円以上と高価だったこともあって，誰もが気軽に使える技術ではありませんでしたが，この革新的な技術はさまざまな分野で注目されました. 従来の測量法である自動追尾トータル・ステーション（以下，自動追尾TS）は，プリズムまでの距離の制限や移動時にプリズムを見失う可能性があること，また機械的構造を持つことから大幅な価格低下が見込めないといった課題がありました.

　ここではRTK法の実用化が始まった当時に，私が携わった橋脚建設用の「ケーソン」の設置工事への応用事例を紹介します.

● **当時の新方式「RTK法」と従来型の測量法「自動追尾TS」のメリットとデメリット**

　自動追尾TSでは，プリズムを自動追尾するために自動追尾TSから常にプリズムが見えていなければなりません. プリズムを見失った場合は，プリズムを自動的に探すこともできますが，見つけられない場合は人が補助する必要があります. 操作者は，トータル・ステーションの操作方法など測量の知識が要求されます. 価格は1台数百万円で，製造には精密加工が必要なので将来的にもコスト・ダウンが見込めません.

　RTK測位は，天空が開けて衛星が受信できれば視通が必要なく，電子機器なのでコスト・ダウンが見込めます. RTK測位は自動追尾TSに比較して既に1/5〜1/10程度の価格になっており，価格的にメリットがあります.

> ## 実録！ケーソンの設置工事

● **海象や気象が目まぐるしく変化！一発勝負での設置が要求される**

　本稿で紹介する事例は，半島と島を結ぶ橋を建設する工事です. 図1に示す主橋梁部の海中基礎となる橋脚3P（Pier），4Pを建設しました.

　この橋脚の建設工事では，溶けたコンクリートを流

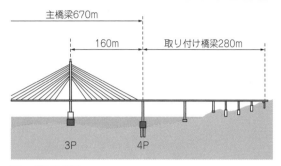

**図1　橋脚の断面**
橋脚3P（Pier），4Pの巨大なコンクリート型枠を設置する工事

し込む鋼鉄でできた「ケーソン」と呼ぶ箱（型枠）を造船所で製造し，FC（Floating Crane）船で吊り上げて船で引っ張って（曳航，えいこう）設置します. 設置後に型枠内にコンクリートを打設して橋脚を立ち上げます.

　施工する海域は複雑な海底地形で潮流が速く，巨大なケーソンを設置するには潮流が最小となる小潮時の潮止まり時に設置しなければなりません. 海象や気象が変化する中，他の海上交通との制約も重なって正に一発勝負での設置でした.

● **位置精度を高めて橋脚の上面各辺を50cm短かくするだけで数千万円のコストダウンに！**

　橋脚のケーソンを正確な位置に設置することは重要です. 橋梁部が確実に橋脚に載るように，橋脚は設置精度の誤差を考慮して水平方向に大きめに設計しますが，誤差なく橋脚を据えることができればその必要がなくなります.

　例えば，橋脚の上面各辺（写真1のⒶ）を50cm短くすると，コンクリート打設量等で数千万円のコストダウンが見込めます. つまり，ケーソンを正確な位置に設置する技術を確立することは重要な意味を持ちます.

　リアルタイムに移動体の位置を数cmで計測できるRTK法は，この工事をする上で期待される技術でした.

● **世界的に採用事例がない「RTK法」を使ったcm精度の誘導に挑戦！**

　写真1にケーソンの設置状況を示します. RTK法は，地上に設置した基準局との相対位置を計測するものです. 表1に使用した受信機の仕様を示します.

FC（フローティング・クレーン）船
全長107m，ブーム高さ115m，吊り上げ能力3600トンの日本最大級

©
B
GPSアンテナ
ケーソン前方のB点とC点の2カ所に設置．ケーソンの位置と方位を計測

A

ケーソン
FC船が釣り上げている鋼製ケーソンは，幅18m，長さ31m，高さ25.5m，重量3194トンと巨大

GPSアンテナ上空の開空状況は，ブームや吊りワイヤ，ワイヤを固定する鉄骨製の配置枠が覆い被さり，電波の遮へいやマルチパスが懸念される測位環境

（a）ケーソンの曳航状況

**表1　当時利用したGPS受信機（1千万円以上もした）の仕様**

衛星測位の場合，水平方向に比較して高さ方向の精度は1.5倍から2倍程度となる

| 機種 | Z-12（Ashtech社）2周波GPS受信機 |
|---|---|
| 受信信号 | GPS　L1/L2　コード，搬送波位相 |
| 測位精度 | 水平方向2〜3cm　垂直方向3〜4cm |
| 更新頻度 | 1Hz |
| 最大基線長 | 15km |

発売当時，1台1千万円以上した．RTK法は1点計測するのに受信機が2台必要

GPS衛星から放送されるL1波（1.5GHz）とL2波（1.2GHz）の2周波を受信できる当時トップ・レンジの受信機

基線長とは基準局から移動局までの距離を指す

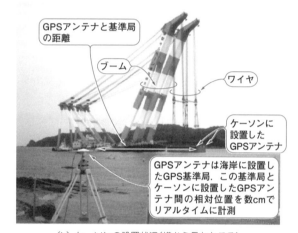

GPSアンテナと基準局の距離

ブーム

ワイヤ

ケーソンに設置したGPSアンテナ

GPSアンテナは海岸に設置したGPS基準局．この基準局とケーソンに設置したGPSアンテナ間の相対位置を数cmでリアルタイムに計測

（b）ケーソンの設置状況（横から見たところ）

**写真1　ケーソンを船で引っ張ってきて設置しているところ**
このケーソンは，造船所で製造されFC船で吊り上げて，設置現場まで曳航して設置する．設置後に型枠内に水中コンクリートを打設して橋脚を立ち上げる

今回は，**写真1（a）**のようにFC船と反対側となる前方の2ヵ所を計測するため移動局2台と，**写真1（b）**のように地上に設置した基準局1台を使いました．

## RTK法の適用結果

GPSアンテナ上空は，FC船のブームやケーソンをつるワイヤなどが覆い被さり，電波の遮へいやマルチパスが懸念される測位環境でした．このような厳しい測位環境でRTK法を利用することは，当時，世界的に見ても事例がなく，さまざまな障害が懸念される中での挑戦でした．

● **現実は甘くない！ 遮へいによる衛星数の減少やマルチパスなどの悪条件も何とかクリア**

RTK法は，常に数cmの測位精度を得られるわけではありません．この精度フラグがFix解（**コラムp.88**）

のときに水平方向数cmの測位精度になります．

遮へいによる衛星数の減少やマルチパスにより，Fix解が維持できず精度が水平方向20cm〜数mのFloat解になります．

**図2**にFC船のブームが衛星測位に影響した時間帯の状況を示します．**図2（a）**はFC船ブームによりGPSの7番衛星がブーム横げたに遮へいされるようすを示しています．

**図2（b）**の7番衛星の受信感度を見ると，ブーム横げたを通過する時間帯に，電波を受信できていないことが確認できます．7番衛星が遮へいされたタイミングでFloat解に落ちますが，30秒程度で7番衛星は利用せずにFix解に復帰できています．

現在と比較して当時はGPSだけで衛星数が少ない上に，FC船側の方位に位置する衛星が使えない悪条件でしたが，2ヵ所のFix解を得た割合は［**写真1（b）**］，それぞれ73％と93％でした．片方のFix解の割合が

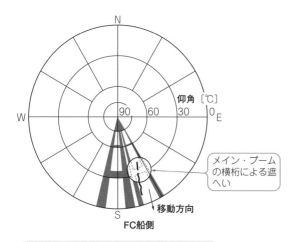

FC船のブームの横桁により7番衛星が遮へいされる状況. 横桁を横切る時間帯では受信できない

（a）FC船ブームによる遮へい状況

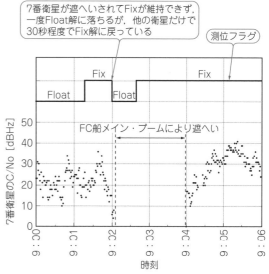

7番衛星が遮へいされてFixが維持できず,一度Float解に落ちるが,他の衛星だけで30秒程度でFix解に戻っている

測位フラグ

（b）GPSの7番衛星の受信感度と測位フラグの経時変化

**図2　FC船ブームの衛星測位への影響**
GPSの7番衛星が遮へいされて,精度が悪いFloat解に落ちる状況

低かったのは, ケーソン上のGPSアンテナ設置場所とFCのブームの位置関係から陰になる衛星に違いがでたためと推定されます.

● **RTK測量が失敗したときのリスク回避とその評価のために従来の自動追尾TSで特別仕様（精度1cm以下）の測位環境を用意**

初のRTK法適用の工事だったので, バックアップとして自動追尾TSを採用しました. **表2**に使用した自動追尾TSの仕様を示します.

ここではこの自動追尾TSを3台利用して, プリズムの水平位置をレーザ測距だけで計測する構成としました. プリズムが移動するときに悪化する測角を使わないので, 水平方向の計測精度は, 1 cmを割り込むほど高くなります. この自動追尾TSの測位結果との較差からRTK法の精度を評価します.

▶RTKの評価

**図3**にRTK法と自動追尾TSの測位結果の比較を示します. 水平方向の較差は, 平均4 mm, 標準偏差20 mmとなりました. 水平方向はレーザ測距だけで計測する自動追尾TSと比較して, GPS受信機の公称精度に収まる精度が得られています.

これに対して高さ方向は, 平均15 mm, 標準偏差25 mmと大きくなりました. 高さ方向に注目すると時間帯によって, オフセットが生じています.

衛星測位では, 高さ方向の精度が水平方向と比較して1.5倍から2倍程度悪化します. 測位計算に利用する衛星の組み合わせが切り換わったことで, マルチパ

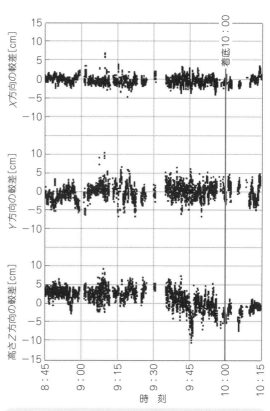

水平方向にも, 高さ方向と同様に時間帯により異なるオフセットが小さいながら生じている. 高さ方向では, 時間帯で異なる数cmのオフセットが見られる

**図3　RTK法と自動追尾TS の測位結果の較差**
Fix解が得られた時間帯のみをプロット. RTK法ではFix解だけ利用するので, 一部利用できない時間帯が生じている

## 表2 RTKの前に利用されていた測位技術自動追尾トータル・ステーションの仕様

トータル・ステーションは，測距と測角が同時にできる測量機の総称．自動追尾式は，一度プリズムを捉えると移動しても自動で追尾する．この機種の追尾できる限界は10°/s

基線長は計測先となるプリズムまでの距離．例えば1kmのとき2ppmは2mmなので，±5mmになる

| 機種 | AP-L1A（トプコン社） |
| --- | --- |
| 測距精度 | ±（3mm + 2ppm×基線長） |
| 測角精度 | 3秒（静止時）<br>2分（8°/秒移動時） |
| 測距限界距離 | 1000m<br>（プリズム1個のとき） |

単位の秒は，角度の度分秒表示の秒．角度換算で，3秒は約0.000833°に相当する．とても小さい角度に思えるが，基線長が長くなるとプリズム位置の計測精度への影響は支配的になる．移動時は2分（0.0333°）で精度は大きく悪化する

レーザでプリズムまでの距離を計測する．その距離は1000mが限界．トータル・ステーションからプリズムが見えない場合は測量できない

スの影響度合いが異なる衛星を使い始めた影響と考えられます．図を注意深く見ると，水平方向にも同じオフセットが小さいながら生じています．このように高さ方向の影響がより大きいことが衛星測位の一つの特徴です．比較対象の自動追尾TSが，高さ方向では測角を使っていることも結果に影響しています．

\*

RTK法は，このような厳しい環境下でも数cmの測位精度が得られることが確認できました．同時にFix解の割合や高さ方向の精度に課題があることも分かりました．

厳しい測位環境でRTK法を適用した本応用事例の成果は，RTK法の信頼性や利便性，問題点を周知することとなり，以後の建設業におけるRTK法の利用に少なからず影響を与えました．

本稿で紹介した事例は，RTK法が実用化された20年以上前の応用事例の一つです．このような建設業における先進的な取り組みを起点として，RTK法は発展しています．

最後に，本稿は私が前職在籍時に携わった工事に関するものです．本記事の掲載を快諾いただいた西松建設に感謝の意を表します．

〈岡本 修〉

---

## コラム4 RTK測位の2状態「Fix」と「Float」

測位開始時には衛星とアンテナ間に19cmの搬送波の波数がいくつあるか不明です．

この波数を求めるときに候補を絞り込んでいきます．絞り込む過程の解をFloat解，波数を決定した解をFix解といいます（**図A**）．Float解では20cm～数m，Fix解では水平方向数cmの精度が得られます．

〈岡本 修〉

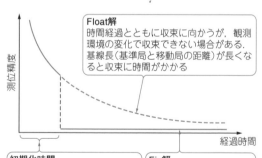

**Float解**
時間経過とともに収束に向かうが，観測環境の変化で収束できない場合がある．基線長（基準局と移動局の距離）が長くなると収束に時間がかかる

**初期化時間**
Fix解を得るまでの時間を指す．RTK測位の使い勝手を決める重要な項目．障害物のない理想的な環境で10～30秒で，Float解からFix解への移行では，測位結果の値が一気に数cm～数十cm変化するので，シームレスに精度が収束する訳ではない

**Fix解**
RTK測位を利用する上で測位精度数cmを保証する精度フラグ．搬送波の波数決定を間違えるミスFixがあるので，精度数cmを確実に保証できるわけではない

**図A RTK測位における測位精度と初期化時間の関係**

# 新世代の低価格受信機がもつ抜群の精度
# 2周波RTKレシーバF9Pの測位性能

**第1話** 建物のそばで電波が反射＆遮断されると差が出る

# 1周波/2周波/3周波の精度比較

　1台100万円以上の2周波RTK測位対応受信機の市場に，コンシューマ向け受信機メーカが参入しました．その受信機は，**写真1**に示す2周波RTK受信モジュールZED-F9P（ユーブロックス社）です．本モジュールはL1（1575.42 MHz）帯とL2（1227.6 MHz）帯の異なる周波数の観測データが得られます．初期化時間は数秒～15秒と短く，自動運転車などへの応用が期待できます

　本稿では，いち早く入手したエンジニアリング・サンプルでZED-F9Pの測位性能を評価しました．その性能は，数百万円のハイエンドRTK受信機に劣らない，新世代のRTK受信機と呼ぶにふさわしい測位性能を持っていることがわかりました．他のRTK受信機と比較しながら，その実力を解説します．

## 評価方法

### ● 同等以上の精度をもつRTK受信機をリファレンスとして用意する

　cm級の測位精度となるRTK受信機の測位性能を正しく評価するのは，高精度ゆえに難しいです．動的環境における評価では，同等以上の精度をもつ他方式の測位センサをリファレンスとして比較評価することが一般的な方法です．しかし，動的環境で屋外の広い範囲を対象とするcm級の仕様をもつ測位センサはほぼないのが実状です．そこで4種類のRTK受信機を同一条件で比較します．

　実験で比較する4種類の受信機を**表1**に示します．

### ● 実験用の機器構成

　実験は，**図1**に示す機器構成で実施しました．基準局と移動局のアンテナには，それぞれ2周波受信対応アンテナとなるTW3870GP（リットー社）を利用しました．2周波受信対応アンテナTW3870（Tallysman社）に10 cmのグラウンド・プレーンを取り付けた製品です．

　2周波対応のアンテナは，複数周波数の受信においてフェイズ・センタのずれなどに神経を使い設計製造

（a）表面

（b）裏面

**写真1　本稿の評価対象…数百万円のハイエンドRTK受信機に劣らない測位性能をもつ2周波RTK受信モジュールZED-F9P（ユーブロックス社）**

GPS/Galileo/GLONASS/BeiDouの衛星システムの2周波測位に対応する．初期化時間は数秒と短い．価格は約2万円．裏面に電極パッドがあるので基板に搭載するときはリフロが必要

されるタイプです．一般的に20～30万円と高価です．受信機が低価格になってもアンテナが高価なままでは導入コストは下がりません．本アンテナは2周波対応タイプでも10万円以下と安価な製品であることから実験に採用しました．

　これらのアンテナを基準局と移動局にそれぞれ設置し，スプリッタを用いてそれぞれ4分配して4種類の受信機に接続しました．茨城工業高等専門学校の3階建て屋上の障害物が少ない場所に設置した基準局で取得したデータは，移動局に有線またはモバイル・ルータを介したインターネット回線で送信します．その後移動局で取得したデータとともにRTK測位計算を実行します．

## 評価するGPSレシーバ　4種のあらまし

### ● 2周波RTK測位計算が可能な2万円GPSレシーバZED-F9P

　ユーブロックス社はカー・ナビゲーション・システムや携帯電話，登山者向け携帯GPS受信機に組み込まれる，単独測位受信モジュールや，時刻同期用受信

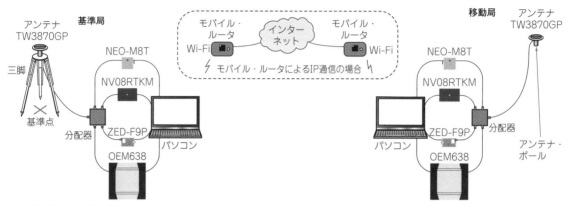

GNSS衛星

**図1 評価実験の機器構成**
2周波受信対応アンテナTW3870Gを基準局と移動局にそれぞれ設置する．スプリッタで4分配して4種類の受信機に接続する．移動局に有線または
モバイル・ルータを介したインターネット回線でデータを送信する．その後移動局で取得したデータとともにRTK測位計算を実行する

**表1 評価実験に用いた受信モジュール一覧**

| 型 名 | メーカ名 | RTK<br>エンジン | GPS | GLONASS | BeiDou | Galileo | QZSS | 価格 | ステータス |
|---|---|---|---|---|---|---|---|---|---|
| ZED-F9P[(1)] | ユーブロックス社 | ○ | L1/L2(2周波) | G1/G2 | B1/B2 | E1/E5b | L1/L2[(2)] | 約3万円 | 供給中 |
| NV08C-RTK-M | NVS社 | ○ | L1/L2(2周波) | G1/G2 | B1/B2[(4)] | - | - | 約40万円 | 供給中 |
| OEM638 | NovAtel社 | ○ | L1/L2/L5<br>(2/3周波) | G1/G2 | B1/B2 | L1/E5a/<br>E5b/AltBOC | L1/L2/<br>L5 | 約300万円 | 製造中止 |
| NEO-M8T | ユーブロックス社 | パソコン<br>(RTKLIB) | L1(1周波) | G1[(3)] | B1 | E1 | L1 | 約1万円 | 供給中 |

(1) 評価に用いたのはエンジニアリング・サンプル．(2) QZSSのRTCM3入出力に未対応(RTK測位に利用できない)．(3) BeiDouを選択したので
利用していない(GLONASSとBeiDouは排他的利用)．(4) 現出荷製品は対応．評価実験では未対応の個体を利用

モジュールを長らく開発してきたメーカです．同社の
衛星受信モジュールは，数字が世代を表しています．
8世代目となるM8からRTK測位が可能な1周波RTK
測位受信モジュールを投入して高精度測位分野に参入
しました．

F9シリーズは，最新の9世代目の衛星受信モジュー
ルです．同社が投入する2世代目の高精度測位受信モ
ジュールでもあります．

前述したとおり，評価する衛星測位受信機は，2周
波受信モジュールZED-F9P(ユーブロックス社)です．
GPS/Galileo/GLONASS/BeiDouの衛星システムの2
周波測位に対応します．本モジュールだけでRTK測
位計算が実行できます．

本モジュールは，M8シリーズとはパッケージが異
なります．**写真1**に示したように裏面に電極パッドが
あるので，基板に搭載するにはリフロが必要です．

インターフェースはUSBが1系統，UARTは2系統
(SPIやI²C)に対応します．UARTが2系統になって

**写真2 ZED-F9Pの評価にはセンサコム社が試作したボードを
利用する**

いるので，M8Pに比べて使い勝手が良くなりました．

消費電力は90 mA(電源3 V, GPS/GLONASS/Galileo/
BeiDou衛星補足時)です．2周波であることや対応衛
星システムの増加により，1周波RTK測位計算が可
能なGPSレシーバNEO-M8Pに比べて初期化時間が
大きく改善されることが期待されます．

執筆時点(2018年11月)ではごく少数のエンジニアリング・サンプルが提供されただけなので,現在発売中の製品版とは,仕様が変わっている可能性があります.

ここでは,評価試験のためにセンサコム社が試作した**写真2**に示す受信機を利用しました.

● 1万円GPSレシーバNEO-M8T(ユーブロックス社)
1周波の搬送波受信ができる時刻同期向け受信モジュールです.GPS/BeiDou(GLONASS)/Galileo/QZSS(ただし,BeiDouとGLONASSは排他的利用)の衛星システムに対応します.M8Tは,M8Pより多くの衛星システムに対応するかわり,RTK測位機能を内蔵しません.実験ではオープンソース・プログラム・パッケージRTKLIBと組み合わせて利用します.RTKLIBは,高須氏が開発した世界的に有名なGNSS測位プログラムで,その性能には定評があります.

基準局と移動局のRAWデータを記録して,RTKLIBにより後処理で測位計算を実行しました.

インターフェースとしてUSBが1系統,UARTが1系統(そのほか,SPIやI²C)に対応します.消費電力は32 mA(電源3 V,GPS/GLONASS/QZSS/SBAS衛星補足時)です.本モジュールを採用した受信機は,インターネット・ショップで約1万円の価格で購入できます.

実験では,受信モジュールを基板に実装し,USBやUARTインターフェースを備えるGNSS受信評価ユニットSCR-u2Tc(センサコム社)を利用しました.本章では以後,M8T+RTKLIBと表記します.

● 2周波RTK測位が可能なGPSレシーバNV08C-RTK-M(NVS社)
NVS社は,ユーブロックス社と同じようにコンシューマ向け受信機から高精度測位分野に参入した受信機メーカです.

NV08C-RTK-Mは,同社初となる最新の2周波RTK測位が可能な受信機カードです.

GLONASSは衛星ごとの放送周波数が異なるFDMA方式を採用しています.したがって,受信機,アンテナの群遅延特性の違いからバイアスを生じます.RTK測位では,基準局と移動局が同一機種であれば相殺されますが,異機種の組み合わせではバイアスが残ってしまいます.これをIFB(Inter Frequency Bias)問題と言います.本問題が発生すると,初期化に時間がかかったり,初期化できなかったり,ミスFixする症状がでます.本受信機はIFB問題の解決をうたう初期化機能を実装する受信機として注目されています.

ここでは,USBやRS-232-Cインターフェースを

備えるGGStar-NV08/RTK-M(リットー社)を用いました.価格は約40万円です.

2020年2月時点で出荷されている同製品は,BeiDouにも対応しています.今回実験に用いる個体は未対応のタイプなので,受信衛星数の面で不利になることが予想されます.本章では以後,NV08RTKMと表記します.

● 3周波RTK測位が可能なハイエンドGPSレシーバOEM638(NovAtel社)
NovAtel社は航空機,船舶,測量機や組み込み向けに高精度な受信機をラインナップする老舗の受信機メーカの一つです.OEM638は,3周波RTK測位が可能なハイエンド受信機カードです.価格は300万円以上です.ここでは,USBやRS-232-Cインターフェースを備えた同社のProPak6に搭載して利用します.同社の最新ラインナップであるOEM7シリーズの一つ前の製品です.今は販売されていません.本章では以後,OEM638と表記します.

比較評価は,測位性能の一部を実験した結果です.本結果で受信機の良し悪しを判断できるものではありません.それぞれの受信機には得意不得意の分野があることを理解した上で評価結果を判断してください.

## 実験① 定点における測位精度

● 評価環境
まずは,定点における測位結果のばらつきを評価します.本実験では誤差の原因の一つであるマルチパスの影響を強く受ける環境を模擬するため,**写真3**に示すように周囲が木や構造物に覆われる場所に移動局を設置しました.移動局のアンテナは三脚で動かないように固定します.1 Hzで8時間,同一アンテナで,4機種同時に測位したときの結果を比較します.測位精度のほか,Fix解(高い測位精度が得られた状態)の比率も比較します.

● F9Pの測位精度は14 mm
図2〜図5に全機種の測位結果を示します.Fix解だけの測位結果の測位精度は,M8T+RTKLIBが12 mm(以降,本項では測位精度を2DRMSで表記)と一番小さく,NV08RTKMが30 mmと一番大きくなりました.

F9Pの測位精度は14 mmです.OEM638の19 mmに比べて誤差が小さいものの,M8T+RTKLIBに届いていません.これはM8T+RTKLIBに比べて,F9Pが利用する衛星システムが多いことが原因です.衛星システムごとの測位座標系のずれ(系統誤差)が影響していると予想されます.

（a）アンテナ周囲の状況

（b）開空状況

**写真3　定点測位の実験場所**
誤差原因の一つであるマルチパスの影響を受ける環境を模擬するため，周囲が
木や構造物に覆われる場所に移動局を設定した

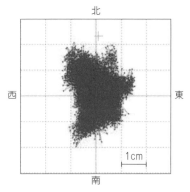

**図2　ZED−F9Pの定点測位の2DRMS（測位精度）は14 mm**
水平方向の定点測位．利用する衛星システムが多いので，後述する
M8T＋RTKLIBに比べ誤差が2 mm大きくなっていると考えられる

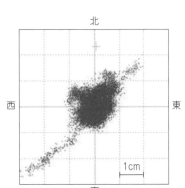

**図3　M8T＋RTKLIBの定点測位の2DMRS
は12 mm**
4機種の中で最も誤差が小さい

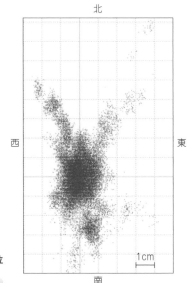

▶**図4　NV08RTKMの定点測位
の2DRMSは30 mm**
4機種中の中で最も誤差が大きい

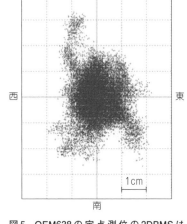

**図5　OEM638の定点測位の2DRMSは
19 mm**

● **F9Pの経時変化には，RTK測位特有の誤差がない**

複数衛星システムを利用することが，必ずしも測位
精度を向上させることにならないことは，これまでも
多くの研究成果で指摘されています．F9P以外の3機
種では，髭のような，測位結果のばらつき範囲から逸
れていく測位値が見られます．

**図6**に示す測位結果の経時変化では，この逸れてい
く状況を確認できます．特にNV08RTKMでは多く見
られ，測位誤差範囲が大きくなる原因の一つになって
います．これは，対応する衛星システムがGPSと
GLONASSだけと少なく，受信衛星数の不足から，マ
ルチパスの影響が大きい衛星の信号も使わざるを得な
いことが原因と考えられます．F9Pは，この髭のよう
なものが一切見られない良好な測位結果になっていま
す．

Fix率はF9PとOEM638が100 %，M8T＋RTKLIB

は98.8 %，NV08RTKMが91.6 %となりました．特に
NV08RTKMのFix率が低く，定点測位を実施した厳
しい測位環境の影響を強く受けた結果になりました．
これは受信機の設定などを見直すことで改善される可
能性があります．

### 実験② 移動時の測位精度

● **評価環境**

本実験では，2.5 m程度の直線軌道上をアンテナを
搭載した台車を往復移動させて，その再現性から移動
体の測位精度を評価します．**写真4**に示すように周囲
に障害物がほとんどないオープン・スカイとなるグラ
ウンドと，周囲に木や構造物がありマルチパスの影響
が懸念される構造物周辺の2箇所において，同一アン
テナで4機種同時に測位したときの精度を比較します．

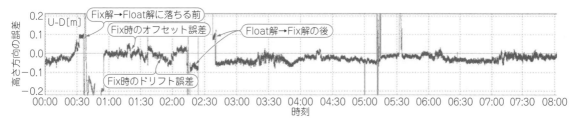

（a）NV08RTKMの高さ方向の経時変化

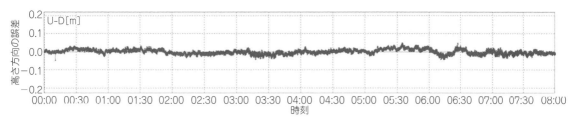

（b）ZED−F9Pの高さ方向の経時変化

**図6　F9Pの経時変化には，RTK測位特有の誤差がない**
定点測位に見られるヒゲ．NV08RTKMの経時変化には，Fix解とFloat解の切替前後の測位値の大きな変化，マルチパスの影響が大きい衛星が測位計算に組み入れられた際に見られるオフセット誤差，測位計算に利用している衛星のマルチパスの影響が衛星の移動に伴い増えるときに見られるドリフト誤差など，RTK測位特有の誤差が多くみられる

（a）グラウンド（14.5往復）

（b）障害物周辺（24往復）

**写真4　移動体の測位精度の実験環境**
周囲に障害物がほとんどないグラウンドと，周囲に木や構造物がありマルチパスの影響が懸念される構造物周辺の2箇所で実験を行う．スライド・レールを利用する

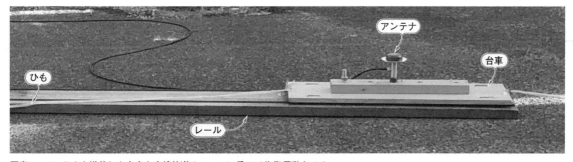

**写真5　アンテナを搭載した台車を直線軌道のレールに乗せて往復運動させる**
台車は離れた場所から人力で移動させる

**写真5**に示すようなスライド・レールを用いて，台車上のアンテナは，2.5 mの直線軌道を片道10秒（時速約1 km）で移動します．端で10秒静止の後，元の位置への移動を繰り返す実験です．グラウンドでは14.5往復，構造物周辺では24往復して，測位結果の軌跡のぶれ幅から移動体の測位精度を評価します．

時速約1 kmでは，移動体としては遅すぎて性能を表す指標にならないと感じる読者も多いと思います．しかし，受信アンテナと衛星の相対速度は，移動体の速度に比べれば遥かに速く，衛星測位にとって高速移動体の測位は本来，それほど不得意ではありません．ただし，自動車を利用した実験では，急に止まれない，直角に曲がれないなどの制約を利用したフィルタが適用されて，測位結果に影響することを経験しています．

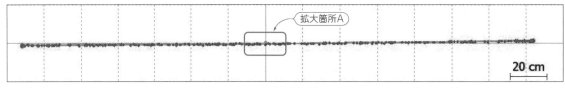

（a）グラウンド

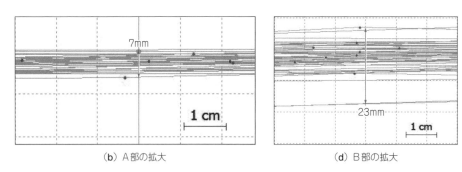

（b）A部の拡大

（d）B部の拡大

（c）構造物周辺

**図7 F9Pのぶれ幅はグラウンドで7 mm，構造物周辺で23 mm**
グラウンドでは後述するハイエンド受信機に迫るぶれ幅である．構造物周辺では他の2周波受信モジュールに比べ，ぶれ幅が半分程度である．スライド・レール（水平方向）

それを考慮して，アンテナをゆっくり移動させる実験を選びました．

● **F9Pのぶれ幅はグラウンドで7 mm，構造物の周辺で23 mm**

構造物周辺の測位結果では，スライド・レール上の台車の位置によってマルチパスの影響が異なります．移動に伴いマルチパスの影響が大きく変化することから，その影響も注目です．

図7～図10に全機種の水平方向の測位結果（移動軌跡）を示します．

F9Pのぶれ幅は，グラウンドで7 mm（以降，本項ではぶれ幅の最大最小範囲を表記），構造物周辺で23 mmです．

M8T＋RTKLIBでは，グラウンドで8 mmと定点測位と同じようにF9Pよりも良好な結果が得られました．構造物周辺では，Fix解を維持できずFloat解に落ちました．1周波RTK測位にとって，構造物周辺の環境は厳しすぎることがわかります．

NV08RTKMは，グラウンドで10 mm，構造物周辺で38 mmです．

OEM638は，グラウンドで6 mmと一番良好な結果で，ハイエンド受信機の一面を見られます．構造物周辺では45 mmとM8T＋RTKLIBを除く3機種で一番大きなぶれ幅となりました．

F9Pは，グラウンドでハイエンド受信機に迫るぶれ幅であること，構造物周辺では他の2周波の受信機と比較してぶれ幅が半分程度であることから，測位精度では優秀な受信機であると言えます．定点測位の結果と同じように，マルチパスの影響が大きいです．厳しい測位環境では，より大きな性能差が見られることがわかります．

## 実験③ 構造物を周回したときのFix維持性能

● **評価環境**

本実験では，写真6に示すように平屋の構造物周囲を周回する際のFix解の維持性能を評価します．これまでの2つの実験とは異なり，測位精度を比較するのではなく，測位精度数cmの指標となるFix解のフラグを遮へいやマルチパスの影響が懸念される厳しいルートを徒歩で移動する中，どの程度維持できるのか，Float解に落ちてもすぐにFix解に復帰できるのかを比較します．これまでの実験と同じように同一アンテナで4機種同時に測位させ，構造物周囲を3周して比較評価します．厳しい測位環境では，Fix解であって

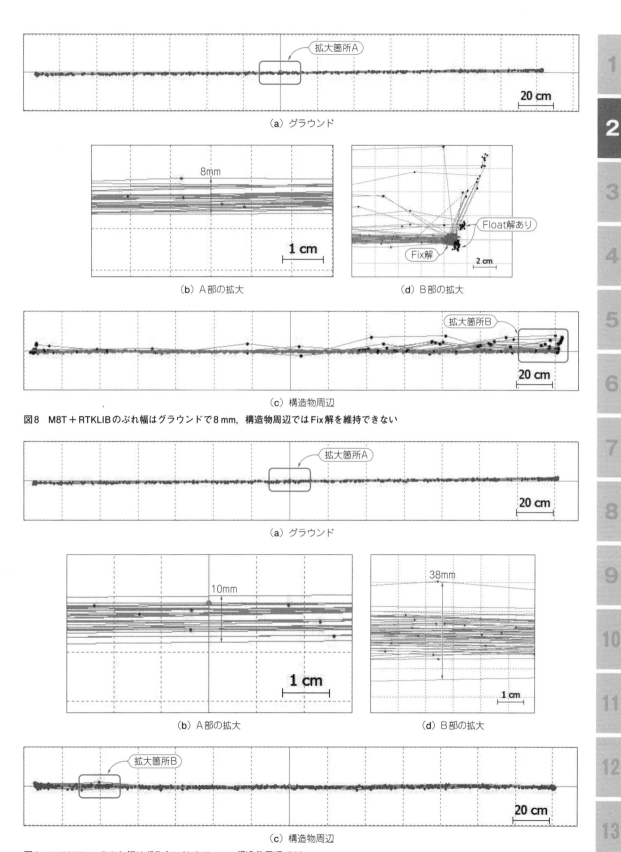

（a）グラウンド

8mm

（b）A部の拡大

1 cm

Float解あり

Fix解

（d）B部の拡大

2 cm

拡大箇所B

20 cm

（c）構造物周辺

図8　M8T＋RTKLIBのぶれ幅はグラウンドで8 mm，構造物周辺ではFix解を維持できない

拡大箇所A

20 cm

（a）グラウンド

10mm

（b）A部の拡大

1 cm

38mm

（d）B部の拡大

1 cm

拡大箇所B

20 cm

（c）構造物周辺

図9　NV08RTKMのぶれ幅はグラウンドで10 mm，構造物周辺で38 mm

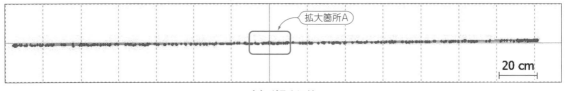

（a）グラウンド

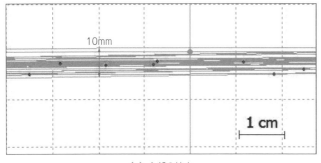

（b）A部の拡大

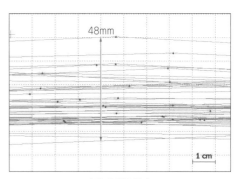

（d）B部の拡大

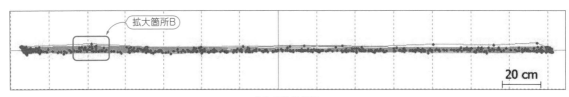

（c）構造物周辺

**図10　OEM638のぶれ幅はグランドで6 mm，構造物周辺で45 mm**
構造物周辺ではM8T＋RTKLIBを除く3機種の中で一番大きなぶれ幅となる

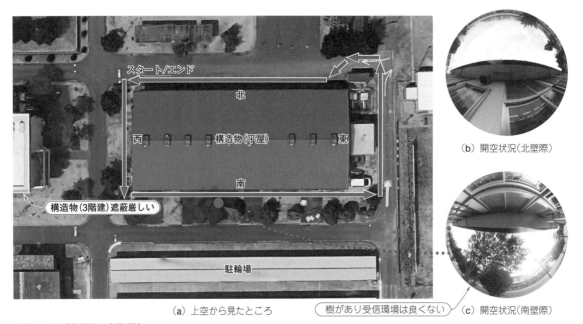

（a）上空から見たところ
（b）開空状況（北壁際）
（c）開空状況（南壁際）

**写真6　Fix維持性能の実験環境**
　平屋の構造物周囲の周回する．軒下になる壁際を反時計回りに3周する．南壁際では，日本における衛星配置が南に偏るBeiDou受信にメリットがある．北壁際では，北半球に位置する日本にとってGPS衛星が少ない北側がGLONASS受信にメリットがある．地図データはGoogle，ZENRIN

写真7 Fix維持性能の実験での歩行のようす（軒下）
軒下では，天頂さえも空が見えず，受信衛星数が大きく減る

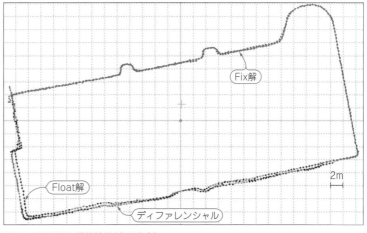

図11 F9PのFix維持性能（水平方向）
北側と東側でFix解を維持できている．西側と南側でFix解を維持できず，Float解やディファレンシャルに落ちているが，ルートを逸脱することなく軌跡をつないでいる

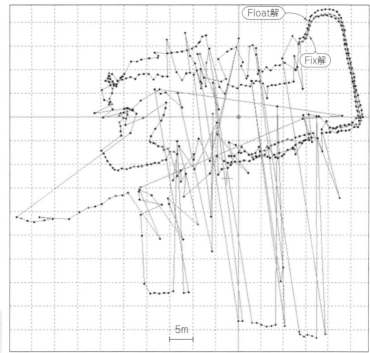

図12 M8T＋RTKLIBのFix維持性能
東側で3周のうち1周でFix解が得られたものの，その他の全域でFix解がほぼ得られない．Float解はルートを大きく逸脱しており，どこを歩行したのか判断できない測位結果になる

も間違った解に収束するミスFixの可能性があります．

当初，本実験では構造物から数m離れた周囲を周回する移動ルートを取りました．F9PではFix解を維持し続け，一度もFloat解に落ちませんでした．そこで写真7に示すように，より厳しい受信環境とするため，できる限り構造物の壁に接して歩き，軒下に入り込むようにして移動するルートへ変更しました．軒下に入るルートでは，天頂さえも空が見えない環境となり，受信衛星数が大きく減ります．構造物の西側は，隣接する3階建て構造物と植栽の影響を強く受ける場所です．構造物の南側では，北側が完全に遮へいされます．構造物の北側では南側が完全に遮へいされるため，対応する衛星システムの配置の偏りが与える影響を見ることができます．Float解に落ちた際に，一般的には著しく測位精度が落ちて測位結果が暴れます．この測位結果の暴れ具合を評価できます．

● F9Pは北側と東側ではFix解を維持できるが，西側と南側ではFloat解になる

図11～図14に全機種の水平方向の3周分の測位結

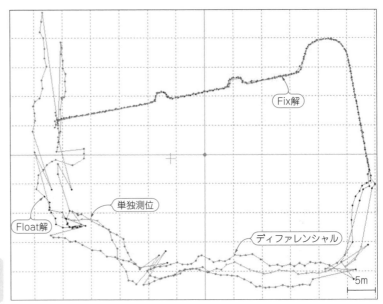

**図13 NV08RTKMのFix維持性能**
北側と東側でF9Pと同様にFix解が得られる. 西側と南側ではFloat解となる. Float解は, ルートを逸脱しており, どこを歩行したのか判断できない

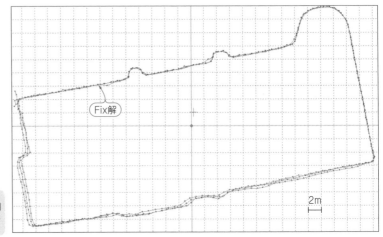

**図14 OEM638のFix維持性能(水平方向)**
全域でFix解が得られる. 西側のルートを見ると, 周回毎に違う場所を歩行しているような測位結果になる. 実際にはほぼ同じ場所を歩行していてミスFixが疑われる

果(移動軌跡)を示します.

F9Pは, 北側と東側でFix解を維持できている一方, 西側と南側でFix解を維持できず, Float解やディファレンシャルに落ちています.

M8T + RTKLIBは, 東側で3周のうち1周でFix解が得られたものの, その他の全域でFix解がほぼ得られていません. Float解はルートを大きく逸脱しており, どこを歩行したのか判断できない測位結果となりました.

NV08RTKMは, 北側と東側でF9Pと同じようにFix解が得られましたが, 西側と南側ではFloat解となりました. Float解は, ルートを逸脱しており, どこを歩行したのか判断できません.

OEM638は全域でFix解が得られました. ただし, 西側のルートを見ると, 周回毎に違う場所を歩行しているような測位結果になっています. 実際にはほぼ同

じ場所を歩行していたのでミスFixが疑われます. 他の時間帯での測位結果で確認したところ, **図15**に示すような明らかにミスFixしている事例が見つかりました.

実験で設定したルートは, M8T + RTKLIBやNV08RTKMの測位結果では, 歩行したルートすら判断できない結果になっています. しかし, これらの受信機が劣っているのではなく, 一般的なRTK受信機では同じ結果になることが予想されます. 設定したルートは, 衛星測位が困難な環境です. このような測位環境でもF9PやOEM638は, 高いFix率で歩行ルートをプロットしました.

● **F9PはFloat解に落ちたときでも, ルートを大きく逸脱することなく軌跡をつないでいる**

ユーブロックス社の受信機では, 都心のビル群の歩

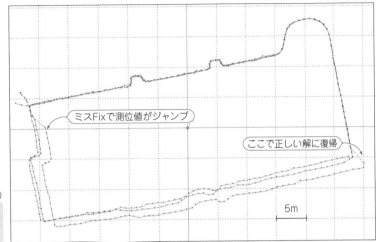

**図15　OEM638のミスFixの例**（他の時間帯）
明らかに1周だけルートから外れている．この
場所は建物内で歩行できない．このことからミ
スFixしていることがわかる．南側端まで継続
してした後，正しい解に復帰する

道や高速道路下の道路においても，ルートを逸脱する
ことなくトレースできる性能を持つことが知られてい
ます．ジャイロや加速度センサが搭載されているので
はないかと疑うほどの性能です．マルチパスの影響が
少なく高品質の衛星が不足するときは，信頼できる数
少ない衛星のドップラーシフトから速度ベクトルを取
得することで，位置を推測していると考えられます．
F9Pは，この位置推定を高精度に行うことで，Float
解に落ちた区間をうまくつないでいることがわかりま
す．

　OEM638は，Float解がほとんど見られません．さ
らに本実験では一番高いFix維持性能を持つと評価し
ましたが，RTK測位では致命的なミスFixがいくつ
か見られたことで評価を下げました．測位結果には水
平方向で1m以上ずれるミスFixの状態を西側から南
側のルート全体で継続しました．工事測量をするユー
ザなどは，その受信機のFix解の信頼性を元に作業工
程を計画します．使用中の受信機でミスFixの可能性
が高いと，複数回測量，点検して信頼性を確保する必
要があります．このようなことから信頼性を落として
までもFix解を維持せずに，適切にFloatに落とすこ
とも重要です．

＊　＊

　私がRTK測位に出会って25年が経とうとしていま
す．オープンソース・プログラム・パッケージ
RTKLIBの登場や低価格1周波RTK受信機の台頭，
複数衛星システムの配備が進んだことは，RTK測位
のコスト・パフォーマンスを飛躍的に高めました．衛
星測位が満足する性能とコストを備え，普及が期待で
きる状況に到達したことを実感しました．

　このような中，今回F9Pを評価する機会に恵まれ，
3週間以上の時間をかけて性能を評価しました．災害
現場などの実フィールドでもその性能を確認しました．
その結果，従来のRTK測位の常識を覆す，高いコス
ト・パフォーマンスを持つ受信機であることがわかり
ました．それはRTK受信機の新たなデファクト・ス
タンダードとなることを意味します．

　今後は新分野への展開等，この受信機の登場をきっ
かけに普及がいっそう加速することが予想されます．

　今回紹介したF9Pの測位性能の評価は，茨城高専
の岡本研究室の大泉拓也さん，桐山魁さん，阿久津愛
貴さんの3名が，3週間という時間をかけて，実験お
よびデータ整理した成果が元になっています．彼らの
尽力なしではまとめられませんでした．毎日深夜まで
よく頑張りました．彼らに感謝します．　　〈岡本 修〉

# 移動体搭載時／遠距離基準局での精度

2018年から，Swift Navigation（米国）やAllystar（中国），ユーブロックス（スイス）から，数万円の低コスト多周波受信機が世の中にでてきました．

本稿では，2周波RTKレシーバZED-F9P（ユーブロックス）搭載のEVK（Evaluation Kit）を利用して移動体の測位実験を行った結果を紹介します（**写真1**）．

## 移動体に載せて
## 高精度測位装置と比較

実験コースは海洋大から月島，晴海を経て丸の内までです（**図1**）．ZED-F9Pは，100万円クラスの測量受信機で実施したRTKの結果と大きな差はありませんでしたが，ミスFixと考えられる箇所が2箇所あり

ました．

**図2**に示すのは，RTK測位の水平方向の時系列誤差です．前半の290300秒付近は，月島駅の交差点の高架下を通過してすぐに信号があり，高層ビルに挟まれた箇所で停止する直前の結果です．ここは，Google Mapなどで検証すると，F9PのRTK測位結果が1〜2秒間かけて，数十cmずれており，ミスFixと考えられます．測量受信機でもたまにFixしないときがある箇所です．

292000秒直前でも1m程度のずれがみられました．ここは解が安定しなかった，皇居側の道路です．こちらもF9PのミスFixと考えられます．その他の部分は約10cmの差でした．

屋上での静止時のRTK測位は100％Fixなので，問題ありません．Fixというのは，搬送波位相のアンビギュイティが決定されcm級の精度が得られている状態のことです．

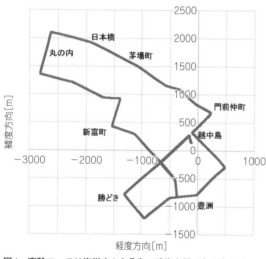

**図1 実験コースは海洋大から月島，晴海を経て丸の内まで**
同時に取得した高精度測位システムPOS LVXの位置をプロット．原点は海洋大の基準点アンテナ位置とする．要所の駅名を示す

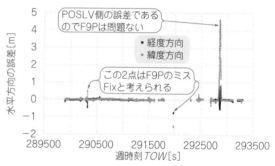

**図2 RTK測位の水平方向の時系列誤差をみると，F9PのミスFixと考えられる箇所が2箇所ある**
POS LVXとの位置との差を時系列で示す．後半にある1m以上のずれはPOS LVX側の誤差である．丸の内や八重洲の高速ビル街で実験すると，POS LVXでも限界がある

**写真1 2周波RTK受信モジュールZED-F9P搭載の評価ボードと付属アンテナで移動体の測位実験を行う**
本評価ボードのUSBをパソコンにつなげて，アンテナと接続する．GNSS評価ソフトウェアu-center（ユーブロックス）は同社のWebサイトより無料でダウンロードできる．アンテナの大きさは約6cm四方

（**a**）ZED-F9P用EVK（ユーブロックス）

（**b**）付属のアンテナ

## ■ テストの環境と条件

- 日時：2018年11月7日（水曜）の夕方17時ころから約1時間
- 実験のコース（**図1**）：やや開けた場所＋中層ビル街＋高層ビル街
- 取得レート：5 Hz. 前日に10 Hzで観測データ＋NMEAを取得するとデータ落ちが発生
- リファレンス位置：高精度移動体測位装置POS LVX（Applanix社）で同時に精密位置を算出. この装置はRTK測位だけでなく慣性航法装置（加速度センサとジャイロ）と速度センサを併用して後処理で精密な位置を算出できる
- アンテナ：今回はパッチ・アンテナではなくPOS LVXと共用するためJAVAD製アンテナを利用
- 使用衛星：GPS/QZSS/Galileo/GLONASS/BeiDouの2周波. GPSのL2帯信号はL2PではなくL2C, GalileoはE1とE5b

GNSS評価用ソフトウェアはu-center（ユーブロックス）のV18.10を利用しました. 基準点側は, 海洋大の越中島キャンパス第4実験棟の屋上に設置済みのGNSS受信機NetR9（ニコン・トリンブル）からのRTCM3補正データ（マルチGNSS対応の一般的な補正データのフォーマット）をインターネット経由で転送します. 移動側はノート・パソコンにスマートフォンのテザリングで補正データを受信後, F9Pを接続してRTK測位を試験しました.

## ■ テスト結果

### ● 高層ビル街や高架下以外はほぼFixしている

**図3**に実際のRTKの水平測位結果を示します. プロットされた場所は, リアルタイムにF9Pでcm級の位置を出力した場所を意味します. 本図の原点も基準局の位置（海洋大）としています.

全体のFix率（全体エポック数に対してcm級の位置と判断したエポック数の割合）は66.7％です. 海洋大周辺の月島, 勝どき, 晴海付近に限定すると, Fix率は93.2％でした. 本結果は, これまで測量受信機（100万円クラスの多周波対応のGNSS受信機）で実施してきたRTKの結果と大きな差はないです.

丸の内や日本橋, 国際フォーラム付近の高層ビル街を除いて, ほぼFixしているような状況でした. ところどころ, Fixしていない短時間の箇所は高架下です.

**図3**の左側に示す丸の内の皇居側道路は, あまり高層ビルに囲まれていないので, Fixできなかった原因を追求していく予定です.

実験データをみた限りでは, 永代通りの丸の内付近での精度の悪いFloat解（Fix解にたどりつく前の段階の解）を, 永代通りから左折後も引きずっていた印象があります.

### ● 水平方向の時系列誤差をみると2箇所ミスFixがある

スマートフォンで通信した補正データには, 10秒を超える遅延が頻発していた箇所がありました. その場所は東京国際フォーラム付近とその高架下でした. 基準局の補正データは毎秒放送されていますが, 移動側のスマートフォンの通信状態が悪くなると, GPSレシーバは昔の補正データを利用することになります. もう少しFix解の詳細を調べるため, 水平方向のPOSLVXとの誤差を確認します. 前述した**図2**はその結果です. **図2**の横軸の*TOW*は, Time Of Weekのことです. GPSがUTCの日曜日の0時に0秒でスタートし, 土曜日の23時59分59秒までカウントされる秒のことです. 正確にはGPS時刻はUTC時刻より18秒進んでいます.

実験した日は水曜日なので, その日本時間午前9時（UTCでは0時）が259200秒です. **図2**に示した水平方向の誤差の中で, 後半に1 m以上ずれている箇所があります. これはPOSLVX側の誤差であることを確認しました.

丸の内や八重洲の高層ビル街で実験を行うと, 海洋大で所有する後処理のRTK/IMU/SPEEDの機能を備えたPOS LVXでも限界があります. したがって, この後半の誤差は, F9Pに問題はなかったと考えています. 前述したとおり, その他で2箇所やや大きくずれていました.

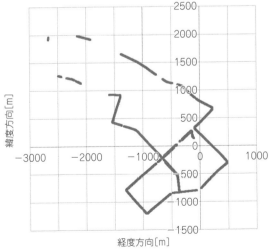

**図3　全体のFix率は約66.7％**
RTK測位結果の水平プロット. 丸の内や日本橋, 国際フォーラム付近の高層ビル街を除いて, ほぼFixしている. Fixしていない短時間の箇所は高架下

　上記はRTKだけの結果を評価しました．次にF9P
の疑似距離の精度も検証してみます．疑似距離は，受
信機で最初に計算できる距離情報に受信機内部のクロ
ック誤差が含まれているため，「疑似」という言葉が
ついています．RTKLIBの2.4.3b31でF9Pの観測デー
タをデコードできます．RINEXの観測データに変換
し，そのデータを付録DVD - ROMに収録のRTKコ
アで読み込み，相対測位（DGNSS：Differential GNSS）
を実施しました．

　利用した衛星は，GPS/QZSS/GALILEO/GLONASS/
BeiDouの1周波数だけです．基準点でも同じくF9P
でデータを取得していたので，同じ機種でのDGNSS
になります．マスク角は15°，最低信号レベルは
30 dBHzとし，そのほかの設定はしていません．

　水平方向の時系列結果を図4に示します．図の見方
は図2と同様です．図4はM8シリーズを利用したと
きの疑似距離でのDGNSS測位結果とあまり変わらな
いようです．数十mを超える誤差が高層ビル街だけで
なく，中層ビル街でも見られます．

　F9Pのシリーズにおいて，マルチバンドGNSSや多
周波への対応はほぼ実施されました．BDS（BeiDouの
正式な名称）の静止衛星は受信されていません．GPS
のL2P帯も受信されませんでした．F9Pがもつ，疑似
距離のマルチパスを低減させる能力は，測量受信機ほ
どではない可能性があります．しかし，マルチバンド
GNSSと多周波の観測データを出力可能な受信機では，
RTKの性能が向上することが予想されます．先の実
験結果では，その性能を十分発揮しています．

## ■ 基準局が遠いときの性能

● 100 km離した基準局を利用したときは収束10分，
精度10 cm

　長基線でのRTKの性能を試験してみました．長基

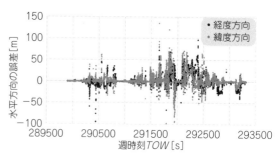

図4　10 mを超えるDGNSS測位の水平方向の時系列誤差が高
層ビル街だけでなく，中層ビル街でも見られる

線とは，基準局と移動局が50 kmを超えるような基線
でのRTKのことです．このような基線になると，電
離層や対流圏の誤差を無視できなくなるため，RTK
エンジンでそれらの誤差を考慮した計算を行って対応
します．一般的な測量受信機では対応しているものが
多いです．基線長が約100 kmでも1分以内にFixし，
数cmの精度を達成しているものが見受けられます．
そこで全く同じ環境（海洋大の基準点のトリンブル製
アンテナより分岐）で測量受信機とF9Pを接続し，宇
都宮大学の羽多野先生の研究室で運用されている
NetR9の補正データをリアルタイムで入力してみまし
た．

　宇都宮大学と海洋大はちょうど基線の長さが99 km
くらいです．結果は，測量受信機は数秒でFixし，数
cmの精度で安定していました．F9Pのほうは10分程
度待ってもFixしませんでした．ただしすぐにFloat解
にはなり，10分経過すると精度は10 cmくらいまでき
ていました．どこか別の設定を行う必要があるかもし
れませんが，少なくともノーマルの状態では，長基線
のRTKには対応していないようでした．〈久保 信明〉

### 第3話

相対位置を測れるので方向や姿勢の検出に使える

# バイクでの実走テストと2個使いでの角度センシング

● **バイクの走行軌跡と運転姿勢をトレースすれば路面の粗れぐあいまでも診断できる**

私の研究室では，自動2輪車（オートバイ）に高精度の衛星測位受信機を搭載して道路車線内の走行位置をトレースし，**写真1**のような路面の損傷箇所を検出する実験をしています．

自動4輪車で計測すると，タイヤが通らない車線中央部にある穴などは検出が困難です．一方，自動2輪車は車線中央部も通れるため，穴を通れば車体に路面からの振動が伝わるので凹凸を検出できます．

自動2輪車の動作をセンチメートル精度で測位すれば，穴などを避けたときに走行位置が車線中央なのか左側なのかがわかるので，障害物や損傷箇所を検出できます．さらに運転姿勢が計測できれば，凹凸の大小も判別できます．

● **最新2周波対応GNSSモジュールを2個，バイクに搭載して走る**

走行軌跡のトレースには，RTK測位に対応した高精度衛星測位受信モジュールM8T（ユーブロックス）を使用していましたが，今回はF9P（ユーブロックス）を活用することにしました．2周波を同時に受信できるので，従来よりも短時間でFloat解からFix解へ復帰でき，M8Tよりも広い範囲で1cm精度の測位ができるかもしれません．

GNSSを使った運転姿勢の計測にはFix解を使います．Float解からの復帰に時間のかかるM8Tではフィールドで実用レベルに達しないと思い，実験していませんでした．2周波受信機のF9PならFix率が高く，Float解に落ちてもすぐに復帰するので，より実用的な運転姿勢の計測ができるだろうと考えました．

そこで本稿では，F9Pを2台使って，走行軌跡のトレースや，進行方向角やロール角など運転姿勢計測の実験をします．

従来の高精度衛星測位受信モジュールM8Tを使った走行軌跡のトレースは，第1章で紹介しています．

**写真1 自動2輪車の走行軌跡から道路の路面状態を診断したい**
2輪車は状態の悪い路面を4輪車よりも積極的に避けるので，走行軌跡から補修したほうがよい場所が見つけやすくなる可能性がある．走行データの計測に高精度衛星測位受信機が使えるか研究している

**写真3 写真2のデータ・ロガーのアンテナ設置位置**
アンテナ間距離は約23cm，地面からのアンテナの高さは約133cmである

---

## システム構成

GPSコンパスを形成し，軌跡だけではなく車体運動も計測できる構成にするため，2台のF9Pモジュールを自動2輪車に載せました．

F9Pの内蔵RTKエンジンは使わず，計測値を記録して後処理演算にて性能を検証しました．

● **データ・ロガー**

**写真2**に示すのは，今回の実験のために製作した自動2輪車搭載用データ・ロガーです．**図1**に全体のブロック図を示します．ZED-F9Pボードを2台から出力したデータを，シングル・ボード・コンピュータラズベリー・パイ3に保存します．本データ・ロガーの詳細を**表1**に示します．

実験では，自動2輪車の後部荷台に設置されているパニア・ケースに本データ・ロガーを格納して走行します．2つのGNSSアンテナは，**写真3**のようにパニア・ケースのふたの上に，進行方向に対して横に並ぶようにして水平に設置しました．この配置なら，アンテナ間の位置の差から車体の進行方向角とロール角が計測できます．

実験車両には，排気量250ccのアドベンチャー・タイプのオートバイV-Strom（スズキ）を使いました．

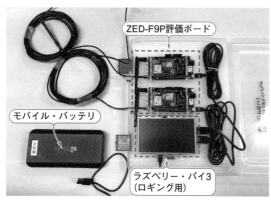

写真2 製作したバイク搭載用データ・ロガー
2周波の受信に対応したF9Pモジュール（ユーブロックス）を2台搭載する．GNSSアンテナを2箇所に設置できるので，車体の姿勢（進行方向角やロール角）の計測ができる

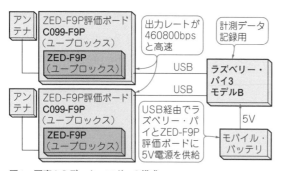

図1 写真2のデータ・ロガーの構成
ZED-F9Pの出力レートは460800 bpsと高速なので，測位データの記録には，それなりの性能を持つコンピュータが求められる．今回はラズベリー・パイ3を使った

### ● 後演算処理

取得したデータは，RTKLIB ver.2.4.3 demo5 b31を使って後演算処理を行います．これは，高須 知二氏が開発した本家ではなく，rtklibexplorer氏（http://rtkexplorer.com/）によって改造されたソフトウェアです．こちらを使う理由は，演算にGalileoのE5bのデータを利用できるためです．本家RTKLIBでもver.2.4.3b32にてGalileoのE5bのデータ対応が予定されています．

**表2**に示すのは，後演算処理を行ったときのRTKLIBの設定です．データ・ロガーに記録したF9Pモジュールの出力バイナリ・データは，RTKCONVを使ってRINEXデータに変換します．このとき，2周波測位結果を取り出すためには，Optionsの中にあるScan Obs Typesにチェックを入れます．

### ● 走行経路

走行実験は，2018年12月9日（日）に，次の2つの経路で行いました．

▶(1) 静岡大学浜松キャンパス周辺の住宅密集地

表1 写真2のデータ・ロガーの仕様

| 項 目 | 内 容 |
|---|---|
| GNSSモジュール | **ZED-F9P**（ユーブロックス）×2台 |
| アンテナ | ZED-F9P評価ボード同封の2周波アンテナ |
| データ・ロガー | ラズベリー・パイ3 |
| 計測するGNSS | GPS，GLONASS，Galileo，BeiDou，QZSS |
| GNSS計測間隔 | 5 Hz |

表2 バイク用モーション・キャプチャの後演算処理に使ったRTKソフトウェアの設定

| 項 目 | 内 容 |
|---|---|
| 測位ソフトウェア | **RTKLIB ver.2.4.3 demo5 b31** |
| 測位プログラム | RTKPOST |
| 測位モード | Kinematic |
| ARモード<br>（GPS/GLO/BDSの順） | Continuous/ON/ON |
| 仰角マスク | 25° |
| *SNR*マスク | 全て30 dB |
| Min AR ratio | 3.0（デフォルト） |
| 利用基準点 | 静岡大学浜松キャンパス基準局<br>hamamatsu-gnss.org |
| 実行環境 | OS：Windows10<br>CPU：Core i7-6820HQ<br>Memory：32 Gバイト |

● 走行時間 　　　：16：40〜17：20の40分間
● 得られたデータ：約12000エポック分

▶(2) 静岡大学浜松キャンパスから浜名湖・館山寺方面の郊外

● 走行時間 　　　：18：00〜19：00の1時間
● 得られたデータ：約18000エポック分

## 実験① Fix力と測位精度

### ● 1周波と2周波で結果を比較する

F9Pモジュールは，2周波信号の受信に対応しています．一方，M8Tなど従来のモジュールは，1周波のみの受信にしか対応していません．M8Tモジュールは，GPS/Galileo/QZSSに加えて，GLONASSかBeiDouのいずれかを選択し，最大4種類の衛星システムを同時に受信できます．F9Pモジュールでは，GLONASSとBeiDouも同時に受信できるようになりました．

今回は，F9Pモジュールの計測値のみを記録しています．F9Pモジュールの後処理演算時に，GLONASSを使わない，かつ1周波信号のみ使うことでM8Tモジュールでの測位演算結果をエミュレートしました．

### ● 結果：2周波はFloat解からの復帰が早い

▶経路1：静岡大学浜松キャンパス周辺の住宅密集地の測位演算結果

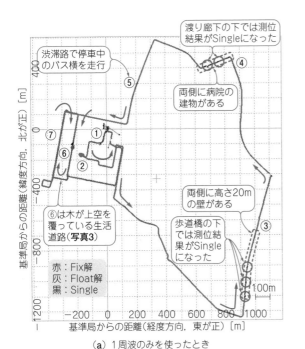

両側に病院の建物がある

渡り廊下の下では測位結果がSingleになった

渋滞路で停車中のバス横を走行

両側に高さ20mの壁がある

歩道橋の下では測位結果がSingleになった

⑥は木が上空を覆っている生活道路（写真3）

赤：Fix解
灰：Float解
黒：Single

基準局からの距離（緯度方向，北が正）[m]

基準局からの距離（経度方向，東が正）[m]

（a）1周波のみを使ったとき

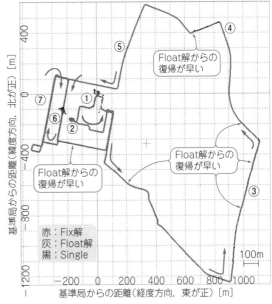

Float解からの復帰が早い

Float解からの復帰が早い

Float解からの復帰が早い

赤：Fix解
灰：Float解
黒：Single

基準局からの距離（緯度方向，北が正）[m]

基準局からの距離（経度方向，東が正）[m]

（b）2周波を使ったとき

**図2 経路1：住宅密集地での走行軌跡トレース結果**（2周波を使ったときの方が，Float解からFix解への復帰が早い）

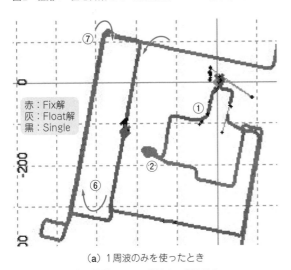

赤：Fix解
灰：Float解
黒：Single

（a）1周波のみを使ったとき

赤：Fix解
灰：Float解
黒：Single

（b）2周波を使ったとき

**図3 経路1の走行軌跡トレース結果の一部を拡大**

　**図2（a）**に示すのは，GPS/Galileo/BeiDouの1周波のみを使った場合の走行軌跡です．**図2（b）**に示すのは，**図2（a）**と同じ衛星システムの組み合わせで2周波を使ったときの軌跡です．**図3**に示すのは**図2**の一部を拡大したものです．

　**図2**では，①を始点にしてキャンパス内を走行し，**写真4**の構内の駐車場②で円旋回，および8の字旋回運動を何周か行った後に公道に出て，南東方向から市内幹線道路を反時計回りに走行しました．

　③は両側が高さ20mほどの壁に挟まれた道路です．歩道橋の下では，測位結果がSingle（RTK測位ができ

ていない状態）になりました．④は，両側に病院の建物があるアンダーパス状の道路です．路上の渡り廊下の下では，測位結果がSingleになりました．

　⑤では渋滞中の幹線道路で，停車するバスの真横を走行したときにFloat解になりました．⑥は**写真5**に示すような木が上空を覆っている生活道路で，衛星からの信号が遮蔽され，測位を困難にしています．⑦は，両側に住宅の建っている幅員3mの生活道路です．

　**図2（a）**と**図2（b）**を比べると，2周波信号を使った計測結果の方が短時間でFloat解からFix解へ復帰しています．

47

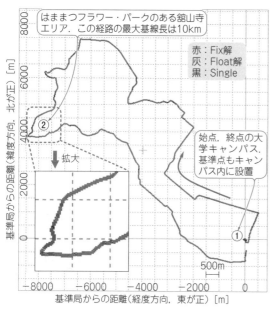

(a) 1周波のみを使ったとき

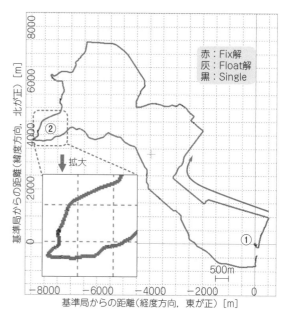

(b) 2周波を使ったとき

図4　経路2：郊外での走行軌跡トレース結果（経路1よりも建物が少ないので全体的にFix率が高い）

▶経路2：静岡大学浜松キャンパスから浜名湖・館山寺方面の郊外での測位演算結果

図4に示すのは，図2と同じ条件で郊外での軌跡の測位を行ったときの演算結果です．図2と同様に，2周波の方が短時間でFloat解からFix解への復帰しています．この経路の西側の端は，基準局からの基線長が10kmありますが，十分に解が収束しているようです．

実験② 凹凸の大小を判別！<br>車体ベクトルと運転姿勢

● 進行方向角とロール角の計測方法

衛星測位アンテナを2つ設置して計測し，結果の差を見ることで，車体の方位や姿勢が計測できます．これはGPSコンパスと呼ばれ，船舶の姿勢計測などに使われています．今回は，GPSコンパスを自動2輪車に適用してみます．

● 旋回動作の計測

経路1-②の位置にあるキャンパス内の駐車場（写真4）で，円旋回と8の字旋回を行いました．図5と図6に示すのは，そのときの軌跡です．これらの図だけでは車体の姿勢は分かりませんが，左右のアンテナの計測値を使ってMoving-baseによるRTK測位演算を行うと，アンテナの相対位置から車体の姿勢角が分かります．Moving-baseモードでは，基準点として地理的に固定された受信機ではなく移動可能な受信機を指定することができ，その相対位置関係を高精度に計算できます．ここでは，アンテナ2を基準局とし，アン

写真4　経路1-②地点のようす
…旋回実験を実施
建物が少ないので上空が開けている

写真5　経路1-⑥地点のようす
…木が上空を覆っている
キープ・レフトで走行すると天頂付近の衛星からの信号でも直接波が遮蔽される

テナ1を移動局として用います．

測位演算にはRTKPOSTを使いました．演算時の設定は表3のとおりです．2つのアンテナ間の距離は約23cmなので，RTKPOSTの基線長拘束（Baseline Length Constraint）も合わせて設定しておきます．

▶相対位置から姿勢が推定できる

図7に示すのは，測位演算結果の相対位置の大きさです．前半は円旋回，後半は8の字旋回時の計測結果を示しています．

東西（E-W）と南北（N-S）方向の変化を見ると，円旋回によって車体の進行方向が一定方向に変化しています．また，東西方向の8の字旋回によってN-Sの変化の周期が半分になっています．

高度（U-D）の変化を見ると，前半の反時計回りの円旋回では，左側のアンテナの位置が低くなっていま

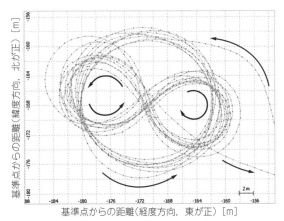

**図5　旋回実験を行ったときの走行軌跡トレース結果**
円旋回を反時計回りに8周し，その後8の字旋回を8周．8の字は左側の円が反時計回り，右の円が時計回り

**表3　実験2の後演算処理に使ったRTKソフトウェアの設定**
Moving-baseという測位モードを使う

| 項　目 | 内　容 |
|---|---|
| 測位モード | Moving-base |
| フィルタ・タイプ | Combined |
| ベース受信機 | アンテナ2（右）のF9P |
| ローバー受信機 | アンテナ1（左）のF9P |
| 使用衛星システム | GPS，Galileo，QZSS，BeiDou |
| 使用周波数 | 2周波（L1 + L2 + E5b + L5） |
| 基線長拘束 | 0.2000 ～ 0.2500 m |

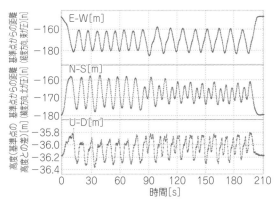

**図6　旋回実験を行ったときの緯度，経度，高度の変化**
これだけでは車体の姿勢は分からない

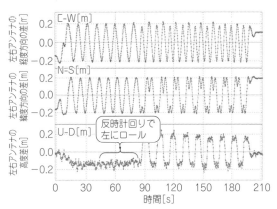

**図7　旋回実験を行ったときの左右アンテナの相対位置**
右側のアンテナを基準点とする．基線長は約23cm

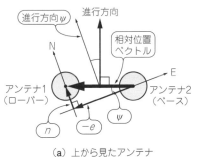

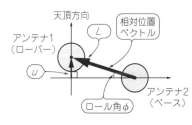

**図8　アンテナの相対位置から姿勢角を導出する**

（a）上から見たアンテナ　　（b）後ろから見たアンテナ

す．これは車体を左側に倒しているためです．8の字旋回では，周期的にアンテナの位置が変化しています．これは車体を左右交互に周期的に車体を倒しているためです．

▶具体的な姿勢角の計算をする

　相対位置が分かれば，姿勢角が算出できます．右のアンテナに対する左のアンテナの南北方向の差を$n$（北方向が正），東西方向の差を$e$（東方向が正），上下方向の差を$u$（上の方向が正）とします．アンテナ間の距離は既知で$L$とします．それぞれの関係を図8に示

します．このとき，進行方向は次式で求められます．

$$\psi = -\tan^{-1}(n/e) + 90° \cdots\cdots\cdots\cdots (1)$$

ロール角は次式で求められます．

$$\phi = \sin^{-1}(u/L) \cdots\cdots\cdots\cdots\cdots (2)$$

**図9**に示すのは，**図7**で得られた計測結果から上式で姿勢角を計算した結果です．基線長が短いので，ノイズは小さくないですが，姿勢角を直接計算できました．

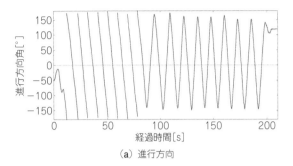

（a）進行方向

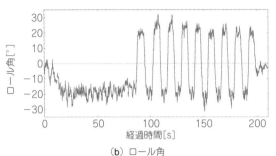

（b）ロール角

**図9 図7の結果から算出した旋回実験時の車体姿勢**
前半が反時計回りの円旋回，後半が8の字旋回である．車体ロール角では，左右に25°程度車体を倒していることが分かる

▶RTK測位によっては姿勢角計測は現実的か？

図9の結果から，高精度衛星測位によるロール角のデータは，姿勢角の計測に使えそうです．2周波のF9Pモジュールであれば，常に姿勢角の計測が可能でしょうか．Float解になりそうな場所を例に見てみましょう．

● **上空が覆われている箇所での計測**

図10に示すのは，木が道の上空を覆っている**写真3**（経路1-⑥）の大学西側の生活道路でのアンテナ間相対位置の計算結果です．この結果に式(1)，(2)を当てはめると**図11**のようになります．

さすがにこの場面ではほとんど使い物にはならず，衛星測位によって直接姿勢角を求められる場面はまだ限られるようです．

上手に加速度センサやジャイロ・センサと組み合わせると，いままでより姿勢角計測の信頼性は大きく上げられそうです．

＊

自動2輪車の車体運動を解析するには，大きく変化する姿勢角の計測が重要で，これを簡単に行いたいという需要がありますが，従来の方法だと実現は困難でした．

具体的には，角速度センサの積分で姿勢角を推定するとノイズが蓄積します．加速度センサを使った姿勢制御では走行中の加速や遠心力，路面からの外乱でノイズが大きくなります．加えて，車体に固定されたセ

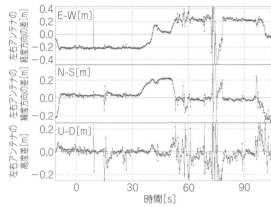

**図10 木が上空を覆っている地点を走行したときの左右アンテナの相対位置**
前半が経路1-⑦の部分を北上しているとき，後半が経路1-⑥（写真4）の地点を南下しているときのデータ．使用衛星システムはGPS/GAL/BDS/QZSSの2周波（現在考えられる最良）．Fix解でも滑らかな結果になっていない

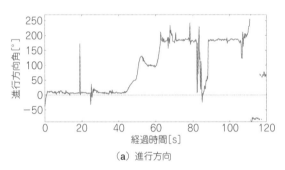

（a）進行方向

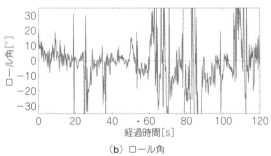

（b）ロール角

**図11 図9の結果から算出した走行時の姿勢角**
進行方向角はある程度信用できそうだが，ロール角はさすがに使い物にならない

ンサの座標系（車体座標系）は，求めたい姿勢角の座標系（航法座標系）とは異なるので変換が必要です．その変換のためには先に姿勢角が必要となるなど，困難を極めます．

衛星測位システムによって，航法座標系の姿勢角が直接求められるのは非常に好ましく，今後の性能向上が楽しみです．

表4　経路1走行時の左アンテナのKinematic測位結果
GNSS：使用衛星システム，G：GPS，R：GLONASS，E：Galileo，C：BeiDou，J：QZSS．Filt.：フィルタ，fd：順方向に1パスでの測位演算（Forward），cmb：順方向と逆方向（Backward）を組み合わせた2パスの測位演算（Combined）

| 項　目 | | 結果［%］（かっこ内はエポック数） | | | | | |
| GNSS | Filt. | 2周波 | | | 1周波 | | |
| | | Fix率 | Float率 | Single率 | Fix率 | Float率 | Single率 |
|---|---|---|---|---|---|---|---|
| GREC | fd | 78.6(9629) | 19.9(2441) | 1.5(181) | 67.1(8225) | 31.4(3845) | 1.5(181) |
| | cmb | 86.4(10585) | 12.1(1485) | 1.5(181) | 79.2(9708) | 19.3(2362) | 1.5(181) |
| GEC | fd | 81.3(9945) | 16.8(2057) | 1.9(237) | 66.9(8193) | 31.1(3809) | 1.9(237) |
| | cmb | 87.9(10755) | 10.9(1247) | 1.9(237) | 78.2(9575) | 19.8(2427) | 1.9(237) |

表5　経路1走行時の右アンテナのKinematic測位結果
GNSS：使用衛星システム，G：GPS，R：GLONASS，E：Galileo，C：BeiDou，J：QZSS．Filt.：フィルタ，fd：順方向に1パスでの測位演算（Forward），cmb：順方向と逆方向（Backward）を組み合わせた2パスの測位演算（Combined）

| 項　目 | | 結果［%］（かっこ内はエポック数） | | | | | |
| GNSS | Filt. | 2周波 | | | 1周波 | | |
| | | Fix率 | Float率 | Single率 | Fix率 | Float率 | Single率 |
|---|---|---|---|---|---|---|---|
| GREC | fd | 66.9(8241) | 28.6(3523) | 4.5(549) | 51.2(6307) | 44.3(5457) | 4.5(549) |
| | cmb | 77.6(9552) | 18.0(2212) | 4.5(549) | 62.3(7672) | 33.2(4092) | 4.5(549) |
| GEC | fd | 68.6(8408) | 26.5(3241) | 4.9(602) | 46.7(5772) | 48.4(5927) | 4.9(602) |
| | cmb | 78.1(9566) | 17.0(2083) | 4.9(602) | 56.8(6961) | 38.3(4688) | 4.9(602) |

表6　経路1走行時の左右アンテナのMoving-base測位結果
GNSS：使用衛星システム，G：GPS，R：GLONASS，E：Galileo，C：BeiDou，J：QZSS．Filt.：フィルタ，fd：順方向に1パスでの測位演算（Forward），cmb：順方向と逆方向（Backward）を組み合わせた2パスの測位演算（Combined）

| 項　目 | | 結果［%］（かっこ内はエポック数） | | | | | |
| GNSS | Filt. | 2周波 | | | 1周波 | | |
| | | Fix率 | Float率 | Single率 | Fix率 | Float率 | Single率 |
|---|---|---|---|---|---|---|---|
| GRECJ | fd | 82.8(10095) | 13.6(1654) | 3.6(437) | 83.2(10139) | 13.2(1610) | 3.6(437) |
| | cmb | 92.3(11249) | 4.1(500) | 3.6(437) | 91.3(11125) | 5.1(624) | 3.6(437) |
| GECJ | fd | 90.3(11008) | 5.9(714) | 3.8(464) | 81.8(9974) | 14.3(1748) | 3.8(464) |
| | cmb | 93.9(11428) | 2.3(279) | 3.8(464) | 87.9(10706) | 8.3(1015) | 3.8(464) |
| GREC | fd | 79.6(9704) | 15.4(1880) | 4.9(600) | 72.9(8884) | 22.2(2700) | 4.9(600) |
| | cmb | 90.9(10884) | 4.2(498) | 5.0(593) | 81.6(9912) | 13.5(1640) | 4.9(600) |
| GEC | fd | 81.5(9935) | 13.0(1586) | 5.4(662) | 75.3(9179) | 19.2(2342) | 5.4(662) |
| | cmb | 87.3(10627) | 7.2(882) | 5.4(661) | 81.4(9912) | 13.2(1609) | 5.4(662) |

## 2つの実験と結果の考察

### ■ 実験①…測位精度

#### ● 2周波化と多GNSS化，どっちが有利？

　F9Pモジュールの大きな特徴は，前述のとおり2周波受信に対応したこととBeiDouとGLONASSの同時受信に対応したことです．

　ここでは，2周波化とBeiDou/GLONASSの同時受信のどちらがメリットとして大きいのか検証してみました．経路1，経路2の走行データを元に，それぞれのFix率で比較します．

　表4～表9に示すのは，それぞれの後処理演算結果です．

▶使用衛星システムの差異について

　浜松キャンパスの基準点（Trimble NetR9）とし，左右のアンテナを個別に後処理Kinematic測位演算したとき，QZSSを含めると著しくFix率が低下しました．そのため，左右のアンテナを個別に測位演算した結果からQZSSを除外しました．

　左右のアンテナをMoving-baseで測位演算したときは，上記の問題は発生しなかったので，QZSSも含めた測位演算結果になっています．

　Trimble製受信機，QZSS，ユーブロックス社製受信機の間の相性などが原因と考えられますが，現時点では今後の検討課題とします．

#### ● 現状では2周波化の方が効果が大きい

　表4～表9では，Fix率が軒並み50％を超えました．ここではFix率よりもFloat率の減少具合に注目して

表7 経路2走行時の左アンテナのKinematic測位結果

GNSS：使用衛星システム, G：GPS, R：GLONASS, E：Galileo, C：BeiDou, J：QZSS. Filt.：フィルタ, fd：順方向に1パスでの測位演算(Forward), cmb：順方向と逆方向(Backward)を組み合わせた2パスの測位演算(Combined)

| 項目 | | 結果［%］（かっこ内はエポック数） | | | | | |
| GNSS | Filt. | 2周波 | | | 1周波 | | |
| | | Fix率 | Float率 | Single率 | Fix率 | Float率 | Single率 |
|---|---|---|---|---|---|---|---|
| GREC | fd | 85.0(15241) | 14.1(2530) | 0.9(158) | 77.9(13963) | 21.2(3808) | 0.9(158) |
| | cmb | 93.8(16816) | 5.3(959) | 0.9(154) | 88.8(15915) | 10.4(1860) | 0.9(154) |
| GEC | fd | 91.2(16334) | 7.8(1398) | 1.0(182) | 76.4(13768) | 22.6(4054) | 1.0(182) |
| | cmb | 95.1(17042) | 3.9(694) | 1.0(178) | 90.5(16204) | 8.6(1532) | 1.0(178) |

表8 経路2走行時の右アンテナのKinematic測位結果

GNSS：使用衛星システム, G：GPS, R：GLONASS, E：Galileo, C：BeiDou, J：QZSS. Filt.：フィルタ, fd：順方向に1パスでの測位演算(Forward), cmb：順方向と逆方向(Backward)を組み合わせた2パスの測位演算(Combined)

| 項目 | | 結果［%］（かっこ内はエポック数） | | | | | |
| GNSS | Filt. | 2周波 | | | 1周波 | | |
| | | Fix率 | Float率 | Single率 | Fix率 | Float率 | Single率 |
|---|---|---|---|---|---|---|---|
| GREC | fd | 81.2(14565) | 17.9(3204) | 0.9(168) | 68.5(12278) | 30.6(5491) | 0.9(168) |
| | cmb | 92.1(16153) | 7.0(1260) | 0.9(164) | 85.3(15301) | 13.8(2472) | 0.9(164) |
| GEC | fd | 90.7(16260) | 8.3(1480) | 1.0(186) | 71.8(12873) | 27.2(4867) | 1.0(186) |
| | cmb | 94.3(16899) | 4.7(845) | 1.0(182) | 88.0(15776) | 11.0(1968) | 1.0(182) |

表9 経路2走行時の左右アンテナのMoving-base測位結果

GNSS：使用衛星システム, G：GPS, R：GLONASS, E：Galileo, C：BeiDou, J：QZSS. Filt.：フィルタ, fd：順方向に1パスでの測位演算(Forward), cmb：順方向と逆方向(Backward)を組み合わせた2パスの測位演算(Combined)

| 項目 | | 結果［%］（かっこ内はエポック数） | | | | | |
| GNSS | Filt. | 2周波 | | | 1周波 | | |
| | | Fix率 | Float率 | Single率 | Fix率 | Float率 | Single率 |
|---|---|---|---|---|---|---|---|
| GRECJ | fd | 90.6(16252) | 8.4(1515) | 0.9(164) | 93.0(16670) | 6.1(1097) | 0.9(164) |
| | cmb | 95.8(17185) | 3.2(582) | 0.9(164) | 95.6(17151) | 3.4(616) | 0.9(164) |
| GECJ | fd | 96.8(17345) | 2.3(411) | 0.9(165) | 93.9(16836) | 5.1(920) | 0.9(165) |
| | cmb | 97.6(17494) | 1.5(262) | 0.9(165) | 96.9(17257) | 2.8(499) | 0.9(165) |
| GREC | fd | 92.2(16528) | 6.5(1167) | 1.3(233) | 82.4(14778) | 16.3(2917) | 1.3(233) |
| | cmb | 95.8(17171) | 2.9(524) | 1.3(233) | 91.7(16431) | 7.0(1276) | 1.3(233) |
| GEC | fd | 93.7(16773) | 5.0(890) | 1.4(242) | 91.1(16306) | 7.6(1357) | 1.4(242) |
| | cmb | 95.1(16980) | 3.6(639) | 1.4(242) | 95.2(17045) | 3.5(618) | 1.4(242) |

考察します.

　ほぼ全ての条件で，2周波化によってFloat率はおおむね半減し，大きな効果がありました.

　その反面，使える衛星システムが増えたときのFix率，Float率の変化を見ると，GPS/GAL/BDSにGLONASSを加えたときに，Fix率が低下しています.

　RTK測位などの高精度測位では，1つでも誤差の大きい衛星信号が混ざると測位精度が大きく劣化します.十分に精度が出せているときに，新しい衛星システムを追加するときは，誤差の混入のリスクの方が大きい場合があります.

### ■ 実験②…電子コンパスのベクトル精度

　左右アンテナ間のMoving-base測位の場合では，QZSSの追加によりFix率が向上しました.このように，衛星システムに依存して差異があるため，利用するときは予備実験を行って確認するのがおすすめです.

　捕捉する衛星システム数が増えると，出力されるデータ量も増えるので，十分に精度が出ている場合には，捕捉衛星システムを増やさないという選択肢もあります.

＊　＊　＊

　2周波対応のF9シリーズの登場により，高精度衛星測位の新時代到来を感じます.

　現状では，F9モジュールと一緒に使う受信機との相性の確認さえ行えば，GPS/Galileo/QZSS/BeiDouの2周波信号で測位するのが最も安定しそうです.

　自動2輪車の運転姿勢の計測についても，これらを上手に活用し，既存の慣性センサなどと組み合わせることで，より精度よく計測が可能となりそうで，今後が楽しみです. 〈木谷 友哉〉

# 2周波RTK受信機ZED-F9P活用マニュアル
## 数万円台でリアルタイムの1cm測位が試せる！

**第1話** 位置精度mmの地上基準局が受信した1.5GHzの波長との差を利用

# ナビの100倍高精度！ センチ・メートル測位「RTK」

第3章では，RTK移動局の設定例から始まって，基準局の設置とその応用例まで説明します．

RTK（Real Time Kinematic）（**図1**）とは，移動局が取得した衛星データと，基準局の観測データを使ってその差分を計算し，移動局と基準局の距離をcmレベルの精度で算出する技術です．

RTK技術はドローンやトラクタに搭載することで，高精度な移動制御が可能です．また，土木作業などに応用すれば高精度測量が可能になります．

### ● GPSの測位精度は数メートル

一般にスマホやカーナビで使われているGPSには，数メートルの測位誤差があります．これは，GPS衛星までの距離が長いため，宇宙空間や大気圏内で発生するさまざまな物理現象により，電波の到達時間に揺らぎが発生するからです．

市街地においては電波がさえぎられたり，建造物に反射するマルチパスが発生すると精度が悪化します．

GPSとは米国の測位衛星を指します．昔は米国のGPSしかなかったために衛星測位のことをGPSと呼んでいましたが，今は各国が衛星を打ち上げており，これらを総じてGNSS（Global Navigation Satellite System；全地球航法衛星システム）と呼称します．

GPSという名前はあまりにも一般的になりすぎて，今でも衛星を使用した測位システムをGPSと呼んでいます．各システムの名称は**表1**のとおりです．

日本の測位衛星システムは，2017年10月に準天頂衛星システムQZSS「みちびき」の打ち上げが成功し，現在は4機体制で運用されています．2023年には，さらに3機が打ち上げられて計7機体制となることが予定されています．

日本のQZSSは諸外国の衛星とは異なり，入れ替わり立ち代わり常に日本の天頂に位置するように軌道が定められています．

高度が低いと斜め横からの信号を受信することにな

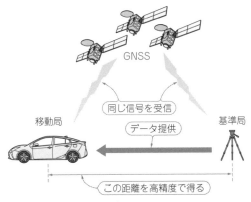

GNSS

同じ信号を受信

データ提供

移動局　　　　　　　　　基準局

この距離を高精度で得る

**図1 RTK GPSのイメージ**
基準局と移動局が同じ信号を受信し，移動局へ受信データを伝えて，差分計算することで高精度の測定を行うことができる

**表1 各国で運用しているGNSSの呼び名と衛星数**

| 国名 | 名称 | 名前の由来 | 衛星数* |
|------|------|-----------|---------|
| 米国 | GPS | Global Positioning System（全地球測位システム） | 31 |
| 日本 | QZSS | Quasi-Zenith Satellite System（準天頂衛星システム） | 4 |
| ロシア | GLONASS | GLObal'naya NAvigatsionnaya Sputnikovaya Sistema（全地球航法衛星システム） | 22 |
| 中国 | 北斗（BeiDou） | 北極星を見つけるのに使う北斗七星（おおぐま座） | 36 |
| 欧州 | Galileo | 天文学者Galileo Galilei | 22 |
| インド | IRNSS | Indian Regional Navigation Satellite System（インド地域航法衛星システム） | 8 |

＊：2020年1月時点．みちびきのウェブ・サイト「各国の測位衛星」から

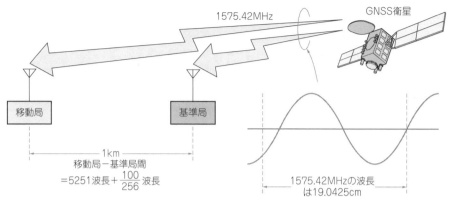

1575.42MHz

GNSS衛星

移動局

基準局

1km
移動局－基準局間
$=5251$波長$+\dfrac{100}{256}$波長

1575.42MHzの波長
は19.0425cm

**図2　RTKとは基準局と移動局の距離を「波長の整数倍＋余り」で測定して，互いの距離を算出する**
衛星からの搬送波を物差しとして利用する

りますが，天頂に位置していれば，ビルに囲まれた都市部でも反射なくダイレクトに信号を受けることができ，精度悪化の要因を減らせます.

### ● RTKの原理的な測位精度は0.744 mm

　RTKは従来の単独測位より100倍高精度です. これは，測位点の座標を1 cm以内の精度で求めることに該当します.

　実際にはさまざまな変動要因の影響を受けて，実力誤差は1〜3 cmです. 基準局と移動局の間は20 kmほど離れていても，この驚異的に高い精度が得られます.

　このような高精度の測位が可能になる理由は「基準局」です. RTK技術は衛星の信号に加えて，mm単位で座標が判明している「基準局」が必要で，基準局と移動局の相対距離を算出して測位します.

### ● RTK技術の基本原理…1波長20 cm（1.5 GHz）の波長差で補正

　RTKでは，衛星から送信される搬送波の数と位相を利用します. 「基準局」と「移動局」で同じ衛星の搬送波を受信するのですが，互いの距離が「何波長＋何度の位相」離れているかを算出します.

　基準局と移動局は同じ衛星の電波を受信するので，基準局と移動局がある程度の近距離にあれば，GPS測位の誤差の大きな要因であった大気圏内の物理現象による到着時間の揺らぎをうまくキャンセルできます. 図2に概要を示します.

　基準局の座標が基準なので，設定した基準局の座標がずれていると，移動局の座標もずれます. RTKによる正確な測位は，基準局の正確な設置と運用によって支えられています.

### ● 基準局の普及

　「基準局」は20 km圏内に1つあれば，1 cm以内の精度が得られます. つまり，自分の住んでいる市や町に1つでも「基準局」があれば，そこに住んでいる人は全員でRTKを使うことができます.

　学校単位や企業単位，組合単位で基準局を設置できれば，大きなメリットが得られます.

＊

　RTKの技術はそれほど新しいものではなく，昔から土木測量や無人農耕機などに利用されています. ただし，そのシステムは数百万円になる大規模の専用システムでした.

　本章では，ユーブロックス社から2018年に発売が開始された"ZED-F9P"というモジュールを使って，低価格で高精度測量ができる事例を説明します. 数万円まで価格が低下したことにより，ドローンなどさまざまな携帯機器での応用が大きく広がっています.

　GPSは古いけれど着々と進化を続けている技術です. ぜひ，読者の方々も率先してRTK基準局のオーナになり，RTK測位の普及に協力していただければと思います.

〈吉田 紹一〉

### 第2話

Fixしたら外れない 自動運転対応センチ・メートル測位モジュール

# 300万円が数万円に！ 2周波RTK受信機「ZED−F9P」

● **NEO−M8P搭載のトラ技RTKスターターキット**

　CQ出版では，RTK測位を実際に体感するため，「トラ技RTKスターターキット」を開発，販売してきました．

　このトラ技RTKスターターキットは，スイスのユーブロックス(u−blox)社の"NEO−M8P"というモジュールを搭載した基板［**写真1(a)**］とアンテナのセットです．

　NEO−M8Pは2016年ごろから販売が開始されたRTK対応GPSモジュールです．GPSアンテナを接続して，基準局データをシリアル信号で入力すると内蔵エンジンでRTK演算を行い，測位結果を出力できる画期的な製品です．

　パッケージはとても小型軽量で，まさにドローンなどの移動体に搭載するにはうってつけの製品です．さらに，サイズや機能だけではなく，大幅なコストダウンを実現し，当時100万円以上はしたRTK GNSS受信機を一気に10万円以下に引き下げることとなりました．

● **新モデルの開発**

　NEO−M8PはRTK測位の実験を行うには最適でしたが，初期モデルだからか，実使用にあたっては採用が難しい場面もありました．具体的には，受信できる衛星が限定される，精度の高い測位結果を出すまでに時間がかかることがある，安定性が良くない，などといった点です．

　ユーブロックス社は2年近い歳月をかけて新モデルの開発を行い，2019年にNEO−M8Pの上位機種"ZED−F9P"の市場投入を果たしました．

● **ZED−F9P搭載のトラ技2周波RTKスタータ・キット**

　ZED−F9PのパッケージはLGAパッケージを採用しており，裏面にグラウンド端子が多数配置されています．

　エッジ部に54本の端子が配列されており，表面実装でプリント基板にはんだ付けします．モジュール単体を個人ユーザが取り扱うことは難しいことから，CQ出版では，**写真1(b)**に示す基板を含む「トラ技2周波RTKスタータ・キット」を開発しました．

　プリント基板上にZED−F9P，USBコネクタ，アンテナ・コネクタ，電圧レギュレータなどを実装しており，単独でZED−F9Pの評価ができるようになってい

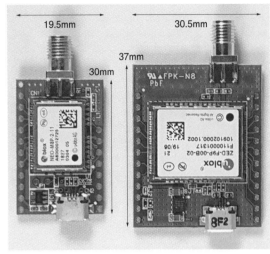

（a）トラ技RTKスターターキットのNEO−M8P基板　　（b）トラ技2周波RTKスタータ・キットのZED−F9P基板

**写真1　CQ出版で扱っているRTKキットの基板**

ます．キットには2周波対応のアンテナ，マイクロUSBケーブルも付属しています．

　ZED−F9Pの信号ピンは2.54 mmピッチで取り出せます．回路はシンプルで，基板サイズは30.5 mm×37.0 mmと小さく，移動体への搭載も可能です．

　ZED−F9Pはパッケージ・サイズが大きくなったために，M8Pと比較すると基板寸法は大きくなっていますが，それでもタブレット菓子のパッケージに入るサイズです．

● **NEO−M8PとZED−F9Pの仕様比較**

　公表されているスペック上での比較を**表1**に示します．

　ZED−F9Pの改善点はなんといっても2周波対応です．NEO−M8PはL1帯の1周波しか受信できませんでしたが，ZED−F9PはL1帯とL2帯の2周波を同時に受信できます．

　NEO−M8PではロシアのGLONASSと中国のBeiDouは排他選択で，どちらかを選ばなければなりませんでしたが，ZED−F9Pは両方を同時に受信できます．さらにNEO−M8Pで未対応だったヨーロッパのGalileoにも対応しています．

　NEO−M8Pと比較すると，位置の計算が速くなり，受信状況による測位位置の誤差が激減しています．イ

表1 RTKモジュールの仕様の比較
同時受信衛星システム数が2システムから4システムへ増加，対応バンドも大きく広がった

| 項目 \ モジュール | | ZED-F9P | NEO-M8P-0（移動局）<br>NEO-M8P-2（基準局） |
|---|---|---|---|
| 測位衛星 | | BeiDou, Galileo, GLONASS, GPS/QZSS | BeiDou, GLONASS, GPS/QZSS |
| 同時受信衛星システム数 | | 4 | 2 |
| 対応バンド | GPS/QZSS（周波数［MHz］） | L1C/A（1575.42），L2C（1227.60） | L1C/A（1575.42），L2C（1227.60） |
| | GLONASS（周波数［MHz］） | L1OF（1602），L2OF（1246） | L1OF（1602） |
| | Galileo（周波数［MHz］） | E1-B/C（1575.42），E5b（1207.140） | － |
| | BeiDou（周波数［MHz］） | B1I（1561.098），B2I（1207.140） | B1I（1561.098） |
| 内蔵発振器 | | TCXO | TCXO |
| アンテナ | | 外付け | 外付け |
| インターフェース | | UART 2，USB 1，SPI 1，DDC（I²C）1 | UART 1，USB 1，SPI 1，DDC（I²C）1 |
| 電源電圧［V］ | | 2.7（min），3.6（max） | 2.7（min），3.6（max） |
| 消費電流［mA］ | | 130（max），90（ave） | 67（max），27（ave） |
| モジュール・サイズ［mm］ | | 17.0×22.0×2.4 | 12.2×16×2.4 |
| 機能 | アクティブ・アンテナ/LNA電源制御 | 有 | 無 |
| | アクティブ・アンテナ/LNA電源供給 | | 有 |
| | 追加SAW | | |
| | アンテナ断線検出ピン | | 無 |
| | アンテナ短絡検出/保護ピン | | |
| | サーベイ・イン機能搭載基地局 | | NEO-M8P-2のみ有 |
| | キャリア位相出力 | | 有 |
| | データ・ロギング | | |
| | 妨害電波検出 | | 無 |
| | プログラマブル・フラッシュ・メモリ | | 有 |
| | RTC水晶振動子 | | |
| | セキュア・ブート | | 無 |
| | タイム・パルス出力 | | |

表2 消費電流の実測値
スタータ・キットに搭載された状態での消費電流で，モジュール単体の電流ではない．アンテナへの給電電流も含まれている

| モジュール | RTK | GPS | Gallieo | BeiDou | QZSS | GLONASS |
|---|---|---|---|---|---|---|
| ZED-F9P | RTKなし | 90 mA | 98 mA | 102 mA | 104 mA | 110 mA |
| | RTKあり | 93 mA | 99 mA | 104 mA | 106 mA | 113 mA |
| NEO-M8P | RTKなし | 40 mA | － | 42 mA | 42 mA | 45 mA |
| | RTKあり | 45 mA | － | 47 mA | 47 mA | 50 mA |

＊1：GPS単独から，Gallieo，BeiDouと衛星を追加していき，消費電流を測定
＊2：電源投入直後は変動する．おおよそ1分程経過して安定したときの電流値

ンターフェースも増えています．機能強化によるマイナス面は，パッケージが大きくなったことと，消費電力が増加した点です．

引き換えとして，消費電流が2～3倍と大幅に増加しています（表2）．受信する衛星の種類を減らすと消費電力も減らせるので，バッテリ駆動のときは受信衛星を取捨選択するなど，工夫が必要です．

もう1点，NEO-M8Pは移動局と基準局で異なる製品でした．基準局用は移動局として使うことはできますが，移動局用モジュールを基準局として使う際，RTCM（Radio Technical Commission for Maritime Services）という標準圧縮フォーマットでの送信はできませんでした．

ZED-F9PはRTCM3が出せる製品だけで，移動局用，基準局用の区別はありません． 〈吉田 紹一〉

# 2周波RTKモジュール F9Pの初期設定とUSB制御

パソコンに必要なプログラムをインストールし，ZED-F9Pを動かす環境を整えます．

## ● 2周波RTKモジュールを初期設定する

ユーブロックス社のu-centerをパソコンにインストールします．

u-centerは，ユーブロックス社の製品の初期設定や動作確認を行うためのユーザ・インターフェース・ツールです．RTK演算などはしませんが，初期設定以外に，動作確認のためモジュールが出力した結果を地図上にプロットする機能をもちます．

ZED-F9Pを使うためには多くの初期設定が必要で，これらの設定にu-centerは必要不可欠です．初期設定値は不揮発メモリに記録されるため，いったん設定が完了すれば，変更がないかぎりその後u-centerは不要です．

## ● ステップ1：必要機材をそろえる

移動局設置に使う機材を**表1**に示します．

**（1）ZED-F9P基板**

基板にはアンテナ端子，USB端子などが接続されているので，アンテナとパソコンを接続すればすぐに動作を確認できます．

**（2）アンテナ**

RTK測位はアンテナの選定が肝です．できるだけ感度の良いものを選びましょう．

キットに添付されているアンテナは**写真1**のような外観で，ユーブロックス社の推奨品です．アンテナの設置場所は，できるだけ全天が見える見晴らしの良い場所を選びます．アンテナは，金属板の上に設置します．金属板は電波を反射する役目を持ち，マルチパスを抑制し，感度を向上させることができます．マルチパスは，ビルなどの構造物に反射して余計な経路をたどって入ってくる信号です．

アンテナの内部には，非常に高性能なLNA（ロー・ノイズ・アンプ）が仕込まれています．LNAへの電力供給はZED-F9Pが行っているので，電源が入った状態でアンテナの着脱をしないでください．活電状態でアンテナの着脱を行うと，特性がやや悪化することがあります．完全に壊れてしまえばアンテナに問題があることが明確ですが，アンテナの性能劣化により受信

**表1　移動局設置に必要な機材リスト**
パソコンにUSBで接続したF9P搭載基板にアンテナを接続するだけで移動局になる．これだけでcmオーダのRTK測位ができる

| 品　名 | 外　観 | 参考価格 |
|---|---|---|
| ZED-F9P基板<br>（各社） | | |
| 2周波対応<br>アンテナ<br>Multi-band<br>GNSS Antena<br>SMA type<br>ANN-MB-00<br>（ユーブロックス） | | 42,000円<br>（税別） |
| マイクロUSB<br>ケーブル<br>注：充電専用<br>でないこと | | |
| 延長用同軸<br>ケーブル<br>（SMAオス-SMA<br>メス） | | 約2,000円<br>（税別） |

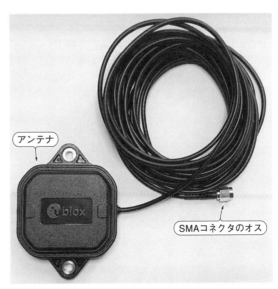

**写真1　ユーブロックス社推奨の2波長対応アンテナ**
トラ技2周波RTKスタータ・キットにも同梱されている

アンテナ

SMAコネクタのオス

57

感度が落ちた状態だと，測位はしてもRTK演算が終了しなくなります．

（3）マイクロUSBケーブル

マイクロUSBケーブルには信号線が接続されていない充電専用のタイプがあります．パソコンとUSB周辺機器を接続して，データの送受信ができるケーブルであることを事前に確認してください．

（4）同軸ケーブル

GPS用の同軸ケーブルはSMAタイプのコネクタがよく使われます．TVの同軸ケーブルとはコネクタ形状もインピーダンスも違います．コラム1を参照してください．

● ステップ2：u-centerをインストールする

ZED-F9Pの初期設定を行うため，アプリケーション・ソフトウェアu-centerをインストールします．ZED-F9Pは，初期設定を不揮発性メモリに保存します．これは，ZED-F9Pが組み込みパーツとして単体で使われることを想定しており，電源投入時に直ちに観測データを出力するためです．

u-centerは，図1のユーブロックス社のWebページからダウンロードしたzipファイルを展開し，イン

図1 u-centerダウンロード画面
u−center for windowsを選択するとダウンロード操作のポップアップが開くので好きなフォルダに保存する

ストールします．

https://www.u-blox.com/ja/product/u-center

2019年7月現在，バージョンは19.06です．かなり頻繁にバージョンアップされています．ダウンロード

---

## コラム1　GPSアンテナアンテナ・ケーブルを延長するときは 3D-2V以上の太いタイプで

アンテナ線の延長にはインピーダンス50Ωの同軸ケーブルを使用します．TVの同軸ケーブルは75Ωなので異なります．

GPSアンテナのケーブルには1.5D-2Vが使用されているケースが多いですが，10m以上延長するのであればなるべく3D-2V以上を使用することをお勧めします（**写真A**）．ケーブルが細いと，信号が減衰することに加えて，GPSアンテナに供給する電圧が降下します．GPSの電波は1.6GHzと周波数が高いので，カスタム品で高周波向けの3D-FBや5D-FBを選ぶとベターです．ただし，種類より太さを優先してください．

ケーブルの接続はSMAという小型の接栓を使います．SMAコネクタにはRP-SMAというリバース・タイプもありますので，延長にあたっては手持ちの接栓の形状をよく確認しておいてください（**写真B**）．

〈吉田 紹一〉

　（a）3D-2V　　　　（b）1.5D-2V
　（外皮直径約5mm）　（外皮直径約3mm）
**写真A　GPSアンテナ・ケーブルとSMA接栓**
アンテナ延長ケーブルはなるべく太いものを使用する

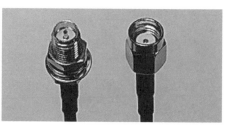

　（a）メス　　　　（b）オス
**写真B　SMAコネクタだけどキットには使えないタイプもある**
ねじ部がリバース・タイプ（Reverse Polarity）のRP−SMA接栓．ピンとねじの関係が逆になっている

図2 途中で言語の選択画面が表示される

図3 セットアップ・ウィザードが表示されるので画面の指示に従い［次へ］を押していく

図4 USBドライバの選択
USB Serial Driver が選択されていることを確認し，［次へ］を選択

図5 インストール先フォルダを選択
インストール先を指定して，インストールを実行

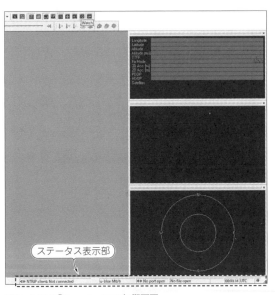

図6 STEP①：u-centerの初期画面
インストールされたばかりの状態では何も表示されない．USBに接続されたZED－F9Pをメニューから選択することでコミュニケーションが開始される

| u-blox Generation 9 | COM12 9600 | No file open |

図7 STEP②：シリアル・ポートの接続確認
画面右下のステータス表示部に現在の接続状況が表示される．コネクタ・アイコンの緑色点滅が接続状態を示す

画面が表示されるので，u-centersetup_v19.06.zipを任意のフォルダに保存して，解凍すると，実行形式のファイルu-center_v19.06.exeが作られます．これを実行することでインストールが開始されます．

まず，言語を選択(図2)すると，セットアップ・ウィザード(図3)がスタートします．ライセンス確認，ドライバの選択(図4)，インストール先の選択(図5)をするとインストールが開始され，しばらくするとセットアップ・ウイザードが完了します．ここで［完了］を選択すると図6に示すu-centerの初期画面が表示されます．これでu-centerのインストールは終了です．

● ステップ3：シリアル・ポートの設定

ZED-F9PをUSBケーブルで接続し，ポート番号をデバイス・マネージャで確認してシリアル・ポートを選択し，ボーレートを設定します．ボーレートはデフォルトの9600 bit/sでは取りこぼしが出るようです．230400 bit/sまたは115200 bit/sに設定してください．

正常に接続されると，画面下のコネクタ・アイコンが緑色に点滅します(図7)．これでZED-F9Pとパソコンのコミュニケーションが確立されました．環境設定は完了です． 〈吉田 紹一〉

## コラム2　F9PのUSBデバイス・ドライバはシリアルI/Fにする

　Windows10では，USBコネクタにデバイスを接続すると，自動的にデバイス・ドライバがインストールされます．ZED‐F9Pでは新規接続時にデフォルトでシリアル・インターフェースが選択されるようになってはいますが，センサ・デバイスとして選択することもできます．

　センサ・デバイスでもよいのですが，後々，使い勝手が悪くなるので，デバイス・ドライバを再設定してシリアル・インターフェースが選択されるように修正します．

　COMポートへつなぎ変えるには，デバイス・マネージャで「u‐blox GNSS Location Sensor」を選択し，ドライバの更新を行ってCOMポートを選択します（図A）．これにより，その後はCOMポートにつながるようになります．

〈吉田 紹一〉

（a）デバイス・マネージャで［センサー］‐［u‐blox GNSS Location Sensor］を選択

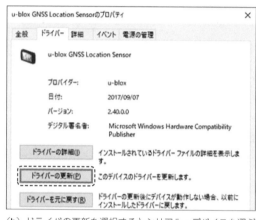

（b）ドライバの更新を選択するとシリアル・デバイスを選ぶ画面が出てくる

（c）［USBシリアル・デバイス］を選択

図A　2周波RTKモジュールF9PのCOMポートへの接続方法

（d）［USBシリアル・デバイス］が表示される．［センサ］がなくなりCOMポートが追加される

# 第4話 専用アプリu-centerを使って，データ形式を設定したり衛星系を選んだり
# 移動局の準備① 初期設定と基準局との接続

第4話ではZED-F9Pの初期設定を行い，モジュール単独でRTK測位を行います．

初期設定と状態確認には，u-centerを使用します．基準局はCQ出版社のサービスを利用します．

データの流れとしては，u-centerがインターネット経由でCQ出版社の基準局から観測データを取得します．この観測データをZED-F9Pへ提供し，ZED-F9Pの内部エンジンでRTK測位演算が行われます．そしてZED-F9Pは測位結果をu-centerへ返します．

u-centerは，観測データや測位結果などをわかりやすいようにグラフ化してパソコンに表示します．

読者の環境によっては，東京にあるCQ出版社まで数百km以上離れるケースもありますが，高度2〜3万kmを航行する衛星からみればわずかな距離です．RTK演算は可能だと思いますが，基準局から離れるほど演算に時間がかかり，不安定な症状が現れます．

安定したRTK測位を達しようとするならば，後で説明する自分の基準局を設置することをお薦めします．

## ■ [STEP①] u-centerの初期設定

u-centerを実行すると**図1**の画面が開きます．設定する事項は以下のとおりです．

(1) 使用する衛星の選択
(2) 出力する情報とインターフェースの選択(I²C，UART1，UART2，USB，SPI)
(3) 出力データのフォーマット
(4) 基準局情報

### ● 衛星の選択

メニューの [View]-[Message View] を選択し，[UBX]-[CFG]-[GNSS] で受信する衛星を選択します．日本でZED-F9Pが受信できる衛星すべてを，**図2(a)**のように設定します．

次に，2周波受信の設定のため，メニューの [View]-[Generation 9 Advanced Configuration View] を選択すると**図2(b)**の画面が開きます．選択した衛星の種類と搬送波に間違いがないか確認します．今回は試験的にすべての項目についてチェックを入れます．画面下にある「Write to Layer」でRAM，BBR，Flashにチェックを入れて [Send Configuration] ボタンを押すと，設定を不揮発性メモリに書き込むことができます．

受信する衛星，搬送波を増やすと，それだけCPUパワーが必要になり，処理時間，消費電力，データの転送量などが増大します．実際の使用では効率を考えて，必要な衛星と搬送波を選ぶことをお勧めします．

u-center Ver19.06では，メニューから [Receiver]-[Action]-[Save Config] と選ぶことでもメモリに書き込みができます．

不揮発性メモリへの保存をせずに別の画面へ移動しようとすると「書き込みをしていません，書き込みますか」とメッセージが出るので [Yes] とします．

### ● 出力する情報とインターフェースの選択

メニューから [View]-[Message View]，もしくはファンクション・キーの [F9] で**図3**の画面が開きます．「NMEA」，「RTCM3」，「UBX」というツリー構造の選択肢が左側の枠内に現れます．このなかの [UBX]-[CFG] で出力したい項目と出力先を指定します．

NMEAとは衛星から受信したデータを出力する複数のプロトコルをまとめた呼称です．

RTCM3は観測データ，航行データ，基準局の座標データなどを圧縮したフォーマットです．

UBXはデバイスに関する設定エリアで，ここから下の階層で各種設定を行います．[UBX]-[CFG] に

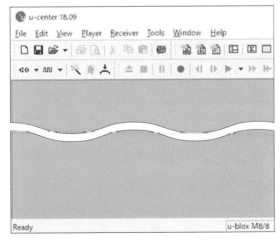

図1 u-center初期画面

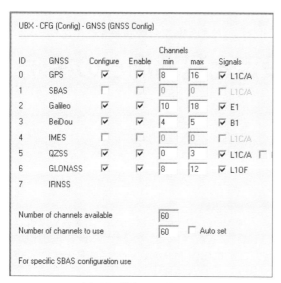

（a）M8P世代までの選択画面

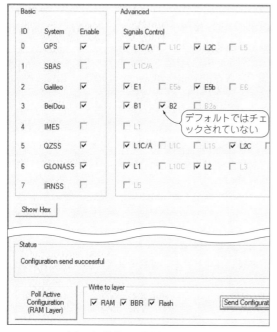

（b）F9P世代の2周波対応選択画面

**図2　衛星選択画面**
ZED−F9Pでは2つの画面から衛星の選択をすることができる．機能追加により図（b）が追加された．図（b）を設定すると図（a）へも反映される

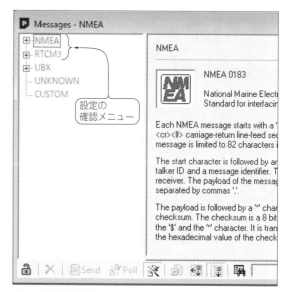

**図3　設定画面呼び出し**
［F9］で設定画面が表示される．ここで「UBX」-「CFG」で各種設定を行う．NMEAとRTCM3は設定の確認メニュー

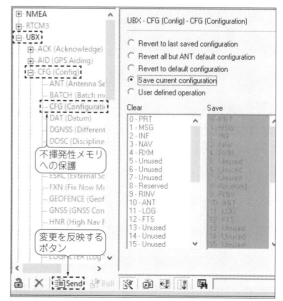

**図4　設定保存**
各種パラメータの設定を行った後に，必ずこの画面で不揮発性メモリへの保存を行う．「Save current configuration」を選択して［Send］することで，電源を落としても設定が保存される．たまに保存に失敗するので，［Poll］で設定内容が保存されたか確認したほうが良い

て各種パラメータを設定し，画面左下にある［Send］というボタンを押すと，直ちに変更が反映されます．しかし，そのままでは電源を切ると設定が消えてしまうので，**図4**のように［UBX］-［CFG］-［CFG］の項目で不揮発性メモリを選び，保存する必要があります．この画面で「Revert to default configuration」を選択すると工場出荷時の設定に戻せます．

● **各種設定項目**

順に設定の必要な項目を列挙していきます．

① ［UBX］-［CFG］-［DGNSS］

**図5**の画面で下記を選択します

3=RTK fixed：Ambiguities are fixed whenever possible

演算で求めた搬送波の数をできるだけ固定します．

## コラム3 GNSSモジュールの標準的な測位出力「NMEAデータ」の中身

NMEAフォーマットは一般的なGPSの測位出力形式で，昔から使用されています．ほとんどのGPSモジュールはメーカを問わずNMEA出力が可能なので，NMEAを利用したアプリケーションは多数見受けられます．

NMEAは平文の集まりなので，データ量は大きくなりがちですが，簡単な構造です．

1つのセンテンスは「$」で始まり，「,（カンマ）」で個々の情報が区分され，「改行」で終わります．

測位モードでは，単独測位，RTKのFix，Floatなどを知ることもできます．ある瞬間のGxGGAを取り出すと，下記のような情報から成り立っていることがわかります．

| $GNGGA, | $で始まり，GGA情報であることを示す |
|---|---|
| 075530.00, | 世界標準時の時刻 |
| 3530.4593181,N, | 北緯3530.4593181 |

| 13925.5294707,E, | 緯度13925.5294707 |
|---|---|
| 5, | RTK測位モードでFloat状態 |
| 12, | 測位に使用した衛星の数 |
| 0.59, | 衛星配置による精度低下率 |
| 82.403,M, | アンテナの平均水面からの高さ |
| 39.013,M, | ジオイド高 |
| 1.0, | 最後に受けた有効な衛星情報からの経過時間 |
| 0000 | 差動基準地点ID |
| *57 | チェックサム |

例えば，この平文データの中から時間だけを抜き取って表示すれば，非常に高性能なGPS時計を作れます． 〈吉田 紹一〉

---

3＝RTK fixedの場合，基準局からの距離が10 k～20 km以上ある，もしくは受信環境があまり良くない場合，波数を間違えるミスFixをする可能性があります．ミスFixをしていると再計算が行われ，いきなり別の場所へ座標値が飛ぶことがあります．

今回はFix解を得ることが目的なので3＝RTK fixedを選択しますが，必要な精度が高くないのであれば，安定性をとってFixをさせない2＝RTK Floatを選ぶという選択肢もありえます．

②［UBX］-［CFG］-［MSG］

どのメッセージをどの出力に割り当てるかを設定します．数多くの選択肢がありますが，今回は以下のメッセージを選び，出力先をUSBに指定します．

| 01-35 NAV-SAT | ：受信している衛星の位置や信号レベル |
|---|---|
| 01-07 NAV-PVT | ：測位情報（P：Postion，V：Velocity，T：Time） |
| 02-15 RXM-RAWX | ：搬送波位相などの観測データ |
| 02-13 RXM-SFRBX | ：放送歴や航行についての情報 |
| F0-00 NMEA GxGGA | ：緯度／経度／UTC時刻など基本情報 |

NMEAと呼ばれる，測位結果が含まれるフォーマットの基本データです．多くのGPS受信機の応用事例で，このNMEAのGxGGA情報を使って測位結果を知ります．GxGGAには時間や座標情報のほかに測

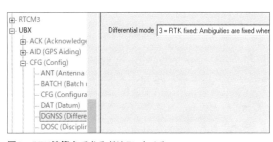

図5 RTK演算をできるだけFixさせる

位モードを示すフラグが含まれており，単独測位，Float，Fixの状態を知ることができます（**コラム3**参照）．

| F0-04 NMEA GxRMC：緯度／経度，進行方位，速度 |
|---|

緯度／経度はGxGGAと同じですが，方位や速度などの情報があるフォーマットです．

F0-xxでさまざまなNMEAフォーマットを選べます．NMEAはGPS測位モジュールとして内部で測位した結果を出力するときのデータ形式です．GxGGAやGxVLWなど16種類のフォーマットがあります．初期設定状態ではGxGGA，GxGLL（緯度／経度），GxGSA（測位に利用している衛星番号），GxGSV（受信している衛星の位置と信号強度），GxRMC，GxVTG（移動速度）が出力されています．今回見たいのは移動局の受信状況だけなので，GxGGAとGxRMCだけをUSBへ出力します．

u-cenerが表示する衛星の位置や信号レベルは，モ

ジュールが出力するNAV-SAT信号もしくはGxGSV信号，どちらかの情報を使っています．衛星の信号レベル表示が出ないときは，どちらかをUSBへ出力するように設定してください．

F5-XX：RTCM3フォーマットで出力する情報を選択

ZED-F9PでRTK演算を行い，その結果をu-centerで確認するだけなら，RTCM3フォーマットの出力は不要です．しかし，ZED-F9Pを使って基準局を設定したり，必要なアプリケーションに情報を提供したりする場面では，RTCM3情報が必要不可欠です．

出力するフォーマットは以下のとおりです．

F5-05 RTCM3.3 1005　基準局座標

F5-4D RTCM3.3 1077　GPS
F5-57 RTCM3.3 1087　GLONASS
F5-61 RTCM3.3 1097　Galileo
F5-7F RTCM3.3 1127　BeiDou
F5-E6 RTCM3.3 1230　GLONASS補正

これらのメッセージが正しく出力されているかはu-centerのメニューから［View］-［Packet Console］を選択すると確認できます．左下のカギ・マークを選択すると流れているメッセージが一時停止します．今回は移動局の設定なので，RTCM3.3 1005は設定しても出力されません．

③ ［UBX］-［CFG］-［NAV5］

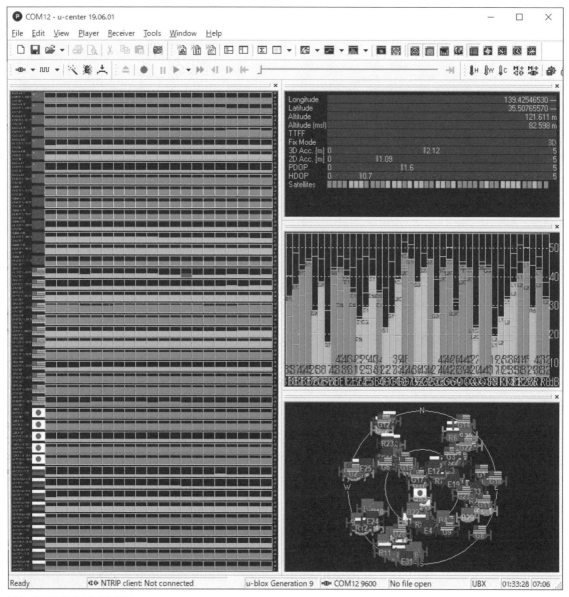

図6　移動局単独での測位状況
ここまでくると，単独測量で選択した衛星の状況を見ることができる

<Navigation Modes>
Dynamic Model：0-Portable

　移動局なのでPortableを選びます．車へ応用する際は，4-Automotiveを選択します．

Fix Mode　　　　　：3 Auto 2D/3D
UTC Standard　　　：0-Automatic
<Navigation Input Filters>
Min SV Elevation：15 ～ 25

　高度が低い衛星からの信号は大気や建造物などの影響を受けやすいため，15 ～ 25°以上に位置する衛星のみを選択します．高度が高い衛星だけを選べばマルチパスやノイズの影響が減りますが，受信できる衛星の数も少なくなります．

④ [UBX]-[CFG]-[PRT]

Target　　　　　　：3-USB
Protocol In　　　：0+1+5 -UBX+NMEA+RTCM3
Protocol Out　　 ：0+1+5 -UBX+NMEA+RTCM3

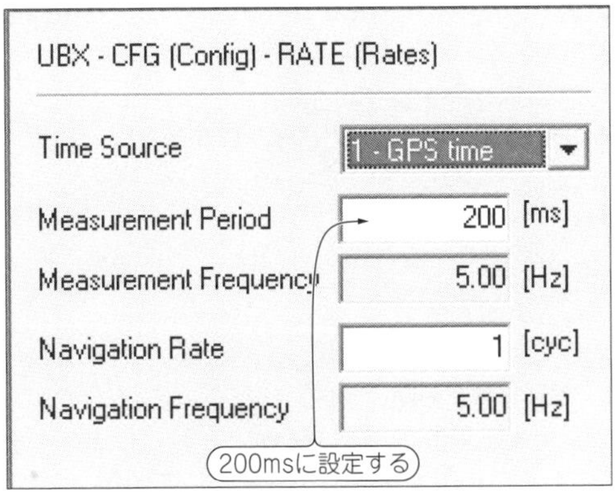

**図7** データの送信頻度を設定して移動に追従しやすくなる
200 msにするとグラフの変化が激しくなる．移動局が激しく移動しないのであればデフォルトの1000 msで問題ない

　USBポートで入出力するフォーマットを選択します．UBX，NMEA，RTCM3の3種類とも選択します．UBXはモジュールからの生データになります．

● 受信している衛星の状況確認

　この段階で，移動局が受信している衛星の状況を見ることができます．

　図6のように，Data View，Satellite Signal，Satellite Signal history，Satellite Positionの4画面を開いて状況を確認します．選択したすべての衛星からの信号を捉えていることがわかります．これらの画面は[View]－[Docking Windows]から選択します．

　Satellite Signalにあるように，衛星からの信号強度が30 dBを越えるものができるだけ多くあるほうが好

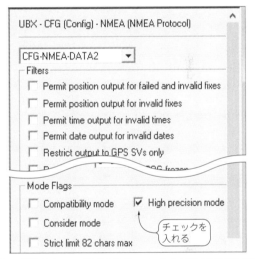

**図8** 解像度をアップするとミリ・メートルの桁で測位結果が表示できる
High precision modeにチェックを入れることで解像度をアップさせる

---

## コラム4　移動局や基準局の角度は少数点以下8桁の精度で設定する

　GPS測位は本来ECEF(Earth Centered Earth fixed；地心地球固定)座標系です．ZED-F9PモジュールやRTKNAVI，u-centerは内部で演算を行ってECEFを緯度／経度に変換しています．

　地球表面における角度と距離の間隔は，どの程度か計算してみます．地球の1周は赤道面において40,075,000 mなので360°で割ると111,319 m/°です．これから地球表面の距離と角度の関係は次のとおりになります．

　　1.0°　→ 111 km
　　0.1°　→ 11.1 km
　　0.01°→ 1.11 km

　　0.001°　　　→ 111 m
　　0.0001°　　 → 11.1 m
　　0.00001°　　→ 1.11 m
　　0.000001°　 → 11.1 cm
　　0.0000001°　→ 1.11 cm（小数点以下7桁）
　　0.00000001°→ 1.11 mm（小数点以下8桁）

　基準局の座標指定や移動局の誤差では，1 cm以下の精度を確保したいと考えるので，角度の設定では小数点以下8桁が必要です．逆に，9桁以上を設定してもあまり意味がありません．NAV-PVTしか出力していないと，画面では7桁しか表示しません（8桁めは0固定になる）．　〈吉田 紹一〉

ましいです．信号強度が低い，または捉えられる衛星が少なければ，アンテナや設置位置などを見直す必要があります．

できるだけ感度の良いアンテナを使用し，アンテナからの経路もできるだけ太く短くします．場合によっては，同軸ケーブルを延長するよりもUSBケーブルを延長したほうが良い結果を得られる場合もあります．

⑤ ［UBX］-［CFG］-［TMODE］（確認のみ）

TMODE3を選択します．右側のModeプルダウン・メニューが「0-Disabled」になっていることを確認します．ここの設定は自分で基準局を設置するときに必要になってきます．

⑥ ［UBX］-［CFG］-［RATE］

データの出力頻度を設定します．デフォルトでは1000 ms（1秒周期）です．ドローンや高速移動体で移動変化が激しい場合には，**図7**のように200 msへ変更すると，データの更新頻度が5 Hzとなり，移動に追従しやすくなります．「1-GPS」以外の「2-GLO」，「3-BDS」，「4-GAL」も同様に200 msにします．試験的な確認であれば1000 msで大丈夫です．設定を行ったら，忘れずに ［UBX］-［CFG］-［CFG］で不揮発性メモリへの保存処理を行います．

⑦ ［UBX］-［CFG］-［NMEA］

NMEAフォーマットで測位結果を出力するとき，デフォルトのフォーマット桁数では，RTK精度（1 cm未満）の解像度がありません．

高精度な出力ができるように，**図8**のようにHigh precision Modeにチェックを入れておきます．このチェックを入れることで，ミリ・メートルの桁で測位結果を表示できます．

## ■ ［STEP②］ 基準局からの情報をF9Pに入力する

ここまでの設定で行える測位は，カーナビのGPS信号受信と同じ単独測位で，Singleモードとも呼びます．

次に，基準局からの情報をZED-F9Pに入力します．参考事例として，CQ出版社が提供する基準局情報を利用します．

### ● u-centerで基準局の指定を行う

メニューの「Receiver」をクリックすると，**図9**(a)のように ［NTRIP Server/Caster...］と ［NTRIP Client...］が表示されます．

［NTRIP Server/Caster］は基準局として移動局へデータを送信する場合，［NTRIP Client］は移動局として基準局からデータを受信する場合に指定します．

ここでは移動局として動かします．［NTRIP Client］を選択し，「NTRIP client settings」に以下の値を**図9**(b)のように入力します．

```
＜NTRIP caster settings＞
Address       :160.16.134.72
Port          :80
User name     :guest
Password      :guest
＜NTRIP strem＞
NTRIP mount point:CQ-F9P
```

IPアドレス，User Nameなどを入力後，［OK］を押すと直ちにRTK演算が行われます．しばらくすると"FLOAT"から"FIXED"となり，**図10**のように座

---

## コラム5 u-centerに任せておけばレシーバのバージョンに合わせて機能を最適化してくれる

u-centerはパソコンにモジュールが接続され，コネクションが成立すると自動的に，「UBX-MON-VER」というメッセージをデバイスへ発信し，モジュールのバージョン情報を取得しようとします．この結果によって，u-centerの機能が変化します．

メニューの ［tool］-［Preference...］で設定ウィンドウを開き，**図B**のように「Generic」タブのReceiver Informationで「Enable auto retrieve」のチェックを入れると，この自動認識機能がONになります．

デフォルトではONです．ZED-F9Pを使ううえでは混乱防止のため，チェックを入れたままにしておきます． 〈吉田 紹一〉

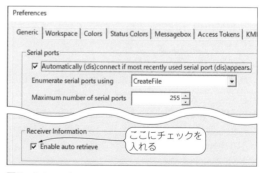

**図B** Auto retrieve
u-centerの機能に接続されたデバイスに最適化する機能があり，設定項目を自動選択させられる

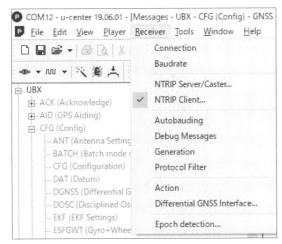

(a) 設定画面の呼び出し

(b) NTRIP サーバの設定

**図9 NTRIP Clientを設定し基準局のデータを受信するとRTK測位ができる.**
NTRIPサーバのアドレス，ID，パスワード，マウント・ポイント名を設定する

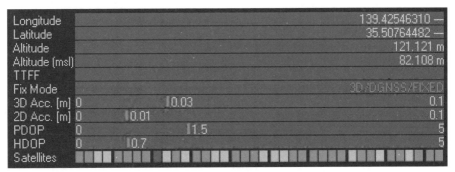

**図10 Fix Modeの状態を見てRTK演算が完了したことを確認する**
1〜2分で3DからFIXEDとなり，Fix解が得られて座標値が確定する

標値が確定します．立体精度で0.03 m（3 cm），平面精度で0.01 m（1 cm）と表示されています．FLOATは演算中で，FIXEDは演算完了です．

GPS測位は，垂直方向（高度）を精度良く測るのが苦手です．垂直方向の精度を上げるためには水平面に近い衛星からの信号が必要ですが，高度の低い衛星信号は，成層圏，対流圏，建造物などの影響を大きく受けます．移動することで信号が途絶える可能性もあります．

● Fixにならない場合

移動局の場所や受信状態によっては，なかなかFixになりません．アンテナを見直したり，近くの基準局を使ったりと，信号レベルや仰角を再設定します．

信号レベルが低い衛星を使って演算をすると，せっかくFixしても，その衛星が移動したり，信号レベルがさらに低くなって，測位に使う衛星の数が変わります．衛星数が変わるたびに再計算となるので，頻繁にFloatへ戻ります．　　　　　　　　〈吉田 紹一〉

**第5話** 基準局と移動局の受信波の位相差を計算したり，位置精度を表示したり

# RTK移動局の準備② 多機能測位アプリRTKLIBの初期設定

u-centerとZED-F9Pに内蔵されているRTK演算用エンジンを使うことで十分に測位は可能です．しかし，ログの取得やグラフ表示などの要求が出てきたら，“RTKLIB”というアプリケーションを使います．

RTKLIBの主体は，基準局と移動局の観測データを突き合わせてRTK演算を行うユーティリティです．RTKLIBのライブラリを使うと観測データを伝送したり，測位結果や観測データをプロット表示したりできます．

RTKLIBはWindowsパソコンやラズベリー・パイで動作するオープン・ソースとして公開されています．東京海洋大学の高須 知二先生が10年以上の歳月を費やして構築してきた大変貴重なライブラリです．

〈編集部〉

## ■ STEP① RTKLIBのインストール

第5話ではWindows10でRTKLIBを動作させます．

まず，RTKLIBをGitHubからダウンロードします．www.rtklib.comへ行くと，**図1**のようにダウンロード・ファイルの一覧を見ることができます．2020年1月現在で，2.4.2p13と2.4.3b33がリリースされています．2.4.2は安定バージョン，2.4.3は開発中バージョンで，機能が少し異なります．

2.4.3b32を使ってみます．リンクをクリックすると，**図2**のGitHubの該当ページに飛びます．ここで［Clone or download］を押します．ダウンロード・フォルダにRTKLIB_bin-rtklib_2.4.3.zipができるので，展開するとbinフォルダの中に一連のプログラム群があります(**図3**)．RTKLIBに含まれる主要なプログラムの名前と機能を**表1**に示します．

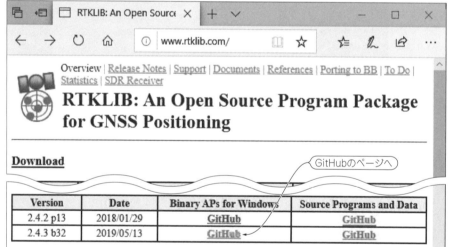

図1 RTKLIBのダウンロード・サイト
RTKLIBはWindows上で動作させるのでBinary APs for Windowsからダウンロード

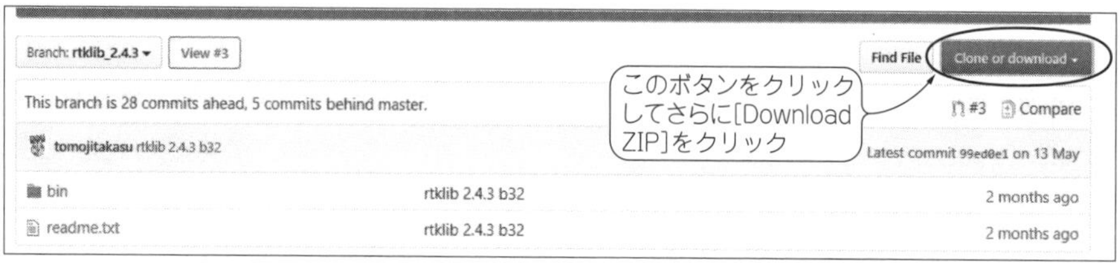

図2 GitHubからRTKLIBをダウンロードする
［Clone or download］を選択して所定のフォルダにダウンロードする

**表1 RTKLIBが備える主要なライブラリ**
Windows と Linux で動作するライブラリがある

| 機　能 | GUI AP<br>(Windows) | CUI AP<br>(Linux) | 詳　細 |
|---|---|---|---|
| アプリケーション・ランチャ | RTKLAUNCH | – | RTKLIBのアプリケーションを起動するランチャ |
| リアルタイム測位 | RTKNAVI | RTKRCV | リアルタイムでRTK測位計算を実行する |
| 通信サーバ | STRSVR | STR2STR | 基準局など受信機が観測した生データを取得して伝送する |
| 後処理測位 | RTKPOST | RNX2RTKP | 後処理でRTK測位計算を実行する |
| RINEX変換 | RTKCONV | CONBIN | 受信機メーカ独自の観測データ・フォーマットを後処理測位演算で使用するRINEXフォーマットへ変換する |
| GNSSデータ/測位解プロット表示 | RTKPLOT | – | 測位結果や観測データをプロットする |
| GNSSデータ・ダウンローダ | RTKGET | – | PPP解析に必要な精密軌道や精密クロック情報をダウンロードする |
| NTRIPブラウザ | NTRIPSRCBROWS | – | Ntripで提供されるデータをリスト表示する |

## ■ STEP② RTKLIBのセットアップ

RTKLIB_binの中にあるrtknavi.exeを実行します．

**図4**のような起動画面が表示されます．左上に「RTKNAVI ver.2.4.3 b32」とあります．左の枠にRTK測位を行っているときの状況が表示され，右枠上に移動局が受信している衛星の信号状態，右枠下に基準局が受信している衛星の信号状態が表示されます．

RTKLIBでは「基準局」をベース・ステーション（Base Station），「移動局」をローバー（Rover）と呼びます．

RTKNAVIは3つのステップで実行します．

### ① 入力ソースの設定

移動局と基準局の信号をどこから得るかを指定します．

移動局は，パソコンにつながれたCOMポートになります．ZED-F9Pが接続されているCOMポートの番号をデバイス・マネージャで確認してください．

| 名前 | 更新日時 | 種類 | サイズ |
|---|---|---|---|
| convbin.exe | 2019/05/13 4:58 | アプリケーション | 2,391 KB |
| crx2rnx.exe | 2019/05/13 4:58 | アプリケーション | 79 KB |
| gzip.exe | 2019/05/13 4:58 | アプリケーション | 90 KB |
| libguide40.dll | 2019/05/13 4:58 | アプリケーション拡張 | 224 KB |
| libiconv-2.dll | 2019/05/13 4:58 | アプリケーション拡張 | 905 KB |
| libintl-2.dll | 2019/05/13 4:58 | アプリケーション拡張 | 71 KB |
| rnx2rtkp_win64.exe | 2019/05/13 4:58 | アプリケーション | 973 KB |
| rtkconv.exe | 2019/05/13 4:58 | アプリケーション | 5,749 KB |
| rtkget.exe | 2019/05/13 4:58 | アプリケーション | 3,544 KB |
| rtklaunch.exe | 2019/05/13 4:58 | アプリケーション | 3,799 KB |
| rtklib_gmap.htm | 2019/05/13 4:58 | HTM ファイル | 3 KB |
| rtknavi.exe | 2019/05/13 4:58 | アプリケーション | 7,565 KB |
| rtknavi_mkl.exe | 2019/05/13 4:58 | アプリケーション | 7,564 KB |
| rtknavi_win64.exe | 2019/05/13 4:58 | アプリケーション | 7,565 KB |
| rtkplot.exe | 2019/05/13 4:58 | アプリケーション | 7,588 KB |
| rtkplot_ge.htm | 2019/05/13 4:58 | HTM ファイル | 7 KB |
| rtkplot_gm.htm | 2019/05/13 4:58 | HTM ファイル | 3 KB |
| strsvr.exe | 2019/05/13 4:58 | アプリケーション | 4,551 KB |
| tar.exe | 2019/05/13 4:58 | アプリケーション | 164 KB |
| teqc.exe | 2019/05/13 4:58 | アプリケーション | 940 KB |
| wget.exe | 2019/05/13 4:58 | アプリケーション | 395 KB |

**図3 ダウンロード・ファイルを展開したところ**
展開するとbinフォルダの中に一連のライブラリを見ることができる

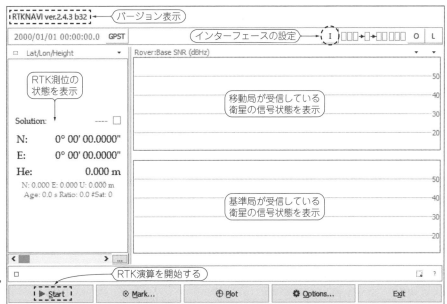

**図4 上部の［I］ボタンでインターフェースを設定し，下の［Start］ボタンでRTK演算を開始する**

ここでは，基準局は，u-centerのときと同じように CQ出版社のサービスを利用します．

## ② 測位モードの設定

起動画面下にある［Options...］でRTK測位に必要な情報を設定します．

Kinematicモードを指定し，観測する衛星の種類などを選択します．また，基準局の緯度/経度情報なども設定します．これらの設定が間違っていると，測位が始まらない，演算が完了するまでに時間がかかる，または正しい測位結果が得られなくなります．

## ③ 測位開始

起動画面下にある［Start］ボタンを押すとRTK測位が開始されます．測位解が得られるまでに最低でも40秒程度かかります．一度解が得られると測位解がロックされ，移動局の座標が変化しても正しい測位結果が連続的に出力されます．

▶手順1：入力ソースの設定

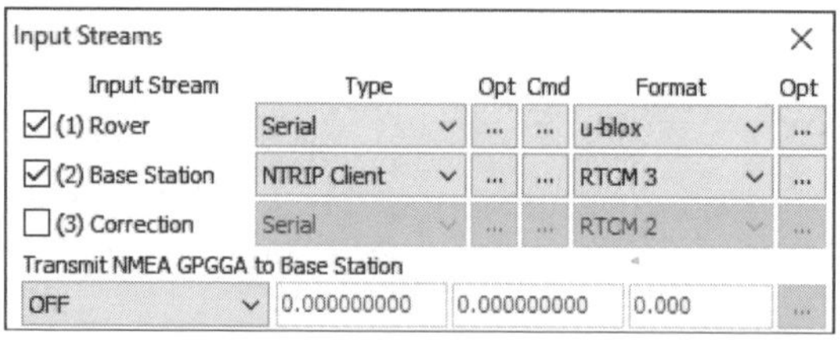

図5　Roverが移動局，Base Stationが基準局．どのようにデータを取得するかを設定する

設定画面上部にある［I］と書かれたボタンを選択すると，入力ソースを設定する図5の画面が開きます．

### 【移動局データ】

「(1)Rover」にチェックを入れます．RoverのTypeで「Serial」を選びます．Optの［…］ボタンをクリックし，ZED-F9Pが接続されているCOMポートを指定します．ボーレートは115200にします．Formatは「u-blox」です．

### 【基準局データ】

「(2)Base Sation」にチェックを入れます．Base StationのTypeは「NTRIP Client」を選びます．Optの［…］ボタンを押すと図6のような基準局を指定する画面が開くので，以下の情報を入力します．

```
NTRIP Caster Host : 160.16.134.72
Port              : 80
Mount Point       : CQ-F9P
User ID           : guest
Password          : guest
```

CQ出版社は2019年7月現在，表2に示す3種類のフォーマットで出力サービスを行っています．今回は同じZED-F9Pから出力されるRTCMフォーマットを使ってみます．

図6　基準局の設定画面
CQ出版社のNTRIP CasterのIPアドレスを指定し，どのマウント・ポイントからデータを取得するか設定する

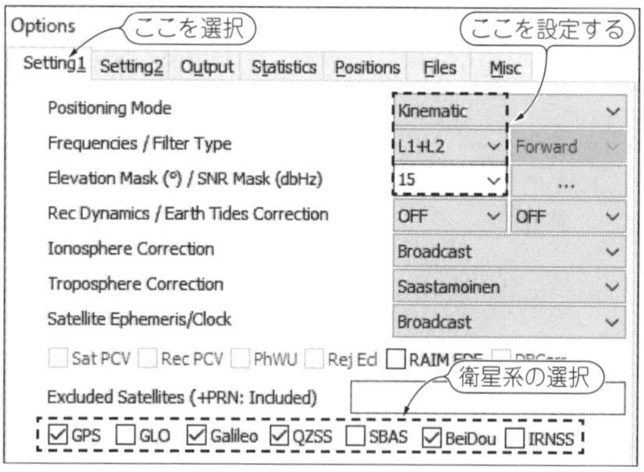

図7　受信周波数やフィルタを設定する
［Options］を選択すると「Setting1」というタブが表示される

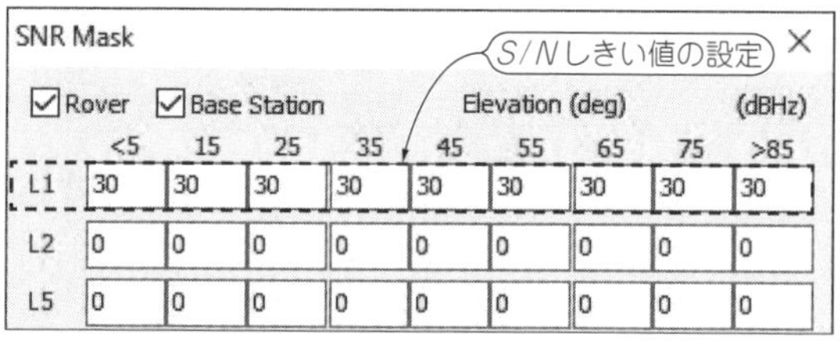

図8　信号強度のしきい値を30 dBに設定する

## 表2　CQ出版社の基準局サービスの仕様
移動局の種類に応じて複数のフォーマットでのデータ提供を行っている

| Mountpoint | Format | フォーマット詳細 | 衛 星 | 機材 |
|---|---|---|---|---|
| CQ-F9P | RTCM3 | RTCM3 1005, 1077, 1087, 1097, 1127, 1230 | GPS, GLONASS, Galileo, BeiDou | ZED-F9P |
| CQ-RTCM3 | RTCM3 | RTCM3 1005, 1077, 1127 | GPS, BeiDou | NEO-M8P |
| CQ-UBLOX | RAW Data | RXM-RAWX, RXM-SFRBX | GPS, GLONASS, Galileo, QZSS, BeiDou | ZED-F9P |

左下にある［Ntrip…］ボタンをクリックすると，そのNTRIP Casterがサービスしている項目の詳細を見ることができます．

▶手順2：測位モードの設定

測位の条件を設定します．rtknavi.exeの起動画面の下にある［Options…］を選択します．ここで必要な設定は次のとおりです．

【Setting1タブ】

Setting1タブを設定します（**図7**）．

> Positioning Mode：Kinematic
> Frequencies/filter Type：L1+L2
> Elevation Mask：15（誤差が大きくなる低緯度の衛星データを使わない）
> SNR Mask：Rover，Base Stationの両方でL1の$S/N$のしきい値を30 dBにする（**図8**）
> 衛星系の選択：GPS，Galileo，QZSS，BeiDou

【Setting2タブ】

Setting2では，図9の上の段にあるInteger Ambiguity Res（GPS/GLO/BDS）を設定します．

> GPS：Fix and Hold，Galireo：ON，
> BeiDou：ON

【Positionsタブ】

利用するCQ出版社の基準局の座標を入力します（**図10**）．

> Lat　　　：35.731012060（緯度）
> Lon　　　：139.739691700（経度）
> Height　：80.3300（高度）

これで設定は完了です．

基準局のデータ・フォーマットがRTCMの場合，プルダウン・メニューから「RTCM Antenna Position」を選ぶと，数値入力を省略できます．

［OK］ボタンを押して設定ウィンドウを閉じます．

▶手順3：RTK測位開始

さて，いよいよRTK測位を開始します．画面左下にある［Start］で実行します．

図11の画面が表示され，時々刻々状況が変化していきます．上側は移動局が受信している衛星の信号強度，下側は基準局が受信している衛星の信号強度です．

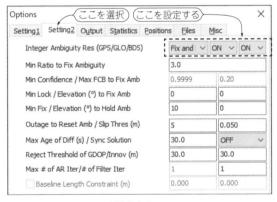

図9　Integer Ambiguityを設定する

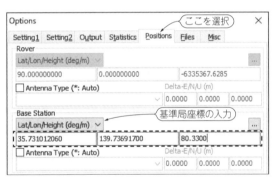

図10　CQ出版社の基準局の緯度，経度，高さを入力する

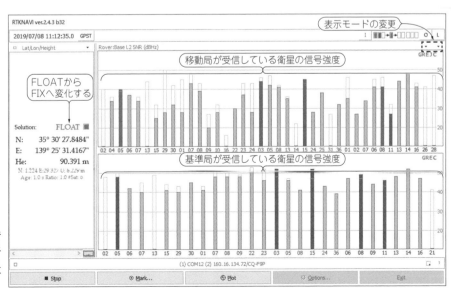

図11　［START］で実行すると，受信している衛星の受信強度が表示される．画面左側には測位値と演算状況が表示される

しばらく見ていると，左の「Solution：」の空白部分にFLOAT（オレンジ色）と表示され，その後FIX（緑色）へ変化します．

FIXと表示されている状態では，搬送波の数が十分に良い精度で求められています．「Ratio」の数値は，測位結果を求める方程式の評価値です．この値は1.0からスタートし，演算が収束するにつれて上昇していき

ます．デフォルト設定では，このRatio値が3.0を越えた時点で解がFixしたと判断します．しきい値は［Option］の「Setting2」で変更できます．

## ■ STEP③ 測位結果を確認する

図11の画面右上に，小さな［▼］マークがあります．ここをクリックすると表示モードが変更できます．

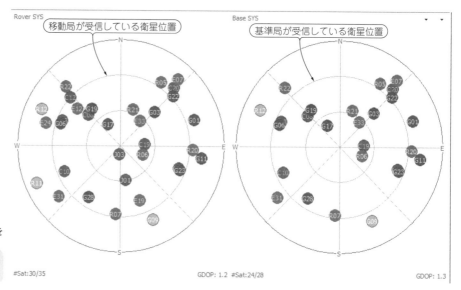

**図12　天空の衛星位置を確認できる**
実行画面の［▼］マークを選択すると，画面を切り替えることができる

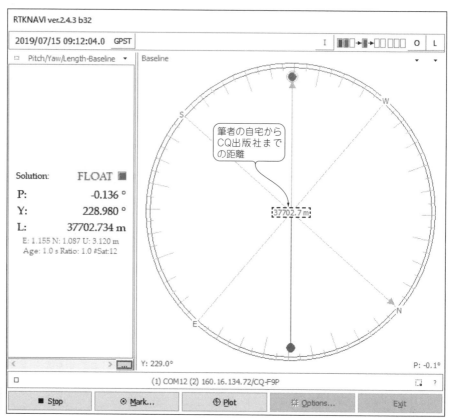

**図13　基地局と移動局の基線長を確認できる**
距離が表示される．筆者自宅からCQ出版社までの距離は37.702 km

図12の画面では，演算に使用している衛星の位置関係を知ることができます．

図13では，基地局から移動局までの距離がわかります．今回の例では，CQ出版社屋上のアンテナから筆者宅のアンテナまでの距離が37.7027 kmであることを示しています．

[Plot] ボタンをクリックすると，図14のように測位結果の履歴を平面表示するRTKPLOTの画面が開きます．Fix後の変動は，おおよそ1 cm以内に収まっています．

## ZED－F9Pの内蔵エンジンで測位を行う

ここまではRTKLIBのRTK演算で測位しましたが，ZED-F9Pにも強力なRTK演算機能が内蔵されています．

ZED-F9PにRTKの演算を実行させ，RTKPLOTで座標表示する方法を説明します．RTKPLOTはRTKLIBのライブラリの中の1つで，グラフ表示機能を担当します．

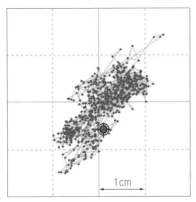

**図14　RTK測位でFix解が得られた状態の変動**
[Plot] ボタンをクリックすると測位値を平面表示する．この画像ではFix解のプロットが2～3 cmの範囲に集中していることがわかる

基準局から得た観測データは，RTKLIBのSTRSVRというツールを使ってZED-F9Pへ渡します．STRSVRは観測データを任意のストリームから取ってきて，複数のストリームに出力する機能をもっています．具体的には，STRSVRでCQ出版社の基準局からRTCM3フォーマットの観測データを取得し，そのデータをシリアル・ポートで接続されたZED-F9Pへ出力します．

同時に，そのSTRSVRで，ZED-F9Pのシリアル・ポートから出力される演算結果をローカルネットの指定したTCPポートへ出力します．RTKPLOTは，そのローカルネットに流れるデータを拾って，座標をドット表示します．

全体構成は図15を参照してください．設定は次の手順で行います．

### ① ZED-F9Pの初期設定

u-centerを使用して，ZED-F9PがUSBポートに

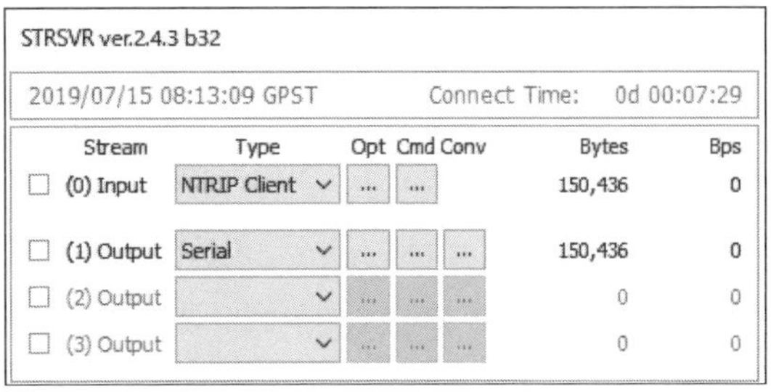

| STRSVR ver.2.4.3 b32 | | | | | | |
|---|---|---|---|---|---|---|
| 2019/07/15 08:13:09 GPST | | | Connect Time: | | 0d 00:07:29 | |
| Stream | Type | Opt | Cmd | Conv | Bytes | Bps |
| (0) Input | NTRIP Client | ... | ... | | 150,436 | 0 |
| (1) Output | Serial | ... | ... | ... | 150,436 | 0 |
| (2) Output | | ... | ... | ... | 0 | 0 |
| (3) Output | | ... | ... | ... | 0 | 0 |

**図16　setrsvrの設定**
rtknaviと設定は変わらない．入力と出力のストリームを指定する

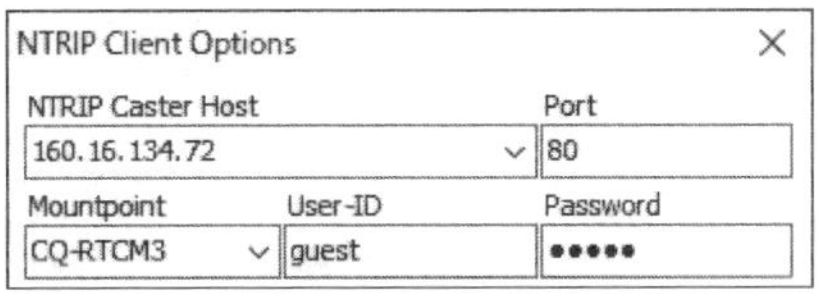

| NTRIP Client Options | | × |
|---|---|---|
| NTRIP Caster Host | | Port |
| 160.16.134.72 | | 80 |
| Mountpoint | User-ID | Password |
| CQ-RTCM3 | guest | ••••• |

**図17　入力ストリームの設定**
CQ出版社の基準局を指定する

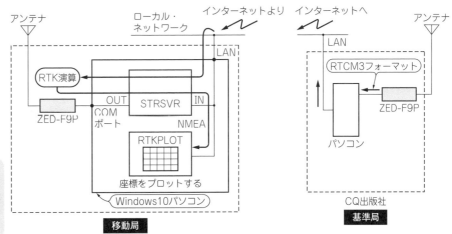

**図15　構成図**
接続状態と信号の流れを示す．STRSVRは，RTK演算を行わずにインターネット経由で入手した基地局の観測データをZED-F9Pへ渡し，戻ってきた演算結果をネットワークに流す

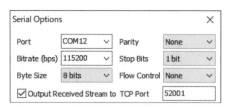

図18 出力ストリームの設定
ZED-F9Pへデータを送信するのでシリアル・ポートを指定する．また，受け取ったRTK演算結果をローカル・ネットワークへ流すために「Output Received Stream to TCP Port」にチェックし，ポート番号（ここでは52001）を指定する

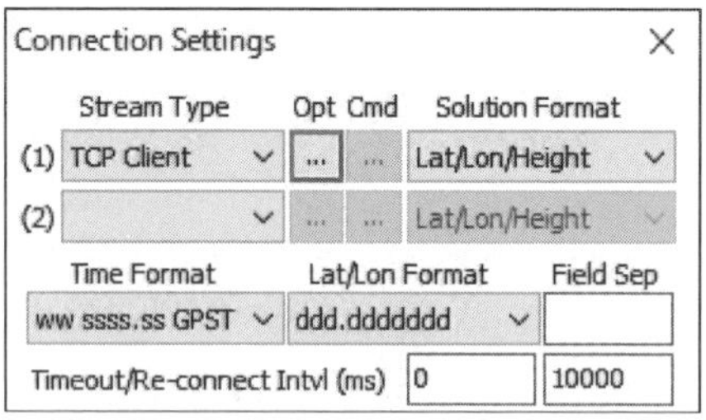

図20 Server Address
サーバ・アドレスをlocalhost，ポート番号は図18で設定した52001を指定

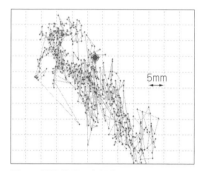

図19 「TCP Client」を指定し，［Opt］ボタンで出てくるダイアログで具体的な接続先を指定する

図21 測位結果の座標値がドットで表示される
1目盛り5mmなので3〜4cm程度の変動

以下のメッセージを出力できるようにします．

　NMEA‐GxGGA

　NMEA‐GxRMC

NMEAの測位データGxGGAがRTK測位に対応した高精度な出力になるように［CFG］‐［NMEA］‐［DATA2］で［High Precision mode］にチェックを入れておきます．

## ② STRSVRの設定

RTKLIBはVer2.4.3を使ってください．2.4.2では，シリアル・ポートから戻ってくるデータをローカル・ネットワークに流し込むオプションがありません．

RTKLIBの中にあるstrsvr.exeを実行し，入出力先を設定します．

入力はCQ出版社のNTRIP Client，出力はF9Pのシリアル・ポートになります（図16）．それぞれのオプションは図17，図18に示すとおりです．

シリアル・ポートのオプションにチェックを入れて，F9Pの測位データを流すローカル・ネットのポート番号（ここでは52001）を指定します．

## ③ STRSVRの実行

［START］ボタンを押すとデータが流れ始めます．受け取ったバイト数，速度などが右側に表示されます．

## ④ RTKPLOTの設定

rtkplot.exeを起動します．

メニューから［File］‐［Connection Settings...］を選択すると，情報をどこから取るのかを指定する図19の画面が出ます．「TCP Client」を選択し，Optの［…］を押すと現れる図20の画面で，Server Addressにlocalhost，Portに先ほどSTRSVRで指定したポート番号52001を入力して［OK］を押します．これでRTKPLOTの設定は終了です．

## ⑤ RTKPLOTの実行

メニューから［File］‐［Connect］を選択すると，ローカルネットに流れているF9PのNMEAデータを拾って図21のように座標がプロットされます．オレンジのドットがFloat解，緑のドットがFix解です．

〈吉田 紹一〉

74

# 専用基準局の製作① ハードウェアの準備

これまで，CQ出版社がサービスで提供する基準局のデータを使用して移動局の座標値を取得してきました．しかし，基準局と移動局の距離が離れると，Fixに時間がかかり，FixしてもすぐにFloatに戻ります．

無料の基準局がいつまでもサービスを提供し続けるという保証はありません．cm級の精度を得るためには，基準局と移動局の距離は近いほどよいので，自分専用の基準局が必須です．

基準局は常に稼働していることが要求されるため，消費電力を考えてラズベリー・パイを使用します．

● 必要機材

基準局の設置にあたり準備した機材は次のとおりです（表1）．
(1) トラ技2周波RTKスタータ・キット［高速測位タイプ］
(2) ラズベリー・パイ3モデルB
(3) L1/L2対応アンテナ（HG-GOYH7151）
(4) TNCオス-SMAメス同軸ケーブル（15 m）
(5) 設置用金具類

基地局に使用するGPS受信モジュールは，ユーブロックス社のZED-F9Pを搭載した「トラ技2周波RTKスタータ・キット［高速測位タイプ］」（写真1）を使います．

NEO-M8Pでは移動局と基準局では異なる型番でしたが，ZED-F9Pでは区別がなくなり，基準局にも移動局にも使用できます．

基準局にNEO-M8Pを，移動局にZED-F9Pを使うこともできます．しかし，受信できる衛星の種類や周波数帯がNEO-M8Pに制限されてしまい，せっかくのF9Pの性能を万全に生かせません．移動局にZED-F9Pを使うなら，基準局もZED-F9Pを使うことをお薦めします．

今回はパソコンとしてラズベリー・パイ3Bを使用しました．長時間動作させると，SDカードの耐久性が問題になります．常時稼働するのであればラズベリー・パイ3B＋を使用して，SDカードなし，USB接続のHDD/SSDで利用することをお薦めします．

● アンテナの設置

基準局用のアンテナは，2周波以上に対応したものを使います．今回は写真2のHG-GOYH7151（Shenzhen Beitian Communication）を使用しました．AliExpressやAmazonで購入可能です．

基準局を設置する際，アンテナは全天が見渡せる開けた場所に設置することが望ましいです．GPSアンテナはピンキリで，安いものは1,000円以下でもあります．RTKによるcm精度の測位が目的であれば，それなりに性能の良いものが必要です．

入手したアンテナに特性の違いがある場合，移動局

表1 基準局に用意した機材
アンテナはキット付属でも使えるが，高性能品を選んでみた

| 品 名 | 購入先 | 参考価格 |
|---|---|---|
| トラ技2周波RTKスタータ・キット（他社のF9P搭載基板でも良い） | CQ出版 | 42,000円 |
| ラズベリー・パイ3モデルB（USB接続のHDDやSSDから起動できるモデルB+がお薦め） | 秋月電子通商 | 5,000円 |
| L1/L2 GNSSアンテナ HG-GOYH7151（BEITIAN），GN-GGB0710（TOPGNSS），など | AliExpress Amazon | $83.28 9,207円 |
| TNCオス-SMAオス同軸ケーブル（設置位置で選ぶ） | Amazon | 2,000円 |

SMAコネクタ（GPSアンテナを接続）

マイクロUSBコネクタ（Raspberry Piへ接続する）

写真1 「トラ技2周波RTKスタータ・キット［高速測位タイプ］」を使う

写真2 基地局用アンテナ(HG-GOYH7151, Shenzhen Beitian Communication)

- アンテナ本体
- マグネット・スタンド

側に性能の良いアンテナを使用します. 基準局は移動せずに, できる限り条件の良い所に設置するため, 安定した観測ができるからです.

信号レベルができるだけ高くなるように設置場所を選びます. 信号レベルが低いと, RTK演算中に計算対象の衛星が入れ換わり, なかなか演算が完了しません. 完了しても計算を繰り返して, すぐにFloatになってしまいます. 基準局, 移動局ともに40 dBほどの信号レベルを得られるように設置しましょう.

〈吉田 紹一〉

---

Google Earthに計測結果を重ね描きすると地面の下を走ることに…

## コラム6　GNSSモジュールの高度の測位精度が悪い理由

● GNSSモジュールが採用する地球の形状モデル「ECEF」

GPSを使用した精密測位は, 図CのECEF(Earth Centered Earth Fixed; 地心地球固定座標系)という座標系を使います.

ECEFは地心地球を原点とした3次元直交座標系のことです. 地心地球とはあまり聞かない単語ですが, 地球の重心点という意味です. この地球重心点は最近の高精密測定の結果, 1 cm未満の単位で変動していることが判明しています.

$z$軸は地球の自転軸で北極方向, $x$軸はグリニッジ基準子午線と赤道面の交点方向, $y$軸は赤道上で$x$軸に対して90°の方向です. ECEF座標系は, 地球の自転と一致して回転します.

地球の実際の形状は, 自転による遠心力の影響を受けて饅頭のようにつぶれた形状になります. ちなみに, 日本の北緯35°での移動速度は379.3 m/s! …

音速を超えています.

● 東京湾の海面が基準のジオイド・モデルで補正できれば精度が上がる

昔から, 水路やダム, 大型建造物の設計では海面を基準にしてきました. 日本では東京湾の平均海面が標高0 mで, 現在でもこの平均海面が建造物設計の標高原点です. この標高0 mの面を地球全体に広げたものを「ジオイド(geoid)」と言います(図D). ジオイドは「地球重力と遠心力, 地球内部構造質量の全ての影響を含めた平均海水面に一致する面」であり, ジオイド自体はかなりいびつな形をしています.

経度と緯度は角度ですので, ECEFの絶対値から三角関数計算で簡単に求めることができます. 標高はジオイド高を使って補正値を与えることで, 実際の標高を算出できます. ジオイド・モデルは国土地理院が提供しています. ジオイドに関する詳細な情報については国土地理院のホームページを参照してください.

http://www.gsi.go.jp/buturisokuchi/geoid.html

〈吉田 紹一〉

グリニッジ子午線

右手直交系

自転軸　赤道面

- 原点 …地球重心に固定
- z軸 …地球自転軸の天の北極方向
- x軸 …グリニッジ基準子午線と赤道面との交点方向
- y軸 …赤道上 東経90°方向

図C　GPSを使用した精密測位は地心地球を原点としたECEF座標系を使う

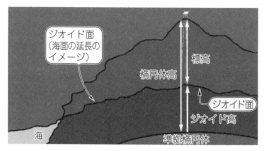

- ジオイド面(海面の延長のイメージ)
- 標高
- 楕円体高
- ジオイド面
- ジオイド高
- 海
- 準拠楕円体

図D　水面の高さ≒ジオイド高は楕円体と一致しないのでGPSで求めた高さと標高は異なる

第7話 利用するGNSSシステムや移動局に送信するデータの種類を選択する

# 専用基準局の製作② F9Pの初期設定

基準局(地上の固定局)は，ZED-F9Pとラズベリー・パイを使用しますが，ZED-F9Pの初期設定はWindowsで動作するアプリケーションu-centerで行います．各種設定は不揮発性メモリに書き込んだZED-F9Pをラズベリー・パイへ接続します．

## ● STEP1 u-centerでの初期設定と状態確認

基準局として設定する事項は次のとおりです．

(1) 使用する衛星の種類
(2) ZED-F9Pの出力情報とインターフェースの選択($I^2C$，UART1，UART2，USB，SPI)
(3) 出力データのフォーマット指定
(4) 基準局の座標値

▶衛星の選定と搬送波の選択

移動局の設定の際に衛星の選択を行いましたが，基準局でも同様です．

メニューで［View］-［Generation 9 Configuration View］を選択して設定画面(**図1**)を開き，受信できる衛星の種類と搬送波を確認してください．

今回もすべてを選びます．下枠内にあるRAM，BBR，Flashのすべてにチェックを入れ，［Send Configuration］を押します．

正常に書き込みが完了すると，Statusの枠内に“Configuration send successful”と表示されます．“Configuration apply failed”と表示されたときは書き込み失敗です．GPSではL1とL2のどちらかだけを選択することはできないようです．

▶出力信号の種類と出力先の設定

u-centerのメニューから［View］-［Message View］を選択し，**図2**のCFG設定画面を出します．

①［UBX］-［CFG］-［DGNSS］

Differential Modeで，次のように「できるだけ搬送波の波の数を確定させる」を選択します．

3＝RTK fixed：Ambiguities are fixed whenever possible

②［UBX］-［CFG］-［MSG］

どのメッセージをどの出力に割り当てるかを設定します．数多くの選択肢がありますが，選択できるアイ

図1 衛星選択画面から衛星の種類を選択する
GPS，Galileo，BeiDou，QZSS，GLONASSのすべてを選択する

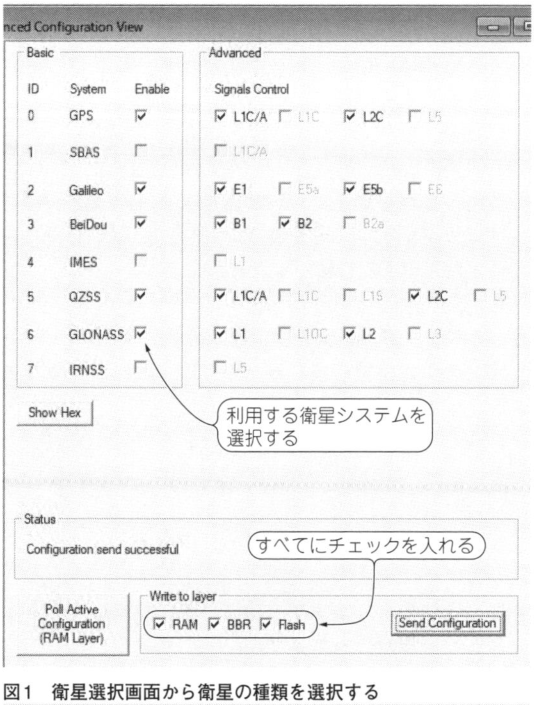

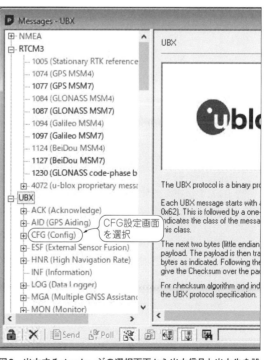

図2 出力するメッセージの選択画面から出力信号と出力先を設定する
［View］-［Message View］からMessagesの画面を呼び出し，UBX以下のメッセージで指定する

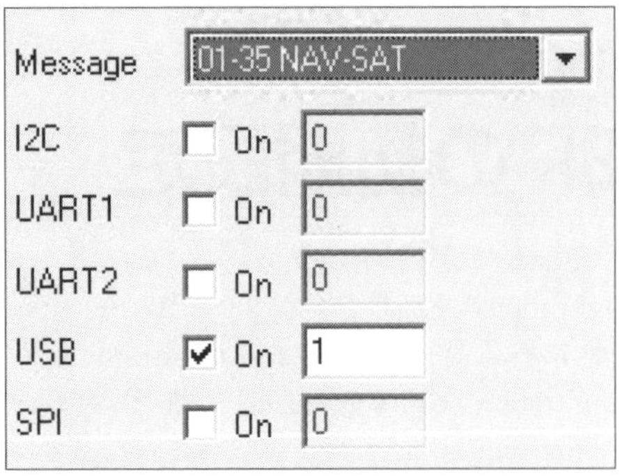

**図3 基準局の受信状態を確認するため衛星観測データを選定する**
基準局が受信している衛星をモニタリングするためNAV-SATを選択しUSBへ出力する

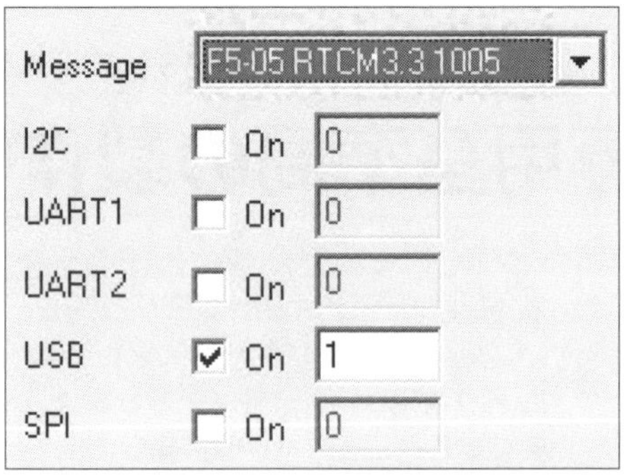

**図4 F9Pで出力できるRTCMで情報を発信する設定を行う**
RTCM3フォーマットで出力するため，基準局座標のF5-05を選択する

テムは限られます．選択できない項目を選ぶと，自動的に妥当な項目にジャンプします．

▶基準局状態確認情報の選択

メッセージのフォーマットは数種類あります．今回は基準局の設定なので，移動局が必要な情報だけを選択すればよいのですが，自分自身の状態確認のために，基本情報として**図3**の衛星観測データを選定します．

01-35 NAV-SAT：観測データ

▶移動局用メッセージの選択

RTK測位の演算には次の3つのデータが必要です．
(1) 基準局の観測データ
(2) 移動局の観測データ
(3) 衛星の航法メッセージ

航法メッセージは，一般的に変動要因の少ない基準局から配信したいところですが，移動局でZED-F9Pの内蔵エンジンを使います．データのやりとりはRTCMフォーマットの特定メッセージに限られます．基準局からは，ZED-F9Pで出力できるRTCMで情報を発信する設定にします．選択は**図4**に示すF5-xxで行います．

F5-xx：RTCM3フォーマットで出力する衛星や情報を選択

今回は次の情報を選択して発信します．

F5-05 1005　　基準局座標
F5-4D 1077　　GPSの観測データ
F5-57 1087　　GLONASSの観測データ
F5-61 1097　　Galileoの観測データ
F5-7F 1127　　BeiDouの観測データ
F5-E6 1230　　GLONASSの補正データ

これらのメッセージがちゃんと選択されているかは，[View]-[Packet Console]を選択すると確認できます．左下の鍵マークを選択すると，流れているメッセージが一時停止します．

選択画面でチェックを入れると右側のボックスに「1」と表示されます．これは1秒ごとにデータを送信

するという意味です．

③ [UBX]-[CFG]-[NAV5]

　＜Navigation Modes＞
　Dynamic Model：2-Stationary（基準局は移動しないのでStationary）
　Fix Mode　　　：3 Auto 2D/3D
　UTC Standard　：0-Automatic

④ [UBX]-[CFG]-[PRT]

　Target　　　：3-USB
　Protocol In　：0＋1＋5-UBX＋NMEA＋RTCM3
　Protocol Out：0＋1＋5-UBX＋NMEA＋RTCM3

USBから出力するフォーマットを選択します．UBX，NMEA，RTCM3の3種類とも選択しておきます．UBXはユーブロックス社独自形式のデータです．

⑤ [UBX]-[CFG]-[TMODE3]

ここは基準局作りに重要な設定です．基準局の座標値を入力します．

　Mode　　　　　：2-Fixed Mode
　Fixed Position：基準局が置かれたX, Y, Z座標，精度(m)をできるだけ精度良く入力する．小数点以下6桁（11 cm未満）は確保したいが，大きくずれるとFixしにくくなる

● STEP2　アンテナの座標を求める

アンテナの座標を求めるためには，次のような方法があります．
(1) 国土地理院から提供される電子基準点情報を使う
(2) 最寄りの基準局の情報を使う
(3) 自己測量を行う

ほかにもいろいろな方法がありますが，(1)，(2)は最初難しいと感じるかと思います．Google Mapでも緯度経度は得られますが，精度が悪いですし，そもそも高度の情報が得られません．

今回は(3)の自己測量で座標を求めます．(1)については，Appendixを参照してください．(3)の自己測

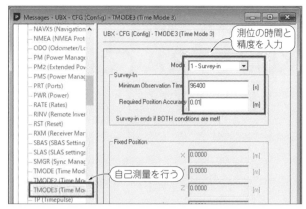

図5 自己測量を行うには測位時間と望む精度を入力する
Tmode3で基準局の自己測量ができる。単独測量を繰り返した平均値で，数cm精度の座標値を得られる

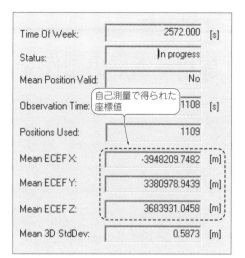

図6 自己測量状態を確認して座標を求める
自己測量中はIn progressと表示され，測量が完了するとSuccessfullyと表示される。表の下の座標値が測量結果

量は，長時間にわたって単独測量を行い，その平均値をとる方法です。正しい数値を得るためには，最低でも24時間は測位を継続します。

GNSS衛星はおよそ24時間の周期で航行しているので，長期変動も含めて測位するためには24時間必要です。不特定多数のユーザに対して基準局を公開するのであれば，電子基準点を使うなどして正確な座標値を得る必要があります。自分だけが使う基準局であれば1～2cmのずれは許容できるので，それを承知で運用することでよいでしょう。

● STEP3　自己測量状態を確認して座標を求める

自己測量を行うには [UBX] - [CFG] - [TMODE3] を選択します。Modeを [1 - Survey - in] と指定し，図5に示すように測位時間と望む精度を入力します。

[send] ボタンを押すと，自己測量が開始されます。指定した時間か，望む精度のどちらかに達したら自己測量が終了します。

測位が完了したかどうかは[UBX] - [NAV] - [SVIN]で確認をすることができます（図6）。座標値と精度が刻々変化していきます。StatusがIn progressからSuccessfully finishedに変化すれば測位完了です。

以上で初期設定は終わりです。移動局の際と同じように Data View, Satellite Signal, Satellite Signal history, Satellite Position の4画面を開いて受信状況を確認し，十分な信号強度と衛星数があることを確認してください。　　　　　　　　　　　　　　　〈吉田 紹一〉

---

## コラム7　国土地理院の座標変換Webサービス

測位結果は角度ではなく，ECEFという地球中心からのxyz座標寸法で表示されます。ECEFはEarth Centered Earth Fixedの略です。緯度，経度，高度の座標はBLH座標と呼びます。緯度(Beta)，経度(Lambda)，高度(Height)の略です。

地球の形状は完全な球体ではありません。いびつな形をしており，高度についてはかなりのばらつきが発生します。これらのばらつきを補正したものをWGS84(BLH)座標と呼びます。ECEFからWGS84(BLH)への変換が必要になるケースもあります。この変換サービスはインターネットでいくつか公開されています。

例えば国土地理院が提供するサービスがあります。

https://vldb.gsi.go.jp/sokuchi/surveycalc/main.html

座標値を入力すれば，すぐに変換結果を教えてくれます。ECEFでx座標に−3948209.6925と入れると，緯度として35度30分27.58283秒と結果が出ます。

RTKで緯度/経度を使うときは10進法で設定値を入力することが多いでしょう。10進数への変換は，次式を適用します。

$$35° + (30分 \times 1/60) + (27.58283秒 \times 1/3600) = 35.507661897$$

〈吉田 紹一〉

# 専用基準局の製作③ RTKLIBをラズパイで動かす

Windowsパソコンで ZED-F9P に基準局用の初期設定を終えたら，その ZED-F9P をラズベリー・パイに繋ぎかえます．

基準局は常時稼働という面から，専用のハードウェアを準備します．消費電力はできるだけ抑え，トラブルが発生した際に自動復帰するようにセットアップします．

RTKLIBのインストールは，GitHubからライブラリをダウンロードしてMakeすることで実行できます．

ラズベリー・パイは，デフォルトではsshでのリモート・アクセスが使用できない設定になっているので，メニューの［設定］-［RaspberryPiの設定］から［インターフェース］を選択し，SSHを有効にしてください．

ラズベリー・パイ本体のセットアップ方法についてはここでは解説しません．インターネット上の解説などを参照してください．

● STEP1 RTKLIBをインストールする

実際の画面は図1を参照してください．以下，⌴の記号はスペースを表します．

① $ cd⌴~⌴

自分のディレクトリへ移動します．

② $ git⌴clone⌴https://github.com/tomojitakasu/RTKLIB.git⌴

ライブラリをGitHubからダウンロードします．

③ $ cd⌴RTKLIB⌴

ダウンロードが完了するとRTKLIBというディレクトリができているので，そこへ移動します．

④ $ cd⌴app⌴

appというディレクトリへ移動します．

⑤ $ chmod⌴755⌴makeall.sh⌴

実行プログラムを作るMakeコマンドのシェル・スクリプトが含まれていますが，実行権が付いていないので，属性を実行可能に変更します．

⑥ $ ./makeall.sh⌴

Makeします．Makeにかかる時間は，CPU性能やディスク速度で変わります．今回は10分ほどかかりました．無事Makeが完了すると，プロンプトが戻ってきて入力可能になります．Make中，いくつかWarningメッセージが表示されますが，気にせずに継続します．

```
pi@raspberrypi:~ $
pi@raspberrypi:~ $ cd ~ ···································································································· ①
pi@raspberrypi:~ $ git clone https://github.com/tomojitakasu/RTKLIB.git ····················· ②
Cloning into 'RTKLIB'…
remote: Enumerating objects: 4019, done.
remote: Total 4019 (delta 0), reused 0 (delta 0), pack-reused 4019
Receiving objects: 100% (4019/4019), 64.73 MiB | 8.71 MiB/s, done.
Resolving deltas: 100% (2639/2639), done.
pi@raspberrypi:~ $ cd RTKLIB/ ························································································· ③
pi@raspberrypi:~/RTKLIB $ cd app ······················································································ ④
pi@raspberrypi:~/RTKLIB/app $ chmod 755 makeall.sh ····················································· ⑤
pi@raspberrypi:~/RTKLIB/app $ ./makeall.sh ·········································································· ⑥

% pos2kml/gcc
cc -c -Wall -O3 -ansi -pedantic -I../../../src -DTRACE ../pos2kml.c
../pos2kml.c:19:19: warning: 'rcsid' defined but not used [-Wunused-const-variable=]
 static const char rcsid[]="$Id: pos2kml.c,v 1.1 2008/07/17 21:54:53 ttaka Exp $";
    :
    :
cc    rtkrcv.o vt.o rtkcmn.o rtksvr.o rtkpos.o geoid.o solution.o lambda.o sbas.o stream.o rcvraw.o rtcm.o
preceph.o options.o pntpos.o ppp.o ppp_ar.o novatel.o ublox.o ss2.o crescent.o skytraq.o gw10.o javad.o
nvs.o binex.o rt17.o ephemeris.o rinex.o ionex.o rtcm2.o rtcm3.o rtcm3e.o qzslex.o  -lm -lrt -lpthread -o
rtkrcv
pi@raspberrypi:~/RTKLIB/app $ chmod 755 ~/RTKLIB/app/rtkrcv/gcc/rtkstart.sh ················· ⑦
pi@raspberrypi:~/RTKLIB/app $ chmod 755 ~/RTKLIB/app/rtkrcv/gcc/rtkshut.sh ················· ⑧
pi@raspberrypi:~/RTKLIB/app $
```

**図1 RTKLIBを設定するためのコマンド**
RTKLIBはGitHubからダウンロードできる

⑦ $ chmod␣755␣~/RTKLIB/app/rtkrcv/gcc/
rtkstart.sh⏎

⑧ $ chmod␣755␣~/RTKLIB/app/rtkrcv/gcc/
rtkshut.sh⏎

　実行権のないシェル・スクリプトについて，属性を
変更します．この⑦と⑧のシェル・スクリプトは移動
局用なので今回は関係ありませんが，とりあえず実行
権を付けておきます．

　これでRTKLIBのセットアップは完了です．


● **STEP2　ラズベリー・パイとZED-F9Pの接続を
確認する**

　第7話で初期設定を行ったトラ技2周波RTKスター
タ・キットのF9P基板をラズベリー・パイと接続し，
デバイスを確認します．

　　$ ls␣/dev/ttyA*␣-al⏎

と入力し，**図2**のようなレスポンスがあればOKです．
ttyACM0がZED-F9Pです．ttyAMA0はボードに内
蔵されているデバイスです．


● **STEP3　入出力ストリームを指定する**

　str2strと呼ばれるLinux上で動作する基準局用のア
プリケーションを使います．1つの入力ストリームを
複数のストリームに分割して出力する機能をもちます．
実行コマンドは次のとおりです．

　　str2str [ - in stream] [ - out stream [ - out
stream...]] [options]

　入力ストリームは，シリアル・ポート，TCPクラ
イアント，TCPサーバ，NTRIPクライアント，ファ
イルが選べます．出力ストリームも同様に，シリアル・
ポート，TCPクライアント，TCPサーバ，NTRIPサー
バ，ファイルが選べ，複数指定できます．ストリー
ムを指定せずに実行した場合，入力はstdin，出力は
stdoutが使用されます．

　str2strは常駐型アプリケーションとして作られて
います．一度実行すると，バックグラウンドで稼働し
続けます．設定を変えたいときは，意識的に停止する

必要があります．

　フォアグラウンドで実行している場合はCtrl-Cで
終了できます．バックグラウンドで実行しているとき
は，psコマンドでプロセスIDを探してKillします．

　何度も実行すると，バックグラウンドで複数の
str2strが稼働してしまい，Server Errorが表示され
ます．実際の実行コマンドを次に示します．

　　str2str␣-in␣serial://ttyACM0:115200#rtcm3␣-
out␣tcpsvr://:2101

　このコマンドは，シリアル・ポートのttyACM0か
ら115200 bpsのビット・レートでrtcm3フォーマット
の信号を受信し，TCPサーバとしてローカル・ホス
ト（自分のパソコン）のネットワーク2101ポートに出
力する，という意味になります．

　-in，-outの後は，ストリームの種類によって記述
が変化します．それぞれのオプション・コマンドは**図
3**のとおりです．

　図中の［ ］は，省略可能であることを示します．

　　serial://port [:brate [:bsize [:parity [:stopb
[:fctr]]]]]

という表記の場合，

　　serial://ttyACM0:1152000

と記述できます．これはポート名とボーレートのみを
指定しています．ビット・サイズ（bsize），パリティ
（parity）などは特に指定しなければ，デフォルトのま
まです．

　このストリームの後に，フォーマットの種類を"#"
で繋いで入力します．フォーマットは14種類ほどあ
りますが，多くは特定の市販受信機のフォーマットな
ので，使うのは次の2種類です．特定の受信機に向け
たフォーマットの出力が必要な場合にはHelpを参照
してください．

　　rtcm3：RTCM 3

　　ubx ：ublox LEA-4T/5T/6T（only in）

▶シェル・スクリプトの作成

　オプション指定が長いので，繰り返し動作確認を行
うのであれば，シェル・スクリプトを作成しておくと


```
pi@raspberrypi:~ $ ls -al /dev/ttyA*
crw-rw---- 1 root dialout 166,  0 7月  9 16:14 /dev/ttyACM0
crw-rw---- 1 root dialout 204, 64 7月  9 15:52 /dev/ttyAMA0
```

**図2　デバイスの接続を確認するためのコマンド**
ttyACM0がZED-F9Pが接続されたポート


```
serial       : serial://port[:brate[:bsize[:parity[:stopb[:fctr]]]]]
tcp server   : tcpsvr://:port
tcp client   : tcpcli://addr[:port]
ntrip client : ntrip://[user[:passwd]@]addr[:port][/mntpnt]
ntrip server : ntrips://[:passwd@]addr[:port][/mntpnt[:str]] (only out)
file         : [file://]path[::T][::+start][::xseppd][::S=swap]
```

**図3　出力したいフォーマットを指定するstr2strのコマンド・オプション**

```
#! /bin/sh
cd /home/pi/RTKLIB/app/str2str/gcc
./str2str -in serial://ttyACM0:115200#rtcm3 -out tcpsvr://:2101
```

**図4 シリアル・ポートから観測データを入力し，ローカル・ネットワークのポート2101へ出力している**
str2str実行のシェル・スクリプト．基準局が同じネットワーク接続されている場合

```
stream server start
2019/07/14 12:30:13 [CW---]          0 B      0 bps
2019/07/14 12:30:18 [CW---]       7769 B  11653 bps (1) waiting…
2019/07/14 12:30:23 [CW---]      14978 B  11473 bps (1) waiting…
2019/07/14 12:30:28 [CW---]      22158 B  11569 bps (1) waiting…
2019/07/14 12:30:33 [CC---]      29418 B  11563 bps (1) 192.168.0.29
2019/07/14 12:30:38 [CC---]      36678 B  11587 bps (1) 192.168.0.29
2019/07/14 12:30:43 [CC---]      44034 B  11778 bps (1) 192.168.0.29
2019/07/14 12:30:48 [CC---]      51390 B  11694 bps (1) 192.168.0.29
2019/07/14 12:30:53 [CC---]      58698 B  11688 bps (1) 192.168.0.29
2019/07/14 12:30:58 [CC---]      66030 B  11760 bps (1) 192.168.0.29
```

**図5 シェル・スクリプトを実行すると，右側に問い合わせをしてきている移動局のIPアドレスが表示される**
str2str（基準局）の実行状態

便利です．

同じネットワーク内に基準局用パソコンと移動局用パソコンが接続されているケースだと比較的簡単で，次のような記述となります．

str2str␣-in␣serial://ttyACM0:115200#rtcm3␣
-out␣tcpsvr://:2101

シェル・スクリプトを作成するには次のようにタイプし，**図4**の内容を記述します．

$ cd␣~/RTKLIB/app/str2str/gcc⏎

$ vim␣str2str.sh⏎

**図4**の最後にある2101はポート番号です．HTMLの80番を使用しても大丈夫です．

作成したシェル・スクリプトは実行権がないので属性を修正します．

$chmod␣755␣str2str.sh⏎

次のように入力し，str2str.shを実行すると，**図5**のような表示が出ます．

$ ./str2str.sh⏎

実行中のメッセージが表示され，問い合わせ待ち状態になればOKです．移動局から問い合わせが入ると，その移動局のIPアドレスが末尾に表示されます．

これで，基準局としての設定は完了です．ZED-F9Pから受け取ったRTCM3フォーマットの観測データをローカル・ホストのネットワークへ出力することができるようになりました．

▶エラーになったらトレース機能で調査

str2strにはトレース機能が用意されています．オプションに"-t␣1"と追加するとstr2str.traceというファイルが作成され，その中にstr2strの動作状況が記録されていきます．

オプションの数字は，"1"が最も情報量が少なく，"5"が最も多くなります．server errorが発生した場合，

```
#!/bin/sh -e
 :
 :
 :
_IP=$(hostname -I) || true
if [ "$_IP" ]; then
  printf "My IP address is %s\n" "$_IP"
fi
                      ここにフルパスで実行コマンドを入れる
/home/pi/RTKLIB/app/str2str/gcc/str2str.sh

exit 0
```

**図6 rc.localを編集してstr2str.shが自動実行するように記述する**
自動実行の設定

str2str.traceを見ればたいていの場合は原因を把握できます．使用するLinux環境によってはデバイスへのアクセス権がなく，device open errorとなる場合があります．とりあえず動かしたいのであれば，次のように管理者権限でstr2strを実行する手もあります．

$ sudo␣./str2str.sh⏎

トレース・コマンドは常時稼働にするとファイルが巨大になってしまうので，最初のトラブル・シューティングの際だけ設定します．

### ● STEP4 自動実行の設定

ラズベリー・パイは基準局専用に利用します．str2strを自動実行するように設定します．自動実行すると，何かあった際に，電源を再投入するだけで基準局を稼働させられます．

自動実行の設定は，/etcフォルダにあるrc.localをエディタで開いて，exit 0の前に先ほど作成したstr2str.shを**図6**のようにフルパスで記述します．

$ cd␣/etc⏎

$ sudo␣vi␣rc.local⏎

自動実行を行うと，ターミナルにテキストが流れて

```
$ ps -ax | grep str2str
  406 ?        S      0:00 /bin/sh /home/pi/RTKLIB/app/str2str/gcc/str2str.sh
  413 ?        Sl     0:02 ./str2str -in serial://ttyACM0:115200#rtcm3 -out tcpsvr://:2101
  867 pts/0    S+     0:00 grep --color=auto str2str
```

図7 自動実行されると画面上では動作しているかどうかわからないので，psというコマンドを使用して動作確認を行う
str2strという文字列が含まれる実行中プロセスの番号を確認するコードを入力

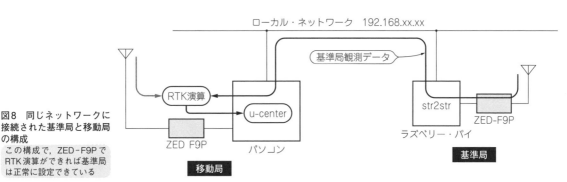

図8 同じネットワークに
接続された基準局と移動局
の構成
この構成で，ZED-F9Pで
RTK演算ができれば基準局
は正常に設定できている

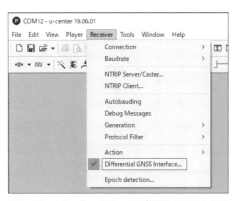

図9 ローカル・ネットワークに繋がれているときは
［Differential GNSS Interface］を選択する
u-centerでの基準局の指定

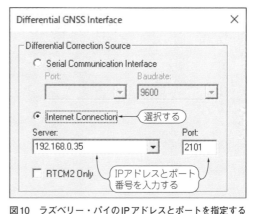

図10 ラズベリー・パイのIPアドレスとポートを指定する
基準局のアドレス指定

こないので，そのままでは動作確認ができません．正常に動作しているかどうかはpsコマンドで確認します．

    $ ps␣-ax␣|␣grep␣str2str⏎

動作していれば，図7のようにプロセス番号が表示されます．この場合はstr2strがプロセス番号413で実行していることがわかります．停止させる場合はそのプロセス番号を指定してkillします．

    $ sudo␣kill␣413⏎

### ● STEP5　動作確認

基準局が正常に動作しているか，実際に移動局を接続して確認をします．

同じローカル・ネットワーク内にパソコンと移動局を接続し，u-centerで状態を見ます．全体構成を図8に示します．RTKの演算はパソコンに接続された移動局のZED-F9P内蔵エンジンが行います．

まず，u-centerにローカル・ネットワークに接続された基準局から観測データを取得するように設定する必要があります．

u-centerのメニューから［Reciver］-［Differential GNSS Interface...］を選択します（図9）.

すると，どこからデータを持ってくるかを設定する図10の画面が開きます．ここで［Internet Connection］を選択し，ローカル・ネットワークに接続されたラズベリー・パイのIPアドレスとポートを入力します．ここでは192.168.0.35がラズベリー・パイのIPアドレスで，2101が基準局設置の際に設定したポート番号になります．

これで［OK］を押すと，観測データをもとにF9P内部でRTK演算が行われ，その結果が図11のように表示されます．Fix Modeが3Dから"FIXED"に変化することを確認してください．

〈吉田 紹一〉

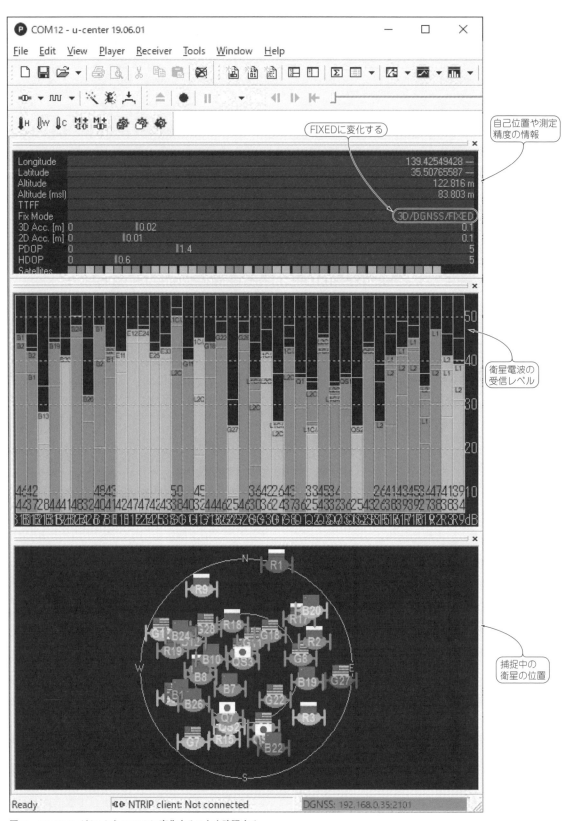

**図11 Fix Mode が 3D から FIXED に変化することを確認する**
測位結果. 正常に基準局からの観測データを参照できれば，Fix Mode に "FIXED" と表示される

## 第9話　基準局データ配信はネット・サーバにお任せ！ シンプル＆高信頼RTKシステム

# Google Earthにログ表示！ cmピンポイント・カーナビの製作

　Google Earthの地図上にRTK測位で得られた座標値を表示して軌跡をたどってみます．RTK演算はRTKLIBでは行わず，ZED‐F9Pの内蔵エンジンで実施します．基準局は自前で設置します．

　全体構成は図1のようになります．自前の基準局を設置し，CQ出版社のNTRIP Casterを利用して，車に搭載したZED‐F9Pでリアルタイム測位を行い，結果を記録します．

### ■ ネットワーク・サーバ「NTRIP Caster」を利用して基準局を省電力化

　移動局を屋外で自由に使うには，基準局のデータをインターネット経由で受け取りたくなります．ところが，インターネット経由で接続できる基準局を作ろうとすると，ネットワークやWebサーバの知識が必要で，簡単ではありません．設定を間違えると，不正アクセスを受ける危険性もあります．

　簡単かつ安全な接続サービスを提供する方法として，NTRIP（Network Transport of RTCM via Internet Protocol）があります．NTRIPは，HTTPをベースとしたTCPプロトコルで，基準局とは別の場所にサーバを設置して，図2のようにデータの橋渡しを行います．このサーバをNTRIP Casterと呼びます．

　基準局は，NTRIP Casterへデータを流すことで観測データを自由に配信できますが，自分がサーバになるわけではありません．NTRIP Casterを経由して間

接的に観測データを移動局へ渡すことになります．

　この構成にすると，基準局はNTRIP Casterへ一方的に少量のデータを送るだけなので，ラズベリー・パイやESP32ボードなど小規模なハードウェアでも構成できます．

　NTRIP Casterを使うと，基準局は外部から接続要求を受けるわけではないので，ルータのファイアウォールに穴を空ける必要もなく，セキュリティ的に安全です．CQ出版社がサービスで提供しているNTRIP Casterを使用します．

### ■ STEP1 基準局の設置

#### ● ZED‐F9Pの初期設定

　u‐centerを使用して初期値をZED‐F9P内蔵の不揮発性メモリに記録します．基準局からのデータはRTCM3フォーマットで出力するので，[UBX]‐[CFG]‐[MSG]から次の6つを出力するように設定します．

① F5‐05　1005　基準局座標
② F5‐4D　1077　GPSの観測データ
③ F5‐57　1087　GLONASSの観測データ
④ F5‐61　1097　Galileoの観測データ
⑤ F5‐7F　1127　BeiDouの観測データ
⑥ F5‐E6　1230　GLONASSの補正データ

#### ● ラズベリー・パイの設定

　基準局はRTKLIBのプログラムの1つstr2strを使

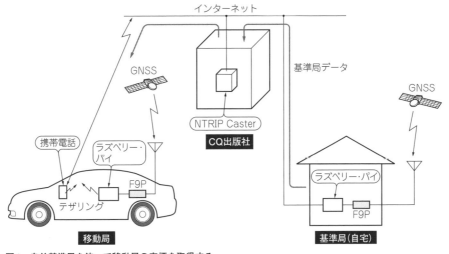

図1　自前基準局を使って移動局の座標を取得する
ラズベリー・パイを使った移動局と全体の構成

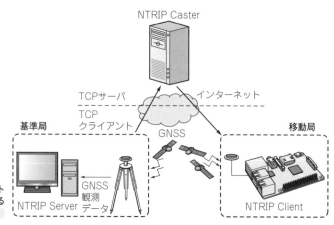

NTRIP Caster

TCPサーバ                    インターネット

TCP
クライアント          GNSS

基準局                                              移動局

図2　基準局の観測データをネット
ワーク経由で配信することができる
NTRIP Casterの構成

GNSS
観測
データ

NTRIP Server                                    NTRIP Client

リスト1　NTRIP Casterとの接続がうまくいくと，このようなメッセージが表示される
NTRIP Casterへの接続

```
stream server start
2019/07/23 10:16:24 [C----]        0 B        0 bps
2019/07/23 10:16:29 [CC---]    27086 B    41263 bps  (1) 160.16.134.72/HOGEHOGE
2019/07/23 10:16:34 [CC---]    54322 B    44131 bps  (1) 160.16.134.72/HOGEHOGE
2019/07/23 10:16:39 [CC---]    81890 B    46793 bps  (1) 160.16.134.72/HOGEHOGE
2019/07/23 10:16:44 [CC---]   108814 B    43460 bps  (1) 160.16.134.72/HOGEHOGE
2019/07/23 10:16:49 [CC---]   135576 B    43634 bps  (1) 160.16.134.72/HOGEHOGE
2019/07/23 10:16:54 [CC---]   163734 B    41472 bps  (1) 160.16.134.72/HOGEHOGE
2019/07/23 10:16:59 [CC---]   190520 B    41579 bps  (1) 160.16.134.72/HOGEHOGE
2019/07/23 10:17:04 [CC---]   218582 B    46907 bps  (1) 160.16.134.72/HOGEHOGE
```

って，NTRIP Casterへ観測データを送信します．

起動のコマンド・センテンスは次のようになります．

```
./str2str␣-in␣serial://ttyACM0:
115200#rtcm3␣-out␣ntrips://:cqnt
ripuplad@160.16.134.72:80/TEST␣
```

シリアル・ポートttyACM0からRTCM3の信号を受け取り，NTRIPサーバへ転送するコマンドです．NTRIPサーバは，IPアドレス160.16.134.72，ポート番号80，パスワードcqntripupload，マウント・ポイントTESTの例です．

160.16.134.72はCQ出版社のNTRIP CasterのIPアドレスです．TESTがマウント・ポイント名ですが，TESTという名前は使わないでください．そのまま使うと，他のユーザと重複してエラーになる可能性があります．重複しないような任意の文字列（地域名＋αや名称など）を設定してください．

接続が成功すると，画面に**リスト1**が表示されます．HOGEHOGEは私が使ったマウント・ポイント名です．

### ■ STEP2　移動局の設定

u-centerを使用して，初期値をZED-F9Pの不揮発性メモリに記録します．

### ● [UBX]-[CFG]-[MSG] での設定
#### ▶NMEAを出力

内蔵エンジンで計算した測位結果をNMEAフォーマットでUSBに出力させます．必要なNMEAフォーマットはGxGGA，GxGSA，GxRMCの3つです．**図3**に選択された状態を示します．GSVは，u-centerが衛星の状況表示に使うので，とりあえず選択しておきます．

#### ▶RTCM3は出力しない

RTCM3フォーマットでの出力は使用しません．すべてのRTCM3出力をDisableにしてください．

#### ▶RAWデータも不要

内部エンジンの測位結果だけを使うので，RAWデータも不要です．

メニューの[View]-[Packet Console]で出力されているデータを見ると，**図4**のようにNMEAフォーマットだけ出力されています．

### ● ラズベリー・パイの設定

移動局のラズベリー・パイは，携帯電話経由でCQ出版社のNTRIP Casterへ接続します．基準局の観測データを取得し，その観測データを移動局のZED-F9Pへ流し込みます．基準局は自前で設置したものです．

ZED-F9PがRTK演算を行った結果をNMEAフォーマットでラズベリー・パイへ戻します．ラズベリー・パイは，USBインターフェースに流れる情報をCUというコマンドでモニタリングして，ファイルへ流し込みます．この流れを示したものが**図5**です．

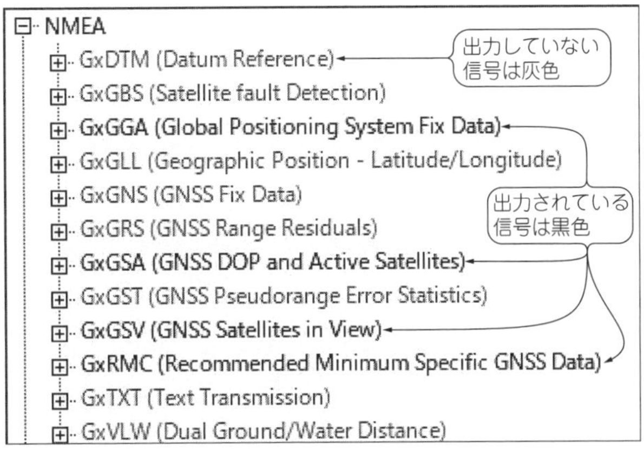

NMEA
GxDTM (Datum Reference)
GxGBS (Satellite fault Detection)
GxGGA (Global Positioning System Fix Data)
GxGLL (Geographic Position - Latitude/Longitude)
GxGNS (GNSS Fix Data)
GxGRS (GNSS Range Residuals)
GxGSA (GNSS DOP and Active Satellites)
GxGST (GNSS Pseudorange Error Statistics)
GxGSV (GNSS Satellites in View)
GxRMC (Recommended Minimum Specific GNSS Data)
GxTXT (Text Transmission)
GxVLW (Dual Ground/Water Distance)
出力していない信号は灰色
出力されている信号は黒色

**図3　NMEAフォーマットで出力されているデータが強調表示される**
出力フォーマットの設定

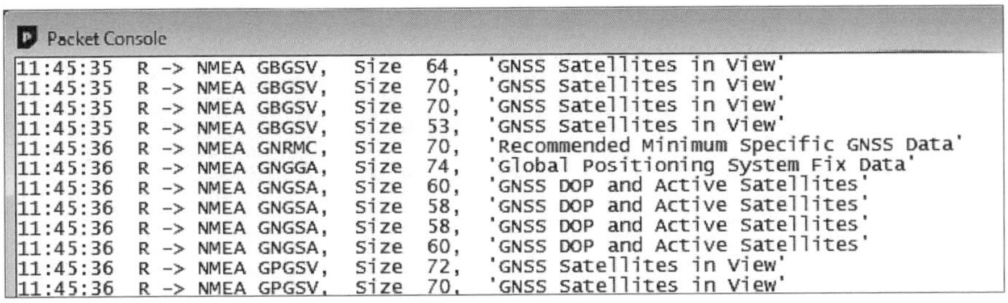

Packet Console
11:45:35 R -> NMEA GBGSV, Size 64, 'GNSS Satellites in View'
11:45:35 R -> NMEA GBGSV, Size 70, 'GNSS Satellites in View'
11:45:35 R -> NMEA GBGSV, Size 70, 'GNSS Satellites in View'
11:45:35 R -> NMEA GBGSV, Size 53, 'GNSS Satellites in View'
11:45:36 R -> NMEA GNRMC, Size 70, 'Recommended Minimum Specific GNSS Data'
11:45:36 R -> NMEA GNGGA, Size 74, 'Global Positioning System Fix Data'
11:45:36 R -> NMEA GNGSA, Size 60, 'GNSS DOP and Active Satellites'
11:45:36 R -> NMEA GNGSA, Size 58, 'GNSS DOP and Active Satellites'
11:45:36 R -> NMEA GNGSA, Size 58, 'GNSS DOP and Active Satellites'
11:45:36 R -> NMEA GNGSA, Size 60, 'GNSS DOP and Active Satellites'
11:45:36 R -> NMEA GPGSV, Size 72, 'GNSS Satellites in View'
11:45:36 R -> NMEA GPGSV, Size 70, 'GNSS Satellites in View'

**図4　Packet Consoleで出力されているデータを確認する**
出力データのモニタリング

アンテナ
インターネット
基準局
観測データ
ラズベリー・パイ
携帯電話
STR2STR
ZED-F9P
USB
テザリング
移動局
観測データ
cu
ファイル
RTK演算

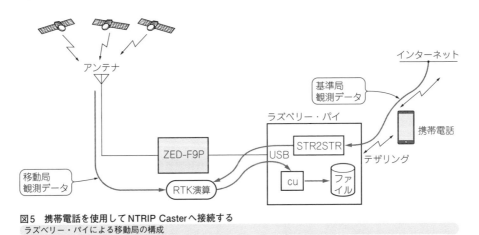

**図5　携帯電話を使用してNTRIP Casterへ接続する**
ラズベリー・パイによる移動局の構成

NTRIP CasterからZED-F9Pへデータを流すためには，RTKLIBのライブラリの1つであるstr2strを使います．センテンスが長いので，シェル・スクリプトを作成し，実行するとよいでしょう．基準局の観測データをZED-F9Pへ流すので，シェル・スクリプトの名前はbase.shとします．base.shのコマンドは次のとおりです．

```
#! /bin/sh
cd /home/pi/RTKLIB/app/str2str/gcc
./str2str -in ntrip://guest:guest@160.16.134.72:80/HOGEHOHE -p 35.5076555 139.425491 121.2 -out serial://ttyACM0:115200
```

これは，CQ出版社のNTRIP Casterへ接続してttyACM0のシリアル・ポートへ基準局の観測データを流すという意味です．HOGEHOGEは自前の基準局を設置する際に決めたマウント・ポイント名です．-pは基準局を設置する際に求めた座標値です．

これを実行すると，**リスト2**のように160.16.134.72/HOGEHOGEからデータを取得したという情報が画面に流れていきます．なんらかのエラーが発生した場合

リスト2　NTRIP Casterへの接続が成功すると基準局のIPアドレスとマウント・ポイントが流れる
str2strの接続

```
pi@raspberrypi: ~ /RTKLIB/app/str2str/gcc $ ./google.sh
stream server start
2019/07/24 05:13:29 [-C---]       0 B       0 bps
2019/07/24 05:13:34 [CC---]   21014 B   41849 bps (0) 160.16.134.72/HOGEHOGE
2019/07/24 05:13:39 [CC---]   52868 B   42527 bps (0) 160.16.134.72/HOGEHOGE
2019/07/24 05:13:44 [CC---]   73516 B   42144 bps (0) 160.16.134.72/HOGEHOGE
2019/07/24 05:13:49 [CC---]  104641 B   40243 bps (0) 160.16.134.72/HOGEHOGE
2019/07/24 05:13:54 [CC---]  125911 B   40439 bps (0) 160.16.134.72/HOGEHOGE
2019/07/24 05:13:59 [CC---]  157026 B   41972 bps (0) 160.16.134.72/HOGEHOGE
2019/07/24 05:14:04 [CC---]  178546 B   44063 bps (0) 160.16.134.72/HOGEHOGE
2019/07/24 05:14:09 [CC---]  210165 B   42944 bps (0) 160.16.134.72/HOGEHOGE
2019/07/24 05:14:14 [CC---]  231205 B   43251 bps (0) 160.16.134.72/HOGEHOGE
:
```

図6　複数のアクセス・ポイントが現れるので携帯電話を
選択する
アクセス・ポイントの選択

図7　パスワードは携帯電話を操作して確認
する
パスワードの入力

には，オプションに"-t␣1"を加えて，同じフォルダ
に作成されるstr2str.traceファイルを調べてください．

● テザリングでラズベリー・パイをネットに接続

　携帯電話経由でラズベリー・パイをインターネット
に接続します．スマートフォンなどをモデムのように
使用して，コンピュータなどをインターネットに接続
することをテザリングと呼びます．

　まず，携帯電話の設定を「テザリング受付OK」に
しておきます．設定の仕方は携帯電話によってさまざ
まなので，それぞれの説明書を確認してください．

　ラズベリー・パイの画面，右上のメニュー・バーに
ネットワーク設定用のアイコンがあるのでクリックす
ると，図6のように複数のアクセス・ポイント名が表
示されます．

　その中に携帯電話のアクセス・ポイントがあるので，
それを選んで図7の画面で暗証番号を入れれば，ラズ
ベリー・パイがインターネットと繋がります．

　暗証番号は携帯電話の「Wi-Fiテザリング設定」
の画面で確認できます．なお，携帯電話の種類や会社

によっては，テザリングが有料だったり，申し込みを
しないと有効にならないケースもあります．

● RTK演算結果をファイルに保管する

　Linuxは複数のコンソールをもつことができるので，
もう1つ新しいコンソールを開きます．

　sshで接続している場合には，もう1つターミナル・
ソフトを起動します．ラズベリー・パイのHDMI出
力にモニタを直接つないで画面を見ている場合には，
GUIからターミナル・ソフトを新たに起動します．

　新しく開いたコンソールで，Call Upコマンドを使
用してシリアル・インターフェースをモニタリングし
ます．コマンドは次のとおりです．

　　cu␣-s␣115200␣-l␣/dev/ttyACM0 ␣

　リスト3のようにNMEAフォーマットでデータが
流れているのが確認できれば，モニタリング成功です．
停止するには ～.を素早くタイプします．

　流れる情報の中に下記のセンテンスが含まれていま
す．

　　$GNGGA,044535.00,3530.45930,N,139

**リスト3 モニタリングに成功するとNMEAフォーマットのデータが表示される**
別のターミナル・ソフトでUSBインターフェースをcuコマンドでモニタリングする．流れを止めるには"~."を素早くタイプするか，ターミナルを切断してしまう

```
pi@raspberrypi:~ $ cu -s 115200 -l /dev/ttyACM0
Connected.
$GNGGA,051812.00,3530.45932,N,13925.52926,E,4,12,0.50,81.5,M,39.0,M,1.0,0000*5D
$GNGSA,A,3,06,01,03,09,23,22,19,17,11,28,,,0.91,0.50,0.76,1*05
$GNGSA,A,3,68,84,70,75,69,85,,,,,,,0.91,0.50,0.76,2*0B
$GNGSA,A,3,03,15,36,05,27,09,,,,,,,0.91,0.50,0.76,3*04
$GNGSA,A,3,19,10,13,30,08,29,20,,,,,,0.91,0.50,0.76,4*01
$GPGSV,3,1,12,01,18,077,28,02,03,280,,03,42,044,43,06,40,297,47,1*63
```

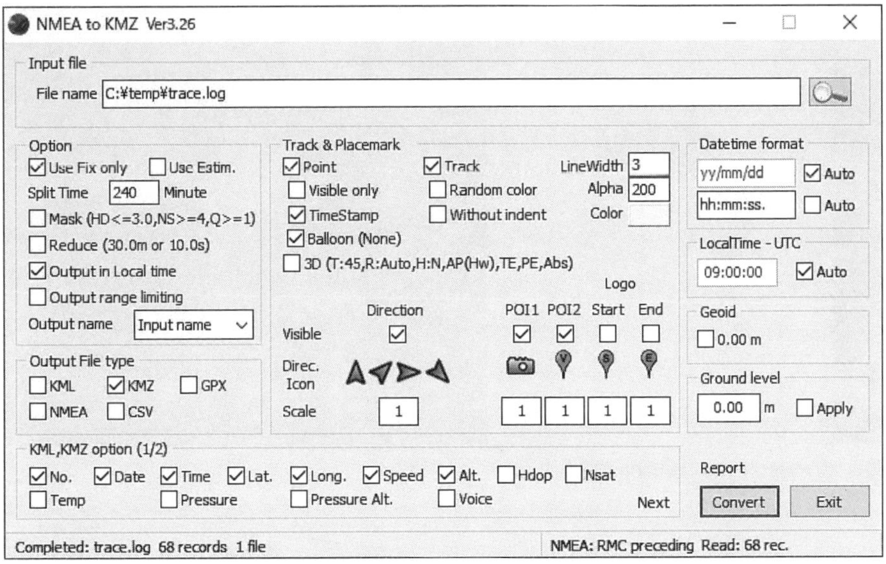

**図8 NMEAフォーマットの軌跡データを指定すればKMZやKMLフォーマットなどに変換できる**
NMEA2KMZ.exe実行時のオープニング画面

```
25.52923,E,4,12,0.50,81.5,M,39.0
,M,1.0,0000*56
```

　このセンテンスの中に…E，4，12，…とありますが，この4の部分が測位状況のクオリティを示していて，4はFix解が得られていることを示します．それぞれの意味は次のとおりです．

　　0：利用できない，無効
　　1：GPS測位
　　2：DGPS測位
　　3：GPS-PPS
　　4：Real Time Kinematic. System used in RTK mode with fixed integers
　　5：Float RTK. Satellite system used in RTK mode, floating integers
　　6：Estimated（dead reckoning）
　　7：Manual input mode
　　8：Simulation mode

　cuコマンドを使って，NMEAフォーマットのデータをファイルへ流し込みます．

```
cu␣-s␣115200␣-l␣/dev/ttyACM0␣>
trace_log ↵
```

　ファイルに保存しつつ画面にも流したい場合は，teeコマンドを使って以下のように入力します．

```
cu␣-s␣115200␣-l␣/dev/ttyACM0|tee
trace_log ↵
```

## ■ STEP3 Google Earthに軌跡を表示する

### ● NMEAフォーマットをKMZフォーマットへ変換する

　作成されたtrace.logを，Google Eathや多くの地図アプリケーションで利用されているKMZフォーマットへ変換します．いくつかのフリーソフトや変換サービスがありますが，ここでは，4 river in Chigasaki様が公開されているNMEA to KMZ Ver 3.26を使用します．次のページからダウンロードできます．

　　http://4river.a.la9.jp/gps/file/nmea2kmzj.htm

　インストールは不要で，展開した中にある

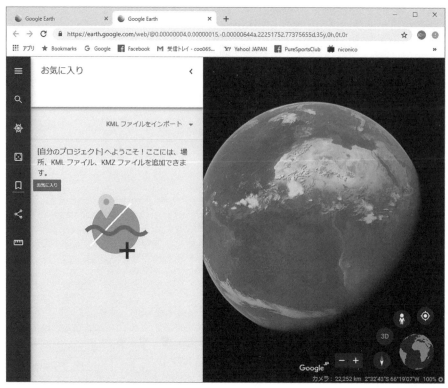

図9　Chrome から Google Earth を開く

NMEA2KMZ.exe を実行します．すると図8の画面が開きます．虫眼鏡アイコンをクリックして，先ほどの trace.log を選択します．そして［Convert］をクリックすると，同じフォルダに trace_log.kmz というファイルが生成されます．

● KMZ ファイルを Google Earth に読み込ませる

Windows の Google Chrome から Google Earth を開きます．図9に示すように，画面左側のメニューにある「お気に入り」を選択すると，「KML ファイルをインポート」というメニューが表示されます．ここで先ほど作成した trace_log.kmz を選択すると，軌跡を表示することができます．

今回，ZED‐F9P とラズベリー・パイを車に積んで実際に走ってみました．アンテナは車の天井中央に取り付けています．ビル影の影響を受けたり，駐車場内で電波の届かない所では Float になりますが，すぐに Fix へ戻り，とても安定した特性を示しました．

走行した軌跡を Google Earth で表示したものを図10に示します．国道16号を通行しましたので，その一部を拡大したのが図11です．どこのレーンを走っているのかをはっきりと確認できます．図12では高架を降りて，ビル影に入りました．車の両サイドに大きな建造物があり，上空しか見えない状態であっても，とても安定して測位が行われていることがわかります．図12を3D表示して見たのが図13です．

〈吉田 紹一〉

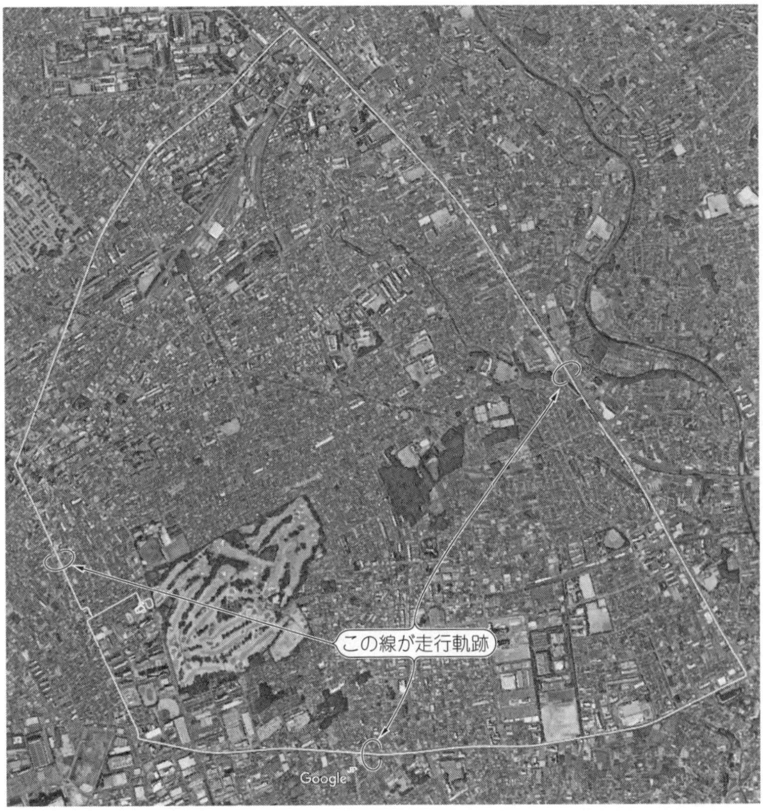

**図10**
**走行した軌跡を Google Earth で表示する**
約10 km程度を走行した軌跡を表示したが，まったくぶれていない

この線が走行軌跡

Google

この矢印が測位ポイント

**図11　走行した軌跡の表示画面を拡大して測位ポイントを確認する**（画像は Google Earth による）
非常に精密にかつ安定に座標を高精度でとらえている．走行車線もはっきりとわかる

**図12　わざとビル影を走っても安定した測位が可能なことを確認する**（Google Earth）
両側に大きな建造物がある道路を進行し，左折したが，正確に位置を捉えている

**図13**
Google Earthの立体表示を使うと建物の谷間であることがわかる

# 基準局の座標を国土地理院の電子基準点に合わせる

　基準局の座標値は重要です．ここでは，国土地理院の電子基準点データを使用して，基準局のアンテナ位置を精度良く取得する方法を説明します．

　手順は次のとおりです．

①u-centerを使用して，基準局用の受信データ（RXM-RAWX, RXM-SFRBX）を取得する
②RTKCONVを使用して，受信データを衛星情報と航法情報に分離する
③国土地理院のサービスを利用して，同時刻の電子基準点の情報を取得する
④RTKPOSTを使用して，FIX解を得る
⑤Excelなどを使用して，基準局のアンテナ位置を決定する

　それでは，順に説明していきます．

● **u-centerを使用して基準局用受信データを取得**

　基準局の設置を行い，第4話を参考に設定，パソコンでu-centerを使用して衛星からの信号を受信します．

　十分な衛星の数と信号レベルがあることを確認し，メニューの記録ボタンを選択します（**図A**）．保管フォルダやファイル名を聞いてくるので，例えば"COM6_181013_050908.ubx"というようにファイル名を設定し，実行すると受信データの記録が始まります．

　データの精度を上げるためには長時間の情報が必要です．天空を飛ぶ衛星はおおよそ24時間で1周するので，24時間ぶんのデータが欲しいところです．短時間では安定しているように見えても実はバイアスがかかっているケースがあります．

　国土地理院のデータは1日ごとに区切られているので，24時間ぶんのデータ比較をするためには前後を含めておおよそ30時間ほどのロギングをする必要があります．

　なお，u-centerではなく，RTKNAVIを使用しても観測情報と衛星軌道情報を取得することができます．RTKNAVIを実行し，画面右上にある[L]のボタンを選択するとログを取ることができます．記録したログはデバイスから出力されたさまざまな生データの集合体なので，次のRTKCONVでデータを細かく分離します．

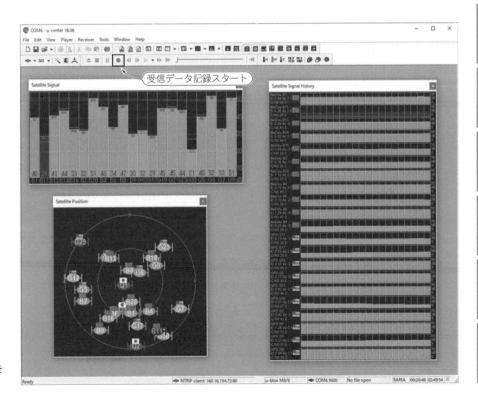

**図A　基準局のデータを取得する**

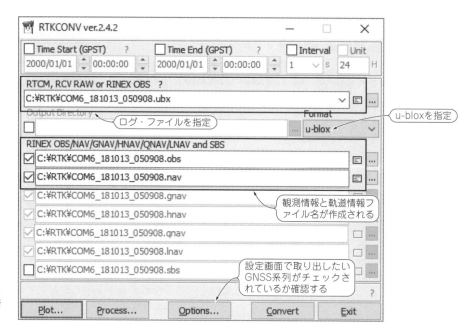

**図B 取得した生データを観測情報obsと軌道情報navへ分離する**

図中の注釈:
- ログ・ファイルを指定
- u-bloxを指定
- 観測情報と軌道情報ファイル名が作成される
- 設定画面で取り出したいGNSS系列がチェックされているか確認する

（a）電子基準点データを選択

**図C 国土地理院の電子基準点データ提供サービス**
URL：http://www.gsi.go.jp/kizyunten.html

● 受信データの分離

u‐centerで受信したデータはモジュールから出力された生データになっているので，RTKCONVを使って衛星の観測情報と衛星軌道情報に分離します．

図Bの上段にある「RTCM，RCV RAW or RINEX OBS」にて，前記のログ・ファイル「COM6_181013_050908.ubx」を指定すれば，下段に自動的に.obsと.navのファイル名が表示されます．［Convert］ボタン

を選択すると，それぞれのファイルが作成されます．

● 国土地理院のサービスを利用して電子基準点の情報を取得

国土地理院の電子基準点情報提供サービスを利用します．情報を得るためにはIDの登録が必要です．
URL:http://www.gsi.go.jp/kizyunten.html
登録が完了するとパスワードが送られてきますので，

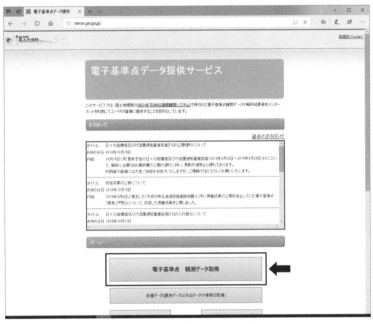

（b）電子基準点のデータ取得を選択

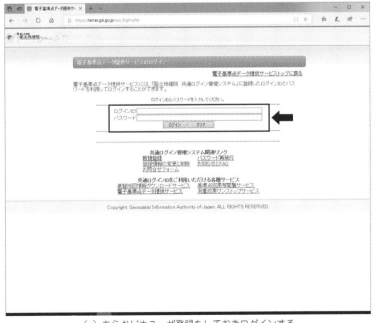

（c）あらかじめユーザ登録をしておきログインする

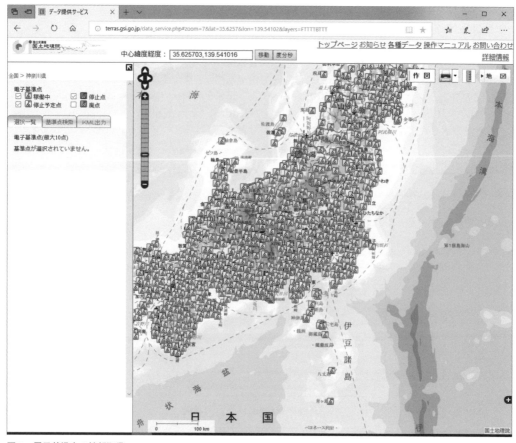

**図D　電子基準点の情報取得**
　日本に多数ある電子基準点が表示されるので，最も近い基準点を選択する

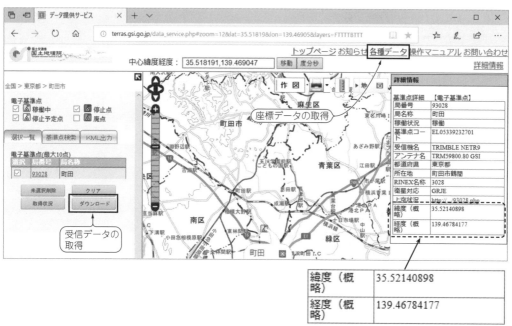

| 緯度（概略） | 35.52140898 |
|---|---|
| 経度（概略） | 139.46784177 |

**図E　電子基準点の座標データおよび衛星からの受信信号記録を入手する**
　詳細情報として緯度，経度が示されているが高度がない．［各種データ］で電子基準点の座標を入手する

ログインします（**図C**）．

初期画面では，**図D**のように日本にある大量の電子基準点が表示されます．設置しようとしている最寄りの電子基準点を選択することで，局番号を知ることができます．**図E**では町田局を選択した例を示しています．

情報提供サービスから得るデータは，電子基準点の座標データと衛星からの受信データの2種類です．

▶座標データの取得

画面右上の［各種データ］を選択し（**図E**），次の画面で［日々の座標値（F3）］を選択します．**図F**のように，プルダウン・メニューから局番号を参考に選択し［ダウンロード］を押すことで，電子基準点の座標データを得ることができます．

1年間ぶんのデータが連続していますので，最後にある最新の座標情報を使用します．

（a）［日々の座標値］を選択

（b）［ダウンロード］する

（c）ファイル生成

（d）最新の情報は最下行

**図F　電子基準点の座標データを得る**

**データダウンロード**

閉じる

| 局番号 | 局名称 | RINEX | 受信機名 | アンテナ名 | 所在地 |
|---|---|---|---|---|---|
| 93028 | 町田 | 3028 | TRIMBLE NETR9 | TRM59800.80 GSI | 町田市鶴間 |

**任意時間のデータダウンロード(7日前～現在)最長1日**
※7日前から現在までのデータを1時間単位で指定してダウンロードできます。1度にダウンロードできるデータの
期間(開始日時から終了日時までの時間)は、最大で24時間です。

時刻種別　◉JST ○UTC
開始日時　2018 ∨ 年 10 ∨ 月 14 ∨ 日 00 ∨ 時 00 分 00 秒
終了日時　2018 ∨ 年 10 ∨ 月 14 ∨ 日 08 ∨ 時 59 分 30 秒
衛星　　　GRJE ∨ 　G:GPS, R:GLONASS, J:QZSS, E:Galileo
RINEX ver ver3.02 ∨

任意時間のデータダウンロード

(a) 年月日，開始/終了時刻を指定してダウンロード

**任意時間のデータダウンロード**

データダウンロードページへ戻る
一括ダウンロード

| 衛星 | GRJE |
|---|---|
| RINEX ver | ver3.02 |

| 局番号 | 観測日時(JST) | 観測ファイル | 衛星軌道情報ファイル |
|---|---|---|---|
| 93028 | 2018/10/14 00:00:00 ～ 2018/10/14 08:59:30 | ダウンロード | ダウンロード |

(b) 観測ファイルと衛星軌道情報ファイルをダウンロード

図G 「データダウンロード」画面

表A　RTKPOSTの設定値

| 項　目 | 設定値(参考例) | 説　明 |
|---|---|---|
| Interval | 30s | 電子基準点の受信データは30秒ごとなので30sを指定 |
| RINEX OBS:Rover | C:¥RTK¥COM6_181013_050908.obs | 新規設定基準局の観測データ |
| RINEX OBS:Base Station | C:¥RTK¥3028286f.18o¥3028286f.18o | 電子基準点の観測データ |
| RINEX *NAV/CLK, SP3, IONEX or SBS/EMS | C:¥RTK¥3028286f.18N¥3028286f.18n | 電子基準点が受信した航法データ(GPS) |
| | C:¥RTK¥3028286f.18N¥3028286f.18q | 電子基準点が受信した航法データ(QZSS) |
| | C:¥RTK¥3028286f.18N¥3028286f.18l | 電子基準点が受信した航法データ(Galileo) |
| Solution | C:¥RTK¥COM6_181013_050908.pos | 演算結果がこのファイル名で出力される |

(a) メイン画面の設定

| 項　目 | 設定値(参考例) | 説　明 |
|---|---|---|
| Positioning Mode | Kinematic | RTK測位を行う |
| Frequencies/Filter Type | L1 | L1信号のみを受信 |
| Elevation Mask | 15 | 仰角15°を指定 |
| 衛星選択 | GPS, Galileo, QZSS | 受信データを取得した衛星の種類を選択 |

(b) Option-Setting1の設定

| 項　目 | 設定値(参考例) | 説　明 |
|---|---|---|
| Base Station Lat/Lon/Height | 電子基準点の座標値 | 国土地理院提供の「日々の座標値」データを入力 |

(c) Option-Positionの設定

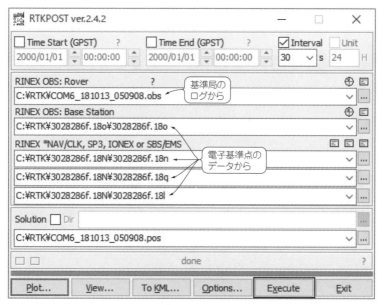

（a）観測データ・ファイルを指定

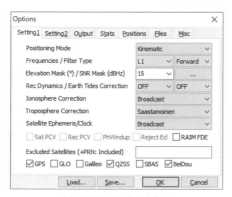

（b）観測に使う衛星を指定

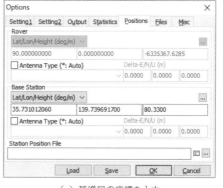

（c）基準局の座標を入力

図H　RTKPOSTによる基準局の座標設定

▶衛星からの受信データの取得

図Eで電子基準点を選択し，画面左側に出るサブメニューで[ダウンロード]を選択します．

図Gの「データダウンロード」画面では，前記のu-centerでの受信時と同じ開始時刻，終了時刻を指定してダウンロードします．時刻種別は「UTC」，衛星は「GRJE」のすべてを選択しておきます．RINEXのバージョンは「3.02」です．「観測ファイル」および「衛星軌道情報ファイル」の両方をダウンロードします．

● RTKPOSTを使用してFix解を得る

これでひととおり，同時刻における基準局の受信データと，電子基準点の受信データが揃いました．電子基準点の座標を正としてRTK演算をすることで，新規設置する基準局座標データを求めます．

RTKLIBにあるRTKPOSTを実行し，項目ごとに

パラメータを表Aのように設定します（図H）．すべての項目を設定して[Execute]することで，RTK測位を行います．

演算結果を[Plot…]で見ると，図IのようにFix解が集約していることがわかります．

測定結果は「C:\RTK\COM6_181013_050908.pos」に保存されます．

● Q1のFix解を使って基準局のアンテナ位置を決定する

C:\RTK\COM6_181013_050908.posに測位結果がテキスト・ファイルで保存されているので，[View…]ボタンを押して結果の集計を行います（図J）．

Fix解であることを示すQ1のデータのみを抽出，平均化し，座標データを集計することで，高精度の基準局座標データを得ることができます．　〈吉田　紹一〉

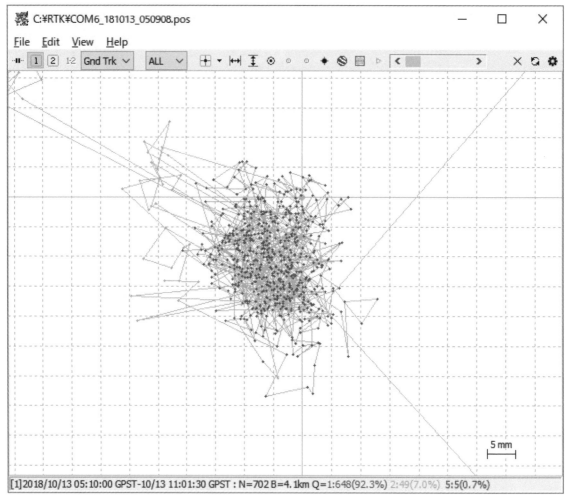

図I RTK演算結果

図J RTK測位結果から基準局の座標データを取り出す

## Appendix 3-2
# 自分が作った基準局を他の人に知ってもらう方法

● オープン基準局のリストを閲覧できるサーバ

「善意の基準局掲示板」は，ボランティアが運用する基準局の情報を登録してもらい，そのリストを他のユーザに公開するWebサーバです．

http://rtk.silentsystem.jp/

このWebサーバにアクセスすると，基準局のリストが表示されます．基準局リストを閲覧するだけなら，パスワードやユーザ登録は不要です．誰でも基準局のリストを閲覧でき，リストに載っている基準局を自由に利用できます．

基準局リストには，それぞれの基準局が設置されている都市名や緯度・経度・標高などの位置データが表示されています．運よく善意の基準局が自分の近くにあれば，精度の高いRTK測位を体験することができます．

● リストの閲覧

図Kは「善意の基準局掲示板」の基準局リストを閲覧している画面です．

登録されている基準局は刻々と変化しますので，この画面の通りにはなっていないと思いますが，それぞれの項目の説明は共通です．

都市名は，この基準局が設置されている場所です．局名をクリックすると，基準局の場所がGoogleマップ上に表示されます．こうした情報を基にして，利用する基準局を探してください．

北緯，東経，標高はRTKNAVIのOptionのPositionsタブ内，Base Stationに登録する情報です．

サーバ・アドレス，ポート番号，データ形式の情報は，RTKNAVIの入力ソース設定，Base StationのTCP Clientの設定に入力する内容です．

▶状態が「公開」なら使える

基準局リスト内の「状態」が「公開」になっていれば利用できます．しかし「休止」になっている基準局は，一時的に運用を停止しているので，現在は利用できません．公開されるまでしばらく待機してください．

▶基準局オーナへメッセージ

連絡欄が○になっている基準局は，こちらから基準局のオーナにメッセージを送れます．

○をクリックすると図Lの画面になるので，自分の名前とメール・アドレスとメッセージを入力して送信してください．

感謝の気持ちや，RTKを利用してどんなことをしているかなどを送信すると，基準局のオーナは喜んでくれると思います．

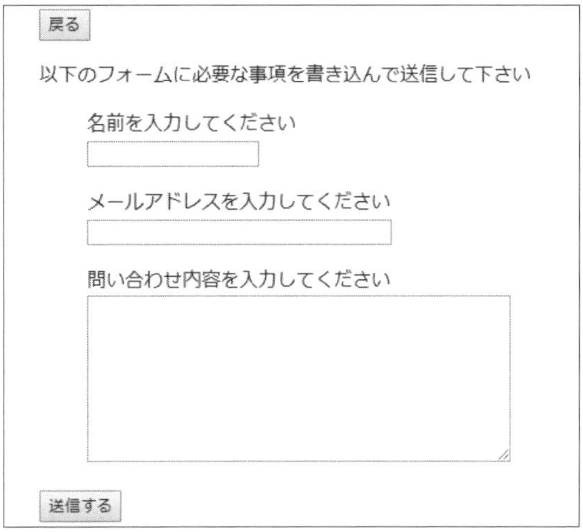

図L 基準局リストの連絡欄の○をクリックすると基準局管理者あてのメッセージの送信画面になる
基準局リストの連絡が○になっていると，この画面を通じてメッセージが送信できる．RTKで何に応用しているのかを伝えると励みになる

## 基準局リスト

基準局を新規公開したい方はrtkアットマークsilentsystemドットjp宛に空メールを送信して下さい

| 都市名 | 局名 | 北緯 | 東経 | 標高 | サーバアドレス | ポート番号 | データ形式 | 状態 | 連絡 |
|---|---|---|---|---|---|---|---|---|---|
| 札幌 | サイレントシステム | 43.051160690 | 141.373393240 | 69.1 | 61.55.33.22 | 5555 | u-blox | 公開 | ○ |
| 川越 | 川越ロボット研 | 35.925504422 | 139.464285604 | 62.8817 | 1.2.3.4 | 5555 | u-blox | 公開 | ○ |
| 市川 | 千葉RTKクラブ | 35.675463577 | 139.902354330 | 43.5099 | 5.6.7.8 | 5555 | u-blox | 公開 | ○ |
| 町田 | 光洋電研 | 35.521408817 | 139.467841345 | 124.9781 | 9.10.11.12 | 5555 | u-blox | 公開 | ○ |
| 横浜 | スガイビル屋上 | 35.436484131 | 139.653747705 | 70.5330 | 13.14.15.16 | 5555 | u-blox | 公開 | ○ |

図K 基準局リストには，基準局の位置とサーバ・アドレスが表示されている
全国の善意の基準局のリストが閲覧できる．このリストに表示されているデータをRTKNAVIに入力すると基準局として利用できるようになる

## 基準局の登録情報の編集

| 基準局番号 | 1 | |
|---|---|---|
| パスワード | ******** | 変更 |
| メールアドレス | rtk@silentsystem.jp | 変更 |
| 状態 | 公開中 | 変更 |
| 基準局名 | サイレントシステム | 変更 |
| 都市名 | 札幌 | 変更 |
| 緯度 | 43.05114809 | 変更 |
| 東経 | 141.37337998 | 変更 |
| 標高 | 70.05 | 変更 |
| サーバアドレス | 220.157.208.239 | 変更 |
| ポート番号 | 5555 | 変更 |
| データ形式 | u-blox | 変更 |
| サーバの種類 | STRSVR.EXEで配信 | 変更 |
| 管理者名 | 管理者名の記入が可能です | 変更 |
| 郵便番号 | 郵便番号の記入が可能です | 変更 |
| 住所 | 住所の記入が可能です | 変更 |
| コメント | コメントの記入が可能です | 変更 |
| コンタクト | メールを許可する | 変更 |
| 新規登録 | 新規参加者の追加が可能です | 追加 |

ログアウト

**図M　善意の基準局掲示板のログイン画面**
メールアドレスとパスワードでログインした時の管理画面．自分の基準局の情報をこの画面を利用して設定するとリストに表示される

## ■ My基準局を公開するには

### ● アカウントを取得する

「善意の基準局掲示板」に自分の基準局のデータを登録するにはアカウントを登録します．いたずらで架空の基準局が登録されると，善意の基準局リストの信頼性と利便性が失われてしまうので，正しいメール・アドレスを登録してもらいます．これは，連絡が取れるユーザにだけ登録をお願いするための措置です．

基準局画面にも表示されている次のメール・アドレスに空メールを送信します．

　　rtk@silentsystem.jp

すると基準局サーバの管理者から「基準局番号」と「仮パスワード」が送られてきます．このメール内で指定されたURLにアクセスしてログインします．ログイン後は，正式なパスワードやメール・アドレスを登録してください．

登録後はメール・アドレスと正式なパスワードでログインできます．

図Mはログインした後の画面です．このように自分の運用する基準局の情報を入力できます．ここで入力した情報は基準局リストに掲載されます．

STRSVR.EXEで基準局を公開したのであれば，単純にポート番号を書くだけで，誰でも自由にアクセスできます．

NTRIP Casterで公開するときは，追加でユーザ名，パスワード，マウント・ポイントの3つの情報を公開します．広く公開して構わないのであれば，コメント欄にこの3つの情報を入力します．

無条件に公開するのではなく，メールを送ってもらい，素性のわかるユーザだけに公開する，ということもあるでしょう．連絡の○をクリックしてメールでアカウント情報を請求してもらうようにしてください．

### ● 公開と非公開を切り替える

図Mの中で重要なのは状態の設定です．「公開しない」「休止中」「公開」が選択できます．

「公開しない」を選択するとリストには掲載されません．基準局を設置する前や，基準局の運用を終了した際には「公開しない」設定をお願いします．

「休止中」は一時的に運用を休止して，再開する予定がある際に設定します．

これらの設定とは別に，サーバから定期的に基準局のデータ取得を試しています（ヘルス・チェック）．データが取得できなかったときには，自動的に「公開」から「休止中」に状態を変更した上で，基準局のオーナにメールを送信して，注意を喚起するようになっています．

コンタクトを許可しておくと，自分の基準局を利用したユーザからメッセージが届くので，運営の励みになると思います．

### ● 善意の基準局掲示板」はずっと使えるの？

「善意の基準局掲示板」は，私がボランティアで管理・運営しています．活発に基準局が登録されて公開されている状態であれば，極力長期間にわたって運用を継続していきたいと考えています．

ご自身でも別の「善意の基準局掲示板」を運用してみたいのであれば，私にメールでご相談ください．このシステムは，アマゾンのクラウド・サーバ（AWS）上にあります．サーバのコピーが簡単に作成できるので，内容をコピーしてお渡しできます．

こうしたRTKの普及のための申し出は大歓迎なので，よろしくお願いします．

〈中本　伸一〉

## Appendix 3-3 最適化された衛星電波センサの正しい使い方とメカニズム

# 高性能タイプも多周波タイプも！用途によって選ぶGNSS用アンテナ

現在，市販されているGNSSシステム用アンテナには大きく分けてパッチ型とヘリカル型があります．本稿では，これらのアンテナの特徴を解説し，マルチパス波による測定誤差を低減する対策を紹介します．また，マルチGNSS対応，かつ多周波GNSS対応の市販アンテナも紹介します．

### ● 主流は小型のパッチ・アンテナ

現在のGNSS信号は，大部分，右旋円偏波（RHCP: Right Hand Circular Polarization）のL帯マイクロ波で衛星から送信されています．これらのGNSS信号を地上で受信する用途として，最も一般的に使われているのはパッチ・アンテナ（マイクロストリップ・アンテナとも呼ばれる）です（写真A）．

パッチ・アンテナは，アンテナ素子に高誘電率材料のセラミックを使っており，基板表面に方形または円形の放射素子，基板裏面にグラウンド・プレーンを形成しています．基板表面の放射素子の給電点には，アンテナ背面から基板を貫いた同軸線路を通して給電します．低価格アンテナでは，構造や調整回路の単純化のため1点給電が使われることがほとんどですが，高性能アンテナでは，広帯域で特性が落ちにくい，2点給電または4点給電が使われます．アンテナ背面に，低雑音増幅器（LNA）とSAWフィルタを含んだ，増幅回路を内蔵している製品が多く，これら増幅回路を内蔵するタイプをアクティブ・アンテナと呼びます．GNSSアンテナ用同軸ケーブルの特性インピーダンス

は50Ω，同軸コネクタとしては，低価格アンテナではSMAコネクタ，測量用アンテナではTNCコネクタが使われるのが一般的です．

### ● もっと小型かつ軽量なヘリカル・アンテナ

GNSS受信用として，ヘリカル・アンテナ（QHA: Quadrifiler Helix Antennaとも呼ばれる）も一般によく使われます．

ヘリカル・アンテナは，中空，らせん状，1/2回転の放射素子を4素子組み合わせた構成をとります．ヘリカル・アンテナの例を写真Bに示します．この例では，円筒状のフィルム基板上にアンテナ素子パターン

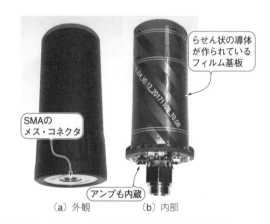

らせん状の導体が作られているフィルム基板

SMAのメス・コネクタ

アンプも内蔵

（a）外観　（b）内部

写真B　ヘリカル・アンテナを使うと小型軽量化できる（TOPGNSS社 TOP107）
重量わずか19gで2周波対応

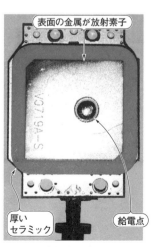

表面の金属が放射素子

防水のプラスチック・パッケージ

厚いセラミック

給電点

グラウンド・プレーンを兼ねる両面基板

（a）外観　（b）内部表面　（c）内部裏面

写真A　衛星からの信号の受信には一般的にパッチ・アンテナが使われる（GPS 1周波用，ユーブロックス社ANN-MS）

写真C　市販のマルチGNSS対応多周波アンテナの大きさや形を比較してみた
左上から順に，Taoglas社AQHA.50，ユーブロックス社ANN-MB-00，Antcom社2GNSSA-XMNS-1，Tersus社AX3703，TOPGNSS社AN-306，TOPGNSS社TOP-107，Tallysman Wireless社TW3865，TOPGNSS社GN-GGB0710，右下から順に，NovAtel社GPS-702-GG，Harxon社HX-CSX601A，Tersus社AX3702

が印刷されています．ヘリカル・アンテナは，パッチ・アンテナに比較して，小型，軽量のものが作りやすいという特徴があります．また，低仰角のアンテナ・ゲインが大きく，アンテナ姿勢が傾いても受信信号強度が低くなりにくいため，ハンドヘルド端末やドローン（UAV）用に多く使われています．

● 複数の衛星システムに対応するマルチGNSS対応アンテナと多周波対応のアンテナ

　近年，ユーブロックス社ZED-F9P受信機をはじめ

とする，低価格のマルチGNSS対応多周波GNSS受信機と組み合わせるのに手頃な，低価格の多周波GNSSアンテナが入手できるようになってきました．

　AliExpressなどの通販サイトで購入できる中国製の低価格多周波GNSSアンテナは，既存の高価な測量用と比較して，性能的に大きく劣るものではないようです．実際，これらアンテナをいくつか購入して，複数の多周波GNSS受信機と組み合わせてRTK-GNSS性能の評価を行っていますが，**信号雑音比**，**マルチパス特性**，**電波干渉耐性**，**位相中心安定性**，**初期化時間**，

## コラム　GNSS受信アンテナのマルチパス波対策研究

　パッチ・アンテナは，特性を改善するため，底部に直径5～20 cm程度の金属板をグラウンド・プレーンが追加されています．

　この対策により，信号雑音比（C/N：Carrier to Noise）が改善され，主に地面反射に起因するマルチパス波が抑制されます．RTK用に使われる場合，グラウンド・プレーンの効果は，測位解の精度やFix率の向上，初期化時間の短縮として現れます．グラウンド・プレーンのサイズや取り付け方法は，通常アンテナ・メーカが推奨しているものを使いますが，最適な性能を得るためには使用目的や周辺環

境に従った調整が必要です．

　一般的なグラウンド・プレーンの代わりに，低仰角マルチパス波抑制効果が大きな，同心円状の複数の溝をもつグラウンド・プレーン（チョーク・リングと呼ぶ）を備えるタイプもあります．これをチョーク・リング・アンテナと呼び，特別に高性能を要求される応用に使われます．ただし，チョーク・リング・アンテナのサイズや重量は大きく，取り回しが難しいため，RTK基準点のように固定点に設置されるアンテナとして使われるのが一般的です．

〈高須 知二〉

（a）外観

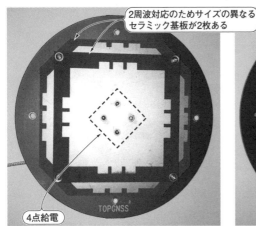

2周波対応のためサイズの異なる
セラミック基板が2枚ある

4点給電

（b）内部表面

（c）内部裏面

写真D　マルチGNSS対応多周波GNSSアンテナは，複数の素子を積層したパッチ・アンテナである
（TOPGNSS社GN-GGB0710）

Fix率など，高価な測量用GNSSアンテナに近い性能を示すものが少なくありません．入手可能なマルチGNSS対応多周波GNSSアンテナの例が写真Cです．

　写真Dに示すのは，多周波の広帯域GNSS信号に対応した「積層パッチ・アンテナ」です．この例は，L1帯用，L2＋L5帯用の2つのパッチ・アンテナ素子を積み重ねた構造です．各パッチ・アンテナ素子はともに4点給電です．アンテナ素子で受信した信号を背面の回路で位相調整・合成した後，電力増幅し，SAWフィルタで受信対象以外の帯域信号を減衰させた後，再度合成して出力します．このアンテナでは，測量用ポールや測量用三脚に取り付けられるように，底面に5/8インチ×11のねじ穴が切ってあります．カメラ用三脚やアクション・カメラ用マウントにアンテ

ナを固定するためには，5/8インチ×11→1/4インチ×20ねじ変換アダプタを使ってください．規格はウィットねじW5/8ですが，実用上は直径とピッチが同じUNC5/8ねじも使えます．

　複数GNSS対応，多周波対応GNSSアンテナの中には，測位補強用にも使われる静止通信衛星のL帯信号（1525 M〜1560 MHz）に対応しているものがあります．この周波数が携帯電話LTE band 21下り（1495.9 M〜1510.9 MHz）の帯域に近いため，携帯基地局の近傍でこれらのGNSSアンテナを使用した場合，携帯電波による電波干渉のため，GNSS信号を正常に受信できなくなる場合があります．アンテナと受信機間に適当なフィルタを入れたり，より狭帯域のアンテナに置き換えたりする対策が必要です．　　　　〈高須　知二〉

# 世界に先駆けて単独測位用補強信号を放送開始！
# 日本だから使えるcm精度の衛星測位手法のいろいろ

● **2018年11月，日本専用衛星4機体制に！世界に先駆けてセンチメートル測位が可能に**

高精度衛星測位を取り巻く環境は様変わりしています．

米国のGPS，ロシアのGLONASS，中国のBeiDou，欧州連合のGalileoによる複数衛星測位システムを併用するマルチGNSS測位が一般的になり，現在，全世界で100機以上の測位衛星が運用されています．

日本では，国が管理運営する準天頂衛星システム「みちびき」は，すでに4機が打ち上げられ，2018年11月より運用が始まりました．

みちびきからのセンチメータ級補強信号を受信することで，レシーバ単独で6cm（水平方向95％値@静止時）の測位精度が得られるようになり，ニュースでも採り上げられました．このサービスをCLAS（Centimeter Level Augmentation Service）と呼びます．対応レシーバは数十万円以上とまだまだ高価ですが，普及とともにコストダウンは早急に進むでしょう．

本章では，1cm測位技術を実現する手段のいろいろと，その基本技術であるRTKのメカニズム，1cm測位技術のいろいろを紹介しましょう．

## ■ 測位技術の分類

### ● 大分類

図1に示すのは衛星を使った測位法の分類です．大きく，次の2種類あります．

(1) GNSSレシーバを1個使う「単独測位」
(2) GNSSレシーバを2個使う「相対測位」

また，次の2種類にも大きく分類できます．

(1) コード測位
(2) 搬送波の位相とコードを利用する干渉測位

コードを利用して測位する測位法の代表的な応用は，単独測位タイプの「カー・ナビゲーション」です．精度は10mとよくありません．受信機を2台使うディファレンシャル・コード測位は，それよりもやや精度が高く，1mほどです．

本書で注目しているのは，コード測位ではなく，搬送波利用タイプの技術です．

### ● みちびきの補強信号によるセンチメートル精度単独測位は2種類

今注目されているのは，GNSSレシーバ1台で，センチメートルの測位精度が得られる次の2種類の測位法です．準天頂衛星みちびきが送信する補強信号を利用します．

(1) MADOCA-PPP
(2) PPP-RTK（CLAS）

MADOCA-PPPには，次の2種類あります．

(1) PPP（Precise Point Positioning）
(2) PPP-AR（Ambiguity Resolution）

MADOCA（Multi-GNSS Advanced Demonstration tool for Orbit and Clock Analysis）は，JAXAが開発した測位補助ソフトウェアで，世界100拠点から集めた測位データをもとに補正データを作ります．MADOCA-PPPの精度は10cmと高いのですが，位置依存の誤差情報がないため，電離層の影響が大きく，収束に時間がかかります．PPPは，測位結果をFloat解のまま利用しますが，PPP-ARはFix解を利用するので，より高精度です．

PPP-RTKは，測位精度が7cmと高く，収束時間も1分と短い，今一番期待されている測位法です．

## ■ レシーバ1個＆搬送波利用型の測位技術

### ① MADOCA-PPP

MADOCA-PPPは，JAXAが開発する精密軌道クロック推定ソフトウェアMADOCAを使うPPPです．

単独搬送波位相測位に分類されるPPPは，単独測位と同じく1台のレシーバで搬送波位相を使い，収束後には水平方向数cmの測位精度が得られます．

全世界に配置される約100局のモニタ局を通して必要な情報を収集し，ソフトウェアで推定した衛星ごとの軌道誤差，クロック・オフセット，コードと搬送波位相のバイアスなどを補強信号として放送します．

現在，MADOCAで生成する補強信号は，センチメータ級の測位補強サービスの1つとして準天頂衛星2，3，4号機からL6E信号で放送されるほか，Ntrip（エヌトリップ）サーバからIP通信によって無料で配信されています．PPPのほか，整数値バイアスを決定するPPP-ARがあり，その測位精度は約10cmです．

▶メリット

日本に限らず世界で利用できます．後述するCLASがカバーできない日本周辺の洋上をカバーします．

船舶のような海上，航空機ドローンのような上空，大規模農業のような周囲に障害物のないオープン・ス

## 図1 衛星を使った測位法のいろいろ

| | |
|---|---|
| 地上にある複数の基準局から，衛星の軌道エラー，電離層や大気による電波の波長伸縮（最大10m）の値を衛星にアップリンクして全土に放送する．地上の移動局はこのデータを使って計算で求めた衛星との距離を補正し正確に把握することができる | **搬送波位相測位**<br>みちびきが発する補強信号 L6を受信利用する．利用は無料で，専用受信機は2018年11月供給開始．測位性能は次のとおり．<br>**① PPP（FLOAT解測位），PPP-AR（Fix解測位）方式**<br>精度数cm〜10cm，収束時間15〜30分，2周波以上必要（一部1周波）．JAXAが開発した測位計算ソフトウェアMADOCAと世界にある100個所の測定データを利用する．MADOCA-PPPとも呼ぶ<br>**② PPP-RTK方式**<br>収束時間1分，測位精度7cm，2周波以上を受信できるレシーバを使う．みちびきが配信提供するCLAS（Centimeter Level Augmentation Service）を利用する．2018年11月，みちびきが4機体制になり，2周波タイプのレシーバ（ZED-F9Pなど）が誕生したことで，シンプルなハードウェア（レシーバ1台）で高精度測位（1分，7cm）が可能になった．CLASが配信するデータには，日本各地上空の電離層や大気の影響補正データと衛星の軌道エラー情報が含まれているので収束が速い．MADOCAが配信するデータには日本各地上空の電離層や大気の影響補正データが含まれていない |

**衛星測位法**

**単独測位**

**③ 単独コード測位**
従来の移動通信機，携帯電話，カー・ナビゲーションなどに利用されている

**④ 広域ディファレンシャル測位（SBAS, SLAS）**
全国6箇所のモニタ局で観測したデータから，衛星（GPSおよびGLONASS）のクロックと軌道，電離層遅延，対流圏遅延のエラーを算出して，運輸多目的衛星（MTSAT：Multi-function Transport Satellete）から全土に放送する補強システム．正式名称は「GPS広域補強システムSBAS（Satellite-Based Augmentation System）」．多くの受信機が対応しており，航空機はこのしくみを利用している．電波利用は無料．測位精度は1〜3m．MTSATからみちびき（L1Sb信号）による配信サービスに切り替わる予定

**⑤ 広域コード・ディファレンシャル測位**
基準局で得られるデータから，衛星毎のコード測距オフセット誤差と変化率を算出して，移動局で補正するコードを利用する測位．広域コード・ディファレンシャルと違い，誤差要因別の補正値ではないため，基線長（基準局からの距離）に応じて誤差が増大する．測位精度は1〜3m

**相対測位**

**⑥ スタティック測位**
静止状態を1時間保ち，衛星の移動から搬送波の波数を決める．データの平均化処理などをして高い測位精度を実現する．精度は1cmで地殻変動や公共測量などに利用される

**キネマティック測位（RTK）**

**⑦ ローカル・エリアRTK方式**
移動局上空の電離層の影響を，近くにある基準局（地上の固定局）との差分をとることでキャンセルして，高精度測位を実現する．収束時間は10〜30秒，測位精度は数cmで，工事測量や公共測量に利用されている．基準局と通信手段が必要である．2周波以上（一部1周波）に対応した受信機を使う．基線長は10kmまで．本書で解説するF9PによるRTKはこの方式

**⑧ 基準点ネットワークRTK方式**
仮想基準点方式 VRS-RTK（Virtual Reference Station RTK）がある．収束時間は10〜30秒，測位精度は数cmで，工事測量や公共測量に利用されている．2周波以上（一部1周波）に対応した受信機を使う．全国にある国土地理院の電子基準点を基準局として利用する（ユーザの準備作業は不要）．有料（月額2〜3万円）である．補正信号を受ける通信手段が必要

**干渉測位（搬送波測位）**
位置がわかっている固定局（移動局）を地上に設置する．移動局と基準局の上空の電離層や大気の状態，キャッチする衛星がほぼ同じであり，電波に含まれるエラー量がほぼ等しいことが前提である．移動局は基準局との差分をとることで衛星までの距離の誤差をキャンセルする

---

カイの環境では，一度収束させてしまえば，数cmの測位精度を維持できるので，それら分野での応用が期待されています．

▶デメリット

MADOCA-PPPの大きな課題は収束時間が長いことで，PPPもPPP-ARも収束時間は15〜30分です．

再収束が必要な場面が多い，市街地などでの利用は困難です．

▶サービスを提供する企業

PPPは，次のレシーバ・メーカからも有料でサービスが提供されています．

- StarFire（John Deere社）
- RTX（Trimble社）
- Terrastar（Veripos社）

補強信号が静止衛星からLバンドで放送されているため，Lバンド対応のGNSSアンテナと対応レシーバを入手すればサービスを利用できます．

### ② 注目！ PPP-RTK（CLAS）

2018年11月，日本専用の準天頂衛星「みちびき」がセンチメータ級測位補強信号の配信を始めました．この新しいサービスCLASを利用することで，レシー

みちびきは，日本全土に測位誤差補正用の信号を配信している．
誤差要因には次のようなものがある
・軌道誤差 ・クロック誤差 ・衛星バイアス（位相/コード）
・電離圏遅延 ・対流圏遅延
みちびきが提供するこの補強サービスをCLASという

みちびき

アップリンク

移動局

CLAS
サーバ

CLAS対応
専用レシーバ

補強信号の生成

●：電子基準点（全国1300箇所）

**図2　GNSSレシーバ1台で数cmの高い精度を得る測位技術「PPP
-RTK」**
みちびきによる補強信号放送サービスCLASが始まったことで注目を
浴びている

バ1台で高精度な測位が可能になりました．これが，
今一番注目されているPPP-RTK法と呼ばれる測位
法です．

図2に測位のしくみを示します．CLASは，国土地
理院が整備運用する電子基準点のデータから補強信号
を生成し，みちびきにアップリンクして，L6D信号と
して日本全土に放送するサービスです．すでに正式運
用が始まっており，利用は無料です．レシーバ単独で
水平方向で静止6cm，動態12cm（95%確率）の精度
が得られます．

CLASを利用して，みちびきが放送する信号をデコ
ードすれば補強信号が得られ，1つのレシーバで，精
度7cm（水平方向実効値換算），収束1分の高精度高速
測位が可能です．現在，CLAS信号に対応するレシー
バは数十万円以上と高価ですが，L6D信号のデコード
機能をもつレシーバの低価格化は急速に進むでしょう．

## ■ レシーバ2個＆搬送波利用型の測位技術

GNSSレシーバを2個使うRTK測位は次の2種類です．
(1) ローカル・エリアRTK：基準局（地上の固定
局）を設置する方式
(2) 基準点ネットワークRTK「VRS-RTK」
第1章で紹介しているのがローカル・エリアRTK

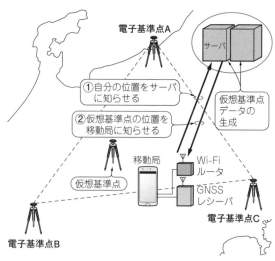

電子基準点A

サーバ

①自分の位置をサーバ
に知らせる

②仮想基準点の位置を
移動局に知らせる

仮想基準点
データの
生成

移動局

仮想基準点

Wi-Fi
ルータ

GNSS
レシーバ

電子基準点B

電子基準点C

**図3　GNSSレシーバ2台を使って数cmの高い精度を得る測位
技術「VRS-RTK」**

です．ここでは解説を省略します．

### ● VRS（Virtual Reference Station）-RTK
#### ▶ メリット
国土地理院が全国1300箇所に配置する電子基準点
を基準局として利用する高精度測位技術です．各基準
点の間隔は20k～30kmです．

測位精度は，ローカル・エリアRTKと同様に水平
方向数cmです．ユーザは，移動局の1台のレシーバと，
配信を受けるためのスマートホンなどの通信端末を用
意するだけで使えるメリットがあります．

各電子基準点のデータは，リアルタイム配信機関で
ある日本測量協会を通じて複数の配信業者に有償で配
られています．配信業者は，電子基準点データを元に
有料会員ユーザに基準局データを配信しており，利用
料は月額数万円です．

図3に示すように，VRS-RTKは，携帯電話などに
よるIP通信を介して，ユーザから届く単独測位の座
標値を元に，そこに基準局を設置した場合に得られる
であろう仮想的な観測データを，仮想基準点を囲む3
点の電子基準点から生成して配信します．電子基準点
1300点から質の高いものを選別したり，地殻変動を
考慮したりする独自サービスもあります．

電子基準点は，日本全土に配置されているので，国
内では基準局からの距離の制限を受けずに公共測量に
準じた測量成果が得られます．

#### ▶ ミスFixへの対応
国土地理院の電子基準点の受信機は，BeiDouを受
信できないので，利用できるのはGPSとGLONASS，
QZSSの配信データだけです．現在の利用の中心は，
GPSとGLONASSです．

GLONASSは，衛星ごとの放送周波数が異なるFDMA方式を採用しているため，群遅延特性の違いからバイアスを生じます．RTK測位では，基準局と移動局が同一機種であれば相殺されますが，異機種の組み合わせではバイアスが残ります．

この問題(IFB, Inter Frequency Bias)が発生すると，初期化に時間がかかったり，初期化できなかったり，ミスFixしたりします．普及が進むロー・コストRTK受信機では，同一機種であってもこの問題が発生するため，GLONASSの利用を避ける傾向にあります．VRS-RTKにおいてこの問題は深刻なので，レシーバ・メーカによっては，Fix後にGLONASS衛星を加える技術(partial fixing)や独自のキャリブレーション技術で解決しています．

GLONASSは2018年から，GPSと同様のCDMA方式の衛星(GLONASS-K2衛星)への切り替えが始まっています．2026年ごろに切り替えが完了する計画です．

### ■ センチメートル測位技術の背比べ

図4に示すのは，次の4つの測位法の精度です．
- コード・ディファレンシャル(SLAS利用)方式
- 基準点ネットワークRTK(VRS-RTK)方式
- ローカル・エリアRTK方式
- PPP-RTK(CLAS利用)方式

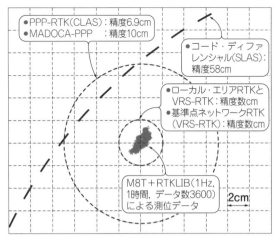

- PPP-RTK(CLAS)：精度6.9cm
- MADOCA-PPP：精度10cm
- コード・ディファレンシャル(SLAS)：精度58cm
- ローカル・エリアRTKとVRS-RTK：精度数cm
- 基準点ネットワークRTK(VRS-RTK)：精度数cm
- M8T+RTKLIB(1Hz, 1時間, データ数3600)による測位データ
- 2cm

図4　センチメートル測位技術のいろいろと精度

MADOCA-PPPは10cmです．CLASによるPPP-RTKの測位精度も約7cmです．図4には，動態12cm@95%確率を実効値に換算して示しました．

みちびきが放送するコードを使った測位の補強サービスになるサブメータ級測位補強サービスSLAS(Sub-meter Level Augmentation Service)も示しました．搬送波位相を利用する測位は，コード測位と異なり高い精度をもっています．　　　　〈岡本 修〉

## Appendix 4-1
# 高速Fix！ 2周波レシーバの計算アルゴリズム

● 周波数の違う2つの電波の波長から目の粗いメッシュを作って真値をスピード絞り込み！

図Aを使って，2周波レシーバの受信モジュール(内蔵CPU)が観測する10～20機前後のGNSS衛星の中から2機(①と②)を選び，その搬送波から自分の正しい位置を絞り込む過程を考えます．

レシーバに電源を投入すると初期化が始まり，受信モジュールはすぐに基準局から得たコードから，半径約1～3mの正しい位置を含む円とその中心点✕を算出します．

この✕の位置は正しいとは限りません．受信モジュールはこの円をメッシュで分割して，本当の答えを絞り込みます．メッシュを切るとき，GNSS衛星から受け取る波長が異なる次の2つの電波を利用します．
- L1(1575.42 MHz，λ ≒ 19.05 cm)
- L2(1227.60 MHz，λ ≒ 24.43 cm)

図Aの例では，各衛星から発せられる電波の−1波長から+3波長の線の交点がたくさんできます．交点は全部で11個あります．すべて解の候補なので，し

らみつぶしに確からしさを計算して比べます．

実際のメッシュは，3次元の格子になるので，候補の数はもっと多くなります．受信モジュールの計算は楽ではありません．ビルの壁に電波が当たって反射するマルチパスの影響もあるので，メッシュの交点も揺らぎます．

2周波対応受信モジュールは，19 cm間隔のメッシュに加えて，86 cmのメッシュ(ワイド・レーン：L1−L2 = 1575.42 MHz − 1227.60 MHz = 347.82 MHz，λ ≒ 86.3 cm)と11 cmのメッシュ(ナロー・レーン：L1 + L2 = 1575.42 MHz + 1227.60 MHz = 2803.02 MHz，λ ≒ 10.7 cm)を構成することができます．メッシュの1ブロックの大きさをワイド・レーンで広げ，確からしい位置を効率よく絞り込みます．なお，この86 cmと11 cmは，実際の電波の波長ではなく，受信モジュール内のCPUが割り出す計算上の格子の長さです．

実際には，多数の衛星の組み合わせを利用して，組み合わせが変わっても同じ解となるもので絞り込んだり，観測ごと(1 Hzであれば1秒ごと)で同じ解となる

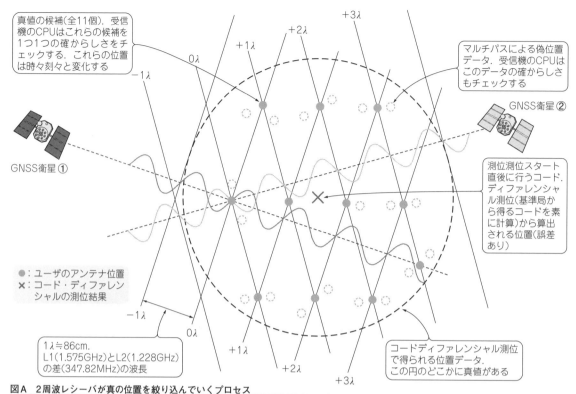

真値の候補(全11個). 受信機のCPUはこれらの候補を1つ1つの確からしさをチェックする. これらの位置は時々刻々と変化する

マルチパスによる偽位置データ. 受信機のCPUはこのデータの確からしさもチェックする

GNSS衛星②

GNSS衛星①

測位測位スタート直後に行うコード. ディファレンシャル測位(基準局から得るコードを素に計算)から算出される位置(誤差あり)

+3λ
+2λ
+1λ
0λ
−1λ

●: ユーザのアンテナ位置
✕: コード・ディファレンシャルの測位結果

−1λ
0λ
+1λ
+2λ
+3λ

1λ≒86cm.
L1(1.575GHz)とL2(1.228GHz)の差(347.82MHz)の波長

コードディファレンシャル測位で得られる位置データ. この円のどこかに真値がある

**図A　2周波レシーバが真の位置を絞り込んでいくプロセス**
2周波レシーバは, 初期化直後に基準局からコードを入手して, 真の位置を含む直径3mの円エリアを割り出し, 次に2個の衛星が出す2つの電波(L1：1575.42 MHzとL2：1227.60 MHz)から86cmのメッシュを作って, 真値の候補を1つずつ当たっていく

もので絞り込んだりします.

　ナロー・レーンは11 cmメッシュを作れるので, 19 cm補足メッシュより分解能が高いですが, L1とL2を組み合わせると雑音が増すため, 実際にはメリットが見えにくいです.

● **Fix解とは? Float解とは? 2周波レシーバが真値を絞り込んでいくプロセス**

　受信モジュールは, 起動直後, 基準局が搬送波積算値の前に送信するコードを受けとり, 自分の正しい位置がある空間(直径約3 m)を作り出します.

　次に, CPUは解の候補を総当たりし始めます.

　1周波レシーバの場合は, 1辺の長さが19 cmのL1(1575.42 MHzの波長)の格子で, 直径3 mの球の空間を分割して真値を絞り込んでいきます. 全格子の交点すべてが解の候補です. これを統計的手法で効率よく絞り込み, 一番正しそうな位置と次に正しそうな位置の確からしさ(残差)の比が3以上になる解の候補が見つかったら, Fix解とします. 見つからない間は解(Float解)を計算し続けます.

　2周波レシーバは, L1(1575.42 MHz, $\lambda ≒ 19.05$ cm)とL2(1227.60 MHz, $\lambda ≒ 24.43$ cm)の波の差をとることで, 1辺が86 cmの大きい格子を使ってメッシュを

構成します. 1周波レシーバの19 cmメッシュに比べると, 3 m球空間を区切る格子のサイズが大きいため圧倒的に交点が少なくなります.

　繰り返しますが, すべての交点は真値である可能性があるので, CPUはすべての確からしさを計算しなければなりません. 2周波レシーバは, 交点, つまり解の候補が少ないので, 短時間で解を決定でき, Fix解モードに入りやすいのです. またFix解が外れてFloat解になっても, 再びFix解に早く戻れます.

　1周波レシーバは, この問題を衛星数を増して補完します. 初期化に必要な5機の衛星の組み合わせごとに, 解を早く見つけることができます. つまり, できるだけ多くの衛星システムに対応し, たくさんの衛星を同時受信できるレシーバのほうが短時間に答えを見つけることができます. 例えば, NEO-M8Pより, GalileoとQZSSも受信できるNEO-M8Tのほうが, 衛星をたくさん受信できるので初期化時間が短いです. ただし, 2周波対応のマルチバンドGNSSレシーバが, 1周波対応より圧倒的に有利であることには変わりありません.

〈岡本　修〉

## Appendix 4-2  2つの測位出力①高速解「Float」と②高精度解「Fix」の収束待ち時間にも配慮

# 灯台下暗し！1日単位で変化する大きな長期誤差に注意！

高精度測位の性能は，数値だけを見て安心していると足下をすくわれます．誤差の理由と仕様の表記方法，目的の精度が得られるまでの待ち時間の長さなどを把握しておくと，自分の用途に合った測位法を選べます．

### ■ 大小2種類の誤差と理由

RTK測位で生じる誤差には，挙動の違う2種類があります．

図Aに示すのは，壁際に3脚でアンテナを固定設置してRTK測位した結果です．測定頻度は1Hzで，1時間（3600点）の緯度方向の経時変化を示しています．観測点は3脚で固定されているので，値の変動は測位誤差を表しています．

結果には大小2種類の誤差変動があります．小さな誤差変動は常に生じています．

大きな誤差は時間をかけてゆっくり変化します．周期の異なる誤差が重なり合っているように見えます．

① 小さな変動は衛星の位置が原因

図Bに示すように，受信衛星数を1つずつ減らしていくと，測位値の変動は大きくなります．図2(a)の

緯度方向と図B(b)の経度方向には変動の大きさに違いがあります．この挙動から衛星の配置に起因した誤差であることがわかります．

図Cに示すのは，衛星の幾何学的配置と誤差分布の関係です．衛星-アンテナ間の測距では，ガウス・ノイズが生じますが，衛星の幾何学的配置によりその分布は指向性を持ちます．3次元で見ると卵形に分布します．これは測位計算に使う衛星配置さえわかれば，小さな誤差変動の範囲を予測できることを示しています．

図Dは測位結果から計算した誤差楕円（実測値）と衛星配置から予測した共分散楕円（計算値）の比較です．共分散楕円は実際の誤差楕円とよく一致しており，衛星の配置に起因する誤差は予測可能といえます．

② 大きな変動の原因はマルチパス

大きな誤差は，GPSだけを使った測位の場合，同一

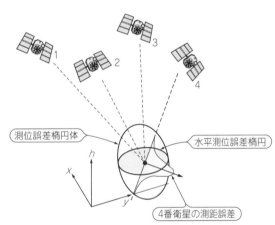

図C　衛星の幾何学的配置と誤差分布の関係
衛星ごとに測距距離にガウス・ノイズが生じることを前提とすると，誤差分布は縦長の卵形になり，衛星の幾何学的配置によって形が変わる．これが指向性を持った小さな誤差変動を生じる要因である

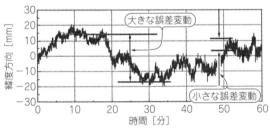

図A　観測点を壁際に固定したときのRTK測位結果には大小2種類の誤差変動が見られる
更新レート1Hz，1時間の緯度方向の経時変化．アンテナは3脚で固定設置されている．結果には大小2種類の誤差変動が見られる

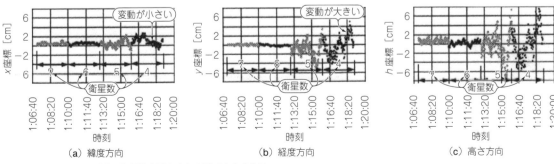

（a）緯度方向　　　　（b）経度方向　　　　（c）高さ方向

図B　常に生じている誤差は衛星数を減らすと変動が大きくなる
衛星を1つずつ減らした際の測位値の変化．緯度方向，経度方向，高さ方向ともに，衛星数の減少に伴い変動が大きくなるが，その大きさは方向により異なる

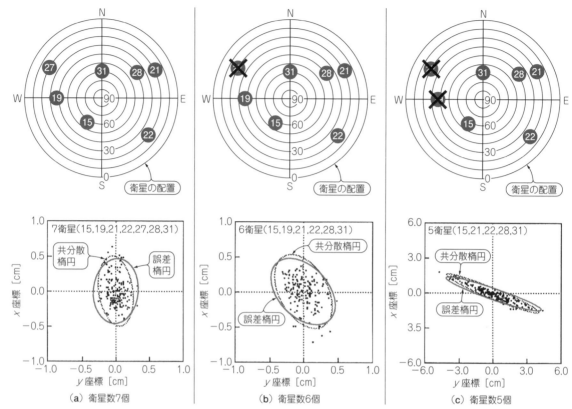

**図D　衛星の幾何学的配置から算出した共分散楕円が実際の誤差分布と一致したので，ばらつく範囲は予測可能**
衛星の幾何学的配置から予測した共分散楕円と測位誤差から求めた誤差楕円は一致する．小さな誤差変動は衛星配置の影響である

観測点において同一の衛星配置となる1恒星日（23時間56分56.6秒）ごとの大きな誤差変動が再現します．大きな誤差の原因はマルチパスです．

　図Eに示すのは，同一観測点における1恒星日前後の高さ方向の測位結果を2つ並べた結果です．大きな誤差変動が再現されています．その差分をとった一番下の波形では，大きな誤差変動はほとんどキャンセルされ，小さな誤差変動のみになっています．

　この現象を用いた誤差補正法は特許取得されています．

　図Fにマルチパスにより生じるオフセット誤差を示します．衛星とアンテナおよび観測点周囲の反射や回折環境との位置関係により生じます．同一の観測点であっても，周回する衛星の位置変化によって大きな誤差変動は時々刻々と変化します．

### ■ 誤差の表し方

#### ● 大きな誤差変動は表現されないことがある

　RTK測位結果には，マルチパスを主要因とする大きな誤差変動と，衛星の幾何学的配置を主要因とする小さな誤差変動があります．大きな誤差変動は，正確さを表すAccuracyに関わります．小さな誤差変動は，精度を表すPrecisionに関わります．

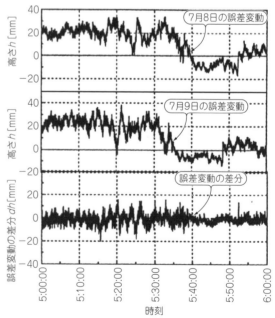

**図E　大きい誤差変動は同一衛星配置だと1恒星日ごとに再現しているので補正できる場合もある**
7月8日（上段）の結果と，1恒星日後となる7月9日（中段）の偏差を取ると（下段），大きな誤差変動だけがほとんどキャンセルされた．このことから，大きな誤差はマルチパスに起因することが分かる

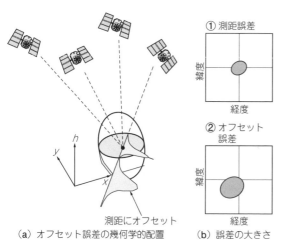

（a）オフセット誤差の幾何学的配置

① 測距誤差

② オフセット誤差

（b）誤差の大きさ

**図F　マルチパスにより生じるオフセット誤差**
マルチパスにより真値に対してオフセットした位置を中心に測位結果がばらつく．オフセットした位置を中心に小さな誤差変動を生じるためである．衛星は時々刻々と軌道を周回することから，同一観測点であってもオフセットは変動する

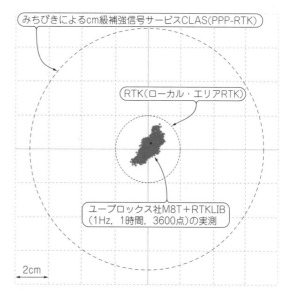

みちびきによるcm級補強信号サービスCLAS（PPP-RTK）

RTK（ローカル・エリアRTK）

ユーブロックス社M8T+RTKLIB（1Hz，1時間，3600点）の実測

2cm

**図G　ローカル・エリアRTKとCLASの測位精度の比較**
CLASの測位精度をバイアス誤差をゼロとしてRMS換算して，ローカル・エリアRTKと比較した．測位結果のプロットは，周囲に障害物があるRTK測位の1Hz，1時間の測位結果である

▶正確さはあまり保証してくれない

　正確さを表すAccuracyは，真値として何を採用するのか，大きな誤差変動を全て把握するために何時間測位すればよいのかなど，評価が困難です．

　数分間のごく短時間の測位をしても，大きな誤差変動は見つけられません．観測できるのは，小さな誤差変動だけです．

▶精度を表す値

　精度を表すPrecisionに関わる誤差を表す性能指標には，RMS（63％確率誤差円）や2DRMS（98％誤差円）があります．正確さAccuracyを含めた精度Precisionを表す性能指標としてRMSE（95％確率）があります．衛星測位の性能表示では一般的にマルチパスのない理想的な環境下における誤差を表しており，大きな誤差変動につながるバイアス誤差が含まれていないことを踏まえて，測位精度を評価する必要があります．一見，とても精度がよく見えますが，大きな誤差変動も忘れずに考慮してください．

● みちびきのcm級サービスの精度

　自分で基準局を用意するローカル・エリアRTKとみちびきによるCLAS（移動体）の水平方向の測位精度を比較してみます．ローカル・エリアRTKの測位精度は，受信機メーカにより表記に幅があります．例えば，OEM615（NovAtel社）では1cm＋1ppm（RMS：63％確率誤差円），M8P（ユーブロックス社）では0.025m＋1ppm（CEP：50％確率誤差円），NV08C-RTK（NVS社）では1cm＋1ppm（2DRMS：98％確率誤差円）です．ppmは，基準局と移動局の距離に関する値で，1km当たり1mmの誤差が加算されることを意味し

ます．

　CLAS（移動体）の仕様の6.9cmとは，12cm（95％値）をRMS換算した値です．

　ここでは図Gのようにローカル・エリアRTKの測定精度を2cm（RMS）として，63％確率誤差円を比較しました．参考として，M8T（ユーブロックス製）で1Hz，1時間（3600点）の測位結果をプロットしました．CLASの測位精度については，ユーザからの精度評価がこれからという状況で，その報告が待たれるところです．

■ **確からしい位置に収束するまでの待ち時間にも配慮する**

　第1章で解説したように，RTKではFix解が得られて初めて数cmの測位精度が得られます．初期化時間はそのまま待ち時間になるので，とても重要な仕様です．

　一方，PPPなどのRTK以外の方法では，Float解のまま，値の収束を待って利用します．衛星電波が遮蔽されると再初期化が必要になりますが，その心配がない洋上や上空のような観測環境のときや，RTK測位でも基準局までの距離が10km以上でFix解を得ることが困難なときには，Float解のまま利用します．Float解は整数値バイアスを決定せずに測位情報を収束させるので，時間がかかります．整数値バイアスを決定しないことから，測位精度が数cmまで正確に収束できているかの目安もありません．

〈岡本　修〉

# 第5章

## 日本専用の高精度測位衛星システムQZSS
## 準天頂衛星みちびきの機能

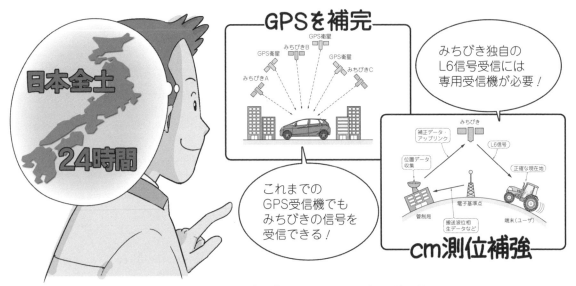

図1　みちびき(QZSS)は「GPSと同じ周波数の信号を配信」と「独自の情報配信サービス提供」の特徴がある

　日本の測位衛星である準天頂衛星(愛称「みちびき」)は，2010年9月に1号機が打ち上げられました．その後，2017年に2～4号機が順に打ち上げられ，現在は4機体制で日本を含めたアジア・オセアニア上空を飛んでいます．

　準天頂衛星システム(Quasi-Zenith Satellite System，略してQZSS)は，2018年11月から正式にサービスが開始されました．QZSSには，大きく2つの特徴があります(**図1**)．

### (1) 米国の測位衛星システムGPS(Global Positioning System)と高い互換性を持つ

　これにより，これまでに使われてきたGPSの測位受信機の仕組みほぼそのままで，みちびきをGPS衛星の1つとして利用できます(みちびきの衛星識別子への対応などは必要)．

### (2) 世界に先駆けQZSS独自の情報配信サービスを提供

　衛星から測位補強や災害危機に関する情報が配信され，利用者の利便性がさらに向上することが期待されています．他国の衛星システムでも同様のサービスが検討されつつありますが，日本のQZSSが世界に先駆けて，情報配信サービスを開始しました．

## 利用できるようになった6つのサービス

　みちびきからは**表1**に示す信号が配信されています．それぞれのサービスについて紹介します．

#### ① 衛星測位サービス

　従来のGPSと同様，衛星測位受信機が現在位置の計算に必要な情報(航法メッセージ)を配信しています．L1，L2，L5の信号が対象となります．GPSの衛星数を補う効果が期待できます．

#### ② サブメータ級測位補強サービス(Sub-meter Level Augmentation Service，SLAS：エスラス)

　衛星測位による誤差を減らすため，電離層遅延や衛星軌道，衛星クロックなどの誤差の軽減に活用できる情報(サブメータ級測位補強情報)を配信しています．L1 C/Aと同じ周波数帯のL1S信号で配信されるので，L1信号だけに対応した受信機でも受信が可能です(ただしL1S信号のデコードや補正情報を使った測位演算に対応していること)．

　この補正情報により，GPSとみちびきのL1 C/Aを用いた測位演算に対して，誤差を軽減補正を行うこ

表1 みちびきを使って利用できるサービスと配信信号
衛星や信号によって対応しているサービスが異なる

| 周波数 | 信号名称 | 1号機 | 2, 4号機 | 3号機 | サービス |
|---|---|---|---|---|---|
| | | 準天頂軌道 | 準天頂軌道 | 静止軌道 | |
| L1 (1575.42 MHz) | L1C/A | ○ | ○ | ○ | 衛星測位 |
| | L1C | ○ | ○ | ○ | 衛星測位 |
| | L1S | ○ | ○ | ○ | 測位補強（サブメータ級）(SLAS) |
| | | ○ | ○ | ○ | 災害・危機管理通報サービス |
| | L1Sb | – | – | ○ | 測位補強(SBAS)(2020年頃～) |
| L2 (1227.60 MHz) | L2C | ○ | ○ | ○ | 衛星測位 |
| L5 (1176.45 MHz) | L5 | ○ | ○ | ○ | 衛星測位 |
| | L5S | – | ○ | ○ | 測位技術実証（試験用信号） |
| L6 (1278.75 MHz) | L6D | ○ | ○ | ○ | 測位補強（センチメータ級）(CLAS) |
| | L6E | – | ○ | ○ | 測位補強（センチメータ級）(MADOCA) |
| S (2 GHzバンド) | S | – | – | ○ | 安否確認 |

cm級の測位ではこの信号を使って補強する！

とができます．L1 C/Aのみの単独測位では，水平方向に出る数mの誤差を補正することで，誤差0.58 m（実効値）に低減することが可能です．

● センチメータ級測位補強サービス（Centimeter Level Augmentation Service，CLAS：シーラス）

みちびきのL6信号で，測位誤差を低減する情報が配信されます．L1やL2信号などを使用して測位する際に，誤差を軽減できます．サブメータ級測位補強と似ていますが，より高精度な測位が可能な補正情報が配信されています．

GPSにはない，みちびき独自の信号で配信されるため，受信機ではL6信号の周波数帯に対応した受信部，L6信号のデコード，補正情報を使った測位演算への対応が必要です．この補正情報を利用することで，誤差10 cm以下（移動体の水平誤差：実効値6.94 cm）で測位を行うことができます．

詳しくは次章で後述しますが，L6信号は2つのチャネル（DチャネルとEチャネル）が多重化されています．CLASはDチャネルで配信されています．Eチャネルでは，MADOCA（Multi - GNSS Advanced Demonstration tool for Orbit and Clock Analysis）という補正情報が配信されています．

● SBAS（Satellite - Based Augmentation System）配信サービス

みちびきのSBAS（エスバス，L1Sb）信号で配信されるサービスです．

SBASは，主に航空機がより正確な位置情報を得るために，静止衛星から測位補正情報を配信するシステムです．米国，欧州をはじめとする各国でも以前から利用されています．日本では，現在運輸多目的衛星（MTSAT - 2，愛称：ひまわり7号）から配信されていますが，MTSAT - 2が設計寿命を迎えるため，2020年からは静止衛星であるみちびき3号機からの配信が予定されています．

● 災害・危機管理通報サービス

みちびきのL1S信号で，地震，津波などの災害情報，テロなどの危機管理情報，避難勧告などの発令状況が配信されます．地上の通信回線が受信できない場所や，使用できない状況でも，みちびきの信号が受信できれば情報を受け取ることができます．この情報も，L1 C/Aと同じ周波数帯のL1S信号で配信されるので，L1信号のみに対応した受信機でも受信が可能です．

● 安否確認サービス

災害時における避難所の情報を，みちびき経由で管制局に送信・収集する手段として利用が検討されています．

## みちびき4機体制の効果

● みちびきはGPS互換！GPS衛星の数が増えたことに等しい

QZSSの衛星測位サービスは，GPSと互換性があります．表2に示すように，配信する信号の周波数帯も同じで，そこに含まれる情報（衛星の時刻情報，軌道情報など）もGPSと共通に扱うことができます．

そのため，受信機ではみちびきもGPSの1つとして処理することができ，GPSの衛星数が増えたと考えることができます．測位演算に使える情報が増えるので，測位精度，測位結果の確からしさ，測位状態の安定性が向上します．

▶可視衛星数は7～10機から10～14機に

仰角10° 以上を可視条件とすると，日本上空では，7～10機程度のGPSを観測できます．ここにみちびき3～4機が追加されると，可視衛星は10～14機となり，約1.5倍の衛星数になります．

▶衛星配置による誤差指標（DOP）

衛星測位では，観測できる衛星が上空にまんべんなく配置されていると精度が向上します．一部に偏った

表2 各国の衛星から配信される信号周波数
米国のGPSと日本のQZSSは，測位サービス信号(L1，L2，L5)の周波数帯が同じ

| 衛星システム名 | 周波数帯[MHz]/信号名称 | | | | |
|---|---|---|---|---|---|
| | 1176.45 | 1227.60 | 1278.75 | 1575.42 | 2492.08 |
| GPS（米国） | L5 | L2C | | L1C/A | |
| QZSS（日本） | L5 | L2C | L6(LEX) | L1C, L1C/A | S |
| GLONASS（ロシア） | | L3 | G2C/A | G1C/A | |
| BeiDou（中国） | L5　B2 | | | B1 | |
| Galileo（欧州） | E5a　E5b | | E6 | E1 | |
| IRNSS（インド） | L5 | | | | S |

L6信号はGPSにはない

Galileoでは，E6信号を使ってQZSSの測位補強と同様のサービスが検討されている

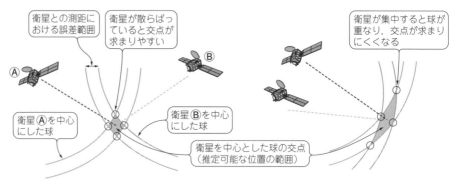

衛星との測距における誤差範囲

衛星が散らばっていると交点が求まりやすい

衛星が集中すると球が重なり，交点が求まりにくくなる

衛星Ⓐを中心にした球

衛星Ⓑを中心にした球

衛星を中心とした球の交点（推定可能な位置の範囲）

図2 衛星配置による推定位置範囲のイメージ
衛星を中心にした球の交点を求めて位置を推定する

（a）衛星が上空にまんべんなく配置されている状態　　（b）衛星が上空に偏って配置されている状態

配置では，発生し得る誤差が大きくなってしまいます．

　ここでは定性的な概略説明にとどめますが，衛星からの信号を使って位置を求める作業は，衛星を中心にいくつかの球の交点を求める計算のことです．

　この球は，地表面ではほぼ平板に近似できます．同じ方向に衛星が集中した場合，平板が重なった状態となり，交点が求まりにくくなります．その結果，推定できる位置の範囲が大きくなります（図2）．

　この衛星配置による誤差指標は，DOP（Dilution of Precision）と呼ばれています．図3の衛星配置図の例では，みちびきが増えることで，衛星配置の偏りや衛星数が改善され，精度と安定性の向上につながります．

● 高仰角に位置する

　みちびきの軌道は，常に日本上空に2～3機が配置されるように設定されています．地上から見ると，仰角の高い位置で，衛星を観測できる時間が長くなります．

　高仰角に衛星が見えると，次の利点があります．

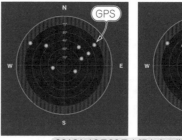

2018年10月22日大阪上空の衛星配置

（a）GPSだけの衛星配置　　（b）GPS＋みちびきの衛星配置

図3 GPSだけと，GPS＋みちびきの衛星配置
仰角マスク15°に設定．みちびきが見えると，衛星配置の偏りや衛星数が改善される

▶衛星の信号が高い建物に遮られにくい

　信号が建物に遮られると，その衛星は測位に使用できなくなります．衛星数が少ないと，測位精度や精度維持の安定性が低下します．

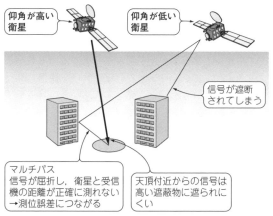

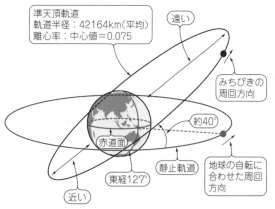

図5 静止軌道と準天頂軌道
静止軌道は，東経127度かつ赤道上を地球の自転に合わせて周回する.
準天頂軌道は，静止軌道を赤道面から約40度傾け離心率を0.075に
上げている
※(1)の文献を基に追記

図4 天頂衛星はマルチパスの発生率が低い
仰角が低い衛星の信号は，遮蔽物の影響を受けやすくなる

▶衛星の信号が建物に反射しにくい（マルチパスが起こりにくい）

　衛星の信号が建物などに反射して，受信機に到達するマルチパス現象があります（**図4**）．信号の強度が低下したり，衛星と受信機の距離が正確に測れなくなるため，測位誤差の原因となります．

　高仰角に衛星が見えるということは，マルチパスの発生率が低くなるので，誤差要因を減らし，精度向上に一役買うことができます．

● 補正情報の配信

　みちびきからはSLASやCLASなどの測位補強の情報が配信されています．これらの補正情報サービスに対応した測位受信機があれば，衛星の信号だけで，より高精度な測位が実現できます．

## みちびきの軌道

● 準天頂軌道は，南北非対称の「8の字」

　みちびきの軌道は2種類あります．現在打ち上げられている4機のうち，3号機は「静止軌道」，残りの1, 2, 4号機は「準天頂軌道」です．それぞれの軌道を**図5**，**図6**に示します．

　静止軌道は，東経127°かつ赤道上を地球の自転に合わせて周回する軌道をとります．この静止衛星は，日本から見ると，常に仰角45°あたりに位置しています．準天頂軌道は，通常の静止軌道を赤道から約40°傾け，さらに離心率を0.075に上げた軌道で，南北非対称の「8の字」形となるように設定されています．

▶日本上空に1機あたり8時間滞空する

　軌道が赤道より北に上がってくることで，日本付近ではかなり高い仰角で衛星を観測できます．また，離心率を上げた南北非対称の「8の字」軌道は，日本上空（8の字の上の部分）を移動する際，衛星は地球から遠ざかります．このため，日本付近では衛星の移動速

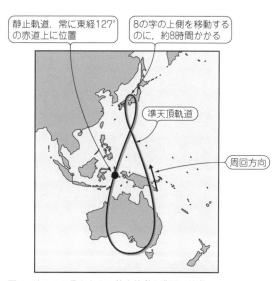

図6 地上から見たときの静止軌道と準天頂軌道
静止軌道：東経127°赤道上で静止
準天頂軌道：東経136°を中心に8の字
※(1)の文献を基に追記

度が遅くなり，滞空時間が長くなります．こういった準天頂軌道の設定により，1つの衛星が日本から高仰角（70°以上）で見える時間は8時間程度となっています．

　**図7**に示すように，3機のみちびきが約8時間ごとに交代で天頂（真上）付近に位置することになります．24時間いつでも，高仰角に衛星を捉えることができます．

● 西はパキスタン，東はハワイ西部までカバー

　仰角10°以上を可視条件とすると，みちびきを見ることができる地域は，日本を中心に，西はパキスタンから東はハワイの西部までの広範囲にわたります（**図8**）．ただし，低仰角の衛星の信号は，強度が下がったり，障害物に遮られたりする可能性が高く，実用的

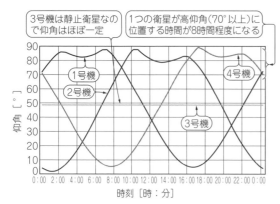

図7　大阪で24時間観測したみちびきの仰角
常に1つの衛星が，70°以上の仰角で観測できる

3号機は静止衛星なので仰角はほぼ一定

1つの衛星が高仰角（70°以上）に位置する時間が8時間程度になる

ではありません．

QZSSの利用が期待されているのは，みちびきが高仰角で観測できる東南アジアやオセアニアの地域です．タイやインドネシア，オーストラリアでは，みちびきを仰角40°以上で観測でき，十分に信号を捕捉し利用できます．これらの国から見えるみちびきの軌道を図9に，みちびきの仰角を図10に示します．

実際に，これらの国では，QZSSの測位サービスを利用した実験も行われています．　　　〈岸本 信弘〉

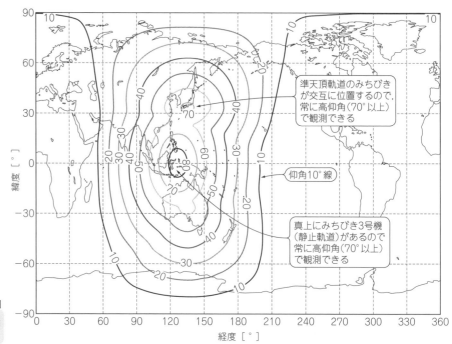

準天頂軌道のみちびきが交互に位置するので，常に高仰角（70°以上）で観測できる

仰角10°線

真上にみちびき3号機（静止軌道）があるので常に高仰角（70°以上）で観測できる

図8　みちびきの可視範囲
可視条件を仰角10°とすると，10°線の内側が衛星測位信号を受けられる領域

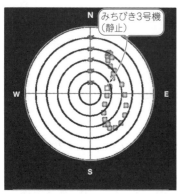

（a）ジャカルタ

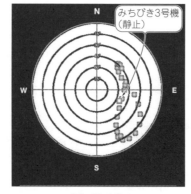

（b）バンコク

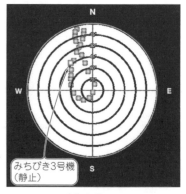

（c）シドニー

図9　各地で見えるみちびきの軌道
みちびき1～4機の配置を1時間ごとに8時間プロットした図．ジャカルタ，バンコク，シドニーでは，みちびきは図のような軌道で観測できる

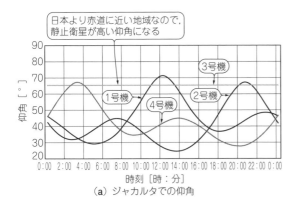

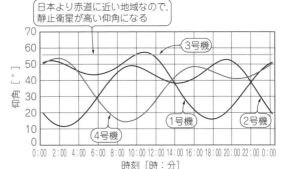

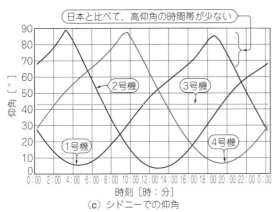

図10　各地で見えるみちびきの仰角

## みちびき4兄弟のプロフィール

　高精度測位を行ううえで必要なL6D信号（表1参照）は、みちびき4機すべてから送信されていますが、L6E信号は2〜4号機から、S信号は3号機からしか送信されていません。このため、3号機だけ通信用のパラボラ・アンテナを備えています。

　衛星の寸法や質量などは表Aのとおりです。

　2010年打ち上げの1号機に比べ、2〜4号機は2017年に打ち上げられたため、太陽電池の性能が向上しています。また、1号機とはパドル構造が異なるほか、全長が短く、発電される電力も大きくなっています（2号機と4号機は同じ仕様です）。

　衛星の役割が異なることや、打ち上げ時期の違いによって部品性能も違います。

　それぞれ個性を持つみちびきは、2023年に7機体制になる計画です。

〈岸本 信弘〉

表A　みちびき1〜4号機の仕様

| 項　目 | 1号機 | 2号機 | 3号機 | 4号機 |
|---|---|---|---|---|
| 収納時寸法 | 約6.2×約3.1×約2.9 m | 約6.2×約2.9×約2.8 m | 約5.4×約3.2×約4.1 m | 約6.2×約2.9×約2.8 m |
| 全長 | 約25 m | 約19 m | 約19 m | 約19 m |
| ドライ時の質量 | 約1.8 t | 約1.6 t | 約1.7 t | 約1.6 t |
| 太陽電池パドル | 3枚構造2翼 | 2枚構造2翼 | 2枚構造2翼 | 2枚構造2翼 |
| 電力 | 約5.3 kW | 約6.3 kW | 約6.3 kW | 約6.3 kW |
| 打ち上げ時からの設計寿命 | 12年以上 | 15年以上 | 15年以上 | 15年以上 |

# 災害時信号も伝える役目を持つ「みちびき」

## ● 災害・危機管理通報サービス（災危通報）

防災・危機管理の政府機関から地震や津波などの災害情報，テロなどの危機管理情報，避難勧告などの発令状況について，**図A**に示すようにみちびきを経由して送信するサービスです．利用者に災害情報などのメッセージを届けるサービスで，L1S信号を受信することができる端末で利用できます．L1S信号は，衛星測位で一般的に利用しているGPSやみちびきのL1 C/A信号と同一周波数で同じ波形が使われています．

東日本大震災では，防災無線が聞こえず，携帯電話での通話やデータ通信もパンク状態，停電や設備の故障，津波の浸水などにより，満足な情報支援が行えませんでした．人工衛星は上空にあるので，このような災害の影響をほどんど受けません．QZSSの管理・運用を司る主管制局は茨城県常陸太田と神戸に設置されています．2重化されているので災害にはとても強いです．

災危通報は最短4秒間隔で送信することを予定しています．バッテリの電力消耗が心配なモバイル機器の場合には，4秒間隔で測位受信機を作動させることにより受信できます．

当面の間はSNSでの情報提供を行うなど，地上通信回線でも同様の情報を入手できる予定です．モバイル機器においては，SNSをフォローすることでも災危通報と同等のサービスが受けられます．

屋外においては電源と接続している街灯，信号機，自動販売機などに受信機の設置を働きかけ，災害時などには屋外に設置されたスピーカから避難状況のアナウンスもできます．海水浴やマラソンなど手ぶらで移動している人だけでなく，携帯電話を所持していない人，災害時で不通となっている人に対しても情報を迅速に伝えられます．学校，病院，図書館など，携帯電話を切ることが求められる環境においては，衛星が見える窓際やバルコニーに受信機の設置を働きかけ，災害情報などを迅速に知らせます．

災危通報は東南アジアやオセアニア地域でも受信できます．現在は，気象庁が発表している遠地地震，北西太平洋津波情報，海上警報の送信を予定しています．

海外では日本語の現地情報が得難いこともあるため，大規模事故，テロ・暴動情報など，日本で収集した情報の配信を検討しています．

現在，全国の自治体を中心に災害対策訓練などへの

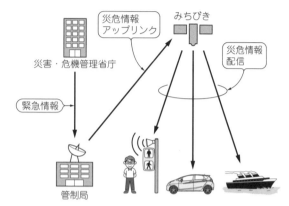

**図A**[(1)]　災害情報などみちびきを経由して送信する災害・危機管理通報サービス（災危通報）
利用者に災害情報などのメッセージを届けるサービスで，L1S信号を受信することができる端末で利用できる

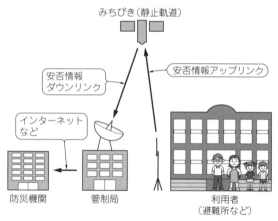

**図B**[(1)]　災害時に避難所の情報をみちびき経由で管制局に送信する衛星安否確認サービス（Q-ANPI）
みちびきの静止軌道衛星を用いて，Q-ANPIに対応したS帯（2 GHz帯）の端末で利用できる

利用も実証実験が行われています．

## ● 衛星安否確認サービス（Q-ANPI）

災害時に避難所の情報をみちびき経由で管制局に送信し，**図B**に示すように安否情報を防災機関へ送ります．みちびきの静止軌道衛星を用いて，「Q-ANPI」に対応したS帯（2 GHz帯）の端末で利用できます．

このサービスは日本国内及び沿岸部限定の日本独自のサービスです．衛星経由で避難所の位置や開設の情報，避難者数や避難所の状況を通知することで，被災状況や孤立した状況の把握など，救難活動に不可欠な

## SBAS配信サービス

みちびきの静止軌道衛星を用いて，SBAS（Satellite - Based Augmentation Service：衛星補強システム）信号を配信するサービスで，SBAS（L1Sb）信号に対応した受信機で利用できます．主に航空機向けに測位衛星の誤差補正情報や不具合情報を提供します．

SBAS信号は日本以外にも北米WAAS（ワース：Wide Area Augmentation Service，広域補強サービス），欧州EGNOS（イグノス: European Geostationary satellite - based Navigation Overlay Service）などで配信されています．航空機向けのシステムとしてそれぞれの国の航空安全当局から認証され国際規格が定められて運用されています．

SBASを利用することにより，航空機の位置がより正確に求められるため，安全で効率的な飛行経路の設定が可能になります．船舶，自動車などの航空以外での利用も進んでおり，カーナビでは多くの機種が「SBAS対応」として販売されています．

日本においては，現在SBAS信号を国土交通省の運輸多目的衛星MTSAT（エムティーサット，Multi - purpose Transport SATellite，愛称 気象衛星「ひまわり」）から，MSAS（エムサス）配信（MTSAT Satellite - based Augmentation Service）を行っています．2020年頃よりみちびきのSBAS配信サービスを利用して，国土交通省が作成したSBAS信号をみちびきの静止軌道衛星経由で配信する予定です．

〈浪江 宏宗〉

情報を伝えます．また，近親者が個人を検索できるような利用方法も検討しています．現在，全国の自治体を中心に災害対策訓練などへ利用する実証実験が行われています．

### ● 公共専用サービス

ジャミング（測位信号への妨害電波），スプーフィング（偽測位信号の送信）を回避することを目的として，政府が認めた利用者だけが使用できる信号を配信するサービスです．

公共専用信号は衛星測位を行うだけでなく，測位補強情報なども含んでおり，GPS信号に対するジャミングやスプーフィング発生時においても，みちびき単独で測位補強情報や時刻情報などを取得可能とします．

公共専用信号は日本独自の高水準な方式によって秘匿・暗号化を行い，厳重なセキュリティ対策を施した運用を実施して秘密保全性を保証します．

今後は，7機体制を開発・整備したあとで，政府が認めた利用者に対して公共専用信号を利用して，GPS信号併用時や，みちびき単独でも持続的に位置情報や時刻情報などを取得可能とする予定です．

〈浪江 宏宗〉

# みちびき測位を体験！
# Arduino ARMマイコン「SPRESENSE」

衛星測位を利用したアプリケーションといえば，スマートフォンやカーナビで地図に位置を表示するのが最も身近な使い方でしょう．スマホ・ゲーム「ポケモンGO」も，衛星測位から得た位置情報の恩恵を受けています．

一方で，位置情報を得るだけでは飽き足らず，技術的興味で「衛星をどのように受信しているか」，詳しい情報を知って，衛星の受信を実感したいと考えている人も多いでしょう．

私の場合も，安価なGNSS受信モジュールとアンテナを使用して，パソコンで衛星の受信レベルや衛星配置図（スカイ・プロット）などを表示しながら，衛星測位を楽しんでいます．

そんな中，GNSS受信機能を搭載したソニー製のボード・コンピュータ「SPRESENSE」を手に入れました（**写真A**）．衛星測位が利用でき，かつ「みちびき（QZSS）」の受信にも対応しているという，他には無いユニークな存在です．

本稿では，SPRESENSEを使って，手軽にGNSS受信を行うようすを紹介します．

## ■ SPRESENSEが備えるGNSS測位機能

SPRESENSEは，ソニーが自社開発したスマート・センシング・プロセッサ「CXD5602」を搭載したボード・コンピュータです．マイコン機能を持つメイン・ボード（**写真B**），機能拡張のための拡張ボード（別売），カメラ機能を持つカメラ・ボード（別売）で構成されています．

メイン・ボードには，6個のCPUコアを備えた低消費電力のマルチ・プロセッサ，ハイレゾ音源対応のオーディオ・コーデック，およびGNSS（Global Navigation Satellite System）受信機能が搭載されています．

SPRESENSEは，米国のGPS（L1C/A），ロシアのGLONASS（L1），みちびきQZSS（L1C/A）に対応し，これらの測位信号を同時に受信できるマルチバンド

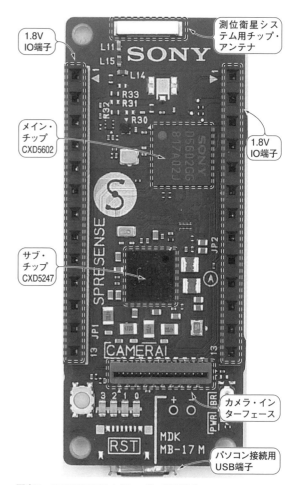

**写真B** SPRESENSEメイン・ボードの構成
GNSSチップ・アンテナ搭載，メイン・ボード単独でGNSS受信が可能

**写真A** GNSS受信機能搭載のソニー製ボード・コンピュータ「SPRESENSE」
メイン・ボードに拡張ボードを接続した状態

メイン・ボード．
GNSSチップ・アンテナ搭載

拡張ボード（別売）．
microSDカード，ステレオ・ミニ・ジャック，拡張IO端子などのインターフェース・コネクタを搭載

1.8V IO端子

測位衛星システム用チップ・アンテナ

メイン・チップ CXD5602

1.8V IO端子

サブ・チップ CXD5247

カメラ・インターフェース

パソコン接続用 USB端子

GNSS受信機能を備えています.

みちびきQZSSについては，一般的なL1C/A信号に加えて，サブメータ級測位補強サービス(SLAS：Sub-meter Level Augmentation Service)に対応した，L1S信号も受信可能です.今後は，中国のBeidou(B1)，欧州のGalileo(E1)にも対応する予定があります.

メイン・ボード上にGNSS用チップ・アンテナが搭載されているので，基本的には，メイン・ボードだけでGNSS受信機能を利用することができます.

## ■ SPRESENSEのソフトウェア開発環境

SPRESENSEには，次の2つのソフトウェア開発環境が用意されています.GNSS測位機能に関するAPIも各種そろっているので，簡単なものから高度なものまで，さまざまなアプリケーションを開発できます.

▶Spresense Arduino Library

Arduinoの標準APIと互換性があるライブラリで，Arduino IDEと組み合わせて使用します.既存のArduinoスケッチも利用できるので，比較的簡単にソフトウェア開発が行えます.ソフトウェア開発の入門者にとっては，大変ありがたい互換機能です.

ライブラリには，GNSS受信を行うサンプル・スケッチが2種類提供されているので，すぐにGNSS受信機能を試すことができます.

▶Spresense SDK

「NuttX」というリアルタイムOSをベースにした開発環境です.省メモリや省電力のマルチコアCPUを使った本格的なアプリケーションを開発することができます.開発作業には，Linux(Ubuntu 64bit)が動作する環境が必要になります.

GNSS受信機能を試せるサンプル・プログラムが5種類提供されています.

## ■ Spresense Arduino Libraryで GNSS受信を試す

今回は，Spresense Arduino Libraryに付属しているサンプル・スケッチを使用して，GNSS受信を行ってみます.

### ● サンプル・スケッチは2つが提供されている

▶gnss.ino

GNSSで測位された情報をUSBシリアル・ポートから出力する簡単なサンプルです.位置情報と，衛星の受信状況が独自フォーマットで出力されます.メイン・ボード単体で動作させることができます.

- 位置情報：時刻，衛星数，緯度(Lat)，経度(Lon)
  ⇒1秒周期で出力
- 衛星受信情報：衛星の種類，PRNコード(Id)，仰角(Elv)，方位角(Azm)，受信レベル(CN0)
  ⇒1分周期で出力

- 5分(＝300秒)周期で測位リスタート(初回はコールド・スタート，次回以降はホット・スタート)

▶gnss_tracker.ino

GNSSで測位された情報を，拡張ボード上のSDカードに保存します.もしくは，USBシリアル・ポートに出力させることも可能です.出力フォーマットは，NMEA形式のGPGGAセンテンスを使用しています.

- 出力情報：時刻，緯度，経度，測位モード，使用衛星数，水平精度低下率(HDOP)，海抜位置

トラッカ向けの用途となるので，衛星の詳しい受信情報は出力されません.出力情報をSDカードに保存する場合には，拡張ボードが必要です.

本稿では，シンプルな受信動作をする「gnss.ino」のサンプル・スケッチを使ってGNSS受信を行う手順と，その動作確認例を紹介します.

### ● ステップ1：開発環境のセット・アップ

ソニーのSPRESENSE公式サポート・サイトの次のURLを参照し，Spresense Arduino Library開発環境のセット・アップを行います.

https://developer.sony.com/ja/develop/spresense/developer-tools/get-started-using-arduino-ide/set-up-the-arduino-ide

▶サポートしているプラットフォーム

上記サイトによると，以下のプラットフォームで動作が確認されています.

- Windows 8.1/10
- 64ビット版Linux Ubuntu 16.04以降
- mac OS X 10.12 Sierra以降

▶手順

(1) Arduino IDEのインストール
(2) USBシリアル・ドライバのインストール
(3) Arduinoボード・パッケージのインストール
(4) USBシリアル・ポート番号の確認
(5) Spresenseブート・ローダのインストール
(6) LEDサンプル・スケッチの動作確認

以降は，上記の手順がすべて正常に完了しているものとして，説明を行います.

### ● ステップ2：サンプル・スケッチの書き込み

Arduino IDEを使用して，サンプル・スケッチ「gnss.ino」のコンパイルと，SPRESENSEメイン・ボードへの書き込みを行います.

▶手順

(1) 写真Cのように，SPRESENSEとパソコンをUSBケーブルで接続する
(2) Arduino IDEを起動する
(3) ファイル(File) > スケッチ例(Examples) > GNSS > gnssで「gnss.ino」を読み込む
(4) ツール・バーの横矢印のアイコンをクリックし，

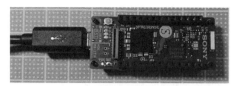

**写真C　メイン・ボードとパソコンを接続**
接続中は青色LED「PWR」が点灯
サンプル・スケッチ動作中は緑色LED「LED0」が点滅
測位確定（Fix）で「LED1」が点灯

**図A　Arduino IDEの画面**
サンプル・スケッチ「gnss.ino」の書き込みが完了したところ

---

**スケッチのコンパイルと書き込みを実行する**

(5) しばらく待つと，**図A**のように画面の下部に「マイコンボードへの書き込みが完了しました。」と表示され，書き込みが完了する

これで，GNSS受信動作の確認準備ができました．

● **ステップ3：動作確認**（GNSS受信の開始）

Arduino IDEのツール・バー右端の「シリアルモニタ」のアイコンをクリックすると，**図B**に示すようなシリアル・モニタ画面が現れ，GNSS受信動作が自動的に開始されます．

▶初期の受信動作のようす

画面の先頭に6行のメッセージが表示された後，実際の受信結果が1秒おきに1行ずつ表示されて流れていきます．最初は受信衛星数（numSat）が0ですが，正常に受信動作していれば，徐々に数が増えていきます．

測位結果は，初めは不定（No-Fix, No Position）になっています．**図C**に示すように，受信衛星数が4個以上になってから約30秒〜1分程度経つと，位置が定まり（Fix），実際の緯度（Lat）と経度（Lon）が表示されます．また，行の先頭の日付，時刻表示も正常な数値に変わります．

---

```
SpGnss : begin in
SpGnss : begin out
SpGnss : start in
  mode = COLD_START
SpGnss : start out
Gnss_setup OK
```
受信開始時のメッセージ

受信衛星数
徐々に増えていく

```
1980/01/06 00:00:01.000503  numSat: 0,  No-Fix, No Position
1980/01/06 00:00:02.000524  numSat: 2,  No-Fix, No Position
1980/01/06 00:00:03.000516  numSat: 2,  No-Fix, No Position
1980/01/06 00:00:04.000500  numSat: 1,  No-Fix, No Position
1980/01/06 00:00:05.000507  numSat: 1,  No-Fix, No Position
1980/01/06 00:00:06.000504  numSat: 1,  No-Fix, No Position
1980/01/06 00:00:07.000513  numSat: 2,  No-Fix, No Position
1980/01/06 00:00:08.000512  numSat: 2,  No-Fix, No Position
```

```
1980/01/06 00:00:15.000525  numSat: 2,  No-Fix, No Position
1980/01/06 00:00:16.000497  numSat: 3,  No-Fix, No Position
1980/01/06 00:00:17.000508  numSat: 3,  No-Fix, No Position
1980/01/06 00:00:18.000511  numSat: 4,  No-Fix, No Position
1980/01/06 00:00:19.000498  numSat: 4,  No-Fix, No Position
1980/01/06 00:00:20.000504  numSat: 4,  No-Fix, No Position
1980/01/06 00:00:21.000525  numSat: 4,  No-Fix, No Position
```

1秒ごとに1行ずつ表示が増えていく

時刻表示（UTC）
（年／月／日時：分：秒）
まだFixしていないので1980年
1月6日0時からの起算で表示

**図B　起動時のシリアル・モニタ画面**（測位開始）
自動的にGNSS受信が始まる開始直後はまだ受信衛星数が少なく，測位も「No−Fix」

さらに，受信している衛星の詳しい状況も，1分おき（毎分0秒）にリスト形式で表示されます．

▶受信環境の改善

一般的に，受信衛星数が多いほど，位置がFixするまでの時間が短くて済み，位置精度も良くなる傾向があります．2〜3分経っても位置がFixしない場合には，受信環境が良くない可能性があります．室内で動作確認するときは，メイン・ボードをなるべく窓際の開けた場所に置いてください．また，メイン・ボード上のチップ・アンテナのすぐ近くに金属などの導電体があると，受信性能に悪影響を及ぼすので，できるだけ離しておいたほうが良いでしょう．

私の受信環境（木造家屋2階の南向き窓際）では，10〜12機の衛星を受信できました．みちびきQZSSも1〜3機を受信しており，衛星配置が良い時間帯によっては，4機すべて受信できる場合もあります．

● **ステップ4：サンプル・スケッチの改造**

サンプル・スケッチ「gnss.ino」の機能を少し拡張して，さらに多くの情報が取得できるように改造してみます．

▶受信衛星を追加

gnss.inoは，そのままの設定では，GPS（L1C/A）だけが受信対象になっています．使用する衛星システムの選択は，ライブラリv1.1.3以降，**リストA**のようにあらかじめ7通りの組み合わせが列挙型変数に割り当てられ，その中から選ぶようになりました．

```
2018/11/11 03:04:55.000577, numSat: 9, Fix, Lat=35.■9802, Lon=139.■6021
2018/11/11 03:04:56.000583, numSat: 9, Fix, Lat=35.■9811, Lon=139.■6016
2018/11/11 03:04:57.000577, numSat: 9, Fix, Lat=35.■9900, Lon=139.■5925
2018/11/11 03:04:58.000564, numSat: 9, Fix, Lat=35.■0030, Lon=139.■5778
2018/11/11 03:04:59.000593, numSat: 9, Fix, Lat=35.■0097, Lon=139.■5689
numSatellites: 9
[ 0] Type:GPS, Id: 2, Elv:76, Azm:174, CN0:30.070000
[ 1] Type:GPS, Id: 5, Elv:60, Azm: 73, CN0:16.859999
[ 2] Type:GPS, Id: 6, Elv:30, Azm:142, CN0:29.769999
[ 3] Type:GPS, Id: 7, Elv:27, Azm: 60, CN0:30.830000
[ 4] Type:GPS, Id:13, Elv:52, Azm:223, CN0:17.859999
[ 5] Type:GPS, Id:15, Elv:14, Azm:235, CN0:28.619999
[ 6] Type:QCA, Id:193, Elv:81, Azm: 61, CN0:32.529999
[ 7] Type:QCA, Id:194, Elv:16, Azm:167, CN0:28.869999
[ 8] Type:QCA, Id:195, Elv:27, Azm:198, CN0:27.369999
2018/11/11 03:05:00.000576, numSat: 9, Fix, Lat=35.■0111, Lon=139.■5653
2018/11/11 03:05:01.000574, numSat: 9, Fix, Lat=35.■0107, Lon=139.■5647
2018/11/11 03:05:02.000568, numSat: 9, Fix, Lat=35.■0109, Lon=139.■5597
2018/11/11 03:05:03.000564, numSat: 10, Fix, Lat=35.■0108, Lon=139.■5557
2018/11/11 03:05:04.000571, numSat: 10, Fix, Lat=35.■0107, Lon=139.■5524
2018/11/11 03:05:05.000588, numSat: 10, Fix, Lat=35.■0100, Lon=139.■5486
2018/11/11 03:05:06.000567, numSat: 9, Fix, Lat=35.■0105, Lon=139.■5462
2018/11/11 03:05:07.000578, numSat: 10, Fix, Lat=35.■0106, Lon=139.■5441
2018/11/11 03:05:08.000576, numSat: 9, Fix, Lat=35.■0106, Lon=139.■5429
2018/11/11 03:05:09.000579, numSat: 9, Fix, Lat=35.■0101, Lon=139.■5430
2018/11/11 03:05:10.000576, numSat: 10, Fix, Lat=35.■0102, Lon=139.■5421
2018/11/11 03:05:11.000569, numSat: 10, Fix, Lat=35.■0087, Lon=139.■5405
2018/11/11 03:05:12.000630, numSat: 10, Fix, Lat=35.■0079, Lon=139.■5402
```

受信衛星情報（毎分0秒に表示）
numSatellites：受信衛星数
Type：衛星種別
　GPS⇒米国GPS
　GLN⇒ロシアGLONASS
　QCA⇒日本QZSS L1C/A
　Q1S⇒日本QZSS L1S
Id：衛星PRNコード
Elv：衛星仰角
Azm：衛星方位角
CN0：衛星受信レベル（単位：dB）

測位状態：確定（Fix）正しい時刻（UTC）と位置（緯度，経度）が表示されている

**図C　測位確定（Fix）後のシリアル・モニタ画面**
正しい時刻と緯度（Lat）・経度（Lon）が表示される受信衛星情報も1分おきに表示される

　L1Sを利用する場合は，GPS+QZSS（L1C/A）+QZSS（L1S）を受信するeSatGpsQz1cQz1Sに変更することになります．

　ここでは例として，受信衛星数を増やすためにGPS（L1C/A）とQZSS（L1C/A）に加えてGLONASSが受信できる設定のeSatGpsGlonassQz1cに変更してみます．

**▶衛星の受信状況も1秒おきに出力させる**

　衛星の詳しい受信情報は，前述のとおり，1分周期で出力されます．刻々と変化する受信状況を常時モニタしたい場合には，1秒周期で出力させることも可能です．**リストB**のとおり，347行目と350行目の変数minuteをsecに変更します．

**▶動作確認**

　上記の変更を行った後，シリアル・モニタが閉じた状態で，スケッチのコンパイルと書き込みを実施しま

**リストB　サンプル・スケッチ（gnss.ino）の変更②**
衛星受信情報の出力周期を変更（1分→1秒）

```
    /* Print satellite information every minute. */
//    if (NavData.time.minute != LastPrintMin)
    if (NavData.time.sec != LastPrintMin)
    {
      print_condition(&NavData);

//      LastPrintMin = NavData.time.minute;
      LastPrintMin = NavData.time.sec;
    }
```

minuteをsecに変更

minuteをsecに変更

**リストA　サンプル・スケッチ（gnss.ino）の変更①**
受信衛星を選択

```
/**
 * @enum ParamSat
 * @brief Satellite system
 */
enum ParamSat {
  eSatGps,                 /**< GPS                    World wide coverage   */
  eSatGlonass,             /**< GLONASS                World wide coverage   */
  eSatGpsSbas,             /**< GPS+SBAS               North America         */
  eSatGpsGlonass,          /**< GPS+Glonass            World wide coverage   */
  eSatGpsQz1c,             /**< GPS+QZSS_L1CA          East Asia & Oceania   */
  eSatGpsGlonassQz1c,      /**< GPS+Glonass+QZSS_L1CA  East Asia & Oceania   */
  eSatGpsQz1cQz1S,         /**< GPS+QZSS_L1CA+QZSS_L1S Japan                 */
};
                    変数の候補
/* Set this parameter depending on your current region. */
static enum ParamSat satType = eSatGpsGlonassQz1c;
```

GPS（L1C/A）+ QZSS（L1C/A）+ GLONASSの場合の変数

```
[19] Type:QCA, Id:194, Elv:28, Azm:166, CN0:31.900000
[20] Type:QCA, Id:195, Elv:16, Azm:195, CN0:28.080000
[21] Type:QCA, Id:199, Elv:46, Azm:200, CN0:29.969999
2018/11/11 04:12:45.000587, numSat=22, Fix, Lat=35.■0035, Lon=139.■5366
numSatellites:22
[ 0] Type:GPS, Id: 2, Elv:42, Azm:171, CN0:29.420000
[ 1] Type:GPS, Id: 5, Elv:68, Azm: 44, CN0:0.000000
[ 2] Type:GPS, Id: 6, Elv: 2, Azm:152, CN0:0.000000
[ 3] Type:GPS, Id: 7, Elv:11, Azm: 38, CN0:10.969999
[ 4] Type:GPS, Id:13, Elv:76, Azm: 35, CN0:33.040001
[ 5] Type:GPS, Id:15, Elv:38, Azm:  2, CN0:28.240000
[ 6] Type:GPS, Id:21, Elv:10, Azm: 64, CN0:0.000000
[ 7] Type:GPS, Id:24, Elv: 7, Azm:199, CN0:0.000000
[18] Type:QCA, Id:193, Elv:82, Azm: 76, CN0:30.830000
[19] Type:QCA, Id:194, Elv:28, Azm:166, CN0:31.969999
[20] Type:QCA, Id:195, Elv:16, Azm:195, CN0:28.740000
[21] Type:QCA, Id:199, Elv:46, Azm:200, CN0:30.139999
2018/11/11 04:12:46.000579, numSat=22, Fix, Lat=35.■0035,
```

測位結果
1秒おきに表示

受信衛星情報
1秒おきに出力するよう変更したので, 常に画面に表示されている

受信衛星数：合計22機
　GPS：11機
　GLONASS：6機
　QZSS L1S：1機
　QZSS L1C/A：4機

受信レベル(CN0)は最大33dB

**図D　サンプル・スケッチ改造後のシリアル・モニタ画面**
GLONASSが加わって衛星受信数が増加衛星受信状況もリアル・タイムで表示

す. 書き込み完了後, シリアル・モニタを起動して, GNSS受信動作を開始させます.

受信画面の例を**図D**に示します. GLONASSが加わったので, 受信衛星数が大幅に増えています. また, 位置情報と衛星の受信情報が, ともに1秒おきに出力されるようになったので, 受信状況の変化がほぼリアル・タイムで把握できるようになりました.

### ■ さらに高性能な測位を行う

#### ● ボード改造で外部GNSSアンテナも使用可能

SPRESENSEは, メイン・ボード上にGNSS用チップ・アンテナを搭載していますが, より高性能の測位を行いたい場合のために, 外部アンテナを接続する同軸コネクタを実装できるようになっています. ただし, コネクタの実装と合わせて, 基板の改造も必要となります. 作業手順については, ソニーの公式サポート・サイトでも紹介されています[4].

作業には超小型部品のはんだ付けや基板の改造を伴います.

#### ● 作業の手順

▶同軸コネクタの実装

**写真D(a)**に示すように, 超小型のu.FLタイプ同軸コネクタを, メイン・ボード上のパターンCN3にはんだ付けします.

使用可能なu.FLコネクタの例としては, **写真D(b)**に示す「U.FL-R-SMT(ヒロセ電機)」があります.

▶チップ抵抗の変更

使用する外部アンテナの種類に応じて, メイン・ボード上の0Ωチップ抵抗の実装状態を変更します. ここでは, **写真E**に示す, 入手が容易なアクティブ・タイプのアンテナを使用する場合の手順を示します.

① **写真F**の0Ωチップ抵抗「$R_{32}$」を取り外す
② **写真F**のランド・パターン「$R_{30}$」に0Ωチップ抵抗を実装する

チップ抵抗のサイズは1005です. 作業時に紛失しないよう, 十分に注意してください. $R_{30}$は, チップ抵抗の代わりにワイヤなどでショートしてもかまいません.

▶コネクタ変換ケーブルの取り付け

使用する外部アンテナのコネクタの種類に合わせるために, コネクタ変換ケーブルを取り付けます. **写真**

パターンCN3

（a）メイン・ボード上の実装位置

（b）u.FLコネクタ U.FL-R-SMT(ヒロセ電機)

**写真D　u.FLコネクタの実装**
aitendoで購入可能
http://www.aitendo.com/product/7492

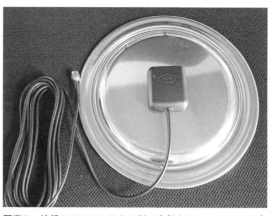

**写真E　外部GNSSアンテナの例. 安価なモールド・タイプ, SMAコネクタ付き**
100円ショップで購入したなべのフタをグラウンド・プレーンとして流用

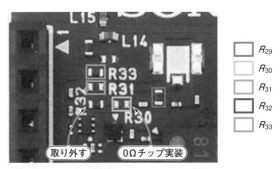

写真F　0Ωチップ抵抗の取り外し，取り付けの位置

**取り外す** ／ **0Ωチップ実装**

$R_{29}$
$R_{30}$
$R_{31}$
$R_{32}$
$R_{33}$

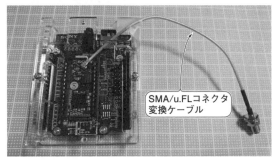

SMA/u.FLコネクタ
変換ケーブル

写真G　SMA/u.FLコネクタ変換ケーブル取り付け
拡張ボードと組み合わせて汎用ケースに入れた状態．u.FLコネクタに余計な力がかからないようにケーブルをテープなどで固定．SMA/u.FLコネクタ変換ケーブル(adafruit)．スイッチサイエンスで購入
https://www.switch-science.com/catalog/1413/

```
numSatellites:26
[ 0] Type:GPS, Id: 2, Elv: 6, Azm:169, CN0:0.000000
[ 1] Type:GPS, Id: 5, Elv:48, Azm:111, CN0:48.239998
[ 2] Type:GPS, Id:13, Elv:57, Azm: 30, CN0:41.899998
[ 3] Type:GPS, Id:15, Elv:60, Azm: 50, CN0:37.660000
[ 4] Type:GPS, Id:20, Elv: 9, Azm: 53, CN0:25.289999
[ 5] Type:GPS, Id:21, Elv:32, Azm: 44, CN0:34.989998
[ 6] Type:GPS, Id:24, Elv:42, Azm:204, CN0:43.779999
[ 7] Type:GPS, Id:28, Elv:13, Azm: 67, CN0:28.740000

[18] Type:GLN, Id:81, Elv:17, Azm: 61, CN0:21.000000
[19] Type:GLN, Id:87, Elv:12, Azm:220, CN0:39.500000
[20] Type:GLN, Id:88, Elv:27, Azm: 10, CN0:36.660000
[21] Type:Q1S, Id:183, Elv:87, Azm: 67, CN0:44.910000
[22] Type:QCA, Id:193, Elv:87, Azm: 67, CN0:44.180000
[23] Type:QCA, Id:194, Elv:44, Azm:168, CN0:44.079998
[24] Type:QCA, Id:195, Elv: 7, Azm:189, CN0:33.110001
[25] Type:QCA, Id:199, Elv:46, Azm:200, CN0:36.660000
```

図E　メイン・ボード改造後のシリアル・モニタ画面
受信衛星数がさらに増え，受信レベル(CN0)も向上．受信衛星数：合計26機(GPS：10機，GLONASS：11機，QZSS L1S：1機，QZSS L1C/A：4機．受信レベル(CN0)は最大48 dB)

● より安定した受信が可能に

　外部アンテナを接続し，アンテナを屋外に置いた場合の受信画面を**図E**に示します．内蔵アンテナ使用時と比べて，受信している衛星の数が増え，受信レベル(CN0)も向上しているのがわかります．測位結果(Lat/Lon)の精度も若干向上しているものと思われます．

　なお，現在のSpresense Arduino Libraryでは，受信可能な衛星数の上限値が「24」に設定されています．外部アンテナを使用し，かつGLONASSも受信対象にした場合には，上限値に届くような受信衛星数になってしまうことも想定されます．

　試しにLibraryを修正して上限値を「32」にしてみたところ，24機を超えて26機前後まで受信できることを確認しました．みちびき(QZSS)も，4機すべてを同時に受信できています．　　　　　　〈堂込 健一〉

---

**E**のアンテナの場合はSMAタイプなので，u.FLコネクタからSMAコネクタへの変換となります．

　SMA/u.FLコネクタ変換ケーブル(adafruit製)を取り付けたようすを**写真G**に示します．u.FLコネクタの接続部分は強度的に弱いので，余計な力がかからないように，同軸ケーブル部分をテープなどで固定すると良いでしょう．

---

## SPRESENSEはみちびき4機すべてを受信できる

● 受信機の多くはみちびき3号機を受信できない

　あまり知られていないことですが，市販されているみちびき対応製品のうち，最近発売されたものを除く大部分の製品は，静止衛星みちびき3号機(PRNコード：199)の信号を受信することができません．これは，QZSSの仕様変更によるものです．

　移管前の旧仕様(IS-QZSS JAXA版)では，L1C/A信号のPRNコード番号として，193-197の範囲しか定義されていませんでした．その後，2017年3月に発行された新仕様初版(IS-QZSS-PNT-001)

で，新たに198-202の範囲の定義(主に静止衛星用)が追加されました．

　3号機のPRNコード：199は，旧仕様では定義外となるので，受信動作を行おうとしません．ハイ・エンド機では，ファームウェアの更新で対応している製品もあるようですが，安価な市販の製品では，ほとんど聞いたことがありません．

　発売間もないSPRESENSEは，みちびき3号機の信号を問題なく受信できていることから，新仕様で設計されているのでしょう．　　　　　〈堂込 健一〉

# 第6章

地上基準点1300個の受信データを元に作った
誤差修正情報をアップリンク＆全国放送

# みちびきのセンチメータ測位補強信号CLAS

GPSでcm精度の測位を実現する方法はいくつかありますが，どれも一長一短です．特に高い精度が出せるRTK測位は，自分で基準局を設置するか基準局サービスと契約した上に，基準局での受信情報をインターネット接続などで取得する必要がありました．

2018年11月から正式に始まったみちびきの測位補強サービスCLAS（Centimeter Level Augmentation Service；シーラス）を利用すると，基準局がなくても移動局単独で，数cmの精度が得られます．

2019年時点では数万円で購入できるCLAS対応受信機はまだありませんが，将来的には普及が期待されています．このCLASのしくみについて解説します．　　　　　　　　　　　　　　〈編集部〉

## 2台使いの時代は終わる？ レシーバ1台でcm測位が可能に！

みちびきのL6Dチャネルで配信されているCLAS（Centi‐meter Level Augmentation Service，センチメータ級測位補強サービス）の情報を利用すると，PPP‐RTK（Precise Point Positioning‐Real Time Kinematic）という測位が可能で，測位開始から約1分で自分の位置を誤差10 cm以下で求められます．

仕様では移動体の水平誤差が$6.94$ cm$_{RMS}$となっていて，これはRTK測位で基線長（主点間の地表上での距離）20～30 kmだったときの結果に準じる性能です．

国が主導して日本国内限定で運用しています．受信機側ではCLASに対応する処理が必要だったり，その受信機やアンテナに求められる性能が高いこともあり，現状では個人が気軽に利用できるものではありません．しかし，その性能と利便性から，今後，広く社会利用が想定されるサービスです．

本稿では，CLASによる測位補強がどのような仕組みなのかを解説します．CLASを支える地上システムの紹介，配信される補正情報の中味，補正情報を利用して高精度な測位をする方法について説明します．

## そもそも測位誤差の要因は何？

### ● 高精度測位とは衛星との距離を正確に求めること

衛星から受信機までの距離が正確にわかっていれば高精度な測位ができます．衛星の位置によってその距離は異なりますが，天頂付近にあるGPS衛星と地上の距離は約20000 kmで，送信信号が地上に到達する時間は100 ms以内です．

元々のGPS測位方法は，決められた符号（コード）を搬送波に乗せて配信し，それを読み解くことで距離を測定するコード測位でした．この方法ではコードで測位精度の限界が決まり，精度は数mです．

信号強度などの条件は無視するとして，衛星と受信機（正確にはアンテナ）の間の距離を誤差数cmで決定する高精度測位は，すべて搬送波を使っています．搬送波測位では，搬送波も観測して距離を測るのに使うことで，cm精度を実現します．

### ● 搬送波も使って精度UP

受信した搬送波位相の測定では，受信機内で搬送波のレプリカを生成し，受信した搬送波と揃うように常時調整しています．

よく利用されるL1帯の搬送波の波長は，およそ

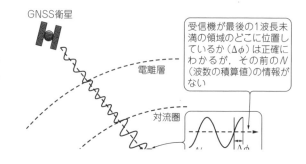

図1　衛星から受信機に到達するまでの間の信号の変化
電波は異なる媒質を通るときに屈折し，伝搬速度が変わる．いつも一定なら良いのだが，電離層の影響は太陽の影響で変動し，対流圏の影響は気候により変動する

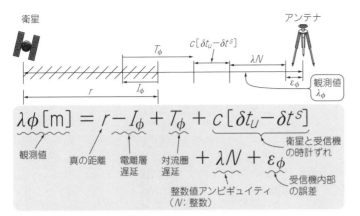

衛星　アンテナ

$$\lambda\phi\,[\mathrm{m}] = r - I_\phi + T_\phi + c\,[\delta t_U - \delta t^S]$$
$$+ \lambda N + \varepsilon_\phi$$

観測値　真の距離　電離層遅延　対流圏遅延　衛星と受信機の時計ずれ　整数値アンビギュイティ（$N$：整数）　受信機内部の誤差

**図2　誤差と位相測定による擬似距離の関係**
搬送波位相の観測誤差モデルに基づく．真の距離を測りたいが，電離層・対流圏を伝搬した影響，衛星と受信機で時刻が同期していない影響，そして整数値アンビギュイティによって，正確な長さとは異なる距離が測定される．他の誤差と比べると大きさは小さいが，受信機内部の誤差も無視できない

**表1　主な測位誤差要因**
搬送波位相を観測すると③，④は大幅に小さくできる．①と②をどう減らすかが鍵になる

| 番号 | 誤差要因 |
|---|---|
| ① | 衛星情報の推定誤差 |
| ② | 地球の大気を伝搬する際に生じる誤差 |
| ③ | 干渉による誤差 |
| ④ | 受信機内誤差 |

19 cmです．1波長約19 cmの間のどこに受信機（厳密にはアンテナ）が位置するのかを精密に知ることができます．ただし，搬送波が何個分伝搬して受信機に届いたのかはわかりません．この曖昧さを整数値アンビギュイティ（integer ambiguity）と呼び，これを解決しない限り，正確な測位は達成されません．

整数値アンビギュイティを決めるには，衛星から送信された信号が地上に到達し，受信機で処理される間に生じる，ほぼすべての誤差情報が必要になります．

図1に搬送波が受信機に到達するまでのようすを示します．衛星と受信機間の距離を搬送波の波長を用いて測定することは，いわば顕微鏡を使ってキリンの身長を正確に測るようなものです．

### ● 衛星測位の誤差要因は大きく分けて4種類

キリンと顕微鏡の例は，実はあまり的確な例ではありません．なぜなら，キリンの身長を測る場合とは異なり，衛星から受信機までの間の距離を正確に測るには，信号が伝搬する間に発生するさまざまな誤差を考慮しなければならないからです．

衛星測位はモデルで表現でき，測位で生じるそれぞれの誤差項目が典型的にはどのぐらいの誤差を生じさせるのかもわかっています．

図2に，衛星から受信機までの距離と各誤差とを示します．これらの誤差要因の存在を理解し，その誤差の大きさを何らかの形で具体的な値として把握することが重要です．補正を適用して測位精度を向上することにつながります．

誤差要因は**表1**のように大きく4つに分けられます．

### ① 衛星情報の推定誤差

衛星の時刻と軌道に関する誤差です．衛星の時刻と軌道は，世界中にあるGNSS監視局の観測データに基づいて管制局で計算され，管制局からGNSS衛星にアップリンクされた情報を受信できます．これらの軌道情報と時刻情報は，ある程度先までの予報を含んだ形で生成されて放送されています．

例えばGPS衛星の場合，個別の軌道情報（エフェメリスという）は2時間ごとに更新され，有効時間は4時間です．誤差は衛星のブロック（バージョンのようなもの）ごとに仕様が定められており，GPS Block Ⅲ Fの仕様では誤差3 mです．

### ② 地球の大気を伝搬する際に生じる誤差

電波が電離層や対流圏を伝搬する際の遅延を指します．電離層とは，地表から50 km以上離れた上空にある，太陽放射の影響によって大気が電離されている層のことです．対流圏とは，ここでは電離層よりも地表に近い部分に存在する中性大気の層のことを指します．

それぞれの層の屈折率が異なるため，衛星からの電波は境界で屈折現象を起こし伝搬速度が変化します．その特性や大きさは受信機内処理の項で後述しますが，どちらも誤差量が大きく，典型的には数m〜数十mになります．

### ③ 干渉による誤差

受信機へ到達した信号が複数経路で回折・反射し，自分自身と干渉を起こした場合に発生する誤差です．搬送波の観測値誤差は，コード観測と比べて2桁小さい値になります．

### ④ 受信機内誤差

信号がアンテナに到達した後に発生する，受信機内の動作過程などで生じる誤差です．基本的には受信機内で処理するしかありません．本来，単独で高精度測位を達成するためには，この受信機内誤差や，地上の潮汐（月や太陽の引力による地面の微動）効果など，考慮すべき点がたくさんあります．

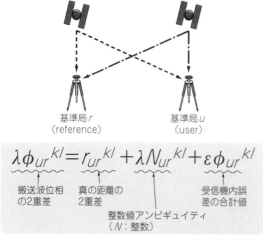

$$\lambda\phi_{ur}{}^{kl} = r_{ur}{}^{kl} + \lambda N_{ur}{}^{kl} + \varepsilon\phi_{ur}{}^{kl}$$

搬送波位相　　真の距離の　　　　　　　受信機内誤
の2重差　　　　2重差　　　　　　　　　差の合計値

整数値アンビギュイティ
（$N$：整数）

**図3　2重差によって誤差要因を相殺した後の搬送波位相**
衛星と受信機それぞれを入れ替えた観測データの差分を取ると，受信機内誤差の合計は増えるものの，それ以外の大部分の誤差が相殺され，真の距離と整数値アンビギュイティのみが未知数の位相測定値になる

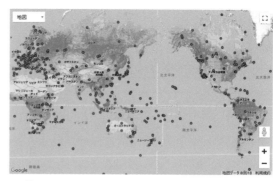

**図4(5)　IGS**（International GNSS Service，国際的な GNSS 衛星の観測網）**の監視局分布**
衛星情報を精度よく推定するためには，偏りなく分布する世界的な観測網が必要．これらの監視局の受信機は，原子時計を搭載して相互に監視し合い正確な時刻を持つ．それをもとに衛星の時刻や軌道の補正情報を作る

搬送波測位の場合，コード測位に比べて受信機内誤差の影響が小さくなります．典型例では，搬送波測位では1cm，コード測位の場合は1mの誤差があります．この誤差は補正することが難しく，これらの誤差の値は，実はそれぞれの測位方式における精度の限界になります．コード測位の誤差に比べて，搬送波測位の誤差が2桁小さい値であることから，cm級の測位を実現するには搬送波測位を行う必要があるのです．

● **近くに基準局があれば大きな誤差はほぼ消せる**

誤差を克服して，高精度測位を達成する工夫の1つがRTKです．

2つの受信機間の距離（基線長）が短く，実際に測定した時刻も近い（遅延時間の差が少ない）ほど，両者は同じ誤差要因の影響を受けていると考えられます．

そのことから，前述の①，②の誤差は，衛星間の差を求め，さらに受信機間での差をとる2重差を使うことで相殺できます．L1帯の1周波を使用する場合，基線長10 km，遅延は10秒までの環境で大きな誤差はほぼ相殺され，同じような測定値に収まります．

**図3**は，そのような条件で2重差をとって整数値アンビギュイティを決定する際の位相観測方程式を表しています．搬送波測位による位相測定と，2点以上の測定情報で2重差をとり誤差を排除することが，素早く高精度測位を達成するための要件です．

CLASは，RTKとはまた違う仕組みです．基本的には，**表1**の誤差要因①と②を多点観測データから把握して取り除く，という考え方です．

## 地上の大規模観測ネットワークで 誤差補正用のデータを作る

● **多くの基準局で観測して補正データを作る**

RTKなどの相対測位法は，近隣の受信機での観測データを利用して誤差を排除し，精度を向上します．さらに多くの受信機を広い地域に設置することで，さまざまなメリットが生まれます．世界各地に多数存在している監視局や基準局がそれで，CLASが成立するには，これら基準局の存在が欠かせません．

● **世界規模観測網から衛星の位置や時刻の補正情報を生成するシステムがある**

GPSのエフェメリスは2時間ごとに更新，4時間有効だと紹介しました．このエフェメリスは**表1**の誤差要因①の衛星情報の推定誤差が数mも含まれます．

管制局では，エフェメリスの予報を含む放送情報の生成とは別に，後処理によって過去の衛星時刻および軌道を高精度で算出しています．

管制局で算出する高精度な時刻／軌道の代表的な例は，世界的な観測網（**図4**）を持つIGS（Internationl GNSS Service）が公表している最終解で，精度は3 cm以下と非常に精密です．ただし最終決定までに1週間を要します．

リアルタイム性を損なわない程度に精度よく推定し，その値を高頻度で配信することで，衛星の時刻や軌道誤差を軽減しようという試みがPPP（Precise Point Positioning）と呼ばれるサービスです．そのサービスを使った測位方法もPPPと呼ばれます．補正情報の質は，管制局での推定精度と更新頻度に依存します．

一部の受信機メーカが独自にサービス化しているほか，最近ではGNSS所持国もサービス展開を検討しています．みちびき（QZSS）からは，無料試験サービス

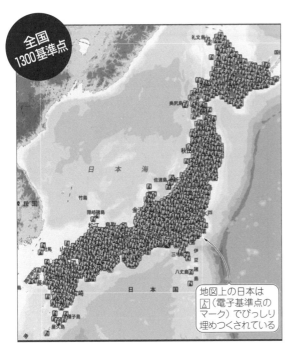

全国
1300基準点

図5<sup>(6)</sup>　測位の国！日本の電子基準点網
日本のように基準局が密にある国は珍しい．基準局の密度にはかなり地域差があり，それがGNSSによる高精度測位の実現性や利便性に影響する

地図上の日本は
△（電子基準点のマーク）でびっしり埋めつくされている

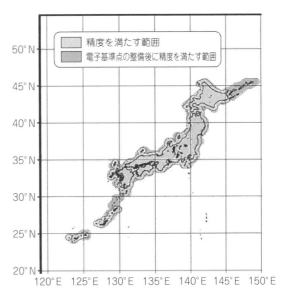

精度を満たす範囲
電子基準点の整備後に精度を満たす範囲

図6<sup>(7)</sup>　CLASのサービス範囲
離島や標高2000m以上はサービス範囲外

として，PPPサービスの一種としてMADOCAプロダクトという補正情報がL6E信号で配信されています（次章参照）．

CLASも衛星時刻と軌道の補正情報を配信していますが，日本国内の観測に基づくローカルな補正情報（大気による誤差など）も配信します．CLASを使った測位はPPP-RTKとも呼ばれますが，その意味で純粋なPPPサービスとは異なります．

● **CLASでは日本独自の電子基準点網GEONETを利用して衛星情報の補正データだけでなく大気の影響の補正データも作る**

PPPサービスは世界中に設置した監視局を利用しますが，よりローカルかつ密に，たくさんのGNSS受信機を設置することで，地殻変動などを含めた情報を詳細に得ることができます．日本では国土地理院が全国約1300点ある電子基準点を管理していて，この観測データを元に地殻変動や電離層状態の監視などを行っています．電子基準点のデータ利用が2002年に民間開放されたこともあり，電子基準点を使ったRTKおよび仮想電子基準点を使ったRTK用補正情報配信サービスが展開されています．これらの活用は，電子基準点網（GEONET）があってこそ成立しています．

CLASの補正情報の源も，この国土地理院による電子基準点網の観測データです．**表1**の誤差要因①と②，

すなわち衛星と大気による誤差を管制局で推定して，L6D信号に載せて配信しています（**図5**）．

## みちびきが配信する補正データの中味

● **国内限定の代わりに大気による誤差を補正できる情報を配信する**

CLASの利用可能範囲は**図6**に示すように限定されています．高精度な測位を短時間で実現するには，**表1**の誤差要因②，大気による誤差を推定し補正する必要があるからです．大気の状態による遅延量は，受信機（アンテナ）と衛星間の位置関係によって変わります．これら局所的な誤差要因に対応しつつ，利用範囲を広げようとした試みがCLASです．

補正情報の大元は，日本各地の電子基準点の観測データです．電子基準点のない地域では適用できないので，サービス・エリアが限定されます．CLASの仕組みはネットワーク型RTKに似ていますが，みちびきからの補強信号によって単独測位を実現するという点ではPPPなので，PPP-RTKに分類されています．

● **各地の電子基準点で受信したデータから大気の影響を補正するパラメータを算出，検算もしておく**

QZSSの管制局では，電子基準点網から収集した観測データを集めて解析し，リアルタイムで各補正量を推定します．CLASのシステムは4基の管制局で冗長性を担保しています．衛星の運用状況，衛星へデータを送信（アップリンク）するための地上システムの運用状況，測位精度低下などを理由に，みちびきから配信

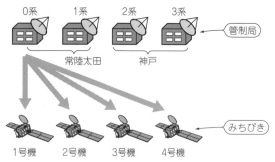

**図7 管制局(facility)と信号配信先のみちびきの関係**
通常は0系のみから配信される. 異常が発生したとき配信元は自動で0系から1系へ, 1系にも問題があった場合は2系へと切り替わる. どの系で推定された補正量なのかはfacilityというパラメータとしてL6の補正情報に含まれる. 衛星に異常があった場合やメンテナンス時などは配信を停止し, NAQU(NOTICE ADVISORY TO QZSS USERS:みちびきの運用情報)で通知される

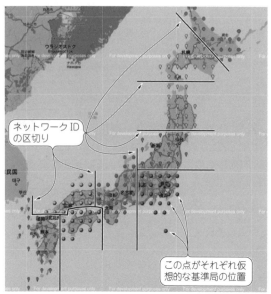

**図8 CLASが配信する地域別補正情報の仮想的な基準局の位置**
正方形を基本形とする格子(グリッド)で配置されている. 地域ごとにネットワークIDで区切られており, 基本的に4つないし3つのグリッドを選択して利用する. 別のネットワークIDの情報をまたいで使用することはできない

される補正情報は, 自動で配信元の管制局が切り替わるようになっています(図7).

補正量の推定は, 電子基準点間で2重差を取って整数値アンビギュイティを決定した観測データを図8に示すネットワークIDで区切られた地域ごとに収集し, それぞれ周波数依存項と非依存項とに分けて行います.

RTKでは基準点の観測データを使って誤差の相殺を行いますが, CLASでは観測量を直接, 補正量として提供するのではなく, GEONETを利用して代表値を推定して提供します.

決定した補正値は, 同じネットワークID内の別の

**表2 CLASの補正情報で配信されるサブタイプ・メッセージ一覧**
30秒1フレームの補正情報は, サブタイプIDごとに分割されて配信されている. ただし, 仕様は決まっていても現状サブタイプID5は空だったりと, 信号の中身を見てみないとわからないこともある

| サブタイプID | 内容 |
|---|---|
| 1 | 衛星マスク |
| 2 | 軌道補正 |
| 3 | 時刻補正 |
| 4 | コード・バイアス |
| 5 | 位相バイアス |
| 6 | ネットワーク・コード&位相バイアス |
| 7 | URA |
| 8 | 電離層補正 |
| 9 | 対流圏補正(グリッド毎) |
| 10 | サービス情報(現在運用なし) |
| 11 | ネットワークID1向けの情報 |

電子基準点に対して適用し, その測距精度を確認しています. このときの測距精度は水平6 cm以下とのことです.

● **CLASに割り当てられた2000 bpsの低レート帯域を有効利用! 補正ターゲットの衛星は自動的に選ばれる**

管制局によって推定された補正情報は, その品質について検査された後, 地上からみちびきに向けて送信されます.

みちびきは限られた通信帯域で補正情報を配信します. L6信号の送信はデータ・レートは2000 bpsと決まっています.

補正情報は, RTCM 4073のcompact SSRで規格化された圧縮形式で配信されます. 補正情報のメッセージはフレームという単位で区切られており, 1フレーム(30秒)で衛星軌道, 時刻, コード・バイアス, 搬送波位相バイアス, 電離層遅延, 対流圏遅延それぞれの補正情報を一通り送信します.

衛星時刻補正のみ5秒ごとに更新されます. その他の補正情報の更新周期は30秒です. 分割され配信される補正量の一覧を表2に示します. 補正情報の内容ごとに, サブタイプIDが割り当てられています. 補正対象となる衛星と測位信号は, サブタイプID1に記述されており, 通常ならGPS L1C/A, L2P, L2C, QZSS L1C/A, L2C, そしてGalileo E1b, E5aが該当します.

現在の補正対象衛星の数は, 誤差要因①の衛星情報の推定誤差については14機, 誤差要因②の地球の大気を伝搬する際に生じる誤差についてはネットワークIDごとに11機となっています. 管制局でこれらの機数を上限として取捨選択されるため, 可視衛星のすべてが補正対象となるわけではありません.

補正対象衛星が管制局において選択されるのも,

CLASの大きな特徴です。測位精度には、それぞれの衛星からの信号が受信機に届くまでに発生する誤差だけでなく、上空の衛星配置も大きく関わります。後述しますが、測位が成立するには最低でも未知数分の観測方程式を立てる必要があり、そのためには複数の衛星からの信号受信が必要です。衛星配置に基づく位置精度の指標にDOPがあり、このDOPも考慮して管制局では補正対象衛星を選択しています。

衛星へのアップリンクによる補正信号の遅延はおよそ8秒程度です。この遅延時間は管制局でアップリンク時に外挿されて配信されるため、見かけ上、受信機で受信した際に時刻が大きくずれているようには見えないのですが、測位には受信機側での正確な時刻合わせが必要になります。

## 受信機はみちびきから受け取った補正値で誤差をキャンセルする

### ■ 全国共通の補正量と地域別の補正量がある

CLASによる補正量には、場所によって異なる電離層や対流圏の状態に対応するため地域ごとに異なる補正情報と、サービス範囲全体で共通に利用できる補正情報の2種類が存在します。

配信される補正情報は、受信機内で観測方程式の位相に適用できる形へ変換する必要があります。

#### ● 衛星情報推定誤差は全域共通

衛星情報推定誤差に対する補正情報は、全域に統合して送信されています。補正情報は直接適用できる形で送信されているので、**図9**に示すように、衛星軌道と時刻の補正量はエフェメリスに対して適用し、コード・バイアスと搬送波位相バイアスは、観測方程式に直接代入します。

搬送波位相バイアスは周波数依存項でもあるため、ネットワークIDごとの配信となっています。日本の南方域にある石垣島周辺を覆うネットワークID1の石垣網に関しては、このネットワークIDだけ別に推定した値を配信しており、それを利用するようになっています。南方域のみこのような処置が取られているのは、一般に赤道付近の南緯20°〜北緯20°までは大気の活動が活発なため、その影響を含んだ全域での推定がうまく機能しなかったからだと思われます。

#### ● みちびきから受け取った全国の補正情報から自分の地域の誤差情報を抽出

大気の影響による局所的な誤差に対する補正について説明します。

受信機の位置における補正量は、受信機から衛星と

$$t_{sat} = t_{broadcast} + \frac{\delta C}{C}$$

$$\boldsymbol{x}_{orbit} = \boldsymbol{r} - \delta \boldsymbol{x}$$

**図9 衛星補正量の適用**
衛星時刻は配信されてくる時刻に補正量を光速で割った量を加えることで得られる。軌道情報は軌道の3次元ベクトル（エフェメリス）に対して各成分の補正値が送られてくるので、同じ成分同士を引く

$$I_\phi = + \frac{40.31 \times 10^{16}}{f^2} \times STEC$$

**図10 電離層遅延量への変換式**
電離層遅延量は衛星ごとに配信されてくる傾斜方向の電子密度を遅延量に変換して利用する。実際の遅延量はマイナス方向だが、図2でマイナス方向に定義したため、ここでは正の値としてある

の視線方向の大気が要因となる誤差に対して適用されなければなりません。そこでCLASでは、サービス範囲内にローカル補正情報を生成するための仮想的な基準局をグリッド状に多数整列させ、このグリッド位置における電離層、対流圏遅延量を配信しています。

受信機では全てのグリッド位置の補正量を取得できるので、コード測位で求めた自己の概略位置から、どのグリッドの情報を使うべきかを判断します。概略位置の近傍4点（場所によっては3点）のグリッドの補正情報を使って、概略位置での補正量を補間します。

### ■ 地域別情報の利用方法

#### ● 電離層遅延と対流圏遅延の補正

電離層遅延と対流圏遅延では特性が異なるので、配信される補正情報も異なります。これらに起因する誤差は、局所的に異なるため、ネットワークIDごとに異なる情報が配信されています。

電離層と対流圏の状況は、分単位で比較的ゆっくりと変化する一方で、稀に突発的な変動をすることもあります。両者ともにモデルが存在しますが、電離層に関しては良いモデルが存在せず、観測値がその瞬間の事象をよく表します。

対流圏の湿潤（wet）成分もモデル化が難しく、予想が難しい量になります。対流圏遅延に関しては完全に実測するのは難しいため、モデルに頼る運用が行われます。

CLASの局所的な補正量は、電離層遅延に関しては、傾斜方向の電子密度（STEC）が配信されます。TECは1 m²あたり $10^{16}$ 個の電子数として定義されるTECUを単位とした量で、STECはその傾斜方向を示します。**図10**に、配信されるSTECから周波数ごとに距離に換算する式を示します。決められた係数を掛けるだけなので、複雑な操作ではありません。

対流圏遅延の補正量については、垂直方向の遅延量として送られてきます。ここで注意すべきは、グリッ

ドは楕円体高0mに定義されており，配信されるのも楕円体高0mでの値であるということです．これを自身の概略位置の高さに変換します．最後に傾斜方向の遅延量に変換します．

## ■ 潮汐効果，アンテナ，受信機の誤差

誤差量は小さいですが，受信機内誤差や地上での測位に伴う数cm～数十cmの誤差は解消しておいた方が望ましいです．

PPPを行うときにもこれらの誤差は考慮されることが多いです．CLAS特有ではないので，ここでは列挙するだけに留めます．相対論補正，地球潮汐効果，位相ワインドアップ効果，アンテナ位相中心，アンテナ中心偏りなどです．それぞれ，現象のモデルや定数を用いて補正します．

## ■ 測位計算のプロセス

### ● すべての誤差要因を残らず適用すべし

前述のとおり，CLASから配信される補正情報について適切な処置を行った後，観測方程式に適用します．このGNSS観測モデルにおいて考えられる主要な誤差要因のすべての値を把握し，補正量として適用することが，CLASで高精度測位を行う上で重要です．

最後にはRTKと同じように，決定したい3次元位置と時刻と整数値アンビギュイティとを未知数とする形にして，整数値アンビギュイティを解決します．

### ● STEP1…誤差補正された観測方程式を作る

まず，コード単独測位によって得た自己の概略位置を用いて，その地点の補正値を上記の補正情報から作成します．この補正値は，理論上はRTKで使用されるものと同等です．よって，補正値を適用するRTKと同じ処理をすることで高精度測位を行えます．必要な衛星数もRTKと同じく5機以上です．

### ● STEP2…整数値アンビギュイティを決定する

補正された観測値から，2重差を用いた測位方程式を立てます．その方程式から位置を変数として持たない，整数値アンビギュイティのみの方程式を導出します．方程式はノイズ項を含むので，最尤推定によって整数値アンビギュイティを求めます．ノイズがガウス分布に従うと仮定すれば，整数最小自乗の問題に帰着されます．整数解の探索によって整数値アンビギュイティは解消され，PPP-RTKが実現されます．

主要な遅延量が補正情報として配信されるため，1フレーム(30秒)の復号が終了次第，補正情報の質に問題がなければ直ちに高精度の位置が得られます．

測位誤差は，理想的には受信機誤差とマルチパスのみになるはずです．しかしRTKと違って誤差要因を相殺しているわけではなく，推定値による補正なので，測位アルゴリズムで得た測位解の検証を強化しないとRTKに比べて測位解が安定しない，という特性もあります．　　　　　　　　　　　　　　　　〈岸本 信弘〉

## アインシュタインの言うとおり！ 衛星の1秒は地上の1秒より−5.45×10⁻¹⁰秒短い

準天頂軌道を飛ぶ衛星は，地表から高度約36000kmの地点を飛んでいます．地表と比べて重力の影響が小さいため，一般相対性理論によると時間の進み方が早くなります．一方で，秒速約3kmで飛んでいるため，特殊相対性理論によると地上に比べて遅くなります．具体的にどの程度時間がずれるのかを見積もってみましょう．

衛星の速さが一定であること，円軌道を周回していること(中心は地球の中心)と仮定して，衛星が赤道を通過するときを考えます．また，地表上の点は，赤道上の点を考えます．この地点での時間経過$d\tau$と，無限に遠い場所での時間経過$dt$の比は，以下の式で表すことができます．

$$\frac{d\tau}{dt} = \sqrt{1 - \frac{r_g}{r} - \left(\frac{v}{c}\right)^2}$$

$$r_g = \frac{2GM}{c^2}$$

ただし，$r$：地球の中心からの距離，

$v$：速さ，

$c$：光速，

$r_g$：シュワルツシルト半径

$G$：万有引力定数，

$M$：質量(地球の質量)，

$r_g$：地球の場合は，おおよそ8.87 mm

この式を用いて，衛星での時間経過$d\tau_s$と地表上での時間経過$d\tau_e$の比を計算すると，地表上で1秒経ったとき，衛星では1秒よりも5.45×10⁻¹⁰秒ほど短い時間が経過することがわかります．実際にはより精密な計算結果に基づいて，衛星内の時計の進み方が調整されています．　　　　〈岸本 信弘〉

実効精度25cm！進化する街中自動運転ロボット・コンテスト

# 自律移動ロボットへのCLAS導入事例

2018年11月1日から準天頂衛星「みちびき」の正式運用が開始されました．GNSSと組み合わせることでセンチメートル級の測位が可能です．

2007年から茨城県つくば市内で行われている移動ロボットに自律走行させる「つくばチャレンジ2018」の舞台で，みちびきCLASを利用した走行が行われました．

## ● 大学を中心に研究が進む自動走行チャレンジ

つくばチャレンジとは，1km＋α先にある目的地まで，ロボットが人の手を借りることなく走行することを課題にした技術チャレンジです．

目的地にたどり着くためには，現在自分がどこにいて，どこに進めば良いかを判断しなければなりません．人間とちがって，ロボットの認識能力ははるかに劣るため，自己位置推定の精度を高め，あらかじめ定めたとおりの経路を走らせるのが現実的な戦略です．

コースである遊歩道の狭いところでは，1m程度の幅しかない箇所もあります．自己位置精度としては1m以内が求められます．

## ● LiDAR中心からRTK-GNSSとの複合化へ

LiDAR（Light Detection and Ranging）であれば，20cm程度の精度が比較的安定して得られることから，2009年以降，課題達成したチームはLiDARをメインに使用していました．

つくばチャレンジ2018から課題コースが隣駅に移り，状況が変わりました．つくば市役所敷地内の歩道を200mほど走行した後に，一般道の歩道を走行し，鉄道の高架橋をくぐり抜けた後に交差点の横断歩道を横断し，公園内を走行するものです．

LiDARは，レーザの射程圏に樹木，建造物の壁面，街路灯などの構造物が常にある必要があります．公園では，そのような目印が無いためLiDARは使えず，多数のチームがGNSSの活用を試みました．

## ● みちびきのCLAS方式で挑む

QZSS対応GNSS受信機「MJ-3008-GM4-QZS」（マゼランシステムズジャパン）を搭載した筑波大学知能ロボット研究室「Team Kerberos」の走行のようすを写真Aに示します．

みちびき（QZSS）からL6信号を受信することで，PPP-RTK（CLAS）測位法では理論上，水平測位が7cm程度の2乗平均誤差で得られます．受信機からのメッセージでは緯度，経度の他にFix状態と実効値誤差が得られます．

▶Float解またはFix解が得られたときの実効値誤差25cm

図Aに，測位のプロット，Fix状態（Fix/Float/単独状態）と単独コード測位となった場所を示します．建造物に近づいた場合や，高架橋下，高木付近において単独コード測位になっていますが，そのほかの全コース中86％程度はFloat解かFix解が得られました．

Float解またはFix解が得られたときの平均的な実効値誤差は25cmです．Fix解でなくても，つくばチャレンジにおける走行制御では十分な精度です．

▶自動運転に向けた複号技術の研究は進む

みちびきの測位補強システムはなかなかの実力を示してくれました．自動運転においても活用の場が広がるものと考えられます．

一方で，建造物や樹木に接近すると精度が低下します．衛星測位と，LiDARベースの自己位置推定は相補的であり，適材適所で活用する戦略が有効です．

〈伊達 央〉

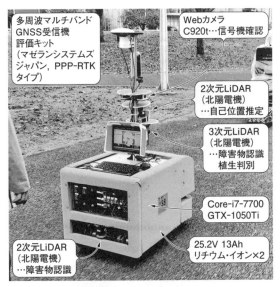

多周波マルチバンド
GNSS受信機
評価キット
（マゼランシステムズ
ジャパン，PPP-RTK
タイプ）

Webカメラ
C920t…信号機確認

2次元LiDAR
（北陽電機）
…自己位置推定

3次元LiDAR
（北陽電機）
…障害物認識
植生判別

Core-i7-7700
GTX-1050Ti

2次元LiDAR
（北陽電機）
…障害物認識

25.2V 13Ah
リチウム・イオン×2

**写真A 筑波大学知能ロボット研究室の「Kerberos」**
アンテナは中央上部に設置し，感度を良くするために，車体のレギュレーション（1.5m）に近い1.4mの位置に設置．システムは，ロボット用ミドルウェアROS（Robot Operating System）のKineticバージョンで構成，モニタにはROSの可視化ソフト「rviz」で内部状態を表示している

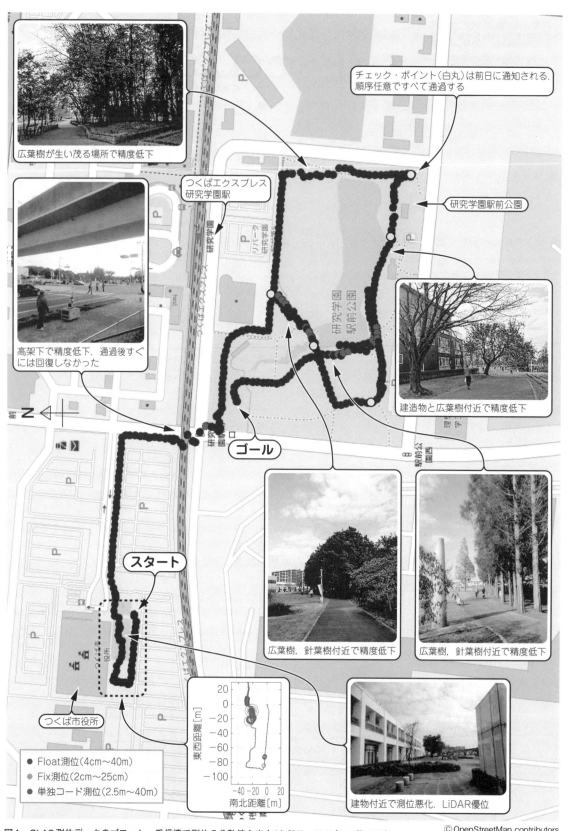

広葉樹が生い茂る場所で精度低下

チェック・ポイント（白丸）は前日に通知される．
順序任意ですべて通過する

つくばエクスプレス
研究学園駅

研究学園駅前公園

高架下で精度低下．通過後すぐ
には回復しなかった

建造物と広葉樹付近で精度低下

ゴール

スタート

つくば市役所

広葉樹，針葉樹付近で精度低下

広葉樹，針葉樹付近で精度低下

建物付近で測位悪化．LiDAR優位

- Float測位（4cm～40m）
- Fix測位（2cm～25cm）
- 単独コード測位（2.5m～40m）

東西距離 [m]
20
0
-20
-40
-60
-80
-100
-40 -20 0 20
南北距離 [m]

ⒸOpenStreetMap contributors

**図A　CLAS測位データのプロット．受信機で測位の分散値を出力**（走行日：2018年11月11日）

# 第7章

# 離島/洋上ブイ/船舶に！世界98局の受信データを解析して補正情報を無料配信
# 地球全域で10cm以下！測位補強サービスMADOCA

前章で説明したCLASは，内閣府下の国土地理院が設置する全国1300箇所の電子基準点による観測で求めた補正データをみちびきにアップリンクして，全土に配信するサービスです．高精度ですが，このサービスは国内の，国土地理院の電子基準点が配置されている地域でしか利用できません．

それに対してMADOCA（まどか）による精密単独測位（PPP：Precise Point Positioning）は，精度が得られるまで時間がかかりますが，利用地域の制限がありません．つまり，地球全域で使えます．測位に使える衛星数でもCLASより有利です．

MADOCA-PPPは，衛星の正確な位置や時刻の補正データを受け取るとともに，2周波受信によって電離層の影響を推定し，測位を高精度化します．世界中の基準局で受信したデータから各衛星の正確な位置や時刻を推定し，補正データを提供するシステムの力を借ります．このシステムはJAXA（Japan Aerospace Exploration Agency）が提供しています．

〈編集部〉

## 全世界98基準局で GNSSをリアルタイム解析

### ● みちびきのL6E信号で配信

みちびきから配信されるセンチメータ級測位補強信号には，前章で解説したCLASのほかにMADOCAがあります．

MADOCAはL6E信号で配信され，L6の送信チャネルが1系統しかない1号機を除いた，みちびき2，3，4号機から送信されます．

CLASとは補正情報の中身と測位方法に違いがあり，得意不得意があります（表1）．精度と収束時間についてはCLASが有利ですが，日本国内でしか利用できません．対してMADOCAは，みちびきからの信号を受け取ることができれば，国外でも利用できます．

### ● 全世界で受信したGNSS観測情報から衛星軌道や各衛星の時刻をリアルタイムで補正

「MADOCA」（後述するソフトウェア）は全世界で98局（2016年3月時点）運用されているGNSS基準局網MGM-Net（図1）から観測情報を取得します．観測対象のGNSSはGPS，GLONASS，Galileo，BeidouおよびQZSSです．

取得した観測情報から，リアルタイム解析では拡張カルマン・フィルタを使用して，GNSS衛星の軌道情報や時刻情報についての推定を行います．

複数GNSS衛星の軌道情報，時刻情報のパラメータ数は最大で数十万以上にも達します[3]．必要な計算量は膨大ですが，計算アルゴリズムの最適化と，リアルタイム解析で使う拡張カルマン・フィルタ用の新しい手法により，60の基準局[2]の観測データを1秒ごとに入力し，衛星時計推定値を1Hzで更新できます．

GNSS衛星の時刻情報，軌道情報の推定精度の目標を表2のように設定しています．

表1　MADOCAとCLASの違い
精度は少し悪くて精度収束に必要な時間は長いが，利用可能地域や対象衛星数に大きなメリットがある

| 測位補強サービス | | MADOCA | CLAS |
|---|---|---|---|
| グローバルな成分 | 衛星時計誤差 | 配信 | 配信 |
| | 衛星軌道誤差 | 配信 | 配信 |
| | コード・バイアス | 配信 | 配信 |
| | 搬送波位相バイアス | なし[注1] | 配信 |
| ローカルな成分 | 電離層遅延 | 2周波観測による消去 | 配信 |
| | 対流圏遅延 | モデルによる推定 | 配信 |
| 初期化時間 | | 20～30分 | 1分程度 |
| 整数値アンビギュイティ | | 解かない（常にFloat） | 解く（Fix解が得られる） |
| 補正対象衛星数 | | 制限なし | 11 |
| 利用可能地域 | | 日本を含むアジアやオセアニア地域（インターネット配信の場合は世界中） | 日本国内（陸域と沿岸域） |

注1：インターネット配信のMADOCAの場合，仕様上は配信可能になっている．

137

## 測位精度と収束時間

### ● 精度

MADOCAによる精密単独測位は，CLASやRTK測位と同様に搬送波位相を使って位置を決定しますが，配信される情報に搬送波位相バイアスが含まれていないため，整数値アンビギュイティを解くことはできません（整数値アンビギュイティを解いた状態をFix状態と呼ぶのに対して，解かない，または解けない状態をFloat状態と呼ぶ）．

MADOCAによる精密単独測位で得られる座標値は10 cm以下程度でばらつきます．Float状態のため，バイアスの中心は時間の経過とともに徐々に変動します．この変動量は1日でおおよそ±10〜±30 cmです．この変動により，短時間のばらつきは10 cm以下であっても，真値とは10 cm以上の差が生じている場合があります．

真値と数cmの誤差しかないFix解が得られるRTK

やCLASに比べると，測位精度の点ではMADOCAによるPPPは不利です．ただし，変動量を含めても補正情報のない従来の単独測位に比べると，はるかに優れた精度です．

### ● 5分で誤差数十cm，20〜30分で誤差10 cm以下

MADOCAによるPPPでは，CLASに比べて配信される補正情報が少なく，推定しなければいけないパラメータの量が多いため，cm級の精度に収束するまでにおよそ20〜30分の時間が必要です．

ただし，20〜30分程度待たなければ全く精度が出ない，というわけではありません．PPP開始から60分の測位位置変化のグラフを図2に示します．揺らぎの指標である縦軸の2DRMSは，その時刻の前後30秒を併せた1分間のデータで算出しています．

このグラフではRTK座標を真値として扱っていますが，5分以内には50 cm以下になっています．さらに，2DRMSは6分以内に10 cm以下となっています．

この結果から，測位環境にもよりますが，あくまで，2DRMSが最小になる最も精度が良い状態になるまでには20〜30分程度必要ですが，それより早い段階でも数10 cm程度の精度は得られます．

以下，MADOCAのしくみを解説します．

表2(2) MADOCAによるリアルタイム推定精度の目標
衛星の位置や時刻がこの精度で求まるので，大気の影響がなければ測位精度はこれと同等になるはず

| GNSS種別 | GPS | GLONASS | QZSS |
|---|---|---|---|
| 軌道誤差 | 6 cm | 9 cm | |
| 時計誤差 | 0.1 ns | 0.25 ns | |

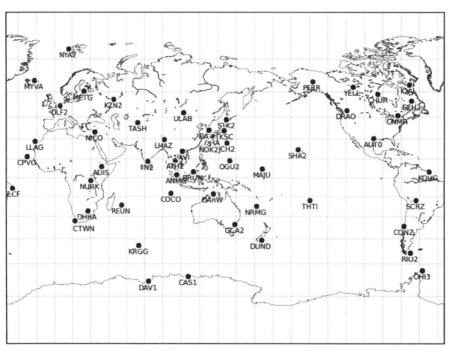

図1(2) MGM-net観測局一覧（MDC1）
世界中に観測局が存在している

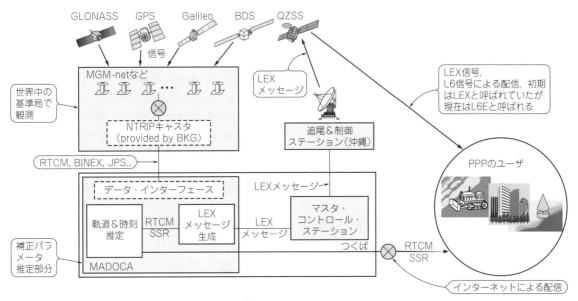

**図3(1)　MADOCA-SEED構成図**
世界中のGNSS衛星基準局から受信データを集めて，MADOCAというソフトウェアを使って補正パラメータを計算，その補正パラメータをみちびき経由（またはインターネット経由）で配信する

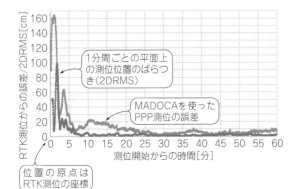

**図2　MADOCAによる測位の収束のようす**
5分以内には真値とのずれが1m以内に，6分以内には2DRMSが10cm以下になっている．Float状態のままなので，10cm未満になって以降も，少しずつ位置は動いている

**表3(4)　MADOCAのメッセージ更新間隔**

| 内　容 | 更新間隔 |
|--------|----------|
| 軌道補正情報 | 30秒 |
| 衛星コード・バイアス情報 | 10800秒<br>（3時間） |
| URA情報 | 30秒 |
| 高速時刻補正情報 | 2秒 |

---

## MADOCAが配信する補正情報と利用方法

### ● MADOCAとはGNSS観測情報から衛星軌道や各衛星の時刻を推定するソフトウェアの名前

「MADOCA」はMulti-GNSS Advanced Demonstration tool for Orbit and Clock Analysisの略で，JAXAが開発したGNSS衛星の軌道と時刻を高精度に推定するソフトウェアの名前です．

衛星軌道／時刻の推定ソフトウェアMADOCAを使った複数GNSS対応単独搬送波位相測位実証実験システムMADOCA-SEAD（Multi-GNSS Advanced Demonstration tool for Orbit and Clock Analysis Supply of "MADOCA-PPP"-Enabled Advanced Demonstra-

tion system, **図3**）の生成するデータを「MADOCAプロダクト」と呼び，この「MADOCAプロダクト」をL6E信号経由で配信しています．ただし慣習として，このL6E経由で配信される「MADOCAプロダクト」もMADOCAと呼ばれます．

### ● 配信される補正情報の形式

MADOCAは衛星の軌道，時刻の補正情報を配信します．具体的には，各衛星の軌道補正情報，時刻補正情報，URA（User Range Accuracy，ユーザ・レンジ精度）および衛星コード・バイアスを送信しています．これらの情報があることで，測位精度が向上します．

MADOCAの補正情報はRTCMのSSR（State Space Representation, 状態空間表現）フォーマットに準拠した形で配信されます．例えばGPSの場合は，RTCM SSRメッセージ・タイプの1057，1059，1061，1062で配信されています．それぞれの情報は**表3**に示す間隔で更新されます．

L6E信号で配信される補正情報は30個のメッセージに分けられ，1秒に1メッセージ送信し，30秒を1サイクルとして繰り返し送信されます．受信機側では，MADOCAのすべての補正情報を受け取るまでに最低

30秒かかることになります．

● 補正対象の衛星はGPS，GLONASS，QZSSなどすべて

　MADOCAの補正は各衛星に対して行われます．対象のGNSSはGPS，GLONASS，QZSSです．これらを除く衛星システムおよび補正対象ではない衛星は，MADOCAによるPPPでは測位衛星として利用されません．

　補正対象の衛星数はCLASの11衛星といったような制限はありません．捕捉可能な補正対象のGNSSの衛星すべてが利用できます．

　環境によっては，衛星が18機程度見える場合もあり，CLASより補正対象衛星が多いことから，障害物が多く，CLASでは高精度な測位結果が得られない環境においても，MADOCAであれば利用できる可能性があります．

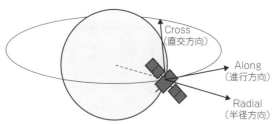

図4　衛星軌道の補正情報はAlong，Cross，Radialの3方向
　それぞれについて軌道と速度の補正値が得られる

● 補正情報の中身

　軌道補正情報として，図4に示すような，各GNSS衛星に対するAlong，Radial，Cross方向それぞれに対しての軌道および速度の補正量が提供されます．更新間隔は30秒です．軌道の補正値はメートル単位で記述され，分解能はRadialで0.1 mm，AlongとCrossで0.4 mmと定義されています．

　時刻補正情報として，各GNSS衛星に対する時刻の補正量が提供されます．更新間隔は2秒です．時刻補正量はメートル単位で記述されます．

　URAは，各衛星に対する補正情報の精度に関する内容が記述されています．更新間隔は30秒です．この情報をもとに，受信機側で精度の悪い衛星を選択して排除できます．

● 受信機側での処理

　MADOCAで配信される軌道補正情報と時刻補正情報は各衛星に対する補正です．受信機では，航法メッセージ内のエフェメリスに含まれる軌道情報と時刻情報に対しての補正になります．

　補正の対象となるエフェメリスはIODE（Issue of Data‐Ephemeris）番号で区別されます．受信機側では配信される軌道補正情報に含まれるIODE番号から，同じIOD番号の補正情報を組み合わせて補正を行います．

● 全世界どこでも利用できるグローバル補正情報

　MADOCAの補正情報は衛星に対するものであり，ローカル（地域）に依存しないため，MADOCAを取得できれば全世界で利用できます．これらをグローバル

---

## MADOCA補正信号はみちびきL6Eとインターネットのダブルで配信されている
地球上のどこででもセンチメートル測位

　MADOCAプロダクトは，みちびきのL6E信号からのみでなく，インターネット経由でも配信されています．NTRIP（Networked Transport of RTCM via Internet Protocol）プロトコルで配信されていて，RTKLIBなどで利用できます．

　インターネット配信のMADOCAは，L6E経由で配信されるMADOCAと同一のものではなく，1秒で1メッセージ送信という制限もありません．L6E配信のMADOCAと違い，仕様上はGPS，GLONASS，QZSSのほか，Galileo，Beidouに関してもメッセージ・フォーマットが定義されています．2018年10月時点ではGalileoとBeidouの配信に関して準備中となっています[2]．さらに，搬送波位相バイアス

の送信についても定義されています．

　インターネットに接続できる環境が必要なので，L6Eで配信されるMADOCAに比べて受信機まわりの構成が複雑になりますが，みちびきが見えない地域でも利用できます．特に，他国や，電子基準点の設置が困難な海洋域では，RTKと比べて優位性が高いと考えられます．　　　　　　　〈岸本　信弘〉

▶商用配信サービス予定

　MADOCAプロダクトのインターネット配信は，2014年9月からJAXAで試験的に行われていました．

　2020年中に，グローバル測位サービス株式会社による商用配信サービスになる予定です．

https://www.gpas.co.jp/index.php

表4[(6)]　電離層と対流圏の特徴
特に影響が大きい電離層の影響は，2周波の観測でなるべく減らす

| 大気層 | 電離層 | 対流圏 |
| --- | --- | --- |
| 変動性 | 高い | 低い |
| 天頂からの遅延量 | 数m～数10 m | 海面で2.3～2.6 m |
| 天頂方向の<br>モデリング誤差 | 1 m～10 m以上 | 5 cmから10 cm<br>（気象データなしの<br>場合） |
| 分散性（周波数に<br>よる変化） | 有り（2周波観測によ<br>って測定可能） | なし |

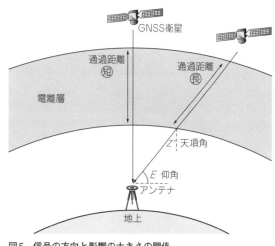

図5　信号の方向と影響の大きさの関係
天頂方向からやってくる信号は電離層の通過距離が最も短く遅延量も小さい．対流圏遅延に関しても同様

補正情報と呼びます．

　みちびきのL6E信号経由で取得する場合は前述の通り，みちびきからの信号を受信できる地域に限定されますが，日本の陸域に限らず，アジア地域やオセアニア地域およびそれらの海洋域でも利用できます．さらに，インターネット配信（コラム参照）のMADOCAを利用すればまさに全世界で利用できます．

## CLASにはある大気状態に関する補正情報はない

### ● 配信されない誤差成分は受信機側で補正する

　MADOCAはGNSS衛星の軌道，時刻に対する補正情報を配信するため，グローバルに利用可能です．一方で，CLASに含まれていたローカルな情報である電離層遅延や対流圏遅延に関する補正情報は配信されません．

　MADOCAに含まれないこれらの情報に関しては，受信機側の観測データで計算，推定を行います．それぞれの特徴について，表4にまとめます．

### ● 電離層遅延

　地上50～1000 kmの範囲には，電離層と呼ばれる電離したプラズマ状態の粒子の存在する領域があります．電離層をGNSSの電波信号が通過すると分散が起こり，コード伝搬は遅れ，搬送波位相は進みます．

　このような電離層によるGNSS信号への影響を電離層遅延と呼びます．電離層遅延は，電離層中の電子数によって変化します．電子数は主に太陽放射に支配され，昼と夜，季節，太陽活動の変動などで，電離層遅延は大きく変化します．電離層遅延量のGNSS受信機での測位への影響は数m～数十mにおよぶといわれています．

　MADOCAからはこの電離層遅延量に関する情報は直接配信されません．しかし受信機でL1，L2の2周波観測を行うことによって，電離層遅延の影響のほとんどを消去できます．

　GNSS信号の位相擬似距離におよぼす影響$\Delta_{Ph}^{Iono}$は，次の式で表されます[(5)]．

$$\Delta_{Ph}^{Iono} = -\frac{40.3}{f^2} TEC \cdots\cdots\cdots (1)$$

　ここで，$f$は信号の周波数，$TEC$は総電子数（total electron content）で，GNSS衛星と受信機との間の経路上の全電子数です．$TEC$は$1 TECU = 10^{16}$個$/m^2$で定義された単位で表されます．

　位相遅延量はマイナスなので，電離層により位相は進みます．コード擬似距離の遅延量はプラスで，遅れるほうに作用するため電離層"遅延"と呼ばれますが，位相への影響は進むほうに作用します．この式から，電離層遅延量は周波数に依存することがわかります．

　全電子数$TEC$は観測点から見たGNSS衛星の天頂角（仰角と対応関係にある）$z'$によって変化するので，上式は次の式に書き換えられます（図5）．

$$\Delta_{Ph}^{Iono} = -\frac{1}{\cos z'}\frac{40.3}{f^2} TVEC \cdots\cdots\cdots (2)$$

　ここで，$TVEC$は鉛直方向に沿った全電子数（total vertical electron content）です．

　位相疑似距離に上記の電離層遅延量の影響を足すと次のように表されます．

$$\left.\begin{array}{l} \lambda_{L1}\Phi_{L1} = \rho + c\Delta\delta + \lambda_{L1}N_{L1} + \Delta^{Trop} - \Delta_{ph}^{Iono}(f_{L1}) \\ \lambda_{L2}\Phi_{L2} = \rho + c\Delta\delta + \lambda_{L2}N_{L2} + \Delta^{Trop} - \Delta_{ph}^{Iono}(f_{L2}) \end{array}\right\}$$
$$\cdots\cdots\cdots (3)$$

　ここで，$\Phi_{L1}$，$\Phi_{L2}$はL1，L2の搬送波位相，$\rho$はGNSS衛星と受信機（アンテナ）間距離，$c$は光速，$\delta$はGNSS衛星と受信機の間の時刻差，$N_{L1}$，$N_{L2}$はL1，L2の整数値アンビギュイティ，$\Delta^{Trop}$は対流圏遅延量，$f_{L1}$，$f_{L2}$はL1，L2の周波数，$\lambda_{L1}$，$\lambda_{L2}$はL1，L2の波長です．

　最右辺の$\Delta_{ph}^{Iono}$に式（2）を代入し，周波数の2乗に反比例することから両辺に周波数の2乗を乗じます．

$$f_{L1}^2 \lambda_{L1} \Phi_{L1} = f_{L1}^2 (\rho + c\Delta\delta) + f_{L1}^2 \lambda_{L1} N_{L1} + f_{L1}^2 \Delta^{Trop}$$
$$- \frac{40.3}{\cos z'} TVEC$$
$$f_{L2}^2 \lambda_{L2} \Phi_{L2} = f_{L2}^2 (\rho + c\Delta\delta) + f_{L2}^2 \lambda_{L2} N_{L2} + f_{L2}^2 \Delta^{Trop}$$
$$- \frac{40.3}{\cos z'} TVEC$$

$$\cdots\cdots\cdots\cdots\cdots\cdots (4)$$

電離層遅延に関する項が L1, L2 で同じ値となったので, 次のように線形結合で消去できます.

$$f_{L1}^2 \lambda_{L1} \Phi_{L1} - f_{L2}^2 \lambda_{L2} \Phi_{L2} = (f_{L1}^2 - f_{L2}^2)(\rho + c\Delta\delta) +$$
$$f_{L1}^2 \lambda_{L1} N_{L1} - f_{L2}^2 \lambda_{L2} N_{L2} + (f_{L1}^2 - f_{L2}^2)\Delta^{Trop} \cdots (5)$$

さらに両辺を $f_{L1}^2 - f_{L2}^2$ で割ると次の式になります.

$$\frac{f_{L1}^2}{f_{L1}^2 - f_{L2}^2} \lambda_{L1} \Phi_{L1} - \frac{f_{L2}^2}{f_{L1}^2 - f_{L2}^2} \lambda_{L2} \Phi_{L2} = \rho + c\Delta\delta$$
$$+ \frac{f_{L1}^2}{f_{L1}^2 - f_{L2}^2} \lambda_{L1} N_{L1} - \frac{f_{L2}^2}{f_{L1}^2 - f_{L2}^2} \lambda_{L2} N_{L2} + \Delta^{Trop}$$

$$\cdots\cdots\cdots\cdots\cdots\cdots (6)$$

この式は電離層フリー線形結合と呼ばれ, 式の中から電離層の影響が消去されています. 電離層の補正情報が無くても, 2周波で観測を行うと, 電離層の影響を消去できるわけです.

以上のことから, MADOCA による PPP では L1, L2 の2周波の受信が必要です. L6 信号の補正情報も受信するので, MADOCA で PPP を行う受信機とアンテナは, L1, L2, L6 の3周波対応が必要です.

● 対流圏遅延

GNSS の信号は, 電離していない中性大気によっても屈折します. この大気による屈折は対流圏による影響が圧倒的なので, 対流圏遅延と呼ばれます.

GNSS 信号の周波数帯域は, 中性大気で分散を起こさないので, 周波数依存性がありません. このことから, 対流圏遅延の影響は L1, L2 の2周波を使っても消去できません. 対流圏遅延に関してはモデルを使って推定し, 補正を行います.

対流圏遅延の影響 $\Delta^{Trop}$ は, 乾燥大気による影響 $\Delta_d^{Trop}$ と, 水蒸気などを含む湿潤大気による影響 $\Delta_w^{Trop}$ の2つに分けられます.

$$\Delta^{Trop} = \Delta_d^{Trop} + \Delta_w^{Trop} \cdots\cdots\cdots\cdots\cdots (7)$$

これらは, 観測データをもとにした Hopfield モデルを使ってそれぞれ次のように表せます.

$$\Delta_d^{Trop} = \frac{10^{-6}}{5} N_{d,0}^{Trop} h_d \cdots\cdots\cdots\cdots (8)$$

$$\Delta_w^{Trop} = \frac{10^{-6}}{5} N_{w,0}^{Trop} h_w \cdots\cdots\cdots\cdots (9)$$

ここで, $N_{d,0}^{Trop}$, $N_{w,0}^{Trop}$ は地上での乾燥大気, 湿潤大気の屈折指数です. また $h_d$, $h_w$ はそれぞれ乾燥大気, 湿潤大気の屈折指数が0になる高さで, $h_d$ が約40 km 程度, $h_w$ は約11 km 程度です. これらの影響をまとめると次の式になります.

$$\Delta^{Trop} = \frac{10^{-6}}{5} \{N_{d,0}^{Trop} h_d + N_{w,0}^{Trop} h_w\} \cdots\cdots\cdots (10)$$

この式は天頂方向からやってくる信号に対する影響を表しています. 対流圏による遅延は GNSS 信号が通過する対流圏の距離によって変化するので, GNSS 信号が到来する角度によって変化します. この影響を考えるために, マッピング関数を使います.

$$\Delta^{Trop} = \frac{10^{-6}}{5} \{N_{d,0}^{Trop} h_d m_d(E) + N_{w,0}^{Trop} h_w m_w(E)\}$$

$$\cdots\cdots\cdots\cdots\cdots\cdots (11)$$

ここで $m_d(E)$, $m_w(E)$ は乾燥大気, 湿潤大気のマッピング関数です. $E$ は観測点での GNSS 衛星の仰角 [°] です. Hopfield モデルでは, これらのマッピング関数を次のように表します.

$$m_d(E) = \frac{1}{\sqrt{E^2 + 6.25}}$$
$$m_w(E) = \frac{1}{\sqrt{E^2 + 2.25}}$$
$$\cdots\cdots\cdots\cdots (12)$$

以上の計算で, 対流圏遅延量を GNSS 衛星の仰角ごとに推定できます. この対流圏遅延に関しては, 経験則などから作られたモデルによって, いくつかの異なる式やマッピング関数が提案されています. 例えばマッピング関数は次のような形もあります.

$$m_d(E) = \frac{1 + \dfrac{a_d}{1 + \dfrac{b_d}{1 + c_d}}}{\sin E + \dfrac{a_d}{\sin E + \dfrac{b_d}{\sin E + c_d}}} \cdots\cdots (13)$$

ここで, $a_d$, $b_d$, $c_d$ はそれぞれ観測点の緯度, 標高, 温度の関数です.

湿潤大気は水蒸気が時間的, 空間的に大きく変化するので, 乾燥大気に比べてモデル化するのが難しくなります. ただし, 対流圏遅延のおよそ90%は乾燥大気で起こり, 湿潤大気の影響は10%程度です.

〈岸本 信弘〉

# 第8章

# RFアナログ回路，コンピュータ，FPGAを搭載した ソフトウェア無線機
# 解剖！ みちびき対応レシーバ&アンテナ

測位受信機MJ‐3008‐GM4‐QZS（マゼランシステムズジャパン製）で，CLAS方式とMADOCA方式の測位データを取得し，精度を確認しました．リファレンスとして，1周波（GPSとGLONASSのL1）対応のローカル・エリアRTK測位受信機でもデータを取得しています．RTK測位受信機の精度は，動的測位で5cm（実効値）程度です．

## 実際のみちびき対応レシーバの性能

### ● 動的測位時

図1に示すのは本章の例題MJ‐3008‐GM4‐QZSの測位精度です．測位時の機器の構成を図2に示します．これらの機器を台車に乗せ，写真1のように一辺

2.6mの四角を手押しで3周します．CLAS，MADOCA，ローカル・エリアRTKの3つの方式で，同じアンテナを使って同時に測位したデータを取得しました．

衛星測位では，受信アンテナの中心の位置情報が出力されるので，3方式の出力位置の差を比較することができます．図1はCLAS，MADOCA，ローカル・エリアRTKの3つの測位プロットを合わせた結果です．3周しても大きくずれることなく，精密に軌跡を再現しています．プロットの一部を拡大すると，CLASとMADOCAは，ローカル・エリアRTKを基準にすると，約±5cmの差に収まっています．

### ● 定点測位時

図3に定点測位の結果を示します．GNSSアンテナを固定して，1時間測位した各測位方式のプロットで

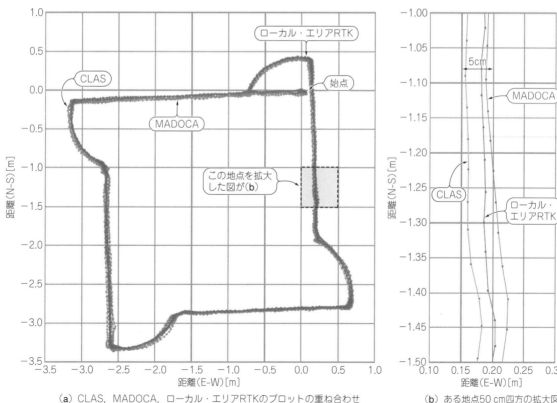

（a）CLAS，MADOCA，ローカル・エリアRTKのプロットの重ね合わせ

（b）ある地点50cm四方の拡大図

図1 開始点を0としたときの移動体測位データのプロット

GNSSアンテナ．このアンテナの中心位置が測位データとして出力される

開けた空間

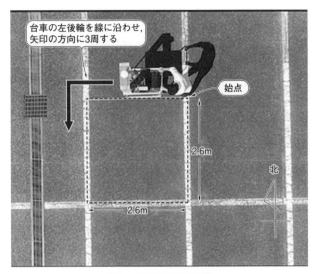

台車の左後輪を線に沿わせ，矢印の方向に3周する

始点

2.6m

2.6m

北

（a）測位データ取得実験のようす

（b）一辺2.6 m四方を3周

写真1　みちびき対応受信機とリファレンス受信機を積んだ台車で移動するようすをロギング

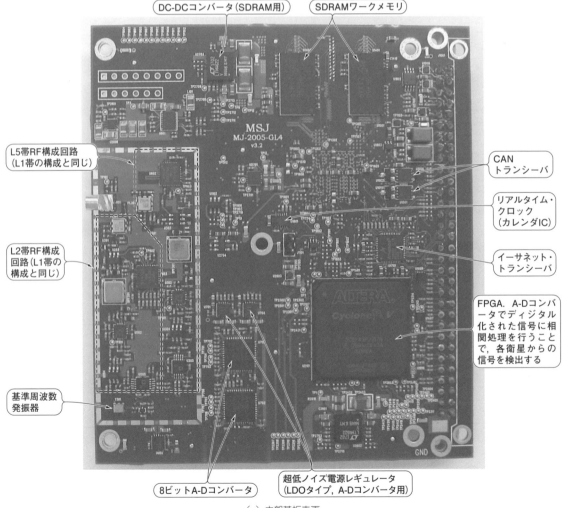

DC-DCコンバータ（SDRAM用）

SDRAMワークメモリ

L5帯RF構成回路（L1帯の構成と同じ）

L2帯RF構成回路（L1帯の構成と同じ）

基準周波数発振器

CANトランシーバ

リアルタイム・クロック（カレンダIC）

イーサネット・トランシーバ

FPGA．A-Dコンバータでディジタル化された信号に相関処理を行うことで，各衛星からの信号を検出する

8ビットA-Dコンバータ

超低ノイズ電源レギュレータ（LDOタイプ，A-Dコンバータ用）

（a）内部基板表面

写真3　MJ-3008-GM4-QZSのハードウェア構成

144

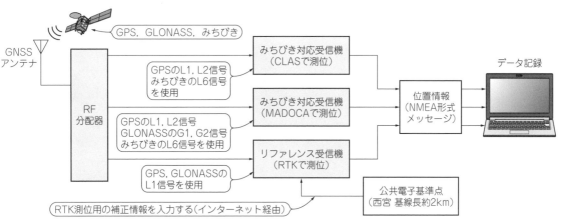

図2 測位データ取得時の機器構成

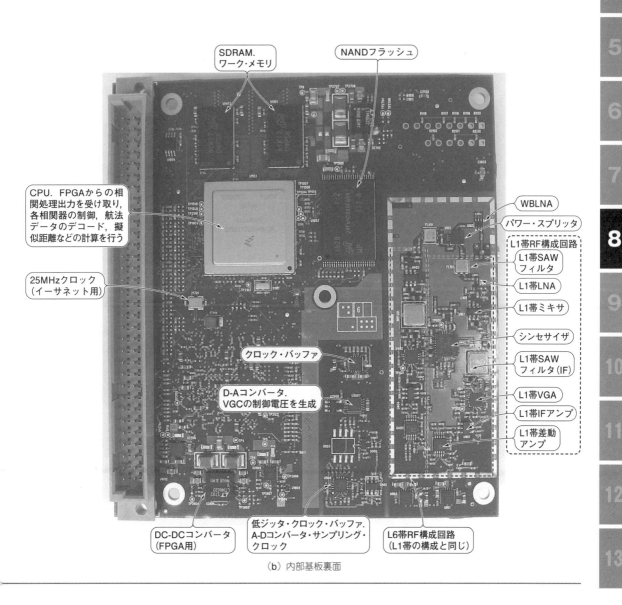

（b）内部基板裏面

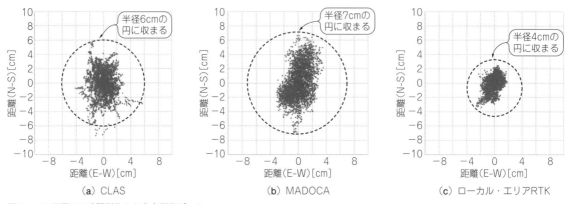

図3　1 Hz周期で1時間測位した定点測位データ
グラフは平均値

**表1　みちびきのセンチメータ級測位補強サービスで使用する信号と衛星システム**
・補正情報を得るため，L6信号には必ず対応しなければならない
・その他の衛星システムも，安定した衛星数の確保のために対応が必要

| 測位方式 | 使用する信号 | 使用する衛星システム |
|---|---|---|
| CLAS | L1, L2, L6, E1, E5 | GPS, QZSS, Galileo |
| MADOCA | L1, L2, L6, G1, G2 | GPS, QZSS, GLONASS |

す．測位方式それぞれの位置のばらつき（誤差）を見れます．CLAS方式では，半径6 cmの円にほぼ収まっており，MADOCA方式では，半径7 cmの円にほぼ収まっています．ローカル・エリアRTK方式では，半径4 cmの円に収まっています．

一般的に，CLASやMADOCA方式よりもローカル・エリアRTK方式のほうが精度は高いです．しかし，CLASやMADOCAは，基準局を使わずにcm級の精度が出せるメリットがあります．それぞれの方式の使い分けができれば，衛星測位利用の可能性が広がります．

## 受信機内部公開！ 各ブロックの機能

写真2に，使用したQZSSのセンチメータ級測位補強サービスに対応した測位受信機MJ-3008-GM4-QZSを示します．センチメータ級測位補強サービスで精度や初期位置算出時間の性能を満たすためには，**表1**の信号帯と衛星システムに対応していることが必須です．

受信機内部の基板を写真3に示します．すべて汎用部品を使って構成されています．

図4に，MJ-3008-GM4-QZSの回路ブロックを示します．高周波（RF）回路は，表2に示す4つの周波数帯すべての信号を処理することが可能です．アンテナからA-DコンバータまでのRF部と，A-Dコンバータ以降のディジタル部とに分けられます．

### ● RF部

測位衛星から受信した信号は，－130 dBm程度と

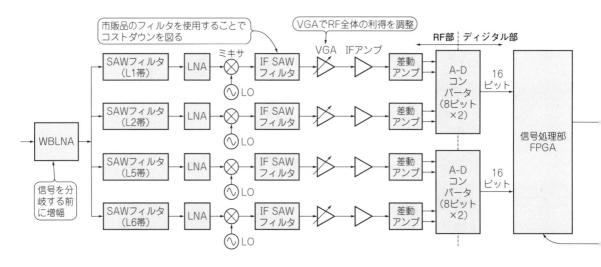

図4　MJ-3008-GM4-QZSのブロック図
CPU：FPGAからの相関処理出力を受け取り，各相関器の制御，航法データのデコード，擬似距離等の計算を行う
FPGA：A-Dコンバータでディジタル化された信号に相関処理を行い，各衛星からの信号を検出する

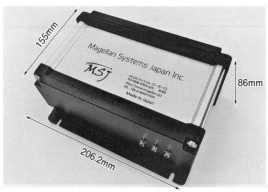

写真2 みちびきL6信号に対応した測位受信器「MJ-3008-GM4-QZS(マゼランシステムズジャパン製)」
写真4のアンテナとセットで98万円(税別)

表2 MJ-3008-GM4-QZSが対応している周波数帯

|  | 信 号 | 信号周波数範囲 [MHz] | 対応周波数範囲 [MHz] |
|---|---|---|---|
| L1帯 | GPS(L1), Galileo(E1), QZSS(L1) | 1563～1587 | 1551～1610 |
|  | GLONASS(G1) | 1593～1610 |  |
|  | BeiDou(B1) | 1551～1571 |  |
|  | BeiDou(B1-2) | 1580～1600 |  |
| L2帯 | GPS(L2), QZSS(L2) | 1218～1238 | 1218～1254 |
|  | GLONASS(G2) | 1238～1254 |  |
| L5帯 | GPS(L5), QZSS(L5) | 1164～1188 | 1164～1217 |
|  | Galileo(E5) | 1167～1217 |  |
|  | GLONASS(G3) | 1191～1211 |  |
|  | BeiDou(B2) | 1197～1217 |  |
| L6帯 | Galileo(E6), QZSS(L6) | 1259～1299 | 1259～1299 |
|  | BeiDou(B3) | 1259～1279 |  |

非常に微弱なので,直接A-D変換しFPGAやCPUに入力しても,必要なデータを取り出すことができません.RF部でこの微弱な信号を増幅し,帯域制限,周波数変換などの処理を行います.後段のディジタル部で信号の検出が可能となるように,前処理を行います.

RF部は4周波の信号を同時に処理できるよう,4周波分のフィルタやアンプ,ミキサなどから構成されています.アンテナから入力された微弱な信号は,全信号帯域をカバーする広帯域低ノイズ・アンプ(WBLNA:Wide Band Low Noise Amplifiers)で増幅した後,スプリッタで分岐され,SAW(Surface Acoustic Wave;弾性表面波)フィルタに入力されます.SAWフィルタで帯域制限を行うことで,各周波数帯に必要な信号だけを取り出します.周波数変換前に帯域外の信号を除去することで,近傍干渉波などの影響を軽減できます.

その後,低雑音アンプ(LNA:Low Noise Amplifier)で増幅した信号と,シンセサイザ(局部発振器)で生成

した信号をミキサに入力し,中間周波数(IF:Intermediate Frequency)にダウン・コンバートします.

そこから必要なIF信号だけをIF SAWフィルタで取り出します.電圧によってゲインを制御できるVGAおよびIFアンプ,差動アンプによって,適切な信号レベルに調整してA-D変換を行います.

サンプリング周波数は120 MHzです.最終的に,11 dBm程度まで信号レベルを増幅しています.

● ディジタル部

ディジタル変換された信号から各衛星の信号を検出し,測位演算を行います.受信機では,個々の衛星を特定するためのPRN(Pseudorandom Noise Code)コードと呼ばれるレプリカ信号を発生できます.PRNコードは,各衛星システムの仕様で決められています.

▶FPGA

A-D変換された受信信号とPRNコードの相関処理を行い,どの衛星からの信号なのかを検出します.

受信信号とPRNコードが一致しないと,相関結果がほぼゼロとなる相関処理の特徴を利用して衛星を特定できます.相関器は主に,基準信号発生器,乗算器,積分器で構成され,1チャネルで1パターンの相関を取ることができます.

L6信号の補正データは,CSK(Code Shift Keying)変調されているため,位相が4 msごとにランダム(256パターン)にシフトします.256パターンのデータを一度に相関処理しなければならないため,補正データの検出には256チャネルの相関器が必要です.同時に,L1やL2の信号も処理する必要があります.

MJ-3008-GM4-QZSは,複数の衛星システムと信号に対応するため,400チャネルの相関器を持っています.

▶CPU

FPGAから出力される衛星信号とPRNコードの相関結果が常に最大になるように,相関器の設定を切り

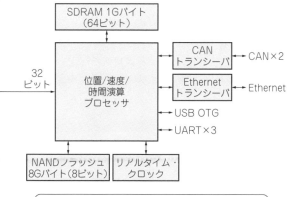

FPGAを使うことにより,用途に応じて必要な処理だけを行うように最適化が可能.(対応衛星,チャネル数,フィルタ,インターフェース,消費電力など)

写真4 みちびきL6信号に対応した
アンテナ「MJ-3009-GM4-ANT(マゼランシステムズジャパン製)」

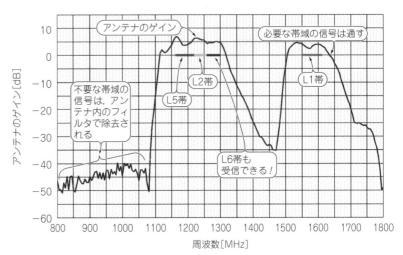

図5 MJ-3009-GM4-ANT周波数特性
センチメータ級測位補強に使用できるアンテナは，4つの周波数帯に対応している必要がある

替えながら制御し続けます(これを衛星の捕捉，追尾という)．この時，ドップラー周波数や擬似距離の値も求められます．

追尾して得られた相関結果から，位相の反転を検出することで，航法メッセージやL6の補正情報を取得できます．例えばGPSの航法メッセージのデータ・レートは50 bpsであり，1ビットあたり20 msecで送信されるため，20 msecごとに位相が反転します．これらの情報を合わせて，測位演算を行います．

センチメータ級測位補強において，高精度で安定したリアルタイム測位を維持するためには，多くの信号を継続して，高速に処理する必要があります．

● **CLASで計算する信号チャネルは50以上**

実際に，CLASを用いた測位を行う場合は，どれくらいの信号を処理しているのでしょうか？

CLAS方式で使用する衛星システムと信号は，**表1**のとおりです．CLASには補正対象衛星数の制限があるので，すべてを測位に使用するわけではありません．多い時で，GPS13機，みちびき4機，Galileo9機程度を捕捉しています．

トータルの信号数は次のとおり56です．

- GPS ：13機×2周波(L1，L2) = 26
- みちびき：4機×3周波(L1，L2，L6) = 12
- Galileo ：9機×2周波(E1，E5) = 18

## 何でも自動化！みちびきによるセンチメートル測位は日本の悲願

2018年11月に正式サービスを開始したので，実用例はまだ多くありませんが，研究分野ではすでに多くの活用例があります．

みちびきのcm級測位補強サービス対応受信機の特徴として，基準局無し(レシーバ1個)でcm級の測位を実現できる点が挙げられます．とくに，CLASのPPP-RTKはこれまで世の中になかった新しい測位方法です．ただし航法システムとして導入されるには，システムの堅牢性への要求が強いと思われます．

みちびきのcm級測位補強サービス対応受信機を搭載した航法システムの応用には，各産業界からの助力が必須です．以下，産業化を目指した実証試験中の例をいくつか挙げます．

① 農機，建機

農機や建機はRTKによる位置情報を活用したロボット化(自動化)が進んでいます．基準局を使わずにcm級の単独測位が実現できるということで利用を模索している段階です．

② ドローン

ドローンにはGNSS受信機が搭載されていることが多く，その精度向上は，ドローンの産業活用に向けて必要な基幹技術の一つになりつつあります．

③ その他

従来からGNSS受信機が活躍してきたフィールドとして，飛行機の離着陸や測量などが挙げられます．

〈岸本 信弘〉

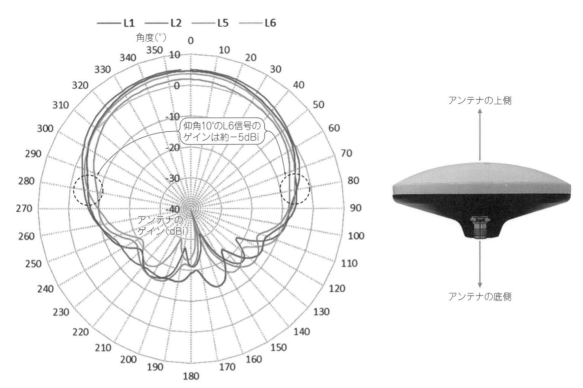

図6 MJ-3009-GM4-ANTのアンテナ指向特性

グラフ凡例: —— L1 —— L2 —— L5 —— L6

(グラフ内注記) 仰角10°のL6信号のゲインは約−5dBi

(グラフ軸ラベル) 角度(°)　アンテナのゲイン(dBi)

(右図ラベル) アンテナの上側　アンテナの底側

## みちびき対応のアンテナ

### ● 対応する周波数帯

　QZSSのセンチメータ級測位補強サービスを利用するには，アンテナ側の対応も必要です．**写真4**のアンテナ(MJ-3009-GM4-ANT，マゼランシステムズジャパン製)は，みちびきのL6周波数帯に対応しており，補強信号を受信することができます．

　アンテナの対応周波数帯域は**表2**と同じです．**図5**に周波数特性を示します．

### ● 要求受信レベル

　みちびきから発信するL6信号の最低信号強度仕様は，**表3**のように決められています．測位受信機MJ-3008-GM4-QZSでは，安定したデコードができるL6信号の受信レベルが−162 dBW(−132 dBm)以上なので，アンテナはそれを満たす感度が必要になります．

　**図6**に，MJ-3009-GM4-ANTの指向特性を示します．仰角10°からL6信号を受信した際のアンテナのゲインは約−5 dBiです．**図7**に，L6信号の到達電力を示します．最低受信電力はみちびき1号機で−160.7 dBW，みちびき2，3，4号機で−161.82 dBWとなり，受信機が安定してデコードできる受信レベル−162 dBW以上を満たすことができます．　　〈岸本 信弘〉

表3　L6信号の最低信号強度仕様
円偏波受信で0 dBiの利得の等方性アンテナを地上付近に設置し，仰角10°以上の可視衛星からの信号を受信したとき，最低となる出力レベルの値(最低信号強度)が規定されている

| 衛星Block | Block I (1号機) | Block II (2〜4号機) |
|---|---|---|
| 最低信号強度 | − 155.7 dBW (− 125.7 dBm) | − 156.82 dBW (− 126.82 dBm) |

みちびき1号機(Block I)
みちびき2，3，4号機(Block II)
仰角10°

仰角10°のゲインが−5dBiとなる特性のアンテナの場合，
　Block I：−160.7dBW(−130.7dBm)
　Block II：−161.82dBW(−131.82dBm)
となる

図7　L6信号の到達電力

## 地震大国日本! 地殻変動もセンチメートル級

### ● PPP測位とRTK測位の座標は違う

RTKは基準点からの位置ベクトルを求める相対測位方式です．基準点との相対位置として，位置情報（緯度・経度・高度）が算出されます．

基準点には一般的に電子基準点を用います．この位置は，地殻変動の影響によって常に動いています．場所にもよりますが，数年間で数cm以上変化するため，電子基準点は，ある日を基準とした座標に固定して設定する必要があります．

日本の電子基準点は，測量成果（測地成果2011）という，過去に計測された座標を基に設定されています．この計測された日のことを元期と呼び，その時の座標を元期座標と呼びます．一方で，観測を行った時点のことを今期と呼び，その座標のことを今期座標と呼びます．RTK方式で得られる座標は元期座標となります．

CLASやMADOCA方式では，地球の中心を原点とした今期の位置が得られます．結果として，RTK方式で得られた位置とCLASやMADOCA方式で得られた位置との間では差が生まれます．この差は日本国内でも場所によって違っていて，数十cmから1m以上差がある地域もあります．

### ● PPP測位とRTK測位の座標の合わせ方

PPPとRTK方式で得た位置を合わせる場合，RTK方式の基準局の座標決定の基準や，その土地の地殻変動の状況によって合わせ方が変わります．

単一のプレートの動きを考えるだけで良い国や地域は，座標の基準年と地殻変動の速度のみで求められますが，日本のように複数のプレートがぶつかり合う地域は，地殻変動の変動量や変動方向は場所によって異なります．

日本では「セミ・ダイナミック補正」と呼ばれる方法で,元期と今期間の変換を行います（国土地理院のサイトで変換できるほか,ハード内で変換する受信機もある）.

「セミ・ダイナミック補正」では「地殻変動補正パラメータ」から対象とする位置での緯度・経度・高度方向の補正量を求めて，位置情報の基準を今期もしくは元期に変換します．

「地殻補正変動パラメータ」は電子基準点などによって検出された地殻変動量を元に，緯度30秒，経度45秒（約1km四方）の間隔で記述された補正量です．このパラメータは国土地理院によって提供され，原則1年ごとに更新されます．

対象とする位置周辺4点の補正パラメータからバイリニア補間で，その位置での補正量を求め，今期⇒元期の場合は，緯度・経度・高度に補正量を加えます．元期⇒今期の場合は，補正量を差し引きます．図Aは「セミ・ダイナミック補正」を使ってMADOCAの座標を元期に変換し，RTKの座標と比較したものです． 〈岸本 信弘〉

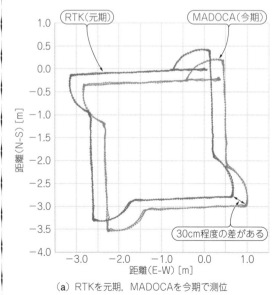

（a）RTKを元期，MADOCAを今期で測位

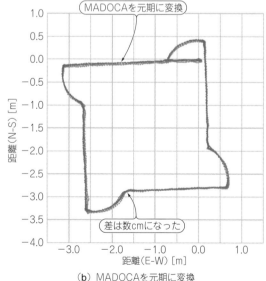

（b）MADOCAを元期に変換

**図A　MADOCA測位とRTK測位の座標基準は同じじゃない**

## 日本上空にできるだけ長く滞在するみちびきの8の字軌道

　みちびきの1号機，2号機，4号機は，地球から見ると準天頂軌道と呼ばれる8の字型の軌道上を飛んでいるように見えますが，実は，地球の周りの楕円軌道上を飛んでいます．では，なぜ8の字に見えるのでしょうか．

　地球が1周4万kmの完全な球と仮定します．また，地球の自転とみちびきが地球を1周する周期は24時間，みちびきの軌道は完全な円で，赤道面に対して41°傾いているとします．

　まず，地球の外から見た，地球の自転による地表面の速さについて考えてみましょう．赤道上では，24時間で4万km移動することになるため，毎秒約460 mで西から東に動いています．北緯41°の場所では，1周が約3万kmになるため，毎秒約350 mで西から東に動くことになります（図B）．

　次に，みちびきについて考えてみましょう．地球の中心とみちびきを結んだ線を考えて，その線と地表面との交点を考えます．交点は，みちびきが真上に見える地点となります．みちびき自体の速さではなく，その交点の速さについて考えていきます．24時間で赤道から41°傾いた円周4万kmの円上を1周

するため，どの地点においても速さは，毎秒約460 mです．赤道上での西から東向きの速さは，460 × cos(41°)で求めることができ，毎秒約350 mです．北緯41°の地点では，交点は真東に動くことになるため，毎秒約460 mです．

　以上のことから，赤道上でみちびきが真上に見えるときは，地表の動きに対して交点は遅れて動くことになり，交点の緯度が大きくなるにつれてその速さの遅れの幅が小さくなります．あるところで同じ速さになり，その後交点の速さが上回り，北緯41°では交点の速さと地表の動きの速さの差が最大となります．このような動きを維持し，12時間ごとに同じ場所に戻ってくるため，8の字になります（図C．

　前述したとおり実際には，みちびきの軌道は楕円軌道になっています．ケプラーの第2法則から，日本の上空付近に長く滞在するようにみちびきの軌道は設計されています．　　　　　　　〈岸本 信弘〉

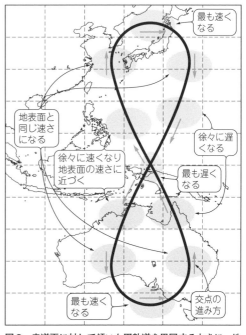

図C　赤道面に対して傾いた円軌道を周回するときに，地表面に比べた交点（衛星と地球の中心を結ぶ直線と地表面との交点）の速さ

**図B　地球とみちびきの軌道の関係**

# 高速道路や海上を移動したときの精度やFix率や収束時間を測定
# CLAS vs MADOCA フィールド・テスト

みちびきのセンチメータ級測位補強サービスCLASが2018年11月1日から開始されました．技術実証という形態で，高精度単独測位の補正データMADOCAも放送されています．

本章では，CLASとMADOCAの性能を実測して比べます．

## 新サービス CLAS と MADOCA-PPPの基礎知識

### ● 2018年提供開始！ みちびきの2つの測位補強サービス

表1に示すのは衛星を使った測位方式の種類です．中でもCLASとMADOCA-PPPは，精度がGPSよりはるかに高く，数cm以下を達成できます．

衛星測位では，「補完」と「補強」という言葉がよく使われます．

補完は，GPSにみちびきを追加することで，衛星数が増す効果です．補強は，補正データを受信することで，測位精度が向上する効果です．

本章では，センチメータ級測位補強サービスをCLAS（Centimeter Level Augmentation Service），高精度単独測位用補強サービスをPPP（Precise Point Positioning）と呼びます．どちらの補強データもみちびきのL6信号から放送されていて，他のGNSSとは明確に異なるサービスです．

CLASはL6Dチャネル，PPPはL6Eチャネルと割り当てられています．L6帯の中心周波数は1278.75 MHzで，L1，L2帯の信号と異なる周波数のため，専用のデコード部が必要です．

### ● CLASのカバー地域と測位性能

CLASはRTK方式のため，日本全国にちりばめられている電子基準点のデータを利用して補正データを生成しています．サービス範囲は日本列島全体です．

精度は，静止状態の水平方向で約6 cm，移動体の水平方向で約12 cmです．PPPの精度は，解が収束後，水平方向で約10 cmです．

CLASの場合は，RTK方式のため1分程度で上記の精度を満足するように設計されています．

### ● PPPのカバー地域と測位性能

PPPのサービス範囲は，PPP用の補強データを衛星電波で受信できて，かつデコードできれば，サービス範囲となります．日本，東アジア，オセアニアをカバー

表1 代表的な衛星測位方式

| 測位方式 | 方式の概要 |
|---|---|
| 単独測位 | 擬似距離を利用し，数mの精度を提供 |
| DGNSS | 補正データ＋擬似距離で，約1mの精度を提供 |
| RTK | 補正データ＋擬似距離＋搬送波位相で，約1 cmの精度を提供 |
| 高精度単独測位 | 精密暦・クロック＋擬似距離＋搬送波位相で，数cmの精度を提供．CLASとMADOCA（-PPP）はみちびきが提供する新サービス |

ーしています．補強データは，衛星電波だけでなくインターネットでも配信されているので，実質地球全域がPPPサービスのカバー範囲です．

PPPはRTK方式と異なり，衛星の精密暦と精密クロックを受信することで，精度を向上させる方式です．

他の大気圏誤差量などを十分収束させるため，15分から30分程度の時間を要します．収束する前もデータは取れますが，収束前の精度は数10 cmから1 m程度です．

## 実験の方法

実験は，私の所属する大学周辺（東京都江東区）で行いました．数日のデータなので，この報告が性能のすべてではないことをご了承ください．これら補強サービスは，実際には2017年度から試験的に放送されていたので（高精度単独測位サービスについては数年前より），本章での結果も正式開始前のデータです．

実験は，L6帯の信号をデコードし，L1，L2帯等の信号で高精度測位演算処理が行える市販受信機で行いました．

## ①CLASの測位性能

### ● 使用機器と評価方法

実験で使用した受信機とアンテナは次のとおりです．

- ● 使用した機器（写真1）：CLAS対応受信機「AQLOC（三菱電機）」と，L6信号受信可能なアンテナ「Gr Ant-G5T（JAVAD GNSS社）」
- ● 評価方法：基本的にRTKのFix解（搬送波位相のアンビギュイティを整数として解いた段階での解）だけを評価．利用衛星数が5基以上，補正データの遅延時間が10秒以内が対象

（**a**）CLAS対応GNSS受信機「AQLOC（アキュロック）」
（三菱電機，約100万円）

（**b**）CLAS対応GNSSアンテナ「GrAnt−G5T」
（JAVAD GNSS社，約25万円）

**写真1　CLAS実験機材**

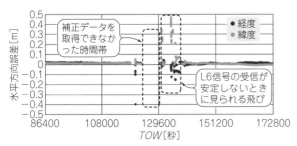

**図1　水平方向誤差**　[1/8 09：00-1/9 08：59（JST）]

横軸の*TOW*は Time of Week の略．GPS時刻は日曜日の0時に0秒となり，土曜日の23時59分59秒までカウントされる．2018年1月8日は86400秒開始なので月曜日となる．JSTは日本時間に直したことを意味する．縦軸0のラインは基準局の真値と同じ値（誤差が0）を意味する

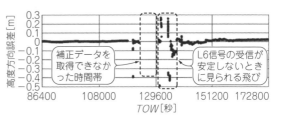

**図2　高度方向誤差**（1/8 09：00-1/9 08：59）（JST）

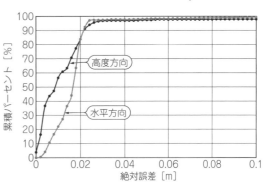

**図3　水平方向と高度方向の累積パーセント値**

● **実験①：24時間静止させたときの測位精度**

　国土地理院の電子基準点位置情報（F3解）を利用して計算した，アンテナの精密な位置解からの測位誤差の実験です．

● 日時：2017年12月下旬から2018年1月上旬まで
● 場所：東京海洋大学研究室屋上

▶結果：累積95%値は水平／高度方向ともに3cm未満

　**図1**が時系列水平方向，**図2**が時系列高度方向，**図3**が横軸を水平絶対誤差としたときの累積パーセント値です．解析モードはStatic※です．

　**図1**と**図2**の中央付近で解がない時間帯は，補正データを受信できなかった時間帯です．これは，みちびき1号機が豪州の真上付近に滞在したときです（AQLOC受信機では，自動的に補正データを取得できる衛星が選択される）．

　この時間帯付近で解がやや飛んでいる箇所が見られますが，補正データの受信に関連するものか，それ以外なのか検証はできていません．

　**図3**でわかるように，累積95％値は水平方向，高度方向ともに3cm未満と良好な結果でした．95％値とは，全エポックでの誤差を小さいほうから並べて95％にあたる値のことです．

● **実験②：開けた場所で移動したときの測位精度とFix解**

● 日時：2017年12月21日
● 場所：東京都江東区有明の埠頭付近
● 環境：低層ビルやトラックは多いが，中高層ビルが少なく開けた環境

---

※Static モード：静止状態の拘束条件をフィルタに適用でき精度が得られやすい．対して，Kinematic モードがあり，移動していることが前提なので静止状態の拘束条件をかけられない．

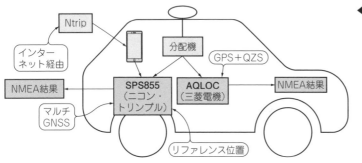

表2　CLASの開けた場所での移動体の
　　　水平，高度誤差

| 絶対誤差 | 水平方向誤差<br>[m] | 高度誤差<br>[m] |
|---|---|---|
| 標準偏差 | 0.038 | 0.059 |
| 90 %値 | 0.114 | 0.135 |
| 95 %値 | 0.131 | 0.148 |

図5　実験コース（有明）

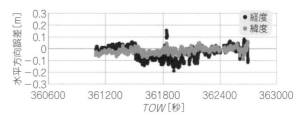

図6　CLASの水平方向誤差（実測）
この図にみられるおよそ10 cm程度の誤差はCLAS側の誤差と考えられる．短基線RTKの絶対誤差は1 cmレベル

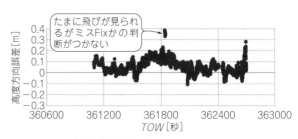

図7　CLASの高度方向誤差（実測）
高度方向も水平方向と同様だった

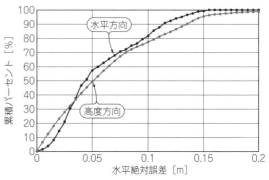

図8　水平方向と高度方向の累積

● **リファレンス位置**：測量級受信機「SPS855（ニコン・トリンブル）」のRTK解（補正データは海洋大の基準局から放送）

　基線の短い（短基線）測量受信機でのRTK解は，確実に1 cm精度が出ると経験的に知られています．1 cmレベルの精度で絶対位置を出力できる装置は他にないため，その値を真値として評価します．

▶**結果：Fix率は99.7 %，位置精度10 cm**

　図4に実験時の車両に設置した受信機などの概要を示します．図5に走行した実験コースを示します．

　図6と図7に示すように，AQLOC受信機のFix率は99.7 %でした．測量級受信機SPS855のRTKのFix率は100 %でした．

　AQLOC受信機では，途中利用衛星数が5機未満となった時間帯がわずかにありましたが，それ以外はすべてFixしています．

　オープン・スカイ環境で，図8に示すように，水平方向の95 %値が約13 cm，高度方向では約15 cmでした．標準偏差は水平方向が約4 cm，高度方向が約6 cmでした．比較的開けたオープン・スカイ環境では，移動体で10 cmです（表2）．

● **実験③：高速道路で移動したときの測位精度とFix率**
　● **日時**：2018年1月4日

　● **場所**：千葉県の東関東自動車道から首都高速の周回走行
　● **環境**：箱崎周辺や小菅ジャンクションを除く場所は，ある程度開けているが，高架下が多い
　● **リファレンス位置**：測量級受信機「SPS855」のRTK解（補正データは東京海洋大学の基準局から放送）

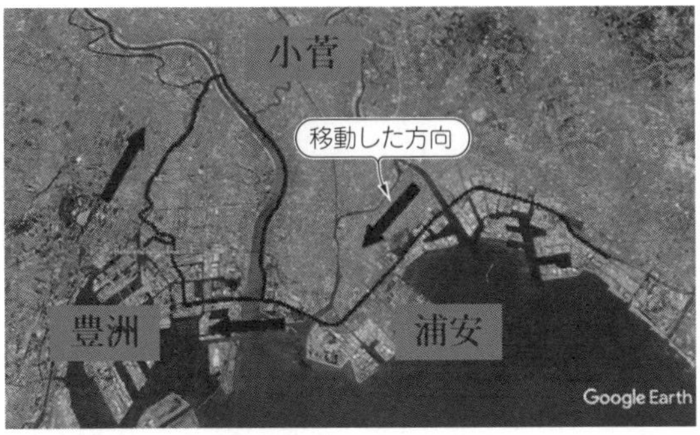

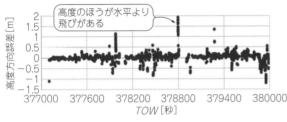

図9 走行コース（首都高）

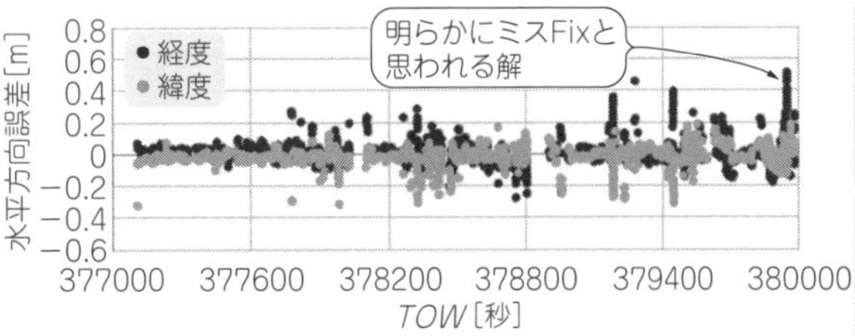

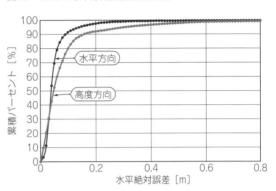

図10 CLASの水平方向誤差結果（実測）

高度のほうが水平より飛びがある

図11 CLASの高度方向誤差結果（実測）

図12 CLASの水平方向と高度方向の累積（実測）

表3 CLASの高速道路での移動体の水平，高度誤差（実測）

| 絶対誤差 | 水平誤差<br>[m] | 高度誤差<br>[m] |
|---|---|---|
| 標準偏差 | 0.047 | 0.141 |
| 90％値 | 0.088 | 0.154 |
| 95％値 | 0.139 | 0.286 |

▶写真2 アンテナの設置環境

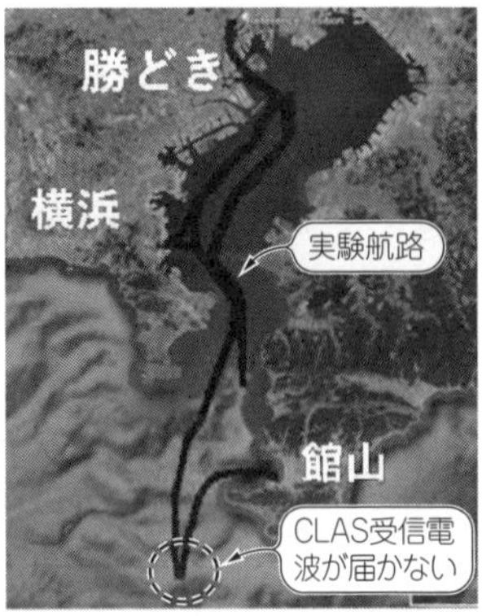

図13 実験航路
東京海洋大学から約90km地点で

▶約50分走行した結果：Fix率65.5％（測量級89％）

図9は走行した実験コースです．結果を図10～図12に示します．AQLOC受信機のFix率は65.5％，測量級受信機のRTKのFix率は89％でした．

高架下を除く開けた環境では，水平誤差で10cmから20cmにおさまっています．高度方向は，高架などで飛びが見られるものの，概ね50cm以内でした．

表3を見ると，水平方向の95％値で14cm，高度方向の95％で29cmです．高架下が多い環境で，通過後のFix解への復帰も比較的早い印象でした．小さめの高架下を通過後は，SPS受信機のRTKで約6秒前後で復帰，AQLOC受信機で約7秒前後で復帰しました．業務用測量受信機と遜色ありません．

本実験以外にも，周囲が比較的開けた場所で，高架下を何度も通過する実験を実施したところ，AQLOC受信機のRTKのFix解への復帰時間は約6秒でした．

● 実験④：海上で移動したときの測位精度とFix解

日本全土をカバーするCLASサービスは，沿岸部でどの程度の精度かを検証するため，東京海洋大学所有の汐路丸で東京湾内を移動しました．アンテナを設置したようすを写真2に，航路を図13に示します．

- 日時：2018年1月16日の朝から1月18日の昼過ぎまで（表4）
- 場所：東京湾内
- リファレンス位置：測量級受信機「SPS855」のRTK解．ただし，海洋大の基準点からの

155

表4　東京湾船舶実験の航海日時と場所

|  | 時　間 | 航　路 |
|---|---|---|
| 1回目 | 2018/01/16　09：28 - 15：05 | 勝どき〜館山湾 |
| 2回目 | 2018/01/17　09：50 - 14：01 | 館山湾〜横浜 |
| 3回目 | 2018/01/18　08：41 - 13：38 | 横浜〜勝どき |

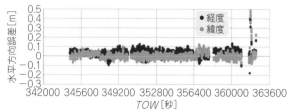

図14　CLASの水平方向誤差（実測）［1月18日 8：41〜13：38(JST)］

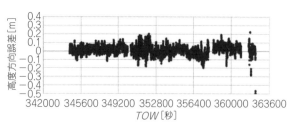

図15　CLASの高度方向誤差（実測）［1月18日 8：41〜13：38(JST)］

> 基線長が80〜90 kmに及ぶ箇所があるため，リファレンス側の精度は数cm程度

▶結果：100% CLASフラグが立っている

　本実験でのSPS受信機のFix率はスマートホンでのデザリング（RTKを実施する場合，補正データをなんらかの方法で基準局から受け取る必要がある）が不安定だった時間帯以外は100％でした．沿岸部から遠く離れたり特定の場所では電波が届かなくなる現象がみられました．

　AQLOC受信機は，みちびきが可視でCLAS補正データをデコードしている限りは，100％CLASのフラグが立っていました．図14〜図16に示すように，実験全体を通して測位位置は安定しており，水平方向の95％値で約8 cm，高度方向の95％値で約9 cmと良好でした（表5）．

● 実験⑤：Fixまでの収束時間

　AQLOC受信機の初期化時間を計測しました．CLASのTTFF（Time to First Fix：ディファレンシャル補正情報の間隔）は，CLAS受信機が補強信号情報1周期分を受信完了したのち，補強信号を利用して，補強対象衛星の測位信号に含まれる，搬送波位相のアンビギュイティ決定までの時間と定義されます．

　AQLOC受信機の電源を故意にシャットダウンし，再度電源を入れ，L6信号点滅を目視で確認後，Tera Term上でRTKのFix解を得るまでの時間を計測しました．

表5　CLASの船舶実験の水平，高度誤差（実測）

| 実験日時 | 水平方向誤差<br>［m］(95％値) | 高度方向誤差<br>［m］(95％値) |
|---|---|---|
| 2018/1/16　9：28〜15：05 | 0.079 | 0.098 |
| 2018/1/17　9：50〜14：01 | 0.084 | 0.136 |
| 2018/1/18　8：41〜13：38 | 0.082 | 0.088 |

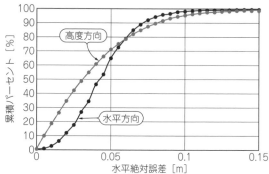

図16　CLASの水平方向と高度方向の累積（実測）

表6　CLASのFix解を得るまでのTTFF結果

| 時刻 | $TTFF$［s］ | 時刻 | $TTFF$［s］ |
|---|---|---|---|
| 12：00 | 70 | 14：55 | 68 |
| 12：35 | 71 | 15：30 | 54 |
| 13：10 | 68 | 16：05 | 62 |
| 13：45 | 76 | 16：40 | 65 |
| 14：20 | 55 | 17：15 | 63 |
|  |  | 平均 | 65.2 |

▶結果：補正情報の間隔TTFFは1分

　30分に計10回行った結果を表6に示します．ディファレンシャル補正情報の間隔TTFFは平均65秒，約1分程度でcm級の測位復帰を静止点で確認できました．

## ②MADOCA（PPP）の測位性能

● 使用機器と評価方法

　実験で使用した受信機，アンテナは次のとおりです．

● 使用した機器（写真2）：L6信号対応受信機「MJ-3008-GM4-QZSPPP（マゼランシステムズジャパン）」と，L6信号対応アンテナ「MJ-3009-GM4-QZS（マゼランシステムズジャパン）」

● 評価方法：みちびきからのL6信号のうち，PPP用の補正データをデコードし，そのままPPPの演算処理をした結果を出力

● 実験⑤：12時間静止したときの測位精度と収束時間

● 日時：2017年9月4日の夕方からみちびきが沈むまでの約10時間

● 場所：東京海洋大学の研究室屋上

▶収束時間15分

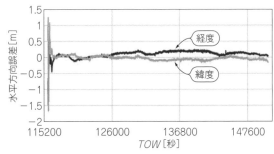

図17　PPPの水平方向誤差（実測）

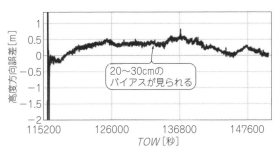

図18　PPPの高度方向誤差（実測）

図19　実験コース（中央区晴海）

| 表7　PPP 12時間静止 | 絶対誤差 | 水平誤差 [m] | 高度誤差 [m] |
|---|---|---|---|
| 状態の水平，高度誤差 （実測） 15分経過して収束し た後の統計値 | 標準偏差 | 0.092 | 1.161 |
| | 90 %値 | 0.213 | 0.477 |
| | 95 %値 | 0.221 | 0.526 |

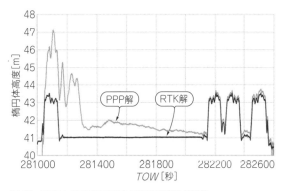

図20　PPPとRTKの高度方向時系列結果（実測）

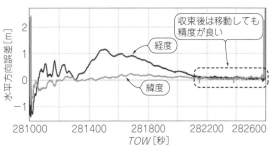

図21　PPPの水平方向時系列誤差（実測）

みちびき経由の補正データの場合，日本で取得すると必ず1つの衛星ではデコードが困難な時間帯が5〜6時間あります．基準となる精密位置は，近接の国土地理院の電子基準点データによるF3解です．

図17，図18に水平及び高度方向の時系列結果を示します．収束するまでに15〜20分要しています．収束後，水平では10〜20 cm程度の精度がでていました．高度方向はややバイアスが見られる結果です．

表7に15分経過して収束した後の結果を示します．

● 実験⑥：開けた場所で移動したときの測位精度と収束時間

● 日時：2017年9月6日

● 場所：東京都中央区晴海付近
● 環境：東京オリンピック用の建物が建設初期の頃で開けた場所（図19）
● リファレンス位置：東京海洋大学を基準点とする，ニコン・トリンブル受信機のRTK解
▶RTK解の精度は1 cm

PPPの補正データ受信に利用したみちびき1号機は，天頂付近に滞在し，約30分間の実験を実施しました．最初の15分間は開けた場所で停止し，PPPの解がある程度収束するのを待ちました．基線長が数km以内の開けた環境では，RTK解の精度は1 cmです．

図20に高度方向の結果を示します．停止している約15分間で誤差が20 cm程度まで収束しています．移動後も，10〜20 cm程度の精度が達成できています．

図21に水平方向のRTKとの差を示します．15分間の停止で10 cmまで収束し，移動後も，高架下に入るまで継続して10 cm程度の精度がキープされています．

〈久保　信明〉

# 第10章

# 単独測位からネットワークRTK測位まで
# 高精度衛星測位の原理と誤差要因

## 第1話 カー・ナビが採用する従来測位法「GNSS単独コード」の原理

GNSS(Global Navigation Satellite System：全地球航法衛星システム)の最も標準的な利用方法は，C/A(Course/Acquisition)コード信号を使用した単独測位(Single PositioningまたはPoint Positioning)です．1つの受信機で基準局を設置することなく，航空／海上／地上といった世界中のどこからでも現在位置を知ることができます．

単独コード測位には送信機と受信機の両方に正確で同期した時計を装備する必要がありますが，必ずしも受信機側の時計は正確ではありません．衛星側の送信機は精度 $10^{-12}$ の正確な原子時計を搭載していますが，受信機側は精度 $10^{-6}$ 程度の一般的な水晶振動子(クォーツ)の時計を使っています．そこで受信機時計に含まれる誤差を前提に測距し，時計誤差も1つの未知数として測位演算を行う方式をとっています．最低4つの衛星を観測すれば，受信機の位置が正確に求められます． 〈編集部〉

● 単独コード測位には高精度な時計が必要になる

GPS衛星の測距信号，電波の送信タイミングや利用

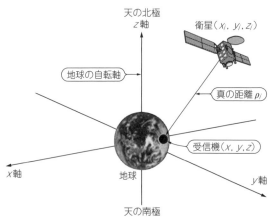

図1 地球中心地球固定3次元座標系ECEF(Earth-Centerd Earth-Fixed)は，地球の重心を原点Oとし，座標軸 $x$，$y$，$z$ を地球に固定する

$z$ 軸は地球の自転軸，$y$ 軸は原点と東経西経0°と赤道面との交点を結ぶ線，$x$ 軸は各 $z$，$y$ 軸と右手直交系をなすように設定される

者の受信機で受信タイミングを測定するためには，送信機と受信機の両方に正確に同期した時計を装備する必要があります．

衛星からの電波が地球上に到達するまでに約0.07秒掛かり，その間に衛星は約280m移動するため，衛星の位置を補正しなければなりません．

▶衛星側の送信機には精度 $10^{-12}$ の正確な原子時計を搭載している

原子時計の精度は約 $10^{-12}$ です．3万1710年で1秒しか狂わないという高精度な時計です．衛星側の送信機では正確な原子時計を搭載しています．

GPSでは各衛星に搭載されている原子時計の時刻誤差も常に監視／測定されています．時刻補正データは航法メッセージとして放送されています．受信機側では放送された補正データの係数を使用して，定数項，基準時刻からの経過時間の1次補正項，2次補正項で補正し，さらに正確なGPS時刻を取得できます．

▶受信機側は精度 $10^{-6}$ 程度の一般的な水晶振動子の時計を使っている

受信機側にも原子時計を内蔵して，正確な時刻を利用できるとよいのですが，原子時計はとても高価な装置で，取り扱いも難しいので現実的ではありません．そこで，安定度が $10^{-6}$ 程度の普通の水晶振動子の時計を内蔵し，受信機時計に含まれる誤差を前提に測距し，時計誤差も1つの未知数として測位演算を行う方式をとっています．

● 衛星-受信機間の距離測定には受信機時計のずれを考慮する必要がある

衛星と受信機間の距離の測定値は，不正確な受信機時計の誤差を含んでいます．正確な距離を表すものではないことから，(コード)擬似距離(pseudo-range)と呼ばれています．擬似距離には正確な距離 $\rho_i$ [m] に受信機時計の進み $\delta$ [s] による誤差が含まれます．衛星 $i$ と受信機間の距離の測定値を $r_i$ [m] とすると次式のようになります．

$$r_i = \rho_i + c\delta \quad \cdots\cdots\cdots\cdots\cdots\cdots\cdots (1)$$

ただし，$c$ は光速(電波の速度は光速と同じ)で，秒

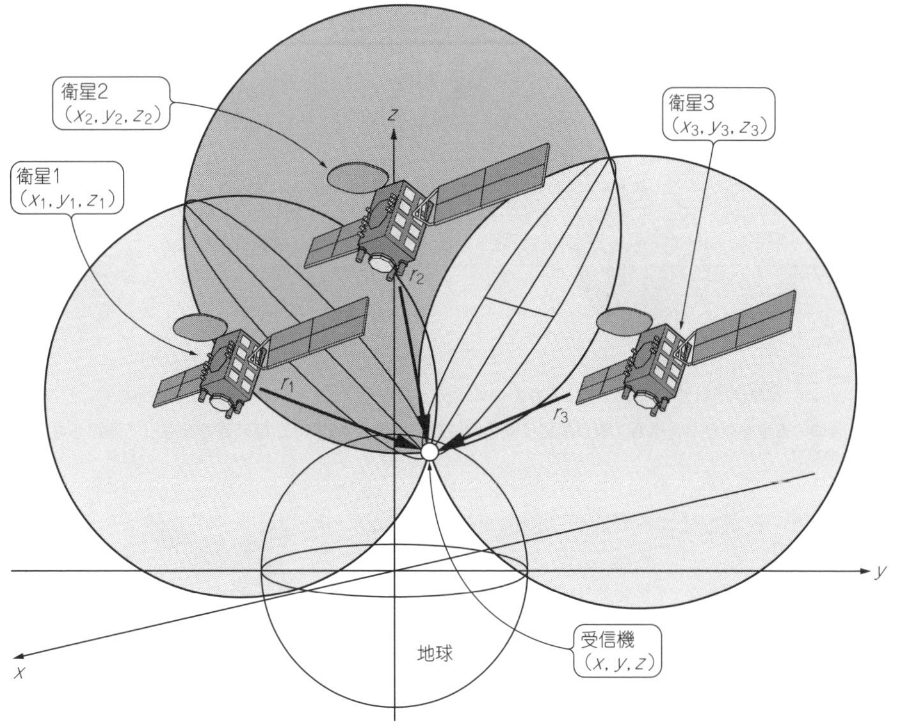

**図2 受信機の3次元位置 ($x$, $y$, $z$) は幾何学的に複数球面の交点として求まる**
各衛星位置 ($x_i$, $y_i$, $z_i$) と半径 $r_i$ との関係は，球の方程式 (球殻を表す式) で表せる

速約30万km（地球を7周半する距離）です．

受信機時計が進んでいると，測距信号が受信機に到着した瞬間に，本来よりも見掛け上余分に時間を要したことになり，距離が長く測定されます．逆に遅れていると短く測定されます．

▶衛星と受信機間の距離はピタゴラスの3平方の定理で表される

衛星の位置を既知として，擬似距離から受信機の3次元位置を算出します．衛星の位置と座標系については第2話で解説します．衛星と受信機間の正確な距離 $\rho_i$[m] は，受信機アンテナのECEF3次元直交座標位置を ($x$, $y$, $z$)，衛星 $i$ の位置を ($x_i$, $y_i$, $z_i$) とすると，**図1**からピタゴラスの3平方の定理を用いて次式のように表されます．

$$\rho_i = \sqrt{(x-x_i)^2 + (y-y_i)^2 + (z-z_i)^2} \cdots\cdots\cdots (2)$$

受信機アンテナのECEF3次元直交座標位置 ($x, y, z$) を算出するには，複数の衛星（$n$ 機）の距離を観測します．未知数は受信機の3次元位置 ($x$, $y$, $z$) と受信機時計の誤差 $\delta$ の4つです．$n$ 機の擬似距離は，式(1)と式(2)を用いて次式の連立方程式で表されます．

$$r_1 = \sqrt{(x-x_1)^2 + (y-y_1)^2 + (z-z_1)^2} + c\delta$$
$$r_2 = \sqrt{(x-x_2)^2 + (y-y_2)^2 + (z-z_2)^2} + c\delta$$
$$\vdots$$
$$r_n = \sqrt{(x-x_n)^2 + (y-y_n)^2 + (z-z_n)^2} + c\delta \cdots (3)$$

▶受信機の位置を正確に求めるには，最低4つの衛星を観測する必要がある

受信機の3次元位置 ($x$, $y$, $z$) を算出するためには，最低3つの衛星を観測して，3つの連立方程式を立てれば代入計算で解けます．しかし式(3)に示す通り，実際には受信機時計の誤差 $\delta$ も未知数として扱うため，最低4つの衛星との擬似距離を測定した方程式が必要になります．

それぞれ式(3)に示した式は，両辺を2乗すると中心を各衛星位置 ($x_i$, $y_i$, $z_i$)，半径を $r$ とする球の方程式 (球殻を表す式) になります．受信機の3次元位置 ($x$, $y$, $z$) は，**図2**に示すように幾何学的に衛星を中心とした複数球面の交点として求まります．

▶時計のズレた受信機でも正確な時間が算出できる

4つの衛星を観測した場合，正確に測距されていれば4つの球面が1点で交わります．しかし擬似距離 $\rho$ は受信機時計の誤差分 $c\delta$ だけ距離の誤差を持って測距されて1点では交わりません．連立方程式を解くと球面が1点で交わるよう $\delta$ の値が算出されて，**図3**に示すように球面の半径が調整されたことになります．

現状の上空では5つ以上の衛星が観測できるため，受信機の3次元位置 ($x$, $y$, $z$) と各球面の半径誤差の2乗の総和が最小になるように，$\delta$ が調整されたものと同じです（最小自乗法）．この場合，一般的には行列になりますが，例えば全ての方程式から4つだけ方程式を取り出して連立方程式を解きます．これを可能な全ての方程式の組み合わせで解き，それぞれ $x$, $y$, $z$, $\delta$ の平均を取る方法とほぼ同じです．

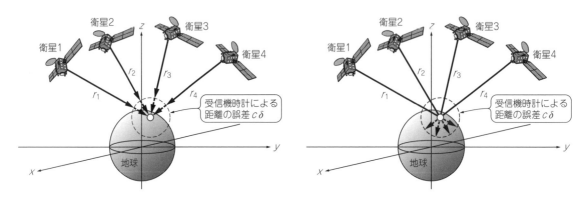

（a）受信機時計がGPS時計より遅れている場合          （b）受信機時計がGPS時計より進んでいる場合

**図3 4つの衛星を観測した場合，擬似距離は受信機時計の誤差分$c\delta$だけ距離の誤差をもって測距され，1点では交わらない**

● 単独コード測位はコード周期に起因する不確定な多重解をもつ

　周期1 msのC/Aコードを用いて，擬似距離の測距を行った場合を考えてみます．衛星と受信アンテナを結ぶ直線間には，**図4**のように約300 kmごと（1 msの間に電波が進む距離）に，衛星のC/Aコードが同じパターンでずらっと並んでいます．このコードの伝搬時間を測定して，擬似距離の測距を行います．

　同じコードがたくさん並んでいると，どれが所定の擬似距離を示すコード部分なのか判定する必要があります．測定された擬似距離は，受信機時計の不正確さによる測距の誤差のほかに，300 kmごとのコード不確定（アンビギュイティ）が存在します．

　ただ，地上や航空での利用では，受信アンテナの概略の位置が判っているので，衛星からの距離も300 kmの範囲内では既知です．したがってこの多重解が問題になることはありません．

　宇宙空間では一般的に300 kmの範囲内で距離を推定することは困難です．たくさんの位置の解のどれもが同確率で可能性のある解の候補となり，真の位置の解を判別できません．宇宙飛翔体の軌道情報を元に，概略の位置を推定して真の解を探すなど，別の手段を併用しなければなりません．

　単独測位におけるコード不確定による多重解は，宇

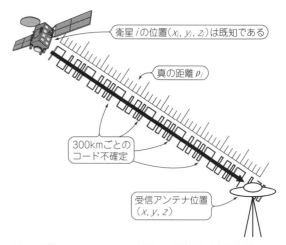

**図4 周期1 msのC/Aコードを用いて測定された擬似距離には，コード周期に起因する300 kmごとの不確定な多重解をもつ**
地上や航空での利用では，300 kmの範囲内で受信アンテナの概略の位置が判っているため，多重解が問題になることはない

宙利用以外では問題になることはありません．搬送波の位相を測距に利用したcm級の測位では，$L_1$波長19 cmごとに波数不確定（整数値アンビギュイティ）が現れ，瞬時には真の解と判別できない多重解の候補が発生するため大きな問題になります．　　〈浪江　宏宗〉

第2話

# 第2話
# 楕円軌道上を回る衛星の正確な位置を計算する

第1話では，GNSS衛星の位置は既知としましたが，実際には3次元位置座標を算出する必要があります．衛星から送信されてくる航法メッセージ（Navigation Message）の中に，位置情報が格納されています．ケプラーの6衛星軌道要素と呼ばれるパラメータを使用すれば，地球と衛星の位置関係が時間関数として表記できます．

単独測位の演算は，行列計算を用いて2次の連立方程式を最小自乗法で解きます．行列を用いた最小自乗法の測位演算処理は，何も衛星測位分野に限った話ではありません．逐次近似計算の一般的な話です．

ここでは行列の数式展開には触れず，地球上を回る衛星の軌道を直感的に把握できるように，単独測位の幾何学的なイメージを解説します．

● **人工衛星の位置や座標は精度1mの予報値で表す**

測位計算の大前提となる測位衛星の3次元位置座標を求める計算は，航法データ中の軌道情報エフェメリス（ephemeris：放送暦）を基にして行われます．

放送暦にはロシアのGLONASS以外はケプラーの衛星軌道要素を使っています．これは地上の無人管制局（monitor station）などのコントロール・セグメント（制御部）で行われた衛星軌道追跡データに基づいた予報値です．GLONASSでは一定時刻ごとの衛星座標位置が直接放送されてきて，任意の時刻の衛星位置は補

間によって決定されるようです．GPSで測位演算を行うためには，GPS衛星の3次元位置を適切な精度で知る必要があります．

▶**GPS開発当初から現在まで使い続けられている衛星位置の表現方法**

ケプラー軌道要素から軌道上の衛星位置を表現する方法は，GPS開発当初の1970年代初めに策定されたまま，現在に至るまで使用され続けています．当時，**10m程度だった衛星軌道予測精度は，現在では1mを切る水準**に達しています．特に人工衛星の摂動の補正データが有効に機能しています．そのため，欧州のGALILEO，日本の準天頂衛星システム共に同様の方式を採用しています．軌道計算は受信機の中で行われるので，利用者が直接手を触れることは全くありません．

GPS衛星は高度2万kmの楕円軌道上を秒速3km以上の速度で周回しています．衛星の3次元位置座標は，衛星から送信されている航法メッセージに含まれる放送暦，エフェメリスの軌道要素から算出されます．

▶**地球を中心とした座標系**

**図1**に示すのは，地球中心地球固定3次元座標系ECEF（Earth-Centered Earth-Fixed）のイメージです．地球の重心を原点Oとし，3次元座標軸$x$, $y$, $z$を地球に固定します．$z$軸は地球の自転軸，天の北極の方向が正の向きになります．$y$軸は原点と東経西経0°（昔のグリニッヂ原初子午線，世界標準単位系「m」の基準）と赤道面との交点を結ぶ線です．$x$軸は，各$z$，$y$軸と右手直交系をなすように設定されます．

ECEF座標系は地球に固定されているので，地球の自転や公転などに伴って回転します．

● **地球と軌道面の位置関係を決める6つの要素**

人工衛星の軌道は一般的に楕円で表されます．**図2**に示すのは衛星軌道の配置図です．この図の原点は地球の重心，傾斜している楕円（網がけ部分）が衛星軌道内，一番外側の円（球面）は地球重心を原点とした天球を表します．衛星が南半球から北半球へ赤道を横切る点を**昇交点**，逆に昇交点の反対側で衛星が北半球から南半球に赤道面を横切る点を**降交点**と呼びます．

軌道上で最も地球に近づく点を**近地点**（perigee），逆に最も遠ざかる点を**遠地点**（apogee）と呼びます．

宇宙空間内で地球と軌道面の位置関係を表すには，エフェメリス内の次のパラメータが使用されます．

▶**要素①：昇交点赤経Ω**

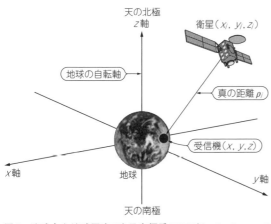

**図1 地球中心地球固定3次元座標系ECEF**（Earth-Centered Earth-Fixed）**は地球の重心を原点Oとし，座標軸$x$, $y$, $z$を地球に固定する**
$z$軸は地球の自転軸，$y$軸は原点と東経西経0度と赤道面との交点を結ぶ線．$x$軸は各$z$，$y$軸と右手直交系をなすように設定される

天の北極
$z$軸

衛星$(x_i, y_i, z_i)$

地球の自転軸

真の距離$\rho_i$

受信機$(x, y, z)$

$x$軸

地球

$y$軸

天の南極

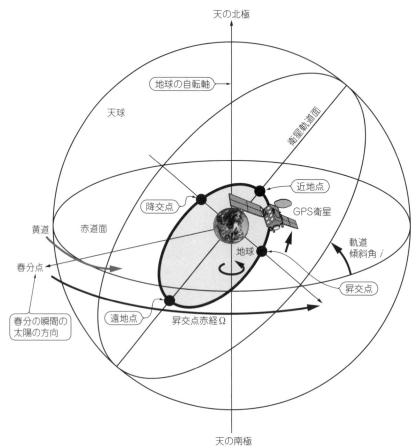

天の北極

地球の自転軸

天球

衛星軌道面

降交点

近地点

GPS衛星

黄道

赤道面

軌道
傾斜角 $i$

春分点

地球

昇交点

春分の瞬間の
太陽の方向

遠地点

昇交点赤経 Ω

天の南極

**図2　楕円で表される衛星軌道の配置図**
原点は地球の重心，傾斜している楕円（網がけ部分）が衛星軌道内，一番外側の円（球面）は地球重心を原点
とした天球を表す

地球中心地球固定（ECEF）3次元直交座標系の原点
と昇交点を結ぶ直線の昇交点方向と，同じく原点と春
分点（赤道面と地球の公転面（黄道）の交点で，太陽が
南半球から北半球へ横切る点，地球から見て春分の日
の太陽の方向）を結ぶ直線の春分点方向とのなす角度
で表されます．$z$軸の正の方向から原点を見たとき，
反時計回りに定義されます．

▶要素②：軌道傾斜角 $i$

衛星軌道面の昇交点から降交点へ向かう軌道を含む
半平面と赤道面のなす角です．昇交点から原点を見た
とき，反時計回りの方向を正とします．静止衛星では
0°，GPSでは約55°，GLONASSでは64.8°，GALILEOで
は約56°になります．GLONASSはロシアの国土が北
の高緯度地域にかたよっているので，それでも人工衛
星が配置よく飛来できるように，大きめの傾斜角にな
っていると思われます．

▶要素③：近地点引数 $\omega$

地球中心の原点から見た衛星軌道の近地点の方向を
表すパラメータで，昇交点と近地点との間の角度で表

します．衛星の移動する方向を正と定義します．衛星
軌道面内における楕円の向きを指定します．

**図3**に衛星軌道の形状を示します．人工衛星の軌道
は楕円軌道です．楕円には2つの焦点があります．こ
のうちの1つが地球の重心に当たります．人工衛星の
位置は次のパラメータで一意に決めることができます．

▶要素④：楕円離心率 $e$

楕円の偏平さを表すパラメータ $e$ で，$0 \leqq e \leqq 1$ の範
囲にあります．値が小さくなればなるほど真円に近く
なります．$e=0$ は真円，$e=1$ では放物線になります．

▶要素⑤：楕円長半径 $A$ の $\sqrt{A}$

楕円の長い方の半径です．短い方の半径（短半径b）
とは次式の関係にあります．

$$b = a\sqrt{1-e^2}$$

▶要素⑥：平均近点角 $M$

人工衛星の位置として近地点を基準として，焦点周
りに反時計方向に測った角度を真近点角 $\theta$ と呼びま
す．エポックと呼ばれる特定の時刻における人工衛星
の位置を表すために使用されます．真近点角は時刻と

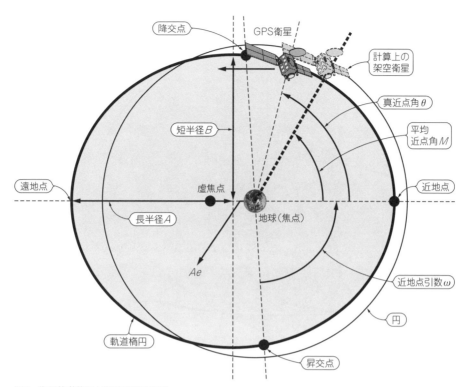

**図3 衛星軌道楕円と衛星位置の関係**
楕円軌道を周る実衛星の真近点角 θ は，時刻との関係が非線形で扱いにくい．衛星の3次元位置座標の計算には，同一周期で円軌道を一定速度で周回する架空の衛星を想定した平均近点角 M が用いられる

の関係が線形にならず扱い難いため，GPS衛星の3次元位置座標を計算する際には，計算上の仮想的な角度である平均近点角 M が使用されます．

平均近点角 M は，近地点と実衛星と同一の焦点（地球）を中心とし，同一の周回周期で円軌道を一定速度で周回する架空の衛星との間の角度になります．この一定速度とは実衛星の平均速度です．

実衛星と架空の衛星は遠地点と近地点を結ぶ直線を同時に通過します．実衛星の平均近点角は，架空の衛星の真近点角に等しくなります．平均近点角を用いると，ある時刻に対して線形な関数で表すことができて便利なのです．

楕円の離心率と長半径 A により，楕円の形状が定まります．さらにある時刻（エポック）における真近点角を与えると，衛星位置の初期値が決定されます．以後の衛星位置も時間関数として決定されます．

以上の6つのパラメータをケプラーの6楕円軌道要素といい，人工衛星の軌道を記述する際によく使用されます．

● **人工衛星の軌道は地球／太陽／月の影響を受けて少しずつ変化する**

楕円軌道の形状と向きは一定ではありません．下記に示す3つの影響を主に受けながら，時間の経過とともに軌道が少しずつ変化します．

▶影響1：真球からずれた地球の重力場不均衡

実際の地球は均質な真球ではありません．極半径より赤道半径の方が20 km程度長い楕円体に近く，複雑な形状と不均質な内部質量分布を持つ天体です．地球の赤道部分の膨らみは，次のような影響力を及ぼします．

① 昇交点と降交点の方向を変える

衛星運動への影響は軌道傾斜角に依存して，極軌道に対してはゼロ，赤道面軌道で最大になります．時間の経過と共に蓄積して，GPS衛星の場合は毎月1.2°程度となります．

② 赤道面に近づくと加速する

衛星が赤道面に近づくたびに，衛星に働く重力が大きくなり加速されます．反対に赤道面から遠ざかれば減速します．この影響により，衛星軌道面内の長半径方向に回転が発生します．衛星軌道1周当たり2回，周期約6時間ごとの摂動になります．

均質な真球の引力と比較して，この均質な真球からのずれの部分が衛星に及ぼす力は $10^{-4}$ 以下です．

▶影響2：潮汐を引き起こす太陽や月の重力場

太陽と月の重力による影響です．太陽と月の重力は

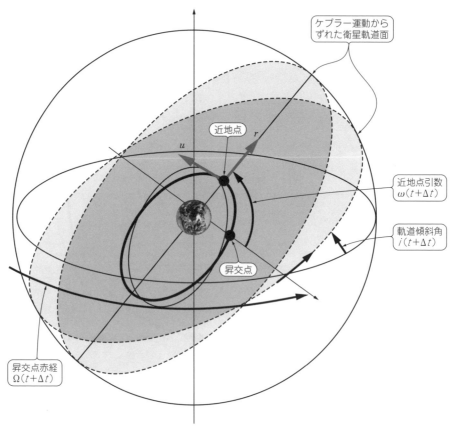

**図4 ケプラー運動からのずれ(摂動)を示した衛星軌道**
衛星から送信されている航法メッセージ中の放送暦(エフェメリス)には，摂動による影響を計算するための昇交点赤経Ωの変化率や，軌道傾斜角iの変化率などが含まれる

潮汐を引き起こし，これによって地球の形状や重力ポテンシャルに変化を及ぼします．人工衛星の運動への影響力は$10^{-5}$で大きさは非常に微小です．

▶影響3：太陽から放出される光子の輻射圧

人工衛星には太陽輻射圧による力も働いています．衛星に衝突する光子が，わずかながら圧力を発生するのです．太陽輻射圧による加速度は，衛星の質量や太陽から見た断面積に依存します．太陽輻射圧の影響は$10^{-6}$の大きさで非常に微小です．

● **ケプラー運動からのずれ(摂動)の計算データは衛星から送られてくる**

図4に示すのは，ケプラー運動からのずれ(摂動)を示した衛星軌道です．衛星から送信されてくる航法メッセージ中の放送暦(エフェメリス)には，基準時刻における衛星の軌道要素のほかに，下記のような摂動補正係数が含まれます．

(1) $\Omega'$：摂動補正後の昇交点赤経
(2) $i'$：摂動補正後の軌道傾斜角
(3) $r$：摂動補正後の地心距離(軌道半径方向)
(4) $u$：摂動補正後の衛星位置の昇交点からの角度
　　　　(＝近地点引数$\omega$＋真近点離角$\theta$)

補正係数は摂動要因を理論的に計算したものではなく，監視局による軌道追跡データから求めた軌道変動を数値化したものです．

受信機では放送暦で取得した基準時刻での変化率と補正係数を使用します．ケプラー運動からのずれ(摂動)は，衛星の飛行方向，半径方向，軌道面に垂直な方向の位置ベクトルとして分解し，衛星のECEF3次元直交座標位置$(x, y, z)$を算出します．

〈浪江　宏宗〉

### 第3話

# カー・ナビの17倍高精度！
# コード・ディファレンシャルGPS

GPSの誤差要因の大部分は，受信機を設置する場所に関係なく共通に現れます．つまり，2点間の距離が数100 km内にある場合は，複数の受信機も同じ影響を受けています．

既知の固定点に設置されたGPS受信機で誤差を測定できれば，この誤差情報により離れた地点のGPS受信機に現れる誤差を補正できます．既知固定点で誤差を測定した情報を適用して，利用者側の受信機の誤差を補正する方式をディファレンシャルGPS（Differential GPS：DGPS）と呼んでいます．直訳すると差動GPSです．コードDGPS（コード・ディファレンシャル）測位という場合もあります．

コード・ディファレンシャル測位はGPS単独測位と比べて測位精度が向上します．利用者にはほとんど意識されていませんが，スマートフォンは携帯電話の基準局が機能したディファレンシャル・モードで動作しています． 〈編集部〉

● DGPS定点測位はGPS単独測位と比べて測位精度は17倍に向上する

初期のGPSは軍用に整備され，民生向け信号には意図的な精度劣化であるSA（Selective Availability，選択利便性）が施されていました．

図1に示すのは，(a)SA施行下におけるGPS定点単独測位と，同時に同じ受信アンテナを利用して行った(b)剱埼中波ビーコン局を基準局としたDGPS定点測位結果の水平測位分布です．2000年5月以前のSA施行下における測位ということで，GPSの歴史を振り返る上で興味深い内容です．

縦軸は緯度方向で横軸は経度方向です．測位は同時に1 Hzで1時間行いました．定点観測にも関わらず，GPS単独測位はまるでゆっくり移動しているような軌跡を描き2 *drms* = 23.97 mでした．DGPS測位はSAなどの誤差が相殺され，短時間ではありますが2 *drms* = 1.41 mと精度が向上しています．

ここでいうGPS定点単独とは，補強信号も差動信号も利用しないレガシーな測位法のことです．カー・ナビはこの方法を採用しています．

## ■ 相対測位の原理

### ● 相対測位には利用者局のほかに基準局が必要である

図2に示すのは，ディファレンシャルGPSの概念図です．

既知固定点に設置される受信機を基準局（Reference Station，あるいはBase Station），移動する利用者側の受信機を利用者局（User Station），あるいは移動局（Rover）と呼んでいます．基準局と利用者局を結ぶ直線を基線（Baseline），その長さを基線長と呼びますが，

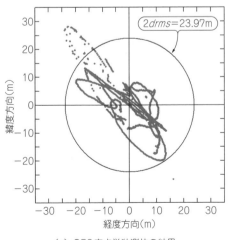

（a）GPS定点単独測位の結果

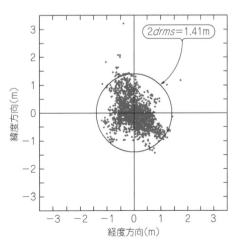

（b）中波ビーコン局（剱埼）を基準局としたDGPS定点測位の結果

図1 意図的にGPSの精度が落とされていたとき，DGPSによる測位はGPS単独測位と比べて精度が17倍に向上していた
SA施行下におけるGPS定点単独測位と，同時に同じ受信アンテナを利用して行った剱埼中波ビーコン局を基準局としたDGPS定点測位結果の水平測位分布を示す．2 *drms* とは98％の確率で数値に示された半径の中に存在していることを表す

これらは測量用語です.

### ● 相対測位には2つの補正方式がある

**（A）基準局位置補正方式**

基準局で作成した位置の補正値を利用者局が適用する方式です．まず基準局と利用者局で測位演算に使用した衛星の組み合わせを全く同一にして単独測位を行います．基準局で緯度・経度・高さの補正値を作成します．利用者局で単独測位結果の緯度・経度・高さに補正値を適用します．

**（B）擬似距離補正方式**

基準局で各衛星毎の擬似距離の補正値を作成し，利用者局で測距された各衛星毎の擬似距離を補正したあとで測位演算を行う方式です．

### ● 利用者局/基地局の2つの測位計算方式

測位演算処理を行う計算機の所在により，（A）利用者局測位計算方式と（B）基地局測位計算方式に区別できます.

**（A）利用者局測位計算方式**

一般的な受信機で利用されている方式です.

**（B）基地局測位計算方式**

タブレットやスマートフォンなどの携帯端末で利用されている方式です．消費電力節約の観点から，測位演算自体は利用者端末内部では行いません．測定した擬似距離もしくは単独測位結果の緯度・経度・高さと，測位演算に利用した衛星の番号などを電話回線を利用して携帯基地局へ送ります．基地局の中の計算機で擬似距離補正したあとで測位演算をするか，基地局で測位演算に利用した衛星を完全に一致させて行った単独測位結果の位置の補正値を適用します.

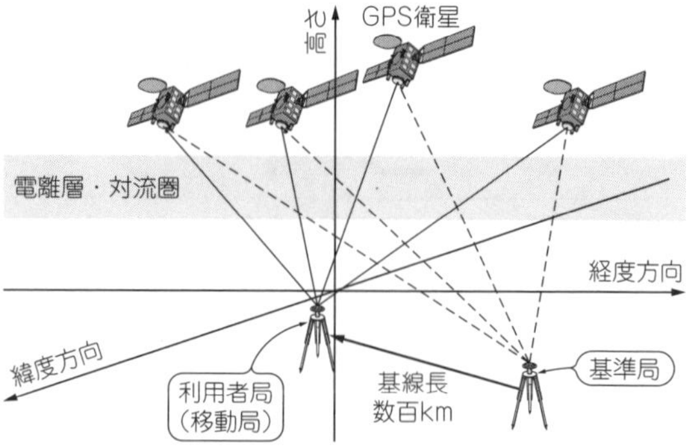

**図2　相対測位には利用者局のほかに基準局が必要である**
コード・ディファレンシャルGPSの概念図

## ■ 相対測位の誤差要因

### ● 測位精度を悪化させる6つの誤差要因

表1に示すのは，GPSの測位精度を悪化させる誤差要因と誤差の見積もり結果です.

基準局の位置座標の誤差は，そのまま利用者局の測位誤差となって現れます．コード・ディファレンシャル方式は基準局3次元位置座標に対する相対位置座標を算出します．精度よく利用者局の位置を算出するには，基準局の3次元位置を正確に測量する必要があります.

▶要因①：エフェメリス(衛星軌道)誤差
▶要因②：衛星時計誤差

基準局と利用者局で位置によらず共通であるため，コード・ディファレンシャル方式によって相殺されて補正されます．エフェメリス誤差と衛星時計誤差などの人工衛星を含む管理運用部分のみによる誤差をシグ

**表1　測位精度を悪化させる6つの誤差要因と誤差見積の結果**

| 誤差の種類 \ 測位方法 | | 標準測位サービス(SPS)[L1のみ] | 標準測位サービス(SPS)[L1のみ/SAあり] | 2周波測位[L2C/L5] | 精密測位サービス(PPS)[L1+L2] | コード・ディファレンシャルGPS(DGPS) [L1のみ] |
|---|---|---|---|---|---|---|
| 要因 | ①エフェメリス(衛星軌道)誤差 ($E_{eph}$) | 0.7 | 2.1 | 0.7 | 0.7 | 0 |
| | ②衛星時計誤差($E_{cloc}$) | 0.7 | 20 | 0.7 | 0.7 | 0.04 m/s |
| | ③電離層遅延誤差($E_{iono}$) | 4 | 4 | 0.1 | 0.1 | 2 ppm × 基線長 |
| | ④対流圏遅延誤差($E_{trop}$) | 0.7 | 0.7 | 0.7 | 0.7 | |
| | ⑤マルチパス誤差($E_{mult}$) | 1.4 | 1.4 | 1.4 | 0.2 | 2 |
| | ⑥受信機雑音誤差($E_{r\text{-}noise}$) | 0.5 | 0.5 | 0.5 | 0.1 | 0.7 |
| 見積結果 | 利用者等価測距誤差($E_{UERE}$)（注1） | 4.4 | 20.6 | 1.9 | 1.2 | 1.5 - 2.0 |
| | 水平測位誤差(2drms)（注2） | 13.2 | 61.8 | 5.7 | 3.6 | 4.5 - 6.0 |
| | 垂直測位誤差($\sigma_h$)（注3） | 11 | 51.5 | 4.8 | 3 | 3.8 - 5.0 |

（注1）$E_{UERE} = \sqrt{E_{eph}{}^2 + E_{cloc}{}^2 + E_{iono}{}^2 + E_{trop}{}^2 + E_{mult}{}^2 + E_{r\text{-}noise}{}^2}$（相乗平均）
（注2）$2\,drms = E_{UERE} \times HDOP \times 2$　ただし，水平精度劣化指数$HDOP$(Horizontal Dilution Of Precision)は，衛星配置によってのみ決まる誤差の拡大係数で標準値として$HDOP$=1.5
（注3）$\sigma_h = E_{UERE} \times VDOP$　ただし，垂直精度劣化指数$VDOP$(Vertical Dilution Of Precision)は，衛星配置によってのみ決まる誤差の拡大係数で標準値として$VDOP$=2.5

ナル・イン・スペース（SIS：Signal In Space）呼びます．衛星測位システムの性能を表す1つの指標として近年よく使用されています．

2000年5月まで発動されていた米国国防総省による故意の測位精度劣化操作SAは，エフェメリスと衛星時計（PRN測距コード・タイミング）に施行されていましたが，補正によりほぼ完全に相殺されました．これがディファレンシャル補正の最大の利点でしたが，SAが停止された今となっては，コード・ディファレンシャル補正の意義は多少なりとも薄れているのかもしれません．

▶要因③：電離層遅延誤差

基線長が300～1000 km以下であれば補正効果があります．太陽活動が活発で電離層の変動が激しい時期では補正効果が減少します．

▶要因④：対流圏遅延誤差

基本的には補正できます．ただし受信機の設置標高などの差異によって遅延誤差量が変動するため，基準局と利用者局の標高差に注意が必要です．

▶要因⑤：マルチパス誤差

受信機の設置された周囲の電波環境によって決まるため，基準局と利用者局で共通になりません．ディファレンシャル処理により基準局の誤差の影響が混入します．

▶要因⑥：受信機雑音誤差

受信機内部で発生する熱雑音などによる誤差も，共通成分はないため補正できません．ディファレンシャル処理により基準局の誤差の影響も混入します．単独

写真1　日本では1997年4月より神奈川県三浦市の劔埼局よりDGPS補正データ放送サービスを展開していた

測位と比較してむしろ誤差が増大します．

コード・ディファレンシャル方式では衛星に起因する①衛星軌道誤差や②衛星時計誤差などを消去できますが，⑤マルチパス誤差や⑥利用者局受信機における雑音などは消去されず，むしろ基準局／利用者局双方の誤差が混入するためおよそ$\sqrt{2}$倍に増大します．

## ■ 補正データの伝送方法

### ● 基準局から利用者局に補正データを伝送する2つの方法

コード・ディファレンシャル方式では，基準局から利用者局に補正データを伝送しなければなりません．伝送手段としてさまざまな媒体が提案され実施されています．現在，世界的にコード測位補正サービスとして利用されているのは次の2つです．
① 船舶方向探知用の中波ビーコン電波へ重畳する方法
② 国際海事衛星INMARSAT（インマルサット：INternational MARitime SATellie）の衛星通信回線を利用する方法

### ①船舶用中波ビーコン電波へ重畳する方法

船舶用中波ビーコン電波（送信周波数300 kHzの中波帯）にディファレンシャル補正データを重畳させるサービスを最初に開始したのは米国沿岸警備隊USCG（United States Coast Guard）によるものでした．1987年に実験を開始し，1989年にそれまで沿岸を航行中の船舶が方向探知用に使用していたビーコン電波にDGPS補正データを重畳させる方式を策定しました．1990年1月1日には正式にRTCM SC-104 Ver.2として決定され，1990年8月15日には最初の一般向けDGPS補正データ放送がニューヨーク州Montauk局から開始されました．

現在は，アラスカ，ハワイ，プエルトリコの一部を含む全米の沿岸のみならず，五大湖，ミシシッピ，テネシの大河沿いにも基準局が展開されています．約50局の放送施設から海上無線ビーコン放送に重畳され，送信周波数285～325 kHzでディファレンシャル補正データ放送サービスを提供しており，多くの船舶で利用されています．

同規格によるDGPS補正データ放送サービスが世界各国の沿岸管理機関によって運営されています．

日本では1997年4月より海上保安庁が同様のサービスを神奈川県三浦市の劔埼局（写真1）から展開して，図3に示すように27局で運用されていました．

DGPSによる補正はSAが停止された今は効果が小さいことから，中波ビーコンにDGPS補正データを重畳して放送する日本でのサービスは，2019年3月1日に終了しました．

伝送速度200 bpsの連続送信，送信出力は75 W，RTCM Ver.2.1メッセージ・タイプ3，7，9，16を送

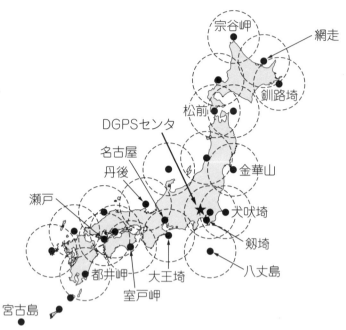

図3　海上保安庁は船舶用中波ビーコン電波（送信周波数300 kHzの中波帯）にディファレンシャル補正データを重畳させるサービスを全国展開していた

日本では平成9年4月より神奈川県三浦市の剱埼局より展開しており，現在は27局でDGPS補正データ放送サービスを運用している

信しています．多くの場合，このビーコン送信局は灯台に併設されていて，サービスエリアは半径約200 km以上あるので利用性は高くなっています．RTCMメッセージ・タイプ16では，全国の気象観測所の情報の中から近隣の情報も放送していて，海上の船舶向けではありますが，海岸に近い陸上でも利用可能でした．RTCMのバージョンは現在2から3となり，搬送波位相測位のためのデータが追加拡充されましたが，バージョン2と3には互換性がありません．

### ② 国際海事衛星INMARSATの衛星通信回線を利用する方法

いわゆる広域補強システムWAAS（ワース：Wide Area Augmentation System:），衛星補強システムSBAS（エスバス：Satellite‐Based Augmentation System）と呼ばれるものがあります．

世界的には，米国のWAAS（ワース：同名），欧州のEGNOS（イグノス：European Geostationary satellite‐based Navigation Overlay Service），日本ではMSAS（エムサス：MTSAT Satellite‐based Augmentation System）の3つが運用されています．

ディファレンシャル方式では，基準局で作られる補正データが電離層分や対流圏分などに分離はされません．航空機向けのWAASでは，より広域で利用できるように各誤差成分が分離されて放送されます．

ここでMTSATとは，国土交通省の航空局が管理運用する多目的運輸衛星（Multi‐purpose Transport

SATellite）で，気象衛星ひまわりの愛称で親しまれていた静止衛星です．利用者にはほとんど意識されていませんが，携帯電話やスマートフォンは，かなりの割合で携帯電話の基準局が機能したディファレンシャル・モードで動作しています．

### ● 補正データ伝送に必要な世界標準規格の制定

コード・ディファレンシャルの補正データは，広域の多くの利用者へ配信するので，世界的な共通伝送規格を制定しておくと便利です．逆に制定しておかなければ普及の大きな妨げになります．

米国の海事無線技術委員会RTCM（Radio Technical Commission for Maritime Service）の第104特別委員会SC‐104（Special Committee No.104）で長い歳月を掛けて制定・更新されたものが，世界標準として広く普及しています．これをRTCM‐SC‐104，または単にRTCMと表記します．

当初，RTCMは海上船舶用ディファレンシャル・サービスとして，船舶用中波ビーコン電波への補正データ重畳を前提に策定されました（1990年1月1日にRTCM SC‐104 Ver.2として発表された）．データ伝送速度も200 bpsなどと比較的低速なものを前提としています．しかし，現在のバージョン3は，搬送波位相測位用のメッセージ（データ）なども準備されています．

〈浪江　宏宗〉

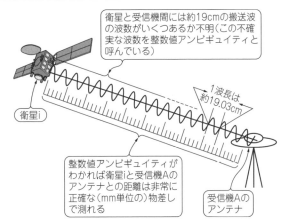

衛星と受信機間には約19cmの搬送波の波数がいくつあるか不明(この不確実な波数を整数値アンビギュイティと呼んでいる)

1波長は約19.03cm

衛星i

整数値アンビギュイティがわかれば衛星iと受信機Aのアンテナとの距離は非常に正確な(mm単位の)物差しで測れる

受信機Aのアンテナ

**図1　衛星からのL1搬送波(1.57542 GHz)を使って距離を測れば, 1波長約19.03 cmの1/100の測距精度(mmオーダ)で距離がわかる**
衛星と受信機間には搬送波の波数が1億個位あり, いくつあるか不明(この不確定な波数を整数値アンビギュイティと呼んでいる)

# 第4話　リアルタイムでcm級高精度測位「RTK-GNSS」

RTK-GNSS(Real Time Kinematic GNSS)は, 2つの衛星とユーザの距離差測定に搬送波位相を利用した衛星測位システムです.

測位の要は衛星と受信機間の波数を正確に求めることです. 最も一般的なL1搬送波(1.57542 GHz)を利用すると1波長は約19.03 cmになり, その100分の1程度の位相距離分解能が得られます.

RTK-GNSS測位では, 比較的に衛星仰角が高く, 電波の受信状況が安定した衛星を基準衛星に決めます. その基準衛星と他の衛星との搬送波位相の2重位相差の処理を行い, 種々の搬送波位相誤差を消去して高精度測距を実現します. リアルタイムでcm級測位ができるため, 自動車の自動走行やドローンによる無人飛行など, さまざまな分野への応用が期待されます.
〈編集部〉

## ■ 測位原理

### ● 測位の要は衛星と受信機間の波数を正確に求めること

図1に示すのは, 衛星と受信機間の搬送波位相のイメージです.

最も一般的なL1搬送波(1.57542 GHz)を利用すると1波長は約19.03 cmになります. 搬送波には波数を数えるのに必要な目印に相当するものがなく, 受信アンテナから衛星送信アンテナまでの波数を正確に求めない限り距離差がわかりません. この不確定の波数を整数値アンビギュイティ(ambiguity：曖昧さ)と呼んでいます. この整数値アンビギュイティがわかれば, 衛星との距離は非常に正確な(mm単位の)物差しで測れます.

図2に示すのは, NovAtel Inc.社製のGPS受信機RT-20(写真1)から得られた搬送波位相積算値の時間変化です.

複数の衛星から同時に得たデータを示しています. 搬送波位相積算値の増減は一見緩やかですが, 縦軸は搬送波の波数を単位として$10^7$(約1900 km)のオーダで衛星の移動により大きく増減します. 衛星が近づく場合は増加し, 遠ざかる場合は減少します. 積算値が負であるのは整数値アンビギュイティによります.

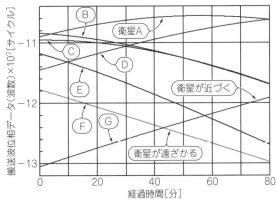

図2　搬送波位相積算値の時間変化から, 衛星が近づく場合は増加し, 遠ざかる場合は減少することがわかる
増減は一見緩やかであるように見えるが, 縦軸は搬送波の波数を単位として$10^7$(約1900 km)のオーダであり, 衛星の移動により大きく増減する

**写真1　搬送波位相積算値の測定に使用したNovAtel Inc.社製のGPS受信機RT-20**

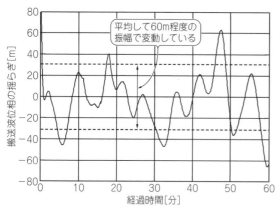

**図3 搬送波位相データの揺らぎ誤差の時間変化から，米国による故意の測位精度劣化操作SA（Selective Availability：選択利用性）は衛星内の基準発振器の位相に施されていたことがわかる**
2000年5月以前のSA施行下における搬送波位相データということでGPSの歴史を振り返る上で興味深い

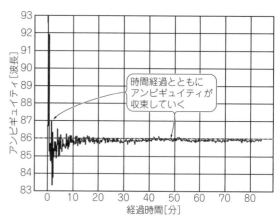

**図4 2重位相差による測位演算を行った場合，実数値アンビギュイティは時間経過とともにある整数値に収束する**
波数を絞り込む過程の測位解をフロート（Float）解と呼ぶ

図3に示すのは，米国による故意の測位精度劣化操作SA（Selective Availability：選択利用性）による搬送波位相データの揺らぎ誤差の時間変化です．

平均して60m程度の振幅で変動しています．SAは衛星内の基準発振器の位相に対して施されていることがわかります．2000年5月以前のSA施行下における搬送波位相データということで，GPSの歴史を振り返る上で興味深い内容です．

● **波数を絞り込む過程の測位解（Float解）と波数を決定したcm精度が得られる測位解（Fix解）**

最も一般的に波数を求める方法は，過去のある基準時刻（epoch）の観測データ（衛星位置，2重位相差）を使って，実数値としてアンビギュイティを解きます．ただし求まったアンビギュイティは整数値ではなく実数値です．同時に求まった3次元位置座標にもアンビギュイティの決定誤差による誤差（数十cm〜数m以上）が含まれます．波数を絞り込む過程の測位解をフロート（Float）解と呼んでいます．

図4に示すのは，2重位相差による測位演算を行ったときに算出された実数値アンビギュイティの時間変化です．

時間経過とともに実数値アンビギュイティはある整数値に収束していきます．

cm級の測位を実現するには，実数値で算出されたアンビギュイティから，正確な整数値アンビギュイティを求めることが必要です．実数値アンビギュイティから一旦整数値を求めてしまえば，サイクル・スリップ（衛星からの電波が障害物などで遮断されて位相測定が中断すること）などが発生しない限り，以後は現在時刻の観測データのみを使用して，cm級の実時間測位ができます．波数を決定した高精度が得られる測位解をフィックス（Fix）解と呼んでいます．毎秒算出される独立な2重位相差毎の実数値アンビギュイティの変動が大きい場合は，ミス・フィックスという間違った整数値に固定してしまうことがあります．

図5に示すのは，Float解とFix解による測高度の時間変化です．

Float解では時間経過とともに測位値が収束します．Fix解の高度測位ではcm級（$\sigma = 1.69$ cm）の高精度が得られました．

図6に示すのは，Float解とFix解による水平方向定点測位分布です．

Float解とFix解は全く同一の搬送位相積算値と衛星位置情報を使用して測位演算を行いますが，Fix解でcm級（2drms = 2.07 cm）の測位精度が得られました．

● **最低4機以上の衛星と利用者局のほかに基準局が必要**

図7に示すのはRTK-GNSS測位の概念図です．

コード・ディファレンシャルGPSと同様に，あらかじめ測量などでmm単位以下の精度で3次元位置座標がわかっている地点に基準局を置きます．基準局は利用者局と同時に最低4機以上の衛星からの搬送波位相を測定します．RTK-GNSS測位では比較的に衛星仰角が高く，電波の受信状況が安定した衛星を基準衛星に決めます．

基準局で測定した搬送波位相は，何らかのデータ伝送システムを使用してユーザに伝送します．利用者局側では2重位相差を取り，演算に利用した2衛星と利用者局との距離差をcmの精度で求めます．

コード・ディファレンシャルGPSでは利用者局と基準局の間の距離は数100kmと長くてもよかったのですが，RTK-GPSではせいぜい10k〜15kmと短い

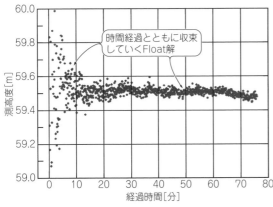

（a）Float解による測高度の時間変化

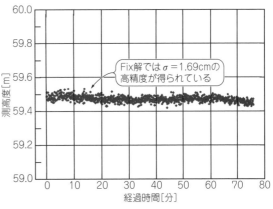

（b）Fix解による測高度の時間変化

図5　時間経過とともに測位値が収束するFloat解と，cm級の高精度が得られるFix解の測高度

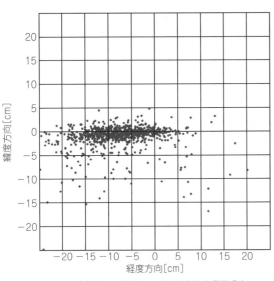

（a）Float解による水平方向定点測位分布

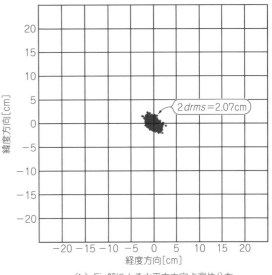

（b）Fix解による水平方向定点測位分布

図6　Float解とFix解による水平方向定点測位分布を見ると，Fix解でcm級の測位精度が得られる
Float解とFix解は全く同一の搬送位相積算値と衛星位置情報を使用して測位演算を行っている．2drmsとは98％の確率で数値に示された半径の中に存在していることを表す

必要があります．近ければ電離層や対流圏による距離誤差が大体同じくらいの大きさになるので，距離差の測定精度が向上します．

● 搬送波位相測距の高精度化手法

　衛星からの搬送波位相積算値を用いて測位計算をします．図8に示すように測位には4つの方法があります．RTK‑GNSSでは方法④による2重位相差の処理を行い，種々の搬送波位相誤差を消去して高精度測距を実現します．

▶方法①：1機の衛星を1台の受信機だけで測位すると衛星時計や受信機時計の位相誤差が影響する

　図8（a）に示すように受信機Aで測定された衛星iからの搬送波位相積算値$\Phi_{iA}$は，次式で表されます．

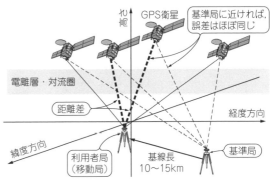

図7　RTK‑GPS測位では最低4機以上の衛星と利用者局のほかに基準局が必要である
利用者局と基準局の間の距離は，コード・ディファレンシャルGPSでは数百kmまで長くてもよいが，RTK‑GPSでは10k〜15kmまで短い必要がある．近いほど電離層や対流圏による距離誤差がほぼ同じになり，距離差の測定精度が向上する

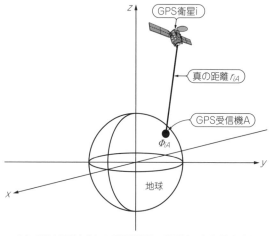

（a）1機の衛星を1台の受信機だけで観測すると衛星時計や
受信機時計の位相誤差が影響する

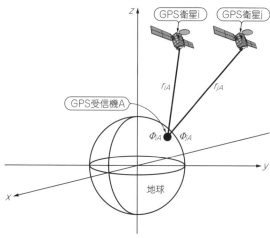

（b）2機の衛星を1台の受信機だけで観測すると衛星時計の
位相誤差が影響する（衛星間1重位相差）

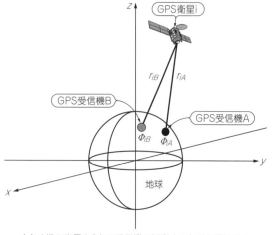

（c）1機の衛星を2台の受信機で観測すると受信機時計の
位相誤差が影響する（受信機間1重位相差）

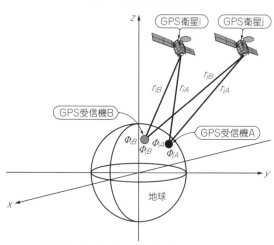

（d）2機の衛星を2台の受信機で観測すると種々の
搬送波位相誤差を消去できる（2重位相差）

**図8　衛星と受信機間の距離を測る4つの方法**
測位には4つの方法があるが，RTK-GNSSでは（d）2重位相差の処理で種々の搬送波位相誤差を消去して高精度測距を実現している

電離層や対流圏などによる誤差，受信系の$S/N$などによる搬送波位相積算値の観測の偶然誤差は無視します．

$$\Phi_{iA} = r_{iA}\frac{f}{c} + d_i + \delta_A + N_{iA} \cdots\cdots\cdots (1)$$

ただし，

$r_{iA}$：受信アンテナAと衛星i間の真の距離，
$f$：L1搬送波周波数（1.57542 GHz），
$c$：光速（299792458 m/s），
$d_i$：衛星iに搭載された原子時計の位相誤差，
$\delta_A$：受信機Aの内蔵時計の位相誤差，
$N_{iA}$：整数値アンビギュイティ

衛星搭載の原子時計の位相誤差や，受信機内蔵時計の位相誤差が影響します．

▶方法②：2機の衛星を1台の受信機だけで測位すると衛星時計の位相誤差が影響する

図8（b）に示すのは，衛星間1重位相差（2機の衛星を1台の受信機だけで測位する場合）のイメージです．

ある時刻にGPS受信機Aで受信している2機の衛星を，それぞれ衛星i，衛星jとします．測定された搬送波位相積算値をそれぞれ$\Phi_{iA}$，$\Phi_{jA}$とすると，搬送波位相の衛星間一重位相差$D\Phi_{ijA}$は，式（1）を用いると次式で表されます．

$$D\Phi_{ijA} = \Phi_{jA} - \Phi_{iA}$$
$$= (r_{jA} - r_{iA})\frac{f}{c} + (d_j - d_i) + (N_{jA} - N_{iA})$$
$$= (r_{jA} - r_{iA})\frac{f}{c} + d_{ij} + N_{ijA} \cdots\cdots\cdots\cdots (2)$$

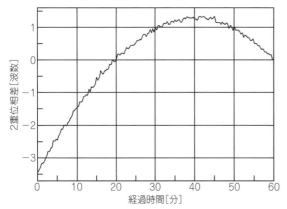

**図9 2重位相差はサイクル・スリップがなければ連続的に変化する**
搬送波位相積算値を使用して計算した2重位相差の時系列

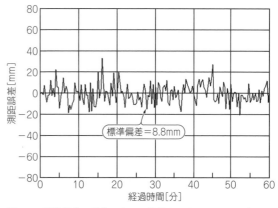

**図10 2重位相差の計算によって相殺されなかったランダムな誤差**（標準偏差で約8.8 mm）が，NovAtel Inc.社製GPS受信機 RT-20(写真1)の測距精度になる
2重位相差のランダムな測距誤差の時間変化

2つの搬送波位相積算値$\Phi_{iA}$，$\Phi_{jA}$に共通して含まれていた受信機の内蔵時計の誤差による搬送波位相誤差$\delta_A$が，この処理によって完全に消去されます．しかし，衛星に搭載された原子時計の位相誤差$d_{ij}$が残ります．

▶**方法③：1機の衛星を2台の受信機で測位すると受信機時計の位相誤差が影響する**

**図8**(c)に示すのは，受信機間一重位相差(1機の衛星を2台の受信機で測位する場合)のイメージです．

ある時刻に2つの受信機A，Bでそれぞれ測定された衛星iからの搬送波位相積算値を$\Phi_{iA}$，$\Phi_{iB}$とすると，搬送波位相積算値の受信機間一重位相差$D\Phi_{iAB}$は，式(1)を用いると次式で表されます．

$$D\Phi_{iAB} = \Phi_{iB} - \Phi_{iA}$$
$$= (r_{iB} - r_{iA})\frac{f}{c} + (\delta_B - \delta_A) + (N_{iB} - N_{iA})$$
$$= (riB - r_{iA})\frac{f}{c} + \delta_{AB} + N_{iAB} \cdots\cdots\cdots (3)$$

2つの搬送波位相積算値$\Phi_{iA}$，$\Phi_{iB}$に共通して含まれていた衛星搭載の原子時計誤差による位相誤差$d_i$が，この処理によって完全に消去されます．しかし，受信機の時計の誤差による位相誤差$\delta_{AB}$は残ります．

▶**方法④：2機の衛星を2台の受信機で測位すると種々の搬送波位相誤差を消去できる**

**図8**(d)に示すのは，2重位相差(2機の衛星を2台の受信機で測位する場合)のイメージです．

ある時刻に衛星iとjから送られてくる搬送波位相積算値を，それぞれ2台のGPS受信機A，Bで測定します．各受信機で測定された衛星iからの搬送波位相積算値を$\Phi_{iA}$，$\Phi_{iB}$とします．衛星jからの搬送波位相

積算値を$\Phi_{jA}$，$\Phi_{jB}$とすると，搬送波位相積算値の2重位相差$DD\Phi_{ijAB}$は，式(1)を用いると次式で表されます．

$$DD\Phi_{ijAB} = (\Phi_{jB} - \Phi_{iB}) - (\Phi_{jA} - \Phi_{iA})$$
$$= \{(r_{jB} - r_{iB}) - (r_{jA} - r_{iA})\}\frac{f}{c} + (N_{ijB} - N_{ijA})$$
$$= \{(r_{jB} - r_{iB}) - (r_{jA} - r_{iA})\}\frac{f}{c} + N_{ijAB} \cdots\cdots (4)$$

衛星搭載の原子時計の位相誤差$d_i$，$d_j$や受信機内蔵時計の位相誤差$\delta_A$，$\delta_B$がともに完全に相殺されます．さらに電離層や対流圏に起因する位相誤差も消去されます．衛星i，jと点Aの位置が既知なので，2重位相差を計算できれば$\Phi_{jB} - \Phi_{iB}$(未知の点Bから衛星i，jまでの距離差に関連した値)が測定できます．

RTK-GPSでは2重位相差の処理で種々の搬送波位相誤差を消去することで，mmオーダの高精度測距を実現しています．

**図9**に示すのは，搬送波位相積算値を使用して計算した2重位相差の時系列です．

サイクル・スリップが発生していなければ，2重位相差は1波長以上の位相のジャンプはなく連続的に変化します．

**図10**に示すのは，2重位相差のランダムな測距誤差の時間変化です．

2重位相差の計算によって相殺されなかったランダムな誤差は標準偏差で約8.8 mmになります．これがNovAtel Inc.社製のGPS受信機RT-20(写真1)を使用したときの搬送波位相積算値による測距精度です．

〈浪江 宏宗〉

### 第5話

# RTK-GNSSの「リアルタイム優先モード」と「精度優先モード」

前話はRTK-GNSS(Real Time Kinematic GNSS)測位について解説しました．リアルタイムでcm級測位ができるため，自動車の自動走行やドローンによる無人飛行など，さまざまな分野への応用が期待されます．

RTK-GNSS測位では利用者局のほかに基準局が必要です．基準局は何らかの通信伝送手段を用いて利用者局にデータを伝送する必要があります．伝送は瞬間的には実現できないため，伝送遅延分だけ実時間性が損なわれます．

RTK-GNSSには同期/非同期の2つの測位方式があります．同期方式は基準局と利用者局で観測した同じ時刻(エポック)の搬送波位相データを基にするため，測位精度は最も高くなります．移動量の小さい測量などの応用に適しています．

非同期方式は，利用者局に到着した最新の基地局データから推測した異なる時刻の搬送波位相データを利用して測位演算をします．非同期方式は自動車や航空機などの高速移動体への応用に適しています．

本話はRTK-GNSS測位の同期/非同期方式での測位精度を比較してみました．非同期方式では同期方式より若干の劣化が見られましたが，いずれも1cm級の測位精度が得られました．　〈編集部〉

## ■ 測位原理

### ● RTK-GNSS測位では利用者局のほかに基準局が必要

図1に示すのは，RTK-GNSS測位の概念図です．予め測量などでmm単位以下の精度で3次元位置座標がわかっている地点に基準局を置きます．基準局は利用者局(移動局)と同時に最低4機以上の衛星からの搬送波位相を測定します．

基準局で測定した搬送波位相は，何らかのデータ伝送システムを使用してユーザに伝送します．利用者局側では2重位相差を取り，演算に利用した2衛星と利用者局との距離差をcmの精度で求めます．

基地局と利用者局の距離が近ければ，電離層や対流圏による距離誤差が大体同じくらいの大きさになるので，距離差の測定精度が向上します(第5話を参照)．

### ● RTK-GNSSには同期/非同期の2つの測位方式がある

RTK-GNSS測位には同期方式(Time Matched)と非同期方式(Low Latency)の2種類の方式があります．

図2に示すのは，2つの同期方式の概念図です．横

軸は経過時間(エポック)を示します．上段側が基準局，下段側が利用者局(移動局)の搬送波位相観測を示します．

▶ 方式①：測量などの移動量の小さい応用に適する同期方式

図2(a)に示した同期方式では，測位演算を行う際に基準局で観測した搬送波位相データ(基準局データ)と，利用者局で観測した搬送波位相データで，同じ時刻(エポック)のデータを使用します．同時刻のデータを基にするため，演算結果の測位精度は最も高くなります．

基準局データは，インターネット回線，電話回線，特定小電力無線など，何らかのデータ伝送手段を用いて利用者局に伝送する必要があります．伝送は瞬間的には実現できないため，伝送遅延分だけ実時間性が損なわれます．したがって，同期方式は測量などの移動量の小さい応用に適する方式になります．

▶ 方式②：自動車や航空機などの高速移動体への応用に適する非同期方式

図2(b)に示した非同期方式では，測位演算を行う際に基準局データと利用者局で観測した搬送波位相データで異なる時刻(エポック)のデータを使用します．

基準局データは，利用者局に到着した最新のデータから推測した搬送波位相データを利用して測位演算をします．毎秒ではなく10 Hzなど高頻度で測位する場合も非同期方式になります．非同期方式は実時間性が高く，自動車や航空機などの高速移動体への応用に適する方式になります．

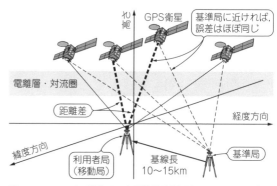

**図1 RTK-GNSS測位は3次元位置座標がわかっている地点に基準局を置き，基準局は利用者局(移動局)と同時に最低4機以上の衛星からの搬送波位相を測定する**
基準局間の距離が近いほど電離層や対流圏による距離誤差がほぼ同じになり，距離差の測定精度が向上する

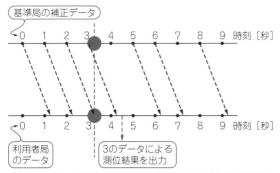

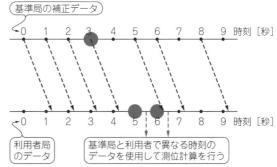

（a）同期方式：基準局と利用者局で観測した同じ時刻の搬送波位相データを使うため測位精度は高い

（b）非同期方式：最新の基地局データから推測した異なる時刻の搬送波位相データを使うため，測位精度は若干劣化する

**図2　RTK-GNSSには測量などの移動量の小さい応用に適する同期方式と，自動車や航空機などの高速移動体への応用に適する非同期方式の2つの測位方式がある**
横軸は経過時間（エポック）を示し，上段側が基準局，下段側が利用者局（移動局）の搬送波位相観測を示す

## ■ 測位計測

### ● 衛星通信回線の伝送遅延時間

基準局データの伝送には，**図3**に示すように静止衛星Superbirdの通信回線VSAT（Very Small Aperture Terminal）を利用しました．

Superbirdは宇宙通信株式会社が運営している双方向受信可能な静止衛星です．電波法関連書規則に基づくVSAT地球局を利用するため，無線従事者の資格を持っていなくても静止衛星通信が利用できます．

直接的に静止衛星を介して通信をするのではなく，管制局（HUB局）を経由するスター型ネットワーク通信回線になります．静止衛星通信回線のコントロールは，管制局で行われます．

通信回線間の伝送速度は，約56 kbps（最大24 Mbps）です．Superbirdは日本全国をカバーしているため，全国で通信が可能です．通信に必要な機材は送信側/受信側ともに，**写真1**に示すパラボラ・アンテナとODU（Out Door Unit），**写真2**に示すIDU（In Door Unit）とルータになります．

地球局$VSAT_1$から放送されたデータは，Superbirdを介して管制局（HUB局）に送られます．次に管制局（HUB局）からSuperbirdを介して地球局$VSAT_2$に基準局データが送られます．

地球局（VSAT）と静止衛星Superbird間の伝送遅延時間は，地球局と衛星間で約4万kmの距離があるため，距離／光速 ≒ 0.14秒になります．$VSAT_1$から$VSAT_2$に伝送するまでに掛かる時間は0.14 × 4 ≒ 0.56秒になります．処理遅延時間を加えると，伝送遅延は合計0.6〜0.7秒になります．

**図3　基準局データの伝送に静止衛星Superbirdの通信回線VSAT（Very Small Aperture Terminal）を利用すると，0.6〜0.7秒ほどの伝送遅延が発生する**
地球局$VSAT_1$から放送されたデータは，Superbirdを介して管制局（HUB局）に送られ，次に管制局（HUB局）からSuperbirdを介して地球局VSAT2に基準局データが送られる

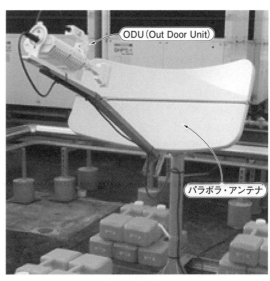

**写真1　静止衛星Superbirdの通信回線VSATに使用したパラボラ・アンテナとODU（Out Door Unit）**

写真2　静止衛星Superbirdの通信回線VSATに使用したIDU(In Door Unit)とルータ

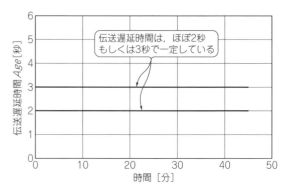

図5　1Hzで測位した非同期方式での伝送遅延時間Ageの時間変化は，2秒もしくは3秒でほぼ一定

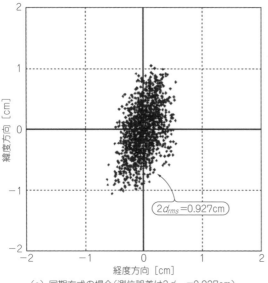

（a）同期方式の場合（測位誤差は2$d_{rms}$=0.927cm）

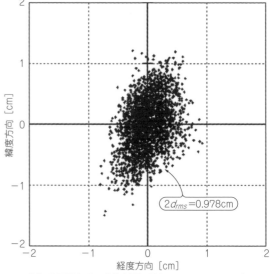

（b）非同期方式の場合（測位誤差は2$d_{rms}$=0.978cm）

図4　非同期方式の定点水平測位分布は，同期方式より少し劣化が見られるが，いずれも1cm級の測位精度が得られている
基線長は約5.7km，NovAtel OEM4受信機を使用して約46分間毎秒測位した．2$d_{rms}$とは98％の確率で数値に示された半径の中に存在していることを表す

● 伝送遅延時間が大きいと測位精度が劣化する

　基準局データのタイム・スタンプと，利用者局で観測した搬送波位相データのタイム・スタンプとの時刻差異を$Age$と呼んでいます．$Age$は伝送遅延時間を表す指標になります．伝送遅延時間($\fallingdotseq Age$)が大きくなると，基準局データの推測誤差により測位精度の劣化が懸念されます．

　図4(a)に示すのは，同期方式による定点水平測位分布です．基線長は約5.7km，NovAtel OEM4受信機(注1)を使用して約46分間毎秒測位しました．測位誤差は2$d_{rms}$=0.927cmになり，1cm級の測位精度が得られました．

　図4(b)に示すのは，同様の基準局データを同時に用いて行った非同期方式による定点水平測位分布です．測位誤差は2$d_{rms}$=0.978cmになりました．同期方式より若干の劣化が見られましたが，非同期方式でも1cm級の測位精度が得られました．

　図5に示すのは，1Hzで測位した非同期方式での伝送遅延時間$Age$の時間変化です．ほぼ一定して2秒もしくは3秒になりました．

---

注1　カナダNovAtel社OEM4受信機など，同期方式と非同期方式の測位が同時に実施でき，同時に測位結果を出力できる受信機も存在する．

## 利用者局がいる3次元位置座標は，回転双曲面が1点で交わる

　衛星と受信機間の距離差が求まると，**図A**に示すように2次元の平面上であれば2衛星の位置を焦点とした双曲線が定義されます．

　双曲線とは2つの定点からの距離の差が一定な軌跡です．距離の差をAとBの2つの衛星からの電波の位相差に置き換えて双曲線を描けば，利用者局がこの双曲線上のどこかに位置しています．さらにAともう1つのCとの間で双曲線を描けば，2つの双曲線の交差する位置に利用者局がいます．

　**図B**に示すのは回転双曲面の概念図です．3次元ではその双曲線を線対称軸の周りに回転させた回転双曲面が定義されます．この回転双曲面上のどこかに利用者局がいます．この面は実際に目で見えるわけではないので想像が困難ですが，おおむねご飯茶碗のような形です．

　**図C**に示すように，4衛星以上を使用すれば，独立な回転双曲面（独立な2重位相差）が3面以上定義されます．利用者局がいる3次元位置座標は，回転双曲面が1点で交わった位置になります．

〈浪江　宏宗〉

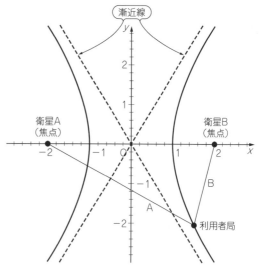

**図A　AとBの2つの衛星から受信した搬送波（電波）の2重位相差**において，整数値アンビギュイティを求めて距離差がわかれば双曲線が描け，利用者局がこの双曲線上のどこかに位置する

2次元の平面上であれば2衛星の位置を焦点とした双曲線が定義される．双曲線とは2つの定点からの距離の差が一定な軌跡である．この例では，$x^2 - y^2/3 = 1$の双曲線を示す

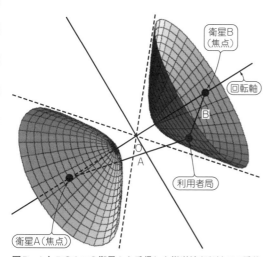

**図B　AとBの2つの衛星から受信した搬送波（電波）の2重相差**において，整数値アンビギュイティを求めて距離差がわかれば回転双曲面が描け，利用者局がこの双曲面上のどこかに位置する

3次元では双曲線を線対称軸の周りに回転させた回転双曲面が定義される．この面は実際に目で見えるわけではないので想像が困難であるが，おおむねご飯茶碗のような形をしている

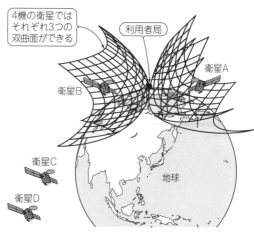

**図C　利用者局がいる3次元位置座標は回転双曲面が1点で交わった位置になる**

4衛星の場合は独立な回転双曲面（独立な2重位相差）が3面定義される

### 第6話

# 日本全土どこでもリアルタイム測位 「ネットワークRTK-GNSS」

RTK-GNSS(Real Time Kinematic GNSS)は，リアルタイムでセンチメートル級測位ができるため，自動車の自動走行やドローンによる無人飛行など，さまざまな分野への応用が期待されます．

RTK-GNSS測位では利用者局のほかに基準局が必要です．基準局との距離が近いほど電離層や対流圏による距離誤差はほぼ同じになり，距離差の測位精度が向上します．そのため，基準局の利用範囲は10k～15km以内と狭く，日本全国をカバーするためには非常に多くの基準局を設置しなくてはなりません．

この問題を解決するために，ネットワークRTK測位方式が開発されました．この測位方式では複数の基準局データを制御局に伝送し，制御局は新たに位相補正データを算出して衛星から利用者局へ伝送します．基準局の設置間隔は60km以上でも可能です．

国土地理院が管理・運用している電子基準点の平均設置間隔は約30kmです．ネットワークRTK測位方式を利用すると，日本全国で切れ目のないサービスが提供できます．従来のRTK測位方式よりも精度が向上するというものではありませんが，ネットワークRTK測位方式では基準局の設置数が少なくすむため経済的です． 〈編集部〉

## ■ 測位原理

### ● 従来のRTK測位方式では10k～15km以内に基準局を設置する必要がある

図1(a)に示すのは，従来のRTK測位方式の概念図です．測量などによりミリ単位のレベルで位置が分かっている地点に，GNSS基準局(ローカル基準局)を設置します．基準局は観測した各衛星の搬送波位相積算値データ(基準局データ)を利用者局(移動局)に伝送します．

利用者局の受信機では2重位相差などの計算により，2衛星と利用者局との距離差を算出します．利用者局の位置は，2衛星を焦点とした回転双曲面の独立な複数面の交点として数cmの誤差で求められます．基線長は10k～15kmになります(第5話を参照)．

図2(a)に従来のRTK測位方式のサービス・エリアを示します．高精度な測位サービスを提供するには，10k～15km以内に基準局を設置する必要があります．

### ● ネットワークRTK測位方式では基準局を60km以上離して設置できる

図1(b)に示すのはネットワークRTK測位方式の概念図です．ネットワークRTK測位方式では複数のGNSS基準局を利用し，各基準局データを制御局(データ制御センタ)に伝送します．制御局で新たに位相補正データを算出して利用者局に伝送します．ユーザ受信機では従来のRTK測位方式と同様に測位演算を行いますが，2重位相差を使用しない場合もあります．

図2(b)にネットワークRTK測位方式のサービス・エリアを示します．GNSS基準局の設置間隔は60km以上離れていて，基準局で囲まれたエリア内でも高精度な測位が可能です．従来のRTK測位方式よりも精度が向上するというものではありませんが，ネットワ

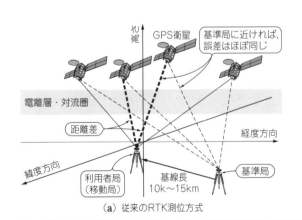

（a）従来のRTK測位方式

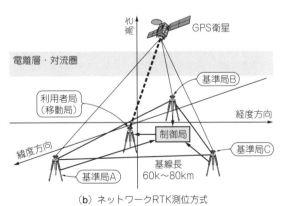

（b）ネットワークRTK測位方式

図1 従来のRTK測位方式では10k～15km以内に基準局を設置する必要があるが，ネットワークRTK測位方式では基準局を60km以上離して設置できる

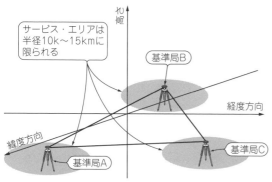

（a）従来のRTK測位方式のサービス・エリア

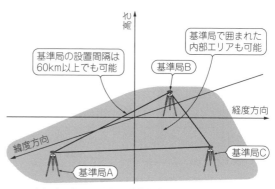

（b）ネットワークRTK測位方式のサービス・エリア

図2　従来のRTK測位方式でのサービス・エリアは基準局がある10 k〜15 km以内に限られるが，ネットワークRTK測位方式では60 km以上離れた基準局で囲まれたエリア内でも高精度な測位が可能である

ークRTK測位方式は基準局の設置数が少なくすむため経済的です．

## ■ ネットワークRTK測位方式は3種類ある

### ● カナダやドイツで提唱されてきた測位方式

　2000年ごろに，建設省，国土地理院，日本測量協会を中心に，ネットワークRTK測位方式を使って公共測量利用などの実証実験が行われました．

　このRTK測位方式には，次の3種類の測位方式があります．

(1) Multiref方式：カルガリ大学（カナダ）のM.E.Cannon博士とG.Lachapelle博士が提唱

(2) 仮想基準局VRS（Virtual Reference Station）方式：Trimble Terrasat GmbH（ドイツ）のH.Landau氏が提唱

(3) Referenznetz方式（FKP方式）：Geo++社（ドイツ）のG.Wubbena氏が提唱

### ● その1：データの伝送容量は大きいが片道通信で実現できるMultiref方式

　図3に示すのは，Multiref方式によるネットワークRTK測位の概念図です．

　図の奥行方向は緯度方向，横方向は経度方向を示します．縦方向は高さではなく，各基準局データ量を示します．あらかじめ決めてある緯度と経度の格子点の位置には，各基準局データを基にして，その格子点に基準局があれば観測されるであろう複数の基準局データを計算します．利用者局から受信機の概略位置（単独測位結果）を制御局に送り，利用者局の位置に最も近い基準局データを利用者に伝送します．このとき，利用者局と制御局の間は双方向通信でやり取りします．

　実際の格子点位置はそれほど多くはなく，数点程度です．全ての基準局データを利用者局へ伝送する方式にすれば，データの伝送容量は大きくなりますが，片道通信の放送方式で実現できます．利用者側では従来

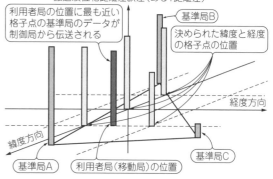

図3　Multiref方式によるネットワークRTK測位では，利用者局の位置に最も近い格子点位置での基準局データを制御局より伝送する
日本では電離層の影響が大きいため普及していない

のRTK測位方式に対応した受信機をそのまま利用できます．Multiref方式は開発されたカナダとは異なり，日本では電離層の影響が大きいため普及していません．

### ● その2：日本国内で有料サービスが展開されているVRS方式

　図4に示すのは，VRS方式によるネットワークRTK測位の概念図です．

　利用者局の概略の位置を制御局に伝送し，制御局では利用者局の位置に基準局があれば観測されるであろう基準局データ（仮想基準局データ）を作成して利用者局に送り返します．このとき，利用者局と制御局の間は双方向通信でやり取りします．利用者側では従来のRTK測位に対応した受信機をそのまま利用できます．現在，日本国内においてはVRS方式で有料サービスが展開されています．

### ● その3：日本全国をカバーするFKP方式

　図5に示すのは，FKP方式によるネットワークRTK測位の概念図です．

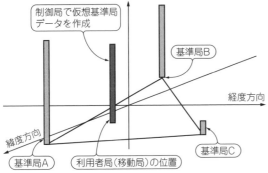

搬送波位相距離差誤差（ある1距離差）

図4 VRS方式によるネットワークRTK測位では，制御局で利用者局の位置の仮想基準局データを作成して伝送する
従来のRTK測位に対応した受信機をそのまま利用できる．日本国内においては，有料サービスがVRS方式で展開されている

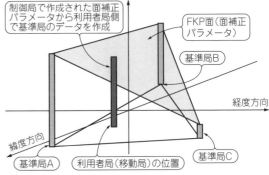

搬送波位相距離差誤差（ある1距離差）

図5 FKP方式によるネットワークRTK測位では，制御局で面補正パラメータを作成して伝送する
従来のRTK対応の受信機だけでは利用できないが，片道通信の放送方式でシステムを構築できる

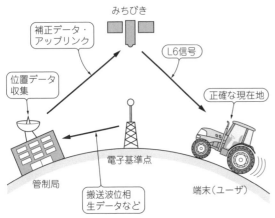

図6(1) 補強情報をみちびき経由で送信して高精度な衛星測位を行うセンチメータ級測位補強サービス
国土地理院の管理・運用する電子基準点（GNSS受信機，気象観測機器，ネット通信機器など含むGEONET（ジオネット：Global Earth Observation NETwork）のデータから補正情報を計算して現在位置が正確に求められる

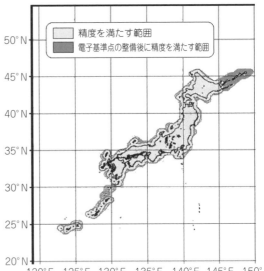

図7(10) CLASのサービス範囲は日本全国を同時にカバーできるシステムである
離島や2000 m以上の高山地帯はサービス範囲外

図5の各基準局データの先端を結んだ平面をFKP面と呼んでいます．そのFKP面に関するデータ（面補正パラメータ）を制御局で作成して利用者局へ伝送します．利用者側ではFKP面補正パラメータから新たな基準局データを生成する計算が必要です．概略位置を適用して，利用者局の位置に基準局があれば観測されるであろう基準局データを生成してRTK測位演算を行います．

FKP方式は従来のRTK対応の受信機だけでは利用できませんが，片道通信の放送方式でシステムを構築できます．

▶みちびきによるセンチメータ級測位補強サービスCLASはFKP方式を使っている

国土地理院が管理・運用する1300ヶ所の電子基準点ネットワークGEONET（Global Earth Observation NETwork）があります．このネットワーク中の数10点を基準局として，制御局でFKP面補正パラメータを生成します．

図6に示すように準天頂衛星みちびき初号機のL6-LEX信号（中心周波数1278.75 MHz）を利用して，センチメータ級測位補強サービスCMAS（CM-class Augmentation Service）としてFKP面補正パラメータを送信します．利用者側は送られてきたデータから，補正情報を計算して現在位置を正確に求めます．

CMASではL6-LEX信号のデータ伝送容量とFKP補強データのデータ量の関係から，日本全国を一度にカバーすることはできず，日本全国を十数地域に分割して，その指定区域のみの補強データを放送していました．

その後，さまざまな改良がなされ，現在のCLAS

## 日本国外や海上を含めたグローバルな高精度測位補強サービスMADOCA

CLASは国土地理院の電子基準点が配置されている国内の地域でしか利用できません．みちびきから配信されているセンチメータ級測位補強信号には，CLASのL6DチャネルのほかにもMADOCA（Multi - GNSS Advanced Demonstration tool for Orbit and Clock Analysis）のL6Eチャネルがあります．

MADOCAは精密単独測位（PPP：Precise Point Positioning）方式を実現するための精密軌道クロック推定ソフトウェアです．基準局データは**図A**に示すように，宇宙航空研究開発機構（JAXA）がグローバルに展開・整備した基準局ネットワーク（MGM - Net：Multi - GNSS Monitor Network）から収集し

ます．複数のGNSSの衛星軌道や衛星搭載原子時計の誤差を推定して，みちびきのL6Eチャネルを使用して放送します．

インターネット経由で放送されているMADOCA補強データを利用することもできます．また，東京海洋大学の高須 知二氏が開発した多機能衛星測位演算ソフトRTKLIB（http://www.rtklib.com/）でも利用可能です．

みちびきのL6Eチャネルの電波が届いているアジア・オセアニア地域でも利用できるため，今後の利用拡大が期待されます．

〈浪江 宏宗〉

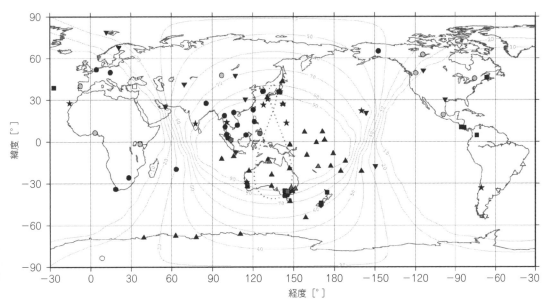

★ 「みちびき」監視局　　　　　　　　　　　　　　　　　　　● JAXA所有受信機ホスト局
■ データ共有機関の監視局　　　　　　　　　　　　　　　　▲ 2機関間協定に基づくデータ共有局（全参加機関間で共有）
▼ 2機関間協定に基づくデータ共有局（JAXAと当該機関間のみ）

　　　　■ 運用中（98局）　　　　■ 運用休止中（7局）　　　　■ 建設中（8局）　　　　□ 設置交渉中（7局）

**図A**[11]　宇宙航空研究開発機構（JAXA）がグローバルに展開・整備した基準局ネットワーク（MGM - Net：Multi - GNSS Monitor Network）から基準局データを収集する
GM－Netの整備状況は2016年3月25日時点の情報

（Centimeter Level Augmentation Service）では，**図7**に示すようにほぼ日本全国を同時にカバーできるシステムになっています．放送信号はL6Dチャネル（中心周波数1278.75 MHz）を使用します．　　　〈浪江 宏宗〉

# 第7話 1cm精度の標高計測メカニズム

測量やカーナビで利用されているGNSSでは，幾何学的な位置（緯度，経度，楕円体高）を算出できますが，標高は直接求められません．GNSSを用いて標高を求めるには，ジオイド高と呼ばれる準拠楕円体から平均海水面までの高さが必要になります．

準拠楕円体とは，赤道付近が少し膨らんだ凸凹のない平均的な地球を模擬した楕円体近似モデルです．

日本では，明治時代から2002年3月までベッセル楕円体と呼ばれる近似モデルが用いられてきました．この楕円体近似モデルは日本付近で地球の表面近くを表していましたが，世界的に見ると日本以外の場所では表面から数百mものずれがありました．近年では10cm程度以下まで精度が向上しています．

測位・測量が日本の国内だけで完結していた時代では，ベッセル楕円体でも良かったのかもしれません．しかし，高精度衛星測位の登場により，2000年から世界的に最も地球表面に合うGRS-80楕円体へ移行しました．

本話ではGNSSによる標高計測のしくみについて解説します．GNSS受信機が計測している高さは準拠楕円体からの高さ（楕円体高）なので，標高ではありません．標高はジオイド面からの高さなので，楕円体高からジオイド高を引かないと標高になりません．

GNSS受信機には，日本を複数の格子点に分割して，エリア毎のジオイド高が記憶してあります．GNSSで測定された楕円体高からジオイド高を引いて，自動的に標高を出力するようになっているのが一般的です． 〈編集部〉

## ■ 楕円体近似モデル

### ● 地球は赤道付近が少し膨らんだ楕円体で表される

地球は球形ではなく，実際には自転による遠心力で赤道の辺りが少し膨らんでいます．北極点と南極点間の直線距離より，赤道の直径の方が40km程度長いようです．

地球の表面地形は山あり谷ありで凸凹しています．そこで，準拠楕円体と呼ばれる地球の表面にフィットしている楕円体を基準に考えます．準拠楕円体は数学の式で表されるもので表面に凸凹はなく，平均的な地球を模擬しています．実際の地球の表面地形は，準拠楕円体の表面に対して上になる場所や，下になる場所があります．

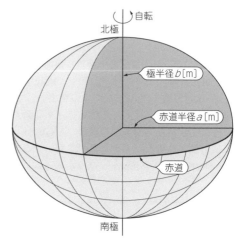

**図1 地球は球形ではなく，自転による遠心力で赤道付近が少し膨らんだ楕円体で表される**
準拠楕円体は赤道半径$a$[m]と逆扁平率$1/f = a/(a-b)$で表され，$b$[m]は北極と南極間の直線距離の半分（極半径）を示す

図1に示すように，準拠楕円体は赤道半径$a$[m]と，逆扁平率$1/f = a/(a-b)$で表されます．$b$[m]は北極と南極間の直線距離の半分（極半径）です．

### ● 地球を模擬した多くの楕円体が示されている

準拠楕円体の一例を**表1**に示します．準拠楕円体は1つではなく複数あります．地球の内部に直接ものさしを当てたのでは，赤道の半径を測定することはできません．過去の技術者が，その時代その時代の最新方式で赤道半径の測定を試みた結果，複数の準拠楕円体が存在することになりました．

▶ベッセル楕円体（Bessel 1841）…明治時代から2002年3月まで日本の座標系に採用

日本では，明治時代よりベッセル楕円体が使用されてきました．**図2**(**a**)に示すように，日本付近で地球の表面近くを表しています．しかし，世界的に見ると日本以外の場所では，地球の平均的な表面から数百mも異なる場所を表します．

▶GRS-80楕円体…現在の日本の座標系に採用

測位・測量が日本の国内だけで完結していた時代は，ベッセル楕円体でも良かったのかもしれません．しかし，高精度衛星測位の登場により，**図2**(**b**)に示すように，世界的に地球表面に最も合う楕円体への移行が叫ばれました．

2000年に新しいGRS-80楕円体（Geodetic Reference

表1　その時代その時代の最新方式で赤道半径の測定を試みた結果（複数の準拠楕円体が存在する）

| 楕円体名 | 赤道半径 $a$ [m] | 逆偏平率 $1/f$ | 備　考 |
|---|---|---|---|
| Australian National | 6378160 | 298.25 | – |
| Bessel 1841 | 6377397.16 | 299.15 | 明治時代から2002年3月まで日本の座標系に採用されていた |
| GRS-80 | 6378137 | 298.26 | 現在の日本の座標系に採用（2000年に以降） |
| South American 1969 | 6378160 | 298.25 | – |
| WGS-72 | 6378135 | 298.26 | – |
| WGS-84 | 6378137 | 298.26 | 米国GPSで採用されている |

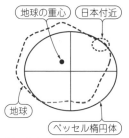

（a）従来の日本の座標系
　　（ベッセル楕円体を採用）

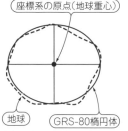

（b）現在の日本の座標系
　　（GRS-80楕円体を採用）

図2　従来の日本では，明治時代よりベッセル楕円体が使用されてきたが，高精度衛星測位の登場により，世界的に最も地球表面に合うGRS-80楕円体が採用された

表2　高精度衛星測位の登場により，世界的に最も地球表面に合う新しい座標系が採用されている

| 座標系 | 日本測地系 | JGD2000 | WGS-84 |
|---|---|---|---|
| 説明 | 従来の日本の座標系 | 現在の日本の座標系 | GPS採用座標系 |
| 種類 | 局所座標系 | 地心座標系 | 地心座標系 |
| 準拠楕円体 | Bessel楕円体 | GRS80楕円体 | WGS-84楕円体 |
| 基準点 | 三角点・水準点 | 電子基準点 三角点・水準点 | GPS制御局 GPS衛星 |
| 高さの基準面 | 東京湾 平均海水面 | 東京湾 平均海水面 | WGS-84 楕円体面 |
| 設立年代 | 明治時代 | 2002年04月 | 1984年 |
| 作成者 | 国土地理院 | 国土地理院 | 米国防総省 |

System 1980）に移行しました．これを測地成果2000と呼ばれる新しい測地基準系の成果に含まれています．

　表2に測地系の1例を示します．基準は国土地理院が管理・運用している三角点・水準点に加え，GNSS受信機ネットワークであるGEONET（GNSS Earth Observation NETwork）の電子基準点（約1,300点）になります．

▶WGS-84楕円体…米国GPSで採用

　米国GPSで使用されている準拠楕円体はWGS-84（World Geodetic System 1984）です．表1の赤道半径や逆扁平率を比較すると日本のGRS-80とほとんど同じです．

　図3に示すように，WGS-84座標系の原点（地球重心）と，日本測地系の原点は，$x$軸方向に146 m，$y$軸方

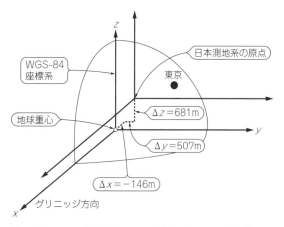

図3　米国GPSで採用されている座標系（WGS-84座標系）の原点（地球重心）と，従来の日本測地系の原点は，$x$軸方向に146m，$y$軸方向に507m，$z$軸方向に681mもずれていた

現在の日本の座標系に採用されたGRS-80はWGS-84座標系とほぼ同じ

## 本初子午線とは地球上の経度・時刻の基準となる英国の旧グリニッジ天文台を通る子午線

　古来より日本では時間や方角を干支を使って表していたようです．例えば，有名なところでは幽霊が出てくる時刻は，「草木も眠る丑三つ時」ですし，呪いのワラ人形をご神木に釘で打ち付けに行くのは「丑の刻参り」です．時間で言えば午前0時，方角で言えば北は「子」（ね：ねずみ）です．「子丑寅卯辰巳午未申酉戌亥」ですから，北東が寅（とら），南

が午（うま）です．

　本初子午線とは，昔で言うイギリスのグリニッジ天文台を通る東経・西経0度0分0秒の経線で，世界の時間（協定世界時UTC：Coordinated Universal Time）の基準です．有名なメートル法ができたとき，子午線の北極点から赤道までの長さの1千万分の1が1mと定められました．　　　　〈浪江　宏宗〉

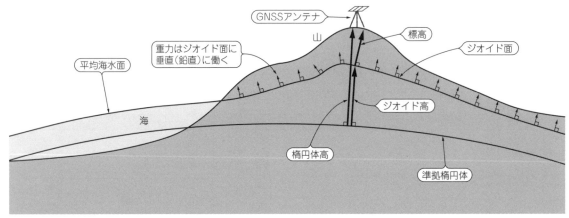

**図4 ジオイド面とは，地面を削り取って陸地部分も海水で満たされたと仮定した場合の平均海水面を示す**
GNSS受信機が計測している高さは，準拠楕円体からの高さ（楕円体高）であり，標高は楕円体高からジオイド高を引いて算出する

向に507 m，$z$軸方向に681 mもずれていました．

## ■ GPSの標高計算

### ● 基準は東京湾の平均海水面

日本における高さ（標高）の基準となっているのは，東京湾の平均海水面MSL（Mean Sea Level）で，標高0 mになります．もちろん富士山の標高が3776 mであることや，北海道や沖縄の山の高さも，基準は東京湾の平均海水面です．

測量やカーナビで活用されているGPSでは，幾何学的な位置（緯度，経度，楕円体高）は求められますが，標高は直接求められません．GPSを用いて標高を求めるには，ジオイド高と呼ばれる準拠楕円体から平均海水面までの高さが必要になります．

図4に地形における各高さの概念図を示します．陸地は凸凹で山あり谷ありですが，地面を削り取って陸地部分も海水で満たされるようにしたとします．その海水面の平均値が平均海水面（ジオイド面）になります．

### ● 地球の平均海水面はジャガイモみたいに凸凹している

平均海水面はきれいな球面になりそうな気がします

---

## GPSは地球を中心とした座標系を使っている

GPSでは図Aに示す3次元直交座標系を使います．ECEF（Earth-Centered Earth-Fixed：地球中心地

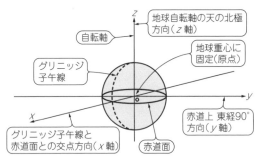

**図A 地球中心地球固定3次元座標系ECEF（Earth-Centered Earth-Fixed）は，地球の重心を原点Oとし，座標軸 $x$，$y$，$z$ を地球に固定する**
$z$軸は地球の自転軸，$x$軸はグリニッジ基準子午線と，赤道面との交点を結ぶ線，$y$軸は$x$軸と$z$軸と右手直交系をなすように設定される

球固定座標系）と呼ばれ，地球の重心に座標の原点Oを一致させます．

$z$軸は地球の自転軸で，北極方向が正の向きになります．$x$軸は本初子午線（昔のグリニッジ子午線で東経・西経0度）と，赤道面（北緯・南緯0度）が直交する向きになります．$y$軸は$x$軸と$z$軸と右手直交系をなす向きに取ります．

座標軸というと位置座標の基準になるので，固定されていて動かないものと思われがちですが，この座標系は地球に固定されていて動きます．地球は自転／公転して日夜動くため，座標軸も地球の動きに伴って回転しながら動くのです．

主に測位を利用するヒト・地物が地球上にあるので，この方が都合が良いのです．宇宙船に乗って宇宙旅行をしている場合，ECEFではややこしいと感じるかもしれません．　　　　　　〈浪江　宏宗〉

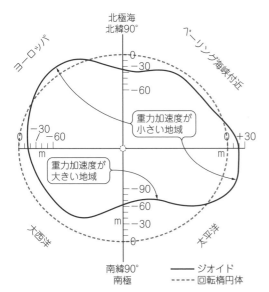

図5 平均海水面はきれいな球面になりそうな気がするが，実際は各地で重力加速度が異なりジャガイモみたいに凸凹している
西経15°，東経165°を通る地球の南北断面を示す．国土地理院Webサイト掲載の図をもとに作図，原典：Milan Burusa・Karel Pec（1998），Gravity Field and Dynamics of the Earth, Academia, P87

が，実はそうではありません．万有引力の強さ，向き（鉛直方向，垂直方向）に影響を受けます．

**図5**に示すように，重力加速度（約9.8 m/s²）が小さい場所では海面は盛り上がり，逆に重力加速度が大きい場所では凹んで，ジャガイモのように凸凹した形状をしています．

重力の向きは各地点でのジオイド面に垂直（鉛直）の方向になります．人間は重力の働く向きに対して平行の向き（ジオイド面に垂直の方向）に立ちます．家を建てる場合，ジオイド面に垂直の向きに柱を立てます．重力に対して水平な面を基準にしないと，建てた家の床面にビー玉を置くと転がる不良品の家になります．重力が働く大きさと向きは，正に人間の生活と密接に関係しています．

### ● 重力加速度の測定からジオイド面を求める

ジオイド面は全国各地で重力加速度の測定を行って決められます．日本は世界で最も高密度に重力加速度が測定されており，準拠楕円体面からの高さであるジオイド高が高精度に決定されています．重力加速度の測定精度は，以前のジオイドの測定誤差は1 m以上あったようですが，近年では10 cm程度以下に小さくなりました．

### ● 衛星測位で求められる高さは楕円体高になる

最終的に欲しいデータは，重力の大きさと密接に関連している標高です．しかし，衛星測位で求められる高さは準拠楕円体表面からの高さです，いわゆる楕円体高（ELL：ELLipsoidal Height）になります．楕円体高は準拠楕円体面から垂直に測った高さで，重力とは何の関係もありません．楕円体高を基準にした家を建てた場合，床面をビー玉が転がる家ができてしまうかもしれません．

### ● GNSS受信機は測定した楕円体高からジオイド高を引いて自動的に標高を出力する

各受信機には，日本を複数の格子点に分割して，エリア毎のジオイド高が記憶してあり，GNSSで測定された楕円体高から，ジオイド高を引いて，自動的に標高を出力するようになっているのが一般的です．ジオイドの正式な定義は，「地球重力の等ポテンシャル面の内，東京湾の平均海水面に一致するもの」です．

世界的に見ると，地球の自転による遠心力のために，北極と南極間の直線距離より，赤道面の直径の方が40 km程長いわけですが，これは準拠楕円体自体がそのように定義されているので，楕円体に吸収されていて，特に赤道の辺りが顕著にジオイド高が大きいということはありません．

    ＊    ＊

日本におけるジオイドの計測は，世界的に見ても高密度で正確であると思います．ここまで高密度に測定している国はないと思われます．出力される標高誤差が，1 m程度以上ある国もあるのではないでしょうか．

〈浪江 宏宗〉

### 第8話

刻々と変化する衛星配置と測位精度

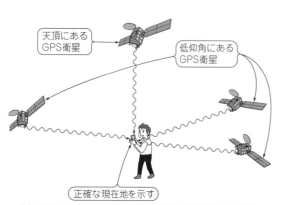

（a）見通しの良い場所ではGPS衛星の信号が偏りなく受信できるので正確に場所が分かる

（b）ビルが林立する市街地などでは受信できるGPS衛星に偏りが生じて精度が悪くなる

図1　受信機の位置を正確に求めるには，最低でも4つの衛星を観測する必要があるが，周囲環境と衛星配置により測位精度が変わる

　3次元測位には，**図1(a)** に示すように最低でも4つの衛星を観測する必要があります（第1話を参照）. 4衛星を利用する場合は天頂に衛星が1機あり，方位角で120°離れた3機の衛星が低仰角にあると，測位精度は最も高くなります. しかし，ビルなどが林立した市街地では，**図1(b)** に示すように低仰角にある衛星の信号が捉えられず偏った状況になります. このとき測位誤差は見通しの良い場所と比べて10数倍も悪化します.

　この誤差の拡大倍率を精度劣化指数（DOP：Dilution Of Precision，ディー・オー・ピー，もしくはドップ）と呼んでいます. DOPは衛星配置から計算で求められます. DOPを知ることで測位誤差の悪化を把握でき，誤差拡大の方向性も予測できるようになります. 〈編集部〉

### ■ 精度劣化の要因

#### ● 天空の衛星配置に偏りがあると測位誤差が拡大する

　測位誤差がどの程度まで現れるか，衛星配置により大まかに検討をつけられます. 天空を見上げたときの衛星配置（スカイプロット）と，水平方向（経緯度）の誤差の現れ方を重ねて**図2**に示します. 図中の外円が地平線を示し，円の中心が天頂に相当します. 衛星の位置は円内に丸印で示します.

　**図2(a)** では，天頂に衛星が1機あり，方位角で120°離れた3機の衛星が低仰角にあります. 衛星の配置が均等に分布した場合，水平方向の誤差は平均値を中心に円形になります.

　**図2(b)** のように，天頂に衛星が1機あり，3つの衛星がある方向にかたまった場合は，衛星が偏っている南東方向（方位角135°）から，北西方向（方位角−45°あるいは315°）へ測位誤差が大きく拡大します. 衛星が偏った状況は，ビルなどが林立した市街地でよく発生します.

　**図2(b)** の場合では，**図2(a)** と比較して誤差が15倍ほど大きくなります. この誤差の拡大倍率を精度劣化指数DOPと呼び，衛星配置から計算できます. 市販されているGNSS受信機からもDOP値は取得できます. 測位誤差は確率的に分布が拡大するのであって，DOP値が大きい（悪い）からといって，常に測位結果

表1　精度劣化指数DOPのいろいろ
DOPには便宜上，5種類がよく使われる

| DOPの種類 | | 呼　称 | 精度劣化指数の内容 | 誤差の拡大状況 |
|---|---|---|---|---|
| *GDOP* | Geometrical DOP | ジー・ディー・オー・ピー，もしくはジードップ | 幾何学的 | 3次元位置＋時計誤差 |
| *PDOP* | Position DOP | ピー・ディー・オー・ピー，もしくはピードップ | 3次元位置 | 3次元位置 |
| *HDOP* | Horizontal DOP | エイチ・ディー・オー・ピー，もしくはエイチドップ | 水平方向 | 経緯度位置 |
| *VDOP* | Vertical DOP | ブイ・ディー・オー・ピー，もしくはブイドップ | 垂直方向 | 高さ |
| *TDOP* | Time DOP | ティー・ディー・オー・ピー，もしくはティードップ | 時間 | ユーザ受信機の内蔵時計 |

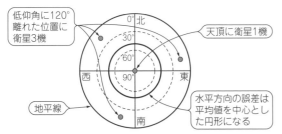

低仰角に120°離れた位置に衛星3機

0° 北
30°
60°
90°

天頂に衛星1機

西　東

地平線

南

水平方向の誤差は平均値を中心とした円形になる

（a）天頂に衛星が1機，方位角で120°離れた3機の衛星が低仰角にある場合，測位誤差は平均値を中心に円形になる

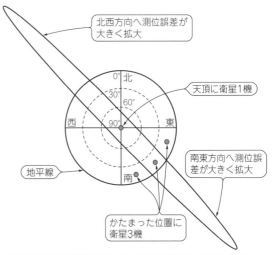

北西方向へ測位誤差が大きく拡大

0° 北
30°
60°
90°

天頂に衛星1機

西　東

地平線

南

南東方向へ測位誤差が大きく拡大

かたまった位置に衛星3機

（b）天頂に衛星が1機あり，3つの衛星がある方向にかたまった場合，衛星が偏っている方向に測位誤差は拡大する

**図2　衛星配置により誤差拡大の方向性が予測できる**

に大きな誤差を含むわけではありません．大きな誤差を含む確率が増大していることに注意しながら慎重に利用する必要があります．

### ● 精度劣化指数DOPのいろいろ

DOPには便宜上，**表1**に示すものがよく使われます．ここで$TDOP$は衛星に搭載されている原子時計と，ユーザ受信機に内蔵されている安価な時計との同期精度の目安になる指標です．衛星配置が衛星搭載の原子時計と，ユーザ受信機の内蔵時計との同期精度の目安になります．衛星とユーザまでの測距精度が，直接時刻の同期精度に連動しているため衛星配置が関係します．

## ■ 計算方法

### ● DOPは行列計算で求められる

**図3**にGNSS衛星の位置を方位角と仰角で示します．仰角や方位角はユーザの位置から見た衛星の見掛け上の方向を表します．

▶衛星の数だけ行数が増える行列計算式

DOPは次式に示す行列計算で求められます．

$$A=\begin{pmatrix} \cos EL_1 \cos AZ_1 & \cos EL_1 \sin AZ_1 & \sin EL_1 & 1 \\ \cos EL_2 \cos AZ_2 & \cos EL_2 \sin AZ_2 & \sin EL_2 & 1 \\ \cos EL_3 \cos AZ_3 & \cos EL_3 \sin AZ_3 & \sin EL_3 & 1 \\ \vdots & \vdots & \vdots & \vdots \\ \cos EL_i \cos AZ_i & \cos EL_i \sin AZ_i & \sin EL_i & 1 \end{pmatrix}$$

$$\cdots\cdots\cdots\cdots\cdots\cdots (1)$$

ただし，$EL_i$（elevation：仰角）は$i$番衛星の仰角0°（地平線）～90°（天頂），$AZ_i$（azimuth：方位角）は$i$番衛星の方位0°（北）～360°（北）

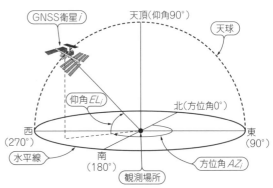

GNSS衛星$i$

天頂（仰角90°）

天球

仰角$EL_i$

北（方位角0°）

西（270°）

東（90°）

水平線

南（180°）

観測場所

方位角$AZ_i$

**図3　GNSS衛星の位置は方位角と仰角で示される**
仰角や方位角はユーザの位置から見た衛星の見掛け上の方向を表す

行数は衛星の数だけ増えます．行列$A$の4列目は全て1になります．これは全ての衛星がユーザから同じ距離を飛行していて，測距精度が同じであると仮定しています．実際にはマルチパスや電離層などの各誤差が含まれるため，同じ値にはなりません．DOPでは衛星配置のみによる測位誤差を考えます．

▶行列$A$と転置行列$A^T$の掛け合わせと逆行列の計算

行列$A$と行列$A$の転置行列$A^T$を掛け合わせ，さらにその逆行列（－1乗）を計算すると，次式のように$(A^T A)^{-1}$は必ず4行4列の行列になります．

$$(A^T A)^{-1}=\begin{pmatrix} \sigma_{xx}^2 & \sigma_{xy}^2 & \sigma_{xz}^2 & \sigma_{xt}^2 \\ \sigma_{yx}^2 & \sigma_{yy}^2 & \sigma_{yz}^2 & \sigma_{yt}^2 \\ \sigma_{zx}^2 & \sigma_{zy}^2 & \sigma_{zz}^2 & \sigma_{zt}^2 \\ \sigma_{tx}^2 & \sigma_{ty}^2 & \sigma_{tz}^2 & \sigma_{tt}^2 \end{pmatrix} \cdots (2)$$

ここで，転置行列とは行列要素が対角線要素に対して入れ替わった行列になります．$(A^T A)^{-1}$の行列は

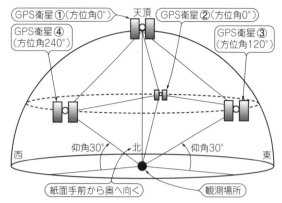

GPS衛星①（方位角0°）　天頂　GPS衛星②（方位角0°）
GPS衛星④（方位角240°）　GPS衛星③（方位角120°）
西　仰角30°　北　仰角30°　東
紙面手前から奥へ向く　観測場所

**図4　衛星数は最少4機で3次元測位が可能となり精度劣化指数DOPが求まる**
4衛星を利用する場合は天頂（仰角90°）に1衛星，仰角30°に3衛星がそれぞれ，方位角で0°，120°，240°離れた配置のときにDOP値は最も小さくなる

衛星配置によって，緯度方向($y$），経度方向($x$），高さ方向($z$）に，衛星配置がどの程度影響するかが求められます．また，時間の精度($t$）も求められます．それぞれの行列要素は分散の次元です．分散のルートをとった値が標準偏差$\sigma$になるので，$\sigma^2$という記述になります．

▶**行列の対角線要素からDOP値を求める**

各DOPの値は対角線要素の和($trace$)に注目して，次式で求められます．

$$GDOP = \sqrt{\sigma_{xx}^2 + \sigma_{yy}^2 + \sigma_{zz}^2 + \sigma_{tt}^2}$$
$$= \sqrt{trace\,(A^TA)^{-1}} \cdots\cdots\cdots\cdots (3)$$
$$PDOP = \sqrt{\sigma_{xx}^2 + \sigma_{yy}^2 + \sigma_{zz}^2}$$
$$= \sqrt{HDOP^2 + VDOP^2} \cdots\cdots\cdots (4)$$
$$HDOP = \sqrt{\sigma_{xx}^2 + \sigma_{yy}^2} \cdots\cdots\cdots\cdots (5)$$
$$VDOP = \sqrt{\sigma_{zz}^2} \cdots\cdots\cdots\cdots\cdots\cdots (6)$$
$$TDOP = \sqrt{\sigma_{tt}^2} \cdots\cdots\cdots\cdots\cdots\cdots (7)$$

この値によって，衛星配置によって測位精度がどの程度の誤差拡大をし得るのかを予測できます．

● **計算でDOPを求めてみよう**

図4に示すように，3次元測位が可能な最小の4衛星でDOPを求めてみます．衛星の配置は，天頂（仰角90°）に1衛星があり，仰角30°の3衛星が方位角で0°，120°，240°それぞれ離れています．

この配置での行列$A$は式(1)から次のようになります．

$$A = \begin{pmatrix} \cos90°\cos0° & \cos90°\sin0° & \sin90° & 1.00 \\ \cos30°\cos0° & \cos30°\sin0° & \sin30° & 1.00 \\ \cos30°\cos120° & \cos30°\sin120° & \sin30° & 1.00 \\ \cos30°\cos240° & \cos30°\sin240° & \sin30° & 1.00 \end{pmatrix}$$
$$\cdots\cdots\cdots\cdots\cdots\cdots\cdots\cdots\cdots (8)$$

▶**ステップ1：行列$A$を計算する**

式(8)の各要素を計算すると，行列$A$は次式のようになります．

$$A = \begin{pmatrix} 0.00 & 0.00 & 1.00 & 1.00 \\ 0.87 & 0.00 & 0.50 & 1.00 \\ -0.43 & 0.75 & 0.50 & 1.00 \\ -0.43 & -0.75 & 0.50 & 1.00 \end{pmatrix} \cdots\cdots\cdots (9)$$

▶**ステップ2：転置行列$A^T$を計算する**

次に行列$A$の転置行列$A^T$を求めてみます．対角線要素に対して行列要素を入れ替えると，式(9)の行列$A$の転置行列$A^T$は次式のようになります．

$$A^T = \begin{pmatrix} 0.00 & 0.87 & -0.43 & -0.43 \\ 0.00 & 0.00 & 0.75 & -0.75 \\ 1.00 & 0.50 & 0.50 & 0.50 \\ 1.00 & 1.00 & 1.00 & 1.00 \end{pmatrix} \cdots\cdots\cdots (10)$$

▶**ステップ3：行列$A$と転置行列$A^T$を掛け合わせ，さらにその逆行列を計算する**

式(9)の行列$A$と，式(10)の転置行列$A^T$を掛け合わせ，さらにその逆行列（−1乗）を計算すると，式(2)は次式のようになります．

$$(A^TA)^{-1} = \begin{pmatrix} 0.89 & 0.00 & 0.00 & 0.00 \\ 0.00 & 0.89 & 0.00 & 0.00 \\ 0.00 & 0.00 & 5.33 & -3.33 \\ 0.00 & 0.00 & -3.33 & 2.33 \end{pmatrix} \cdots (11)$$

▶**ステップ4：行列の対角線要素からDOP値を求める**

式(11)の行列$(A^TA)^{-1}$の対角線要素を取り出すと，式(3)～式(7)より各DOPは次式のように求まります．

$$GDOP = \sqrt{0.89 + 0.89 + 5.33 + 2.33} = 3.07 \cdots (12)$$
$$PDOP = \sqrt{0.89 + 0.89 + 5.33} = 2.67 \cdots\cdots\cdots (13)$$
$$HDOP = \sqrt{0.89 + 0.89} = 1.33 \cdots\cdots\cdots\cdots (14)$$
$$VDOP = \sqrt{5.33} = 2.31 \cdots\cdots\cdots\cdots\cdots (15)$$
$$TDOP = \sqrt{2.33} = 1.53 \cdots\cdots\cdots\cdots\cdots (16)$$

この結果から，例えば式(15)より高さ誤差は測距誤差の2.31倍（$VDOP$倍）になる可能性が高くなります．

図4に示したように，DOPのイメージ的な捉え方として衛星同士を繋ぐと多面体ができます．その多面体の体積が大きくなれば，DOP値は小さくなり精度が高くなります．

## ■ 測位精度や誤差の見積り

● **測位精度を表す指標に$2d_{rms}$**

測位精度を表すのに$2d_{rms}$(twice distance root mean square)と呼ばれる指標が使われます．次式に示すように，$d_{rms}$は平均位置と各プロット点までの距離$d_i$（測位誤差）の2乗値の平均値を求め，そのルートを取ったものです．$x$（経度）と$y$（緯度）それぞれの標準偏差$\sigma_x$と$\sigma_y$を使っても求められます．$2d_{rms}$は$d_{rms}$値を2倍したものです．

$$d_{rms} = \sqrt{\frac{d_1{}^2 + d_2{}^2 + \cdots + d_n{}^2}{n}}$$

$$= \sqrt{\sigma_x{}^2 + \sigma_y{}^2} \cdots\cdots\cdots\cdots\cdots (17)$$

測距誤差 $UERE$(User Equivalent Range Error：ユーザ等価測距誤差)と $HDOP$ により，$2d_{rms}$ は次式のように表されます．

$$2d_{rms} = 2 \times UERE \times HDOP \cdots\cdots\cdots (18)$$

式(18)より，水平(経緯度)方向の測位精度が簡易的に見積もれます．

**図5**に固定アンテナで測位した $x$(経度)と $y$(緯度)のプロットを示します．固定アンテナであるので，誤差が全くなければプロットは一点になりますが，実際には散らばって分布します．平均位置を中心に，半径 $2d_{rms}$ の円を描けば，全プロット点の95％以上が円の内部に含まれます．

### ● 共分散から測位誤差の拡大方向を予測する

行列 $(A^T A)^{-1}$ の対角線要素以外の要素 $\sigma_{jk}{}^2$ から測位誤差の拡大方向が予測できます．$\sigma_{jk}{}^2$ は共分散と呼ばれ，変数 $j$ と $k$ の関係の度合いを示します．

▶共分散が正の場合

変数 $j$ が大きくなれば $k$ も大きくなります．変数 $j$ が小さくなれば $k$ も小さくなる傾向があります．

▶共分散が負の場合

変数 $j$ が大きくなれば $k$ は小さくなり，$j$ が小さくなれば $k$ が大きくなるという相反の関係になります．

▶共分散が0に近い場合

変数 $j$ と $k$ に特段の関係はありません．

次式によって，共分散 $\sigma_{jk}{}^2$，分散 $\sigma_{jj}$ と $\sigma_{kk}$ より相関係数 $\rho_{jk}$ が求まります．

$$\rho_{jk} = \frac{\sigma_{jk}{}^2}{\sigma_{jj}\,\sigma_{kk}} \cdots\cdots\cdots\cdots\cdots (19)$$

相関係数は $-1 \sim 1$ の間の値を取ります．$\sigma_0$ はおよそ受信機固有の測距精度 $UERE$(全衛星に対して同じと仮定)に相当します．

次式に示すのは，楕円(共分散楕円)の式です．経度 $(x)$ と緯度 $(y)$ に対して，どちらの方位に測位誤差が拡大するのか，**図2(b)**に示すように描けます．次式に示すように，衛星配置による測位誤差の拡大方向への影響を見積もります．

$$\frac{x^2}{\sigma_x{}^2} - \frac{2xy\,\rho_{xy}}{\sigma_x\,\sigma_y} + \frac{y^2}{\sigma_y{}^2} = (1 - \rho_{xy}{}^2)C$$
$$\begin{cases} \sigma_x = \sigma_{xx}\,\sigma_0 \\ \sigma_y = \sigma_{yy}\,\sigma_0 \end{cases} \cdots\cdots\cdots\cdots\cdots\cdots (20)$$

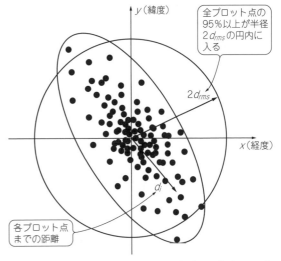

図5 平均位置を中心に半径 $2d_{rms}$ の円を描くと，全プロット点の95％以上が円の内部に含まれる
固定アンテナで測位した場合，誤差が全くなければプロットは一点に集中するが，実際には散らばって分布する

ただし，この楕円は衛星配置の測位誤差への影響のみを考慮しています．マルチパスや電離層など，その他の測距誤差の影響は考慮していません．したがって，実際の測位分布とは完全に一致しない場合も多くあります．

次式により，内側に全測位プロット点の何％を含むという楕円の大きさが決まります．

$$P = 1 - \exp\left[-\frac{1}{2}C\right] \cdots\cdots\cdots\cdots\cdots (21)$$

例えば $C = 5.98$ のとき，$P = 0.95$ になります．**図5**に示したように，楕円の内部に全測位点プロットの95％が含まれます．

\*

一般的に地球の裏側や地面の下の衛星は利用できないため，水平(経緯度)方向に対して，高さの誤差は $1.5 \sim 2$ 倍程度大きくなります．$HDOP$ に対して，$VDOP$ もおよそこの倍率で劣化します．

また，日本ではスカイプロットを見ると，北側の上空に全く衛星が現れない空域があります．このため，経度方向に対して緯度方向の精度が悪くなる傾向にあります．　　　　　　　　　　　　　　〈浪江 宏宗〉

# 第11章

# 研究にも製品開発にも使えるMITライセンス
# 改造OK！RTK測位演算プログラム「RTKコア」

# 測位演算だけにスリム化したプログラム「RTKコア」

## ■ 改造・実験がしやすい RTK演算プログラムを用意した意図

### ● RTKLIBは自分で改造するには大きすぎる

測位演算ソフトウェアRTKLIBはオープンソースなので，RTKLIBを流用，改造して使うことも許されています．しかし高精度を追求して機能を積み重ねた結果，ソースコードは読み解きにくくなっています．

そこで，私がいつも研究用に使っているRTK測位演算をさらにシンプルにまとめて，改造がしやすいプログラム「RTKコア」を作ってみました．

### ● RTKLIBの内部演算よりかなりシンプル

RTKコア・プログラムはシンプルに徹し，RTKLIBのKinematicモード（RTK）におけるInstantaneous AR（瞬時ARと呼ぶ）に近い結果だけ得られます．

あるタイミング（1エポック）ごとの観測データだけを利用して，最小2乗法でRTKを行っています．前回の結果を利用するしくみがありません．

擬似距離の精度がRTKの性能に直結します．十分な数の衛星から，搬送波位相観測値が得られていることが前提になります．

### ● 単独測位計算の中身はRTKLIBに近い

関数毎の違いまで詳細に調べていませんが，main関数の上からみていくと，衛星位置計算は仕様書に準拠するので同じです．対流圏や電離層の遅延量計算も，使っているモデルによる違いはありますがほぼ同じです．仰角・方位角の計算も同じです．

単独測位の計算について，受信機のクロック誤差の取り扱いの方法が異なりますが，最終的に推定されるクロック誤差もほぼ同じです．

### ● RTK測位計算の中身もRTKLIBに近い

基準局と移動局の観測データで2重位相差をとり，1エポックでの共分散値を求め，LAMBDA法を利用して整数アンビギュイティを決定しています．

LAMBDA法の関数は，RTKLIBの関数をそのまま利用しているので，まったく同じです．

最終結果が少し異なる理由は，設定される擬似距離や搬送波位相のノイズ値の違い，衛星の仰角ごとのノイズ計算式の違いだと思われます．

### ● 自分用プログラムを作るには

RTKLIBのソース・コードを自由に変更し改良できるなら，そのほうがよいです．RTKコア・プログラムのポイントは，RTKの部分だけ抜き出したシンプルさです．マイクロソフトのVisual Studioをインストールすれば自由に改良できます．

RTKのソフトウェアを開発するには，一度，自身の力で一通り，理論計算式とプログラムを付き合わせる経験をしておくことが重要です．それができるようになれば，後は自分のやりたいように開発できる力が身につくと思います．

## ■ 「RTKコア」はどんなプログラムか？

### ● 1周波だが対応衛星は多い

対応する衛星はGPS/QZSS/Galileo/BeiDou/GLONASSで，対応する周波数はこれらの衛星のL1帯（1575.42 MHz）になります．

### ● Windows上で動く

本プログラムは，Microsoft Visual Studio 2010 Professionalで作成しています．これ以降のバージョンのVisual Studioでも動作します．

### ● 入力するデータの仕様

RTK測位の演算では，基準局と移動局の観測データ，航法メッセージ（衛星位置を計算するための情報：エフェメリス）の3つを使います．航法メッセージは，観測データと同じ時間帯のデータを利用します．

動作確認のため，付属DVD-ROMのRTKcoreフォルダ内，プログラムの入出力データを納めているrtkフォルダに，開けた場所（東京海洋大学 越中島キャン

パスの研究室屋上)で取得した受信データ・サンプルを収録しています(表1).

0623フォルダ内のデータは日本時間で2017年6月23日の10時半から12時過ぎ,0823フォルダ内のデータは2017年8月23日の12時半から13時過ぎに取得しました.基準局と移動局のアンテナが11 mほど離れていて,受信機は2つともユーブロックスのM8Tです.

▶観測データ

拡張子がobs(observation)のファイルが観測データです.データ内部はRINEXフォーマットです.RINEXはReceiver Independent EXchangeの略で,GNSSの業界では広く利用されている共通フォーマットです.RINEXの詳細は文献(1)のウェブ・ページを参照してください.

ファイルの最初はヘッダで,RINEXのフォーマットのバージョン,利用している受信機,測位システム,周波数帯,擬似距離,搬送波位相,ドップラー周波数,信号レベルの有無,測定開始時刻と終了時刻などが記載されています.

ヘッダの後にデータ取得タイミング(エポック)毎のデータが並びます.例えば,データ取得が1 Hzなら,1秒間隔です.

リスト1にこの観測データの一部(最初の5衛星分)を示します.1行目はGPS時刻による日時,観測データの総衛星数です.

2行目のGはGPS衛星のことで,"G4"はGPSの4番衛星を示します.そのあと擬似距離,搬送波位相,ドップラー周波数,信号強度のデータが並んでいます.衛星の種類は,GPSはG,GalileoはE,QZSS(みちびき)はJ,BeiDouはC,GLONASSはRで表します.

2行目と同様のデータが3行目以降のように観測できた衛星の数だけ続いて,1エポック分のデータとなります.

▶航法メッセージ

拡張子nav(navigation)は航法メッセージのファイルです.衛星位置を計算するために,測位システムごとの航法メッセージを利用します.エフェメリス(Ephemeris)と呼ばれている情報です.

通常は,基準局で取得した航法メッセージを使います.移動局では,障害物で見えない衛星の航法メッセージを取得できないことがあるためです.

航法メッセージ・ファイルの一部をリスト2に示します.これはGPSの23番衛星,2017年6月23日の2時に更新されたデータです.GPS衛星は通常2時間ご

表1 動作確認に使える受信データのサンプル(付属DVD-ROMに収録されている)

| GPS/QZSS/Galileo/BeiDou | | GPS/QZSS/Galileo/GLONASS | | GPS/QZSS/Galileo/BeDou | |
|---|---|---|---|---|---|
| refB.obs | 基準局の観測データ | refR.obs | 基準局の観測データ | ref.obs | 基準局の観測データ |
| robB.obs | 移動局の観測データ | rovR.obs | 移動局の観測データ | rov.obs | 移動局の観測データ |
| refB.nab | 航法メッセージ | refR.nab | 航法メッセージ | ref.nav | 航法メッセージ |

(a) 6月23日取得ぶん(0623フォルダ内)　　　　　　　　　　　　(b) 8月23日(0823フォルダ内)

リスト1 観測データの中身
時刻ごとに,受信できた全衛星の疑似距離や搬送波位相のデータが入っている

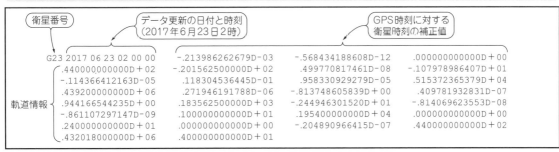

リスト2 航法メッセージの中身
衛星位置の計算の元になるデータがある

とにエフェメリス情報が更新されます.

1行目は,更新時刻と,GPS時刻に対する衛星クロックの補正係数です.クロック・バイアス,1次の項と2次の項の係数となっています.この例では2次の項は0です.

各GPS衛星は,正確な時刻を持つ原子時計を搭載していますが,nsレベルの精度でみるとずれています.統一されたGPS時刻に同期させておく必要があり,その補正係数が表現されています.

2行目以降が軌道情報です.詳しくは参考文献(1)を参照してください.

● RTK演算用サンプル受信データは2種類

6月23日のデータにはGPS/QZS/Galileo/BeiDouとGPS/QZS/Galileo/GLONASSの2種類があります.ユーブロックスのM8Tモジュールで受信するGNSS衛星は,BeiDouとGLONASSがどちらかしか選べない排他仕様になっているため,2種類用意しました.

GPS,QZSS,GALILEOは同じ1575.42 MHzで,RTKの際には混ぜて解くことができるため,ユーブロックスの受信機ではこの3つの衛星はまとめて扱っています.

● 演算時の設定はファイルの値で指定する

rtkフォルダの中にあるinitial_setting.txtは,測位演算に関する設定ファイルです.ファイルの中身を表2に示します.

基準局の精密位置は重要です.表2に示した値は,国土地理院で公開されている電子基準点の観測データ

を基準局としてRTK測位を行った結果です.場所は東京海洋大学の越中島キャンパスです.千葉の市川基準点を用いて,2017年8月に位置を求めました.国土地理院の電子基準点の精密位置は,データ取得日の「日々の座標値[F3解]」を用いています.

付属DVD-ROM収録のサンプルではなく,自ら取得したデータでRTK解析を行うときは,基準局の位置を自分で設定します.

絶対位置精度はそれほど重要ではなく,基準局と移動局の基線ベクトルだけ正確に求まればよいときは,基準局の位置は単独測位の精度で問題ありません.RTKは,基準局と移動局間の正確な3次元ベクトルを求めるのが本質的な動作です.

● 入力ファイルの指定方法

RTK演算に必要な入力ファイルは前述した通り,基準局と移動局の観測データ,基準局で得た航法メッセージの合計3つです.表2のように設定ファイル内で読み込むファイルを指定します.

● 出力ファイルの仕様

出力結果は,単独/DGNSS/RTK測位,テスト用の4つのcsvファイルです.rtkフォルダの中に出力されます.単独測位は,移動局の観測値だけを使い,一般的なGPS測位と同じ方法で求めた結果です.DGNSSは,基準局の観測データを使って位置を補正しますが,搬送波位相は使っていない差動(ディファレンシャル)GNSS測位結果です.RTK測位は,搬送波位相を使ってmm単位の測距を行って測位した結果です.テスト

表2 「RTKコア」の測位演算時の設定を決めるinitial_setting.txtの中身

| 項　目 | 設定値の例 | 設定内容 |
|---|---|---|
| Mask_angle | 15.0 | 測位に利用する最低仰角マスク[°] |
| Ref_obs | 0623¥¥rovB.obs | 基準側のRINEXファイル(Directory情報を含む) |
| Rov_obs | 0623¥¥refB.obs | 移動側のRINEXファイル(Directory情報を含む) |
| Nav_file | 0623¥¥navB.rnx | 航法メッセージのRINEXファイル(Directory情報を含む) |
| POSreflat | 35.66634223 | 基準側の精密位置情報(緯度,WGS84) |
| POSreflon | 139.79221009 | 基準側の精密位置情報(経度,WGS84) |
| POSrefhgt | 59.735 | 基準側の精密位置情報(高度,WGS84) |
| Iteration | 3600 | 計算回数 |
| Code_noise | 0.5 | 擬似距離の雑音値 |
| Carrier_noise | 0.003 | 搬送波位相の雑音値 |
| Threshold_cn | 32.0 | 測位に利用する最低信号レベル[dB/Hz] |
| RTK_DGNSS | 1 | RTK測位またはDGNSS測位を実施するかどうか(実施するときは1,しないときは0) |
| Ratio_limit | 3.0 | RTK測位のFix解の判定に利用する閾値(通常2-3) |
| GPS | 1 | GPS衛星の利用可否(利用するときは1,利用しないときは0) |
| QZSS | 1 | QZSS衛星の利用可否(利用するときは1,利用しないときは0) |
| Galileo | 1 | Galileo衛星の利用可否(利用するときは1,利用しないときは0) |
| BEIDOU | 0 | BeiDou衛星の利用可否(利用するときは1,利用しないときは0) |
| GLONASS | 1 | GLONASS衛星の利用可否(利用するときは1,利用しないときは0) |

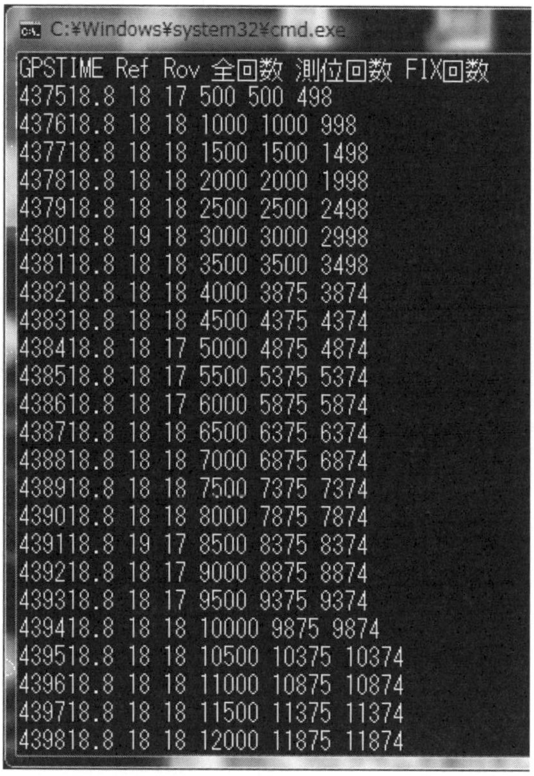

図1 「RTKコア」プログラムの実行画面

表3 「RTKコア」プログラムの出力仕様

| 順番 | 内　容 |
|---|---|
| 1 | GPS時刻 |
| 2 | 利用衛星数 |
| 3 | 経度方向 [m] |
| 4 | 緯度方向 [m] |
| 5 | 高度方向 [m] |
| 6 | 緯度 [°] |
| 7 | 経度 [°] |
| 8 | 高度 [m] |
| 9 | HDOP |
| 10 | VDOP |
| 11 | 最低利用衛星数 |
| 12 | 受信機クロック |
| 13 | GPSと他国測位システム1番目との時計差 [m] |
| 14 | GPSと他国測位システム2番目との時計差 [m] |
| 15 | GPSと他国測位システム3番目との時計差 [m] |
| 16以降 | 利用している衛星の番号(衛星の数だけ項目が並ぶ) |

（a）移動局の単独測位結果(pos.csv)

| 順番 | 内　容 |
|---|---|
| 1 | GPS時刻 |
| 2 | 経度方向 [m] |
| 3 | 緯度方向 [m] |
| 4 | 高度方向 [m] |
| 5 | 緯度 [°] |
| 6 | 経度 [°] |
| 7 | 高度 [m] |
| 8 | 利用衛星数 |

（b）DGNSS測位結果(dgnss.csv)

| 順番 | 内　容 |
|---|---|
| 1 | GPS時刻 |
| 2 | 経度誤差 [m] |
| 3 | 緯度誤差 [m] |
| 4 | 高度方向 [m] |
| 5 | 緯度 [°] |
| 6 | 経度 [°] |
| 7 | 高度 [m] |
| 8 | Ratio値 |
| 9 | 利用衛星数 |

（c）RTK測位結果(rtk.csv)

用出力test.csvは，プログラム中で内容を指定していないので，ファイルは作られますが中身は空です．

● プログラムの動かし方

　実際にプログラムを動かしてみます．

　Visual Studioがインストールされているなら，rtk.slnをダブル・クリックすると，そのままソリューションのビルドを実行します．ビルドが正常終了することを確認してください．

　デバッグなしで開始を実行すると，図1のようなコンソール画面になります．500回ごとのGPS時刻，基準側衛星数，移動側衛星数，全回数，移動側で単独測位ができた回数，RTK測位演算が成功した回数が画面表示されます．

　演算結果はrtkフォルダのcsvファイルに出力されます．終了後，キーを押して黒い画面を閉じます．

　出力ファイルの内容を表3に示します．単独測位結果は，移動局の演算結果です．DGNSSとRTKで利用している衛星は単独測位で出力している衛星と同じです．

　RTK測位演算結果はrtk.csvです．Excelで開いたところを図2に示します．B列とC列は基準局の精密位置からの経度方向と緯度方向の位置がm単位で示

されています．時系列で見ると，非常に高精度に演算されています．

　図3に水平プロットと時系列高度の結果を示しました．

　図3(a)に示すように基準局のアンテナ位置から，東方向に約6.8 m，南方向に約-8.6 mの場所に移動局のアンテナがあることがわかります．

　このときの精度(標準偏差)は水平方向，高度方向ともに1 cm以内です．

　経度・緯度方向の基準局からの位置の差のm表示は，精密な計算ではありません．計算式の詳細は省略しますが，緯度方向の1°分は110.947 km，経度方向の1°分は111.319 kmと求まるので，緯度方向は2地点の緯度の差に110.947 kmを，経度方向は2地点の経度の差と緯度の余弦値を111.319 kmにかけてm単位の差を算出しています．

● 「RTKコア」による測位結果の評価
▶精度と確度

　測位結果をみるときに，精度と確度の2つの観点が

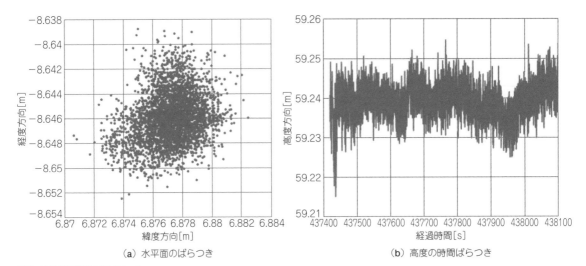

| | 緯度方向の距離[m] | 経度方向の距離[m] | | 高度[m] | 緯度 | 経度 | 計算に使用した衛星の数 |
|---|---|---|---|---|---|---|---|
| | A | B | C | D | E | F | G | H |
| 1 | 437419 | 6.877495 | -8.646607 | 35.66625694 | 139.7923 | 59.23418 | 9.50491 | 14 |
| 2 | 437419.2 | 6.876748 | -8.645179 | 35.66625695 | 139.7923 | 59.24075 | 12.69632 | 14 |
| 3 | 437419.4 | 6.877303 | -8.647507 | 35.66625693 | 139.7923 | 59.23749 | 12.68701 | 14 |
| 4 | 437419.6 | 6.876844 | -8.646783 | 35.66625693 | 139.7923 | 59.23839 | 21.41528 | 14 |
| 5 | 437419.8 | 6.877166 | -8.647147 | 35.66625693 | 139.7923 | 59.2363 | 14.66205 | 14 |
| 6 | 437420 | 6.878037 | -8.645709 | 35.66625694 | 139.7923 | 59.2359 | 18.14411 | 14 |
| 7 | 437420.2 | 6.878319 | -8.644636 | 35.66625695 | 139.7923 | 59.2338 | 19.14916 | 14 |
| 8 | 437420.4 | 6.876891 | -8.648053 | 35.66625692 | 139.7923 | 59.23454 | 12.98136 | 14 |
| 9 | 437420.6 | 6.874889 | -8.645095 | 35.66625695 | 139.7923 | 59.24185 | 10.79798 | 14 |
| 10 | 437420.8 | 6.87621 | -8.646594 | 35.66625694 | 139.7923 | 59.23015 | 15.44472 | 14 |

変化は0.01m未満，つまり数cmの変動しかない

**図2　RTK演算結果rtk.csvファイルをExcelで開いたときの表示**

（a）水平面のばらつき　　　（b）高度の時間ばらつき

**図3　RTK演算結果のプロット**

あります．

　図4に示すように，精度は数値の相対誤差の大きさ，確度は絶対誤差の大きさを計ります．もう少しわかりやすくいうと，精度はばらつきの指標を示し，確度はバイアスの指標を示しています．ばらつきが小さいと「精密である」といえ，バイアスが小さいと「正確である」といえます．

　ばらつきもバイアスも小さい例が図4(a)，ばらつきは小さいがバイアスがある例が(b)，ばらつきは大きいがバイアスが小さい例が(c)，ばらつきもバイアスも大きい例が(d)です．

▶基準局があるとバイアスが小さくなりRTKが使えるとばらつきが小さくなる

　実際に，GNSSの典型的な結果を単独測位，DGNSS，RTKにわけて評価してみます．図5に，同時間帯に取得されたデータを利用した3つの方式の結果を示し

ます．原点がバイアスのない正しい位置です．

　さきほどの分類でいうと，単独測位は，ばらつきもバイアスも大きい状態です．

　DGNSSは，ばらつきがわずかによくなり，バイアスが大きく改善されています．

　RTKは，ばらつきもバイアスも非常に小さくなっています．

　ここでは，典型的な例を示しました．オープン・スカイで条件の良い受信ができれば，おおむねこのような結果が得られます．バイアスの小さい結果を得たいときは，基準局による補正データが重要です．

● 「RTKコア」で使える入力ファイルを自分で用意する方法

　観測データの取得イメージを図6に示しました．

　RTKは本来リアルタイムで演算を行いますが，本

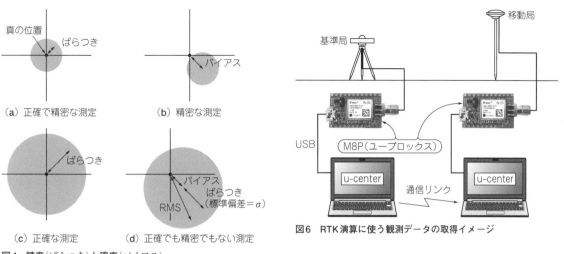

(a) 正確で精密な測定      (b) 精密な測定

(c) 正確な測定      (d) 正確でも精密でもない測定

**図4 精度(ばらつき)と確度(バイアス)**
この2つは分けて評価する

**図6 RTK演算に使う観測データの取得イメージ**

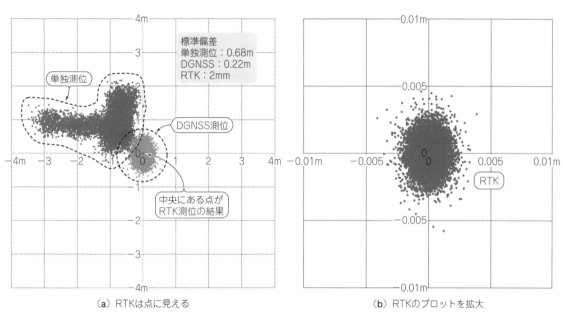

標準偏差
単独測位:0.68m
DGNSS:0.22m
RTK:2mm

単独測位

DGNSS測位

中央にある点が
RTK測位の結果

RTK

(a) RTKは点に見える      (b) RTKのプロットを拡大

**図5 単独測位,DGNSS,RTKの比較**
DGNSSだと確度は良好だが精度はない.RTKになれば確度も精度も良好

プログラムでは扱いやすさを優先し,リアルタイム処理にはしていません.

　GPS衛星の観測データや航法メッセージの入力はファイルで行います.RTK演算を行った結果もファイルで出力します.

　観測データや航法メッセージは,u‐centerをインストールしたパソコンにNEO‐M8Pモジュールを接続して取得できます.u‐centerの設定で,観測データであるRAWXとSFRBXを有効にします.

　u‐centerを使ってユーブロックス形式のデータ(拡張子がubxのファイル)を保存できます.そのファイルをRTKLIBのRTLCONVでRINEXフォーマットに変換します.　　　　　　　　　　　〈久保 信明〉

# 処理①…GPSデータの読み込みと前処理

擬似距離や搬送波位相の観測データを利用するRTK測位のアルゴリズムを紹介します．

対応する衛星はGPS/QZS/Galileo/BeiDou/GLONASS，対応する周波数はこれら衛星のL1帯（1575.42 MHz）付近となります．

## ■ 全体構成

### ● データ読み込み→前処理→単独測位→RTK測位

全体構成を図1に示します．最初に基準局と移動局の両方で単独測位を行います．基準局と移動局で同じ処理を行うため，同じ名前の関数が複数出てきます．

最初に基準点の観測データを1エポック分読み込み，単独測位演算を行います．次に移動局の観測データを1エポック分読み込み，単独測位演算をします．

単独測位で求めた，基準局と移動局の時刻の差を算出します．双方の時刻から，演算タイミングだと判断されると，RTK演算を行います．

### ● main文に含まれる関数

プログラムのメインであるmain文内の関数の処理

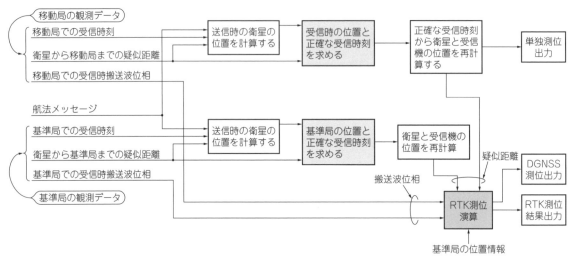

**図1　オープンソースの測位エンジン「RTKコア」の処理**（前処理以外）
RTK演算のFloat解の精度は，単独測位で求める衛星までの距離（擬似距離）の精度に依存する．そのため，GPSモジュールから得られる擬似距離をそのまま使うのではなく，単独測位と同じ処理を行ってなるべく正確な値を求めてから使う

**表1　main文で呼び出されている関数の処理内容**

| main 文内の関数名 | 処理概要 |
|---|---|
| set_initial_value | 初期設定，入力・出力ファイルの管理 |
| read_data | 1エポック分の観測データを読み込む |
| calc_satpos | 衛星位置を計算 |
| calc_direction | 衛星の仰角と方位角を計算 |
| calc_iono_model | Klobucharモデルより電離層遅延量を推定 |
| calc_tropo | Saastamoinenモデルより対流圏遅延量を推定 |
| choose_sat | 最低仰角や最低信号レベルなどで測位に使用する衛星を選択 |
| calc_pos | 単独測位演算 |
| calc_pos2 | 受信機時計誤差を補正した後に再度単独測位演算 |
| calc_rtk_GQE | GPS/QZSS/GalileoでRTK演算 |
| calc_rtk_GQEB | GPS/QZSS/Galileo/BeiDouでRTK演算 |
| calc_rtk_GQER | GPS/QZSS/Galileo/GLONASSでRTK演算 |

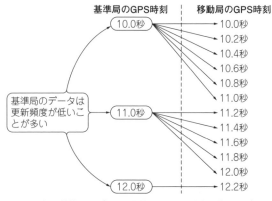

**図2　一般に基準局のデータは更新レートが低く，移動局データとは1対1に対応しないので，なるべく精度が落ちないような時刻の受信データを組み合わせる**

概要を表1にまとめました.

### ● RTK測位演算のタイミング

基準局と移動局は,同じタイミングでデータを取得できるとベストなのですが,実際には無理です.移動局では10 Hzでデータを更新できても,基準局から送られてくるデータは1 Hzであることが一般的です.

タイミングのずれた2つのデータは,どのように組み合わせればよいでしょうか.

図2に演算タイミングのイメージを示します.

基準局の観測データのGPS時刻が,移動局の観測データのGPS時刻よりも先,かつ移動側のGPS時刻に最も近くなるときを選びます.

実際のRTK測位演算においては,基準局の観測データが受信できない状態が発生します.その状態が継続すると,基準局の時刻と移動局の時刻の差が開いていきます.このときRTK測位の性能は徐々に劣化していきます.劣化具合はさまざまな条件によるので,RTK測位をあきらめる条件は明確な秒数では規定できません.遅延が10秒でRTK測位をあきらめる受信機もあれば,20〜30秒でも継続する受信機もあります.

## 1 観測データの読み込み

### ● 必要な入力ファイルと出力結果ファイル

RTK測位演算に必要な入力ファイルは,基準局の観測データ,移動局の観測データ,基準局で得た航法メッセージの合計3つです.set_initial_value関数の中で読み込まれています.

出力ファイルもset_initial_value関数の中で定義されています.単独測位結果,DGNSS測位結果,RTK測位結果,テスト用の4つのcsvファイルです.

### ● データの読み込み

データの読み込みの関数は,観測データと航法メッセージで分かれています.read_data関数の中にread_rinex_navとread_rinex_obs302があります.

▶航法メッセージの読み込み

read_rinex_nav関数は各測位システムの航法メッセージを読み込んでいます.最初にファイルすべての航法メッセージを読み込み,構造体の外部変数にストックしています.

航法メッセージの中には衛星の健康状態を示すフラグも含まれています.フラグが立っているときは,衛星選択関数(choose_sat)でその衛星を測位演算から排除します.

▶観測データの読み込みread_rinex_obs

1エポックごとの擬似距離や搬送波位相の観測データとGPS時刻を読み込みます.

基準局で読み込んだGPS時刻はGPSTIME,移動局で読み込んだGPS時刻はDGPSTIMEとして変数に格納されます.この2つの時刻を比較してRTK演算を行います.

最初に書いたように,基準側の観測データのGPS時刻が移動側の観測データのGPS時刻よりも古いこと,かつ移動側のGPS時刻に最も近くなるように読み込んでいます.1Hz同士のデータであれば同じ時刻で計算できます.プログラムを確認してください.

各国の測位衛星システムの番号は,次のように割り当てています.一般的な割り当て方法があるわけではなく,このプログラム独自の割り当て方法です.

QZSSは7機分を見込んで33〜39としています.Galileo,BeiDou,GLONASSはそれぞれ30機分確保しています.

| GPS | 1番から32番 |
|---|---|
| QZSS | 33番から39番 |
| Galileo | 41番から70番 |
| BeiDou | 71番から100番 |
| GLONASS | 101番から130番 |

▶rinex_time関数

ストックしている航法メッセージの利用判断を行っています.

具体的には,現在のGPS時刻と航法メッセージ内の各衛星の時刻(航法メッセージの先頭にある時刻)を比較して,GPS時刻がメッセージ内の衛星時刻に達した時点で,その航法メッセージを利用開始します.

例えばGPSでは,航法メッセージの寿命は最大4時間程度と示されていて,それ以上古い航法メッセージは利用しません.実際には,GPSの航法メッセージは2時間ごとに更新されています.航法メッセージの更新間隔は衛星システムによって異なります.

## 2 前処理

### ● 衛星位置の計算

calc_sat_pos関数は各国ごとのGNSS衛星の位置計算を行います.

▶衛星の仕様書に位置の計算方法が記載されている

詳細は各衛星システムで公開されている仕様書を見てください.取得した航法メッセージから何をどのように計算するのか,式が全て記載されています.例えばGPSの場合は,以下のWebサイトに仕様書があります.

http://www.gps.gov/technical/icwg/

GPSとQZSS及びGalileoは同じ式で計算されており,この関数の中でも同じ方法で計算されています.

▶GPS/QZSS/Galileoは軌道要素と補正データから計算

航法メッセージはエフェメリスとも呼ばれるデータです.軌道を決定するために,ケプラーの6軌道要素と,摂動項(地球や月の重力など)を考慮する係数が衛星より送信されています.

calc_sat_pos関数の出力は，各衛星の地球中心座標系での$X$軸方向，$Y$軸方向，$Z$軸方向の値です．

▶BeiDouは静止衛星だけ計算が異なる

BeiDouについても，GEO（静止衛星）以外は上記と同様の方法で計算されます．GEO衛星では，少し異なる計算が付加されています．

▶GLONASSは元データが異なるので計算方法が違う

GLONASS衛星は，GPS/QZSS/Galileo/BeiDouと計算方法が異なります．航法メッセージが軌道要素ではなく，30分ごとの衛星の位置と速度，加速度だからです．それらの情報からルンゲ＝クッタ法を用いて，ある時刻の衛星の位置を求めます．GLONASSの仕様書に詳細な記載があります．

▶測地系の違いの補正

各国の測地系の間，例えばGPSとBeiDouの間に時刻差はありますが，GPS，QZSS，Galileo，BeiDouでの測地系による誤差は数cm以内と言われています．

GLONASSは測地系が異なります．PZ-90系（GLONASSで採用）からWGS84系（GPSで採用）に変換する必要があります．

▶時刻の違いの補正

例えば，BeiDouはGPSと14秒の差があります．calc_sat_pos関数内で考慮されています．

本プログラムでは，GPS時刻をマスタ・クロックとしています．航法メッセージには，衛星の時計誤差を補正する情報も含まれていて，この関数内でその補正値を計算して変数にストックしています．

● **衛星の方位角・仰角の演算**

仰角が低い衛星のデータは誤差が大きくなるので測位に使いません（マスクする）．

衛星の方位角と仰角は，基準局と移動局，両方ともcalc_direction関数で計算します．

▶衛星の位置は求めてあるので自分の位置を決める

方位角と仰角を求めるためには，自分（基準局or移動局）の位置と，衛星の位置の両方を求める必要があります．

衛星の位置はcalc_sat_pos関数で求め終わっているので，自身の位置があればよいわけです．

基準局側は初期設定ファイルに位置情報が入力されているので，そのまま利用します．

▶移動局も初期位置は基準局

移動局側は最初，位置がわかりません．そこで，最初のエポックでは基準局の位置を入力しています．2回目以降は，**表1**のRTK演算の関数calc_rtk_***の途中で計算されているディファレンシャル測位の結果を入力しています．衛星数が最低6機ないとこの関数を使った演算を行わないので，値が更新されないときもあります．ただ，方位角や仰角は，ユーザ位置が100m程度変わってもそれほど大きく変動しないため，更新されないことの影響はないと思われます．

▶座標変換で角度を求める

地球中心座標系での$X$，$Y$は，ユーザ位置を原点とする平面（地球に接する平面）に変換し，$X$を東方向，$Y$を北方向とします．$Z$は高度方向となります．同時に衛星位置も新しい座標系に変換されるため，そのまま方位角と仰角を計算することができます．

● **電離層遅延量推定の演算**

電離層遅延量は，GPSの航法メッセージの中に含まれているクロバッチャ・モデルの値を利用して，calc_iono_model関数で推定しています．クロバッチャ・モデルの8つの係数は，set_initial_value関数の中で入力する必要があります．これらの係数は，航法メッセージ（navファイル）の先頭に記載があります．

▶計算方法

GPSの仕様書通りに計算します．まず垂直方向の電離層遅延量を求めて，その後，仰角に応じて傾斜係数という値を計算し，実際に電波が通過してくる電離層の長さに応じて遅延量を算出します．

推定された電離層遅延量は単位が[m]で，変数に格納されています．BeiDouやGLONASSは周波数が異なるため，その周波数に対応した遅延量を推定しています．

● **対流圏遅延量推定の演算**

対流圏遅延量は，Saastamoinenモデルを利用してcalc_tropo関数で推定されています．このモデルでは，対流圏の影響を乾燥大気と湿潤大気に分けて計算しています．

対流圏遅延量の計算には高度が影響するため，基準局と移動局をそれぞれ別に計算します．電離層遅延量と同様に，まず垂直方向の対流圏遅延量を求めて，仰角に応じて傾斜係数を計算し，実際に電波が通過してくる対流圏の長さに応じて遅延量を計算します．

〈久保 信明〉

# 処理②…GPS衛星との距離計算

## ● 単独測位の誤差要因

送信時刻と受信時刻の差から求めた，衛星と受信機の距離を疑似距離と言い，さまざまな誤差が含まれています．要因をそれぞれ計算した上で，複数の衛星の情報を活用して誤差を減らします．

単独測位演算は，calc_pos関数で最小2乗法を用いて処理されています．

単独測位で位置を推定する際の誤差要因は，大きく6つに分けられます．表1に各誤差要因の概要をまとめました．表1はGPSなどの仕様書に出ている正式な数値ではありません．参考文献(2)から引用したおおよその値です．これらの誤差は次のように大きく3つに分けられます．

① 衛星側の誤差

衛星から受信するデータの正しさに起因する誤差です．表1の上から2つに相当します．衛星のクロック誤差やエフェメリスによる軌道誤差は，GPSの場合1m以内と言われています．ユーザ側ではこれ以上補正できない誤差要因です．

ただし，リアルタイムの精密GPS軌道情報（精密歴）や精密クロックを入手できれば，10cm以内に誤差を低減できます．PPP（Precise Point Positioning）と呼ばれる高精度単独測位は，精密GPS軌道情報や精密クロックを利用して誤差を減らします．

② 地球大気の物理モデルから推定する値

衛星が出す電波は，大気を通ると屈折したり伝搬速度が変わったりします．

電離層と対流圏，どちらも科学者が考案した物理モデルから推定します．この物理モデルを利用することで，大幅に誤差を低減できます．

衛星の仰角が低いほど，電離層や対流圏を通る経路が長くなり，遅延量が増大します．天頂方向と比較して，どのくらい影響が増えるのかを示す系数が傾斜系数です．

電離層遅延量は2周波の観測データがあるとほぼ完全に除去できます．

1周波ではモデルからの推定になり，誤差の低減に限界があります．太陽活動が活発でないときは誤差1m程度で推定できます．逆に太陽活動が活発な時期では，天頂でも5m程度の誤差に達することがあります．

対流圏モデルは比較的安定しています．乾燥大気の場合は物理モデルにより誤差10cm程度まで正確に推定できます．湿潤大気の場合，やや推定誤差が大きくなる傾向があるようです．

2017年9月に大規模な太陽フレアが起こりました．GNSSに大きな影響は報告されていませんが，この時期の観測データを解析すると，電離層のモデルでの推定に限界があるため，単独測位の誤差が大きくなっていた可能性があります．

③ 受信機側に固有の値

アンテナ周辺の環境に依存する誤差要因です．主に，マルチパスと受信機自体のノイズです．

受信機内部のコリレータや受信電力に依存するので，測位演算ソフトウェアで改善できるものではありません．電波環境に依存します．

とはいえ，疑似距離のマルチパス誤差やノイズは，搬送波位相を利用することで低減できます．その誤差低減を受信機内部で行うか，ソフトウェアで行うかは決められてはいません．

疑似距離のマルチパス誤差やノイズを搬送波位相で減らす技術はキャリア・スムージングと呼ばれています．詳しくは参考文献(3)を参照ください．

## ● 受信機の位置をもっともありえそうな値に近づけていく

本プログラムの単独測位出力(pos.csv)は移動局の測位計算結果です．

計算するときの位置の初期値は，東京海洋大学越中島キャンパス内の私の研究室の屋上としています．仮に初期値を地球中心(0, 0, 0)としても，収束までの計算回数が少し増えるだけです．

least_square関数内で，実際の演算がされています．初期値を与えて，各衛星の疑似距離や衛星位置，電離層，対流圏遅延推定量などを元に，もっともありそう

表1 単独測位の6つの誤差要因

| 誤差要因 | 実際の誤差量 | 単独測位での誤差量 |
|---|---|---|
| 衛星のクロック誤差 | $1\,m_{RMS}$ | 左に同じ |
| 衛星の位置誤差 | $1\,m_{RMS}$（視線方向） | 左に同じ |
| 電離層遅延量 | 2～10m（天頂方向）傾斜係数3@5° | 1～5m（1周波） |
| 対流圏遅延量 | 2.3～2.5m（天頂方向）傾斜係数10@5° | 0.1m |
| マルチパス誤差（開けた場所） | 疑似距離：0.5～1m | 左に同じ |
| 受信機のノイズ | 疑似距離：0.25～0.5$\,m_{RMS}$ | 左に同じ |

な位置を求めていくイメージです.

真の距離や衛星位置,電離層や対流圏による遅延量を誤差なく入力すると,真の位置を出力する演算です.

実際には単独測位でそこまでの精度は出せません.マルチパスの影響が少ない屋上で受信しても,2～3mの精度です.電離層の活動状態に強く依存します.

衛星配置の指標となるDOP(HDOP,VDOP,PDOP,TDOP)についても,この関数内で計算しています.

### ● 最小2乗法を利用して値を収束させる

最小2乗法では,初期値や前回の値に対して,どれだけ3次元的な位置を移動させるとそれらしい値になるかを計算しています.delta[0],delta[1],delta[2]がそれぞれX,Y,Z方向の推定された移動量です.前回得られた位置からの変化量が1mm未満になったら,測位演算を終了します.

3次元測位の初期値を地球中心(0,0,0)としたときの推定位置の変化を表2に示しました.これはGPS+QZSSの場合です.地球中心を初期値としても,1回目で真値から約1269kmに近づき,2回目で約42km,3回目で約48m,4回目で収束しています.5回目はほとんど動いていません.

最終的に真値から約3mの位置に収束し,これを解としています.

### ● 複数の測位システムを使う場合は測位システム間の時刻差を未知数として解く

GPS衛星だけを使った単独測位演算では,特にややこしいことはないのですが,他の国の測位衛星のデータも使って位置を求めるとなると,各測位システム間の時刻差の問題がでてきます.

各国の測位システムは,それぞれの衛星間で統一し

た時刻で運用されています.

日本のQZSSは,GPSのシステム時刻にほぼ同期するように設計されているので(放送される衛星クロック補正値で考慮),GPS衛星の中に混ぜて計算できます.その他の国の測位衛星システムについては,GPS時刻との差が未知として計算する必要があります.

▶衛星測位システムが異なると同期していない可能性がある

GPSしか使わない単独測位の場合,受信機の座標$X$,$Y$,$Z$と時刻ずれ$\Delta t$の4つの未知数を求める方程式を解くイメージです.それに対してGPS + QZSS + Galileo + BeiDou + GLONASSで単独測位を行う場合は,従来の4つの未知数にプラスして,3つのシステム間時刻差も未知として,合計7つの未知数を最小2乗法で解いていきます.これは最低7機の衛星を利用することを意味しています.時刻差が未知である,Galileo,BeiDou,GLONASSが最低1機ずつ含まれていることも条件です.

本プログラムでは,GPS衛星のシステム時刻をマスタ・クロックとしています.他国の測位衛星システムとの差を毎回推定します.システム間の時刻差は外部変数のClock5[rcvn],Clock6[rcvn],Clock7[rcvn]に出力されています.

例えばGPS + QZSS + Galileo + BeiDou + GLONASSの単独測位の場合,GLONASS,BeiDou,Galileoの順番に出力されます.図1に実際の単独測位計算で推定されたシステム時刻差を示しました.

図1はGPSとBeiDouのシステム時刻差の例を示しています.時刻差は約40n～50nsです.距離に変換すると(光速を乗算すると),12～15mとなります.このシステム間時刻差を考慮せずに測位計算を行っていたら,測位結果は大きくずれるだろうと予想できます.

2017年8月中旬の段階で,GPSとGalileo間のシステム時刻差は数ns以内と良好な値でした.

### ● GPS時刻と受信機内部クロックの差はかなり大きい

GPS時刻と受信機内部のクロックを同期させることは不可能です.GPS時刻は,原子時計により厳密にコ

表2 測位結果は最小2乗法の演算を繰り返して答えに収束させる

| 計算回数 | 移動局の座標<br>$X$,$Y$,$Z$[m] | 緯度[°],経度[°],高さ[m] | 真値からの距離[m] |
|---|---|---|---|
| 0 | 0,0,0 | - | - |
| 1 | - 4721024.10,<br>4071437.54,<br>4414740.80 | 35.4558619,<br>139.2253324,<br>1268042.79 | 1269488.40 |
| 2 | - 3984800.75,<br>3376090.44,<br>3721082.80 | 35.6500785,<br>139.7273291,<br>41815.29 | 42208.21 |
| 3 | - 3961930.01,<br>3349024.38,<br>3698239.09 | 35.6663301,<br>139.7921216,<br>107.3 | 48.10 |
| 4 | - 3961905.45,<br>3348990.70,<br>3698211.85 | 35.6663434,<br>139.7922306,<br>58.52 | 3.12 |
| 5 | - 3961905.45,<br>3348990.70,<br>3698211.85 | 35.6663434,<br>139.7922306,<br>58.52 | 3.12 |

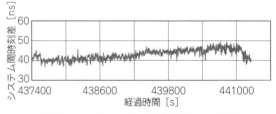

図1 各国の測位システムの間には時刻差があるので補正する
GPSとBeiDouのシステム間時刻差.40～50nsくらいの差がある

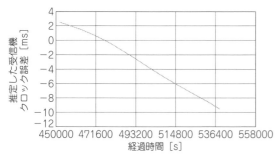

図2 GPSクロックと受信機M8P内部クロックの誤差（推定値）

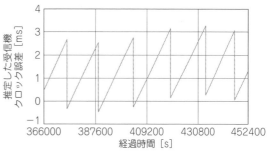

図3 GPSクロックと受信機M8T内部クロックの誤差（推定値）

ントロールされていますが，受信機内部のクロックは必ずこのGPS時刻からずれてしまいます．単独測位計算で推定される受信機クロック誤差は，このずれを示しています．

　ユーブロックスの受信機NEO-M8Pの時系列クロック誤差を図2に示します．24時間で約12msずれていることがわかります．これに光速をかけて距離に換算すると，24時間で約3600 km（1秒間に約41.7 m）の誤差です．受信機クロックを毎回推定しないと，まともな単独測位はできません．プログラム上での受信機クロック誤差は外部変数のClock_ext［rcvn］に入っています．

　同じくユーブロックスの受信機M8Tのクロック誤差を図3に示します．図2と比較すると，クロックの振る舞いが大きく異なります．M8Tのほうは，2 m〜3 ms経過後，受信機側でオフセットしています．また24時間で約18 msずれていることから，前者のM8Pよりも変動が少し大きいです．これらの結果は，私の手元にあるM8PとM8Tを比較した結果なので，個体差や内部バージョンで異なるのかもしれません．

● 受信機クロック誤差の影響を減らす工夫

　受信機クロック誤差が存在することから，衛星位置計算と単独測位計算は，2回実施しています．

calc_pos関数で最初の単独測位を行い，同時に受信機のクロック誤差を推定します．

　推定されたクロック誤差は受信機によって異なりますが，大きな値であることが一般的です．1 ms程度の大きさで受信機内部で自動的にオフセットが出てしまうこともあります．

　最初の単独測位演算で求めた受信機クロック誤差を利用して，疑似距離を更新します（単純にクロック誤差分の距離を足す）．衛星位置を計算し直した後で最小2乗法での単独測位計算を行っています．

　プログラムのmain文では，calc_pos関数のあとにcalc_satpos関数とcalc_pos2関数が続いています．

　衛星位置計算をやりなおす理由は，衛星からの信号発射時刻を受信GPS時刻と疑似距離から計算しているため，クロック誤差が大きいと，衛星位置にも誤差が出てくるためです．

　実際にあるエポックでチェックすると，3次元で約1 m程度，衛星位置が変化していました．

　最小2乗法での単独測位計算の2回目では，すでに受信機クロック誤差分が補正されているので，推定されるクロック誤差は非常に小さくなっています．本プログラムでの単独測位演算結果は，この2回目の計算による結果をpos.csvに出力しています．〈久保 信明〉

# 処理③…GPS電波の位相差計算

「RTKコア」はシンプルな作りを目指していますが，1 cm精度を実現するRTK測位のポイントは押さえてあります．

## 位相を距離測定に

### ■ 衛星と受信機の距離を 1.5 GHzの位相で測る

#### ● キャリア信号の位相も使うと19 cmの1/100が測れる

単独測位やDGNSS測位は疑似距離だけを利用するのに対して，RTK測位は搬送波位相も利用します．

搬送波位相は，疑似距離と比較して100倍ほど精度が良く，通常mmレベルの精度が得られます．搬送波位相は，ドップラー周波数の積算値ともいわれます．

GPSのL1信号は搬送波の波長が約19 cmなので，位相360°が19 cmであることを意味します．

受信機で位相の追従がうまくいけば，±15°以内程度の精度が得られるので，最大でも8 mm程度の誤差で距離が測れます．マルチパスの多い環境になったり信号レベルが低下したりすると性能は劣化しますが，位相を追従できているなら±45°程度，つまりcmレベルの精度が得られます．

#### ● 搬送波位相が使えないときもある

衛星からの直接波が障害物で遮断されたときや，受信信号の$S/N$が30 dBを下回るようなときは，受信機の出力する観測データに搬送波位相が含まれます．

#### ● 19 cmの波の数を求めたい

搬送波位相を利用するときに，大変やっかいなことがあります．図1に示したように，搬送波位相に関して，衛星発射時の初期位相と，受信時の位相との差は正確にわかるのですが，衛星と受信機の間の波の数（サイクル数）は不明である点です．この不明なサイクル数は，整数アンビギュイティ（ambiguity：曖昧さ）と呼ばれます．

この整数アンビギュイティがわかれば，衛星との距離は非常に正確な（mm単位の）物差しで測れます．

RTKの要は，この整数アンビギュイティを決定するアルゴリズムです．そのためには，2重位相差という誤差を最小にする考え方が必要です．

#### ● 疑似距離で整数アンビギュイティを決められそう？

RTKでは，搬送波位相を主として利用すると書きました．実は疑似距離の役割も極めて重要です．疑似距離と搬送波位相の式を図2と図3に書きました．

2つの式をよく見てください．疑似距離と搬送波位相の違いは，整数アンビギュイティの有無であることがわかります．

#### ● 疑似距離には距離換算で数十cmの雑音の影響がある

疑似距離と搬送波位相の違いは整数アンビギュイティと書きましたが，もう1つ大きな違いがあります．それはマルチパスや雑音のレベルです．

搬送波位相への雑音の影響は，距離に換算するとmmレベルです．それに対して疑似距離への雑音の影響は通常数十cmレベルです．

この2つの違いにRTKの醍醐味があります．整数アンビギュイティを求めることができれば，非常に精度のよい搬送波位相という目盛りを利用できます．しかし，疑似距離の観測精度はあまり良くないため，整数アンビギュイティを疑似距離から求めることは簡単ではないのです．

衛星発射時の初期位相

受信機では受信電波の位相に合わせてPLLを動かすので位相の変化を正確に測定できる

$t=0$で受信時の位相

$t=1$で受信時の位相

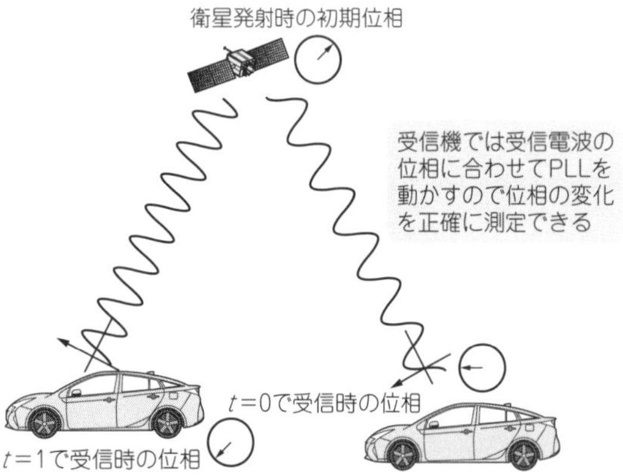

位相で表した時刻$t$における衛星と受信機の距離$\phi(t)$は
$\phi(t)=\phi_u(t)-\phi^s(t-\tau)+N$
$\phi_u(t)$：受信機で受信時の位相
$\phi^s(t-\tau)$：衛星発射時の位相
$\tau$：伝搬時間
$N$：整数アンビギュイティ

**図1 搬送波位相を観測して距離測定を行うと高精度な測位ができる**
観測値だけでは，波の数が分からない．整数アンビギュイティがある状態という

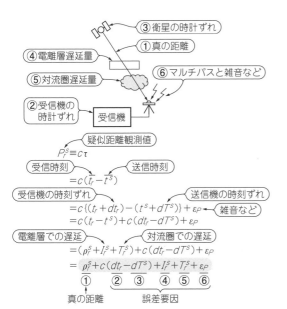

$$P_r^s \equiv c\tau$$

$$= c(t_r - t^s)$$

$$= c\{(t_r + dt_r) - (t^s + dT^s)\} + \varepsilon_P$$

$$= c(t_r - t^s) + c(dt_r - dT^s) + \varepsilon_P$$

$$= (\rho_r^s + I_r^s + T_r^s) + c(dt_r - dT^s) + \varepsilon_P$$

$$= \underbrace{\rho_r^s}_{①} + \underbrace{c(dt_r - dT^s)}_{③} + \underbrace{I_r^s + T_r^s}_{④ \ ⑤} + \underbrace{\varepsilon_P}_{⑥}$$

真の距離　　　　誤差要因

**図2　単独測位に使っている疑似距離の観測値に含まれる誤差**
さまざまな誤差要因があり，m単位の精度が現実的になっている

## RTKコアのプログラムがやっていること

### 1 2つの受信局の受信信号の差について，2つの衛星で差を求める

● **クロック誤差の影響を受けなくなる2重差の考え方**

リアルタイムで瞬時に整数アンビギュイティを求めるためには，それなりの精度が求められます．どのように精度を高めるのでしょうか．その鍵が2重差です．

整数アンビギュイティを求める際にやっかいな衛星や受信機のクロック誤差を完全に消去できます．

2重差の式を図4に示しました．式を見るとわかるように，受信機のクロック誤差は完全に消去され，衛星側のクロック誤差もほぼ0です．

完全に0にならないのは，基準局と移動局の受信機間で必ず遅延が発生するため，同時刻での観測データとならないことによります．わずかな量ですが，遅延時間により衛星側の時計が若干動きます．

● **2重差で電離層と対流圏の影響も相殺される**

2重差をとったとき，電離層と対流圏の遅延量の誤差は，移動局と基準局の距離が10km以内の場合は通常1cm以内と考えてよいと思います．残りは，マルチパスと雑音です．搬送波位相への影響は非常に小さいです．

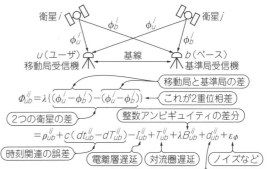

$$\phi_r^s = \phi_r(t_r) - \phi^s(t^s) + N_r^s + \varepsilon_\phi$$

ここで，$\phi_{r,0} = \phi_r(t_0)$，$\phi_0^s = \phi^s(t_0)$とおく

$$= \{f(t_r + dt_r - t_0) + \phi_{r,0}\} - \{f(t^s + dT^s - t_0) + \phi_0^s\} + N_r^s + \varepsilon_\phi$$

$$= \frac{c}{\lambda}(t_r - t^s) + \frac{c}{\lambda}(dt_r - dT^s) + (\phi_{r,0} - \phi_0^s + N_r^s) + \varepsilon_\phi \ [\text{サイクル}]$$

距離として表すと，

$$\Phi_r^s = \lambda\phi_r^s = c(t_r - t^s) + c(dt_r - dT^s) + \lambda(\phi_{r,0} - \phi_0^s + N_r^s) + \lambda\varepsilon_\phi$$

$$= \rho_r^s + c(dt_r - dT^s) - I_r^s + T_r^s + \lambda B_r^s + d_r^s + \varepsilon_\phi \ [\text{m}]$$

**図3　RTKに使う搬送波位相の観測値に含まれる誤差**
いくつかの誤差要因は疑似距離と共通なので，差分をとれば整数アンビギュイティを求められそうに見える．実際には，疑似距離の精度が足りず求まらない

$$\Phi_{ub}^{ij} = \lambda\{(\phi_u^i - \phi_b^i) - (\phi_u^j - \phi_b^j)\}$$

$$= \rho_{ub}^{ij} + c(dt_{ub}^{ij} - dT_{ub}^{ij}) - I_{ub}^{ij} + T_{ub}^{ij} + \lambda B_{ub}^{ij} + d_{ub}^{ij} + \varepsilon_\phi$$

時刻関連の誤差は消える．

$$dt_{ub}^{ij} = dt_u^{ij} - dt_b^{ij} = 0, \quad dT_{ub}^{ij} = dT_u^{ij} - dT_b^{ij} \doteqdot 0$$

また整数アンビギュイティの差は，まとめて1つに置き換える

$$B_{ub}^{ij} = N_{ub}^{ij}$$

$$\therefore \Phi_{ub}^{ij} = \rho_{ub}^{ij} - I_{ub}^{ij} + T_{ub}^{ij} + \lambda N_{ub}^{ij} + d_{ub}^{ij} + \varepsilon_\phi$$

さらに10km以内程度の短基線の場合には

$$\Phi_{ub}^{ij} \doteqdot \rho_{ub}^{ij} + \lambda N_{ub}^{ij} + \varepsilon_\phi$$

$$I_{ub}^{ij} = I_{ub}^i - I_{ub}^j \doteqdot 0, \quad T_{ub}^{ij} = T_{ub}^i - T_{ub}^j \doteqdot 0, \quad d_{ub}^{ij} = d_{ub}^i - d_{ub}^j \doteqdot 0$$

**図4　衛星2つ，受信機2つで2重に差をとることで誤差を大幅に減らす**
衛星時刻の誤差と受信機時刻の誤差が消える．さらに基準局と移動局の距離が10km未満なら，電離層，対流圏による誤差も打ち消され，誤差要因がとても小さくなる

● **疑似距離から搬送波位相の波数を決められるのか誤差を減らした2重差で改めて比較**

搬送波位相の2重差は，2重差の幾何学距離分，整数アンビギュイティ，マルチパスや雑音の合計です．

搬送波位相と疑似距離，どちらも2重差をとったときの比較を図5に示します．疑似距離の2重差と，搬送波位相の2重差を比較すれば，整数アンビギュイティの2重差を求めることができそうです．

できそうです，とあいまいに書いたのは，両者の最後の項である誤差 $\varepsilon$，つまりマルチパス＋雑音のレベルが大きく異なるため，単純に比較しただけでは容易に整数アンビギュイティを求められないからです．

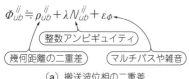

$$\Phi_{ub}^{ij} \doteq \rho_{ub}^{ij} + \lambda N_{ub}^{ij} + \varepsilon_\Phi$$

整数アンビギュイティ

幾何距離の二重差　　　　　マルチパスや雑音

**（a）搬送波位相の二重差**

$$P_{ub}^{ij} \doteq \rho_{ub}^{ij} + \varepsilon_P$$

マルチパスや雑音

幾何距離の二重差

**（b）疑似距離の二重差**

**図5　搬送波位相と疑似距離，両方とも2重差をとって比較する**
マルチパスや雑音の影響だけなので，疑似距離から整数アンビギュイティを求められそうに思えるが，実際には，疑似距離のノイズなどが大きすぎて求まらない

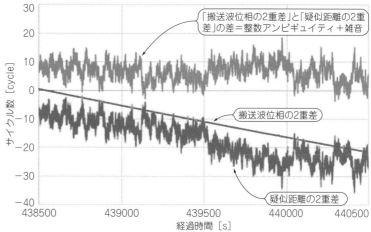

「搬送波位相の2重差」と「疑似距離の2重差」の差＝整数アンビギュイティ＋雑音

搬送波位相の2重差

疑似距離の2重差

**図6　高精度な搬送波位相の2重差に対して，疑似距離の2重差は波長何個ぶんもずれる**
実際の受信データ例から算出．疑似距離から整数アンビギュイティを求めるのではあまり精度が上がらないことがわかる

①2重差を生成
②搬送波位相と疑似距離の2重差情報より次の3つを算出
　（Float位置解，Floatアンビギュイティ，共分散）
③Floatアンビギュイティと共分散情報をLAMBDA法に入力
④LAMBDA法を介して，ベストな候補解と2番目の候補解を出力
⑤両者の残差値より，Ratioテストでベストな候補解の信頼度が高いかチェック
⑥Ratioテストをパスすれば，Fix解として出力

Floatとは，漂うことを意味し，整数化していない数値のこと
Float位置解は，本プログラムではDGNSS解とほぼ同等の意味になる．疑似距離だけから求めているため．
LAMBDA法：整数アンビギュイティ探索で有名な方法→整数最小2乗法
（Least-squares ambiguity decorrelation adjustment）

**図7　搬送波位相を使って精密な位置を求める手順**
単独測位で求めた疑似距離も重要なことがわかる

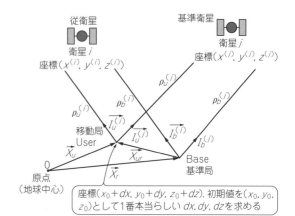

$\overrightarrow{X_{ur}}$は基線ベクトル　　$\overrightarrow{I}$は視線ベクトル　　$\rho$は幾何距離
　　　　　　　　　　　（長さは1）　　　　（座標から計算する）

**図8　基準衛星と従衛星，基準局と移動局の4カ所の間で幾何距離を計算する**

● **結局衛星1ペアでは波数は決められない**

　実際のデータで見てみましょう．付属DVD-ROMに収録されている，2017年6月23日のデータからわかりやすいところを2000秒間取り出してみます．

　基準衛星（衛星$i$）は最も仰角の高い27番衛星，ターゲットとなる衛星（衛星$j$）は26番衛星です．

　2重差のデータを**図6**に示します．わかりやすくするため，単位はサイクル（1波長ぶんの時間）に統一しています．

　両衛星ともPLLのロック外れがない時間帯を抜き出しているため，整数アンビギュイティは一定です．

　搬送波位相と疑似距離の2重差が時間とともに動いている理由は，2つの衛星と受信機間の幾何学的距離が動いているためです．基線長が11 m程度と近いため，動く量も小さいです．

　搬送波位相の2重差から疑似距離の2重差を引いた値は整数アンビギュイティになるはずですが，大きく振れていることがわかります．

　このとき，2000秒間の平均を求めると6.6ですが，正しい整数アンビギュイティは8でした．このデータをみても，正しい整数アンビギュイティは分かりません．

　このように，衛星1ペアのデータから整数アンビギュイティを求めることは困難です．

**② 多数の衛星ペアを作って一番誤差が小さくなるときの整数アンビギュイティを求める**

● **まずは整数の条件を無視して求める：Float解**

　ではどうするのかというと，受信できる衛星でなるべく多数の2重差を作り，それを元に正しい整数アン

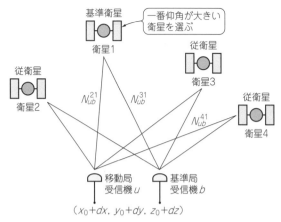

基準衛星

一番仰角が大きい衛星を選ぶ

衛星1

従衛星

従衛星

衛星3

衛星2

従衛星

$N_{ub}^{21}$  $N_{ub}^{31}$

$N_{ub}^{41}$

衛星4

移動局受信機 $u$  基準局受信機 $b$

$(x_0+dx,\ y_0+dy,\ z_0+dz)$

**図9　解を求めるために必要な衛星は最低4つ**
基準衛星を衛星1とし，残りの衛星2〜4を従衛星とする．整数アンビギュイティの未知数は3つ，移動局の座標の未知数も3つである．未知数は合計6つ

$$
\begin{aligned}
\Phi_{ub}^{21} &= \rho_{ub}^{21} + \lambda N_{ub}^{21} + \varepsilon_\Phi \\
\Phi_{ub}^{31} &= \rho_{ub}^{31} + \lambda N_{ub}^{31} + \varepsilon_\Phi \\
\Phi_{ub}^{41} &= \rho_{ub}^{41} + \lambda N_{ub}^{41} + \varepsilon_\Phi \\
P_{ub}^{21} &= \rho_{ub}^{21} + \varepsilon_P \\
P_{ub}^{31} &= \rho_{ub}^{31} + \varepsilon_P \\
P_{ub}^{41} &= \rho_{ub}^{41} + \varepsilon_P
\end{aligned}
$$

観測値　未知数3つ（3次元座標ベクトル）　図11　未知数3つ

搬送波位相

疑似距離

単位はm
λは波長

**図10　搬送波位相と疑似距離，両方の2重差で，合計6本の式を立てる**

ビギュイティを求めていきます．全体の流れを**図7**に示します．

Float解とアンビギュイティについて説明します．話を単純化するため，衛星の数は解が取り出せる最小限の4機とします．

● 2重差から方程式を立てる

**図8**に2重差の概念図を示しました．$j$ 衛星を基準衛星とし，$i$ 衛星をターゲット衛星とします．$b$ は基準局のbaseを表し，$u$ は移動局のuserを表しています．

$\rho$ は幾何学的距離です．ベクトル$l$は基準局および

移動局からの衛星への視線ベクトルです．

衛星を**図9**のように4機としたので，衛星番号1を基準衛星とし，残りの3つの衛星を2，3，4としています．2重差は衛星1を基準として3つ存在します．アンビギュイティも3つになります．

x，y，zの3つの未知数である基線ベクトルと，3つのアンビギュイティを求めるために，6つの方程式を利用します．

搬送波位相と疑似距離から，**図10**に示す6つの方程式をたてます．単位はmです．上の2つは搬送波位相の2重差で，下の3つが疑似距離の2重差です．左辺は観測データから得られる2重差そのものです．

● 移動局（ユーザ）の位置を $dx$, $dy$, $dz$ を使って表す

移動局の座標を $(x_0 + dx)$，$(y_0 + dy)$，$(z_0 + dz)$ とします．$x_0$, $y_0$, $z_0$ は初期値です（前回計算したときの位置など）．

$$
\begin{aligned}
\rho_{ub}^{21} &= (\rho_u^2 - \rho_b^2) - (\rho_u^1 - \rho_b^1) \\
&= (\rho_b^1 - \rho_b^2) - (\rho_u^1 - \rho_u^2) \\
&= \left( \sqrt{(x^{(1)}-x_{ref})^2+(y^{(1)}-y_{ref})^2+(z^{(1)}-z_{ref})^2} - \sqrt{(x^{(2)}-x_{ref})^2+(y^{(2)}-y_{ref})^2+(z^{(2)}-z_{ref})^2} \right) \\
&\quad - \left( \underbrace{\sqrt{\{x^{(1)}-(x_0+dx)\}^2+\{y^{(1)}-(y_0+dy)\}^2+\{z^{(1)}-(z_0+dz)\}^2}}_{A} \right. \\
&\qquad\qquad\qquad \left. - \underbrace{\sqrt{\{x^{(2)}-(x_0+dx)\}^2+\{y^{(2)}-(y_0+dy)\}^2+\{z^{(2)}-(z_0+dz)\}^2}}_{B} \right)
\end{aligned}
$$

$x^{(1)}$, $y^{(1)}$, $z^{(1)}$ は衛星1の位置，$x^{(2)}$, $y^{(2)}$, $z^{(2)}$ は衛星2の位置
$x_{ref}$, $y_{ref}$, $z_{ref}$ は基準局の位置
$x_0$, $y_0$, $z_0$ は推定する移動局の位置の初期値
$(x_0+dx)$，$(y_0+dy)$，$(z_0+dz)$は移動局の位置．求めたいは $dx$, $dy$, $dz$

（a）**図10**の幾何距離

$$
\begin{aligned}
A &= \sqrt{\{x^{(1)}-(x_0+dx)\}^2+\{y^{(1)}-(y_0+dy)\}^2+\{z^{(1)}-(z_0+dz)\}^2} \\
&\fallingdotseq \sqrt{(x^{(1)}-x_0)^2+(y^{(1)}-y_0)^2+(z^{(1)}-z_0)^2} - \frac{(x^{(1)}-x_0)dx+(y^{(1)}-y_0)dy+(z^{(1)}-z_0)dz}{\sqrt{(x^{(1)}-x_0)^2+(y^{(1)}-y_0)^2+(z^{(1)}-z_0)^2}}
\end{aligned}
$$

$l_u^{(1)} \cdot \begin{pmatrix} dx \\ dy \\ dz \end{pmatrix}$

$$
\begin{aligned}
B &= \sqrt{\{x^{(2)}-(x_0+dx)\}^2+\{y^{(2)}-(y_0+dy)\}^2+\{z^{(2)}-(z_0+dz)\}^2} \\
&\fallingdotseq \sqrt{(x^{(2)}-x_0)^2+(y^{(2)}-y_0)^2+(z^{(2)}-z_0)^2} - \frac{(x^{(2)}-x_0)dx+(y^{(2)}-y_0)dy+(z^{(2)}-z_0)dz}{\sqrt{(x^{(2)}-x_0)^2+(y^{(2)}-y_0)^2+(z^{(2)}-z_0)^2}}
\end{aligned}
$$

$l_u^{(2)} \cdot \begin{pmatrix} dx \\ dy \\ dz \end{pmatrix}$

つまり，$\rho_{ub}^{21} = (\rho_b^1 - \rho_b^2) - \sqrt{(x^{(1)}-x_0)^2+(y^{(1)}-y_0)^2+(z^{(1)}-z_0)^2}$
$\qquad\qquad + \sqrt{(x^{(2)}-x_0)^2+(y^{(2)}-y_0)^2+(z^{(2)}-z_0)^2} - l_u^{(1)} \cdot \begin{pmatrix} dx \\ dy \\ dz \end{pmatrix} + l_u^{(2)} \cdot \begin{pmatrix} dx \\ dy \\ dz \end{pmatrix}$

（b）移動局の座標をさらに変形

**図11　幾何距離は座標から計算できる**

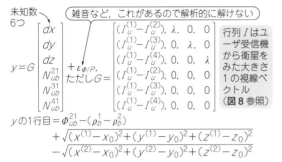

未知数
6つ

$$y = G \begin{bmatrix} dx \\ dy \\ dz \\ N_{ub}^{21} \\ N_{ub}^{31} \\ N_{ub}^{41} \end{bmatrix} + \varepsilon_{\Phi/P,}$$

雑音など，これがあるので解析的に解けない

ただし $G = \begin{bmatrix} (I_u^{(1)} - I_u^{(2)}), & \lambda, & 0, & 0 \\ (I_u^{(1)} - I_u^{(3)}), & 0, & \lambda, & 0 \\ (I_u^{(1)} - I_u^{(4)}), & 0, & 0, & \lambda \\ (I_u^{(1)} - I_u^{(2)}), & 0, & 0, & 0 \\ (I_u^{(1)} - I_u^{(3)}), & 0, & 0, & 0 \\ (I_u^{(1)} - I_u^{(4)}), & 0, & 0, & 0 \end{bmatrix}$

行列 $I$ はユーザ受信機から衛星をみた大きさ1の視線ベクトル（図8参照）

$y$ の1行目 $= \Phi_{ub}^{21} - (\rho_b^1 - \rho_b^2)$
$+ \sqrt{(x^{(1)} - x_0)^2 + (y^{(1)} - y_0)^2 + (z^{(1)} - z_0)^2}$
$- \sqrt{(x^{(2)} - x_0)^2 + (y^{(2)} - y_0)^2 + (z^{(2)} - z_0)^2}$

**図12 最小2乗法を使いやすいように未知数を右辺に寄せて行列式で表す**

この座標を使って，幾何学距離の2重差の $\rho$ について書き下ろすと，図11(a)のようになります．移動局側の式の一部（A，Bとした項）については，図11(b)のように変形できます．

図11(b)を見ると，Aの項の後半は，移動局（ユーザ）の初期値から1番衛星への視線ベクトルに，$dx$, $dy$, $dz$ を掛けたものとなっています．これは単独測位の最小2乗法で計算するときと同様の形です．

● **プログラムで計算しやすいように未知数を整理する**

推定したい $dx$, $dy$, $dz$, アンビギュイティ3つを右辺に残し，残りすべてを左辺に移動させると，6つの式をまとめて図12のような行列に整理できます．

この形になれば，最小2乗法で $dx$, $dy$, $dz$, アンビギュイティ3つを求めていけます．

基線長が100 m以内など非常に短いとき，繰り返し計算は不要です．しかし，基線長が伸びてくると，基準局と移動局での衛星の視線ベクトルが変わるため，繰り返し計算で収束させます．

● **最小2乗法でFloat解を求める**

最小2乗法の式を図13に示します．重み行列 $W$ は，関数内の前半の w_inv 関数で求めています．参考文献

入力に必要なもの：
1. 衛星数
2. Float解で算出したアンビギュイティ
3. Float解演算で計算した共分散
4. アンビギュイティ候補セットの数→2

LAMBDA関数

出力：
1. 実際の整数アンビギュイティ候補
2. 残差最小値と2番目の最小値

**図14 アンビギュイティを整数（Fix解）にしていく手順**
RTKLIBでも使っているLAMBDA法のソースコードを利用

$$\begin{bmatrix} dx \\ dy \\ dz \\ N_{ub}^{21} \\ N_{ub}^{31} \\ N_{ub}^{41} \end{bmatrix} = (G^T W G)^{-1} G^T W y$$

$W$：重み行列を最小二乗法で求めて計算する

**図13 移動局の座標とアンビギュイティを求める**
$dx$, $dy$, $dz$ が得られると移動局の位置がわかるので，それを元に再び計算，誤差が小さくなるまで繰り返す．この時点ではまだアンビギュイティは整数になっていない（Float解という）

（4）の計算方法を踏襲しています．

ポイントは，搬送波位相と疑似距離で入力するノイズ・レベルが100倍程度異なることと，2重差のとき，相関性があることです．

各観測値のノイズ・レベルは，本プログラムでは，初期設定ファイルで入力しています．アンテナにグラウンド・プレーンがあるかないかなど，周囲の環境によってノイズ・レベルを変更して試してみるとよいです．

### ③ 整数アンビギュイティのもっともらしい値を求める

これまでの手順で，Float解が求まっています．大きくは外れていないはずなので，この値を元にFix解を求めていきます．

● **LAMBDA法を用いて解の候補を見つける**

整数アンビギュイティの候補を見つけます．利用している関数のソースコードはlambda.cです．これはRTKLIBのコードをそのまま使っています．

ポイントは，整数最小2乗法において，解の探索を困難にしている整数アンビギュイティ推定値の相関性をできるだけ無相関にして，解を探索しやすくしている点です．参考文献（5）を参照してください．

LAMBDA法および実際に利用しているアルゴリズムについては参考文献（6），（7）を参照してください．

● **見つけた候補をチェックしてそれらしければFix解とする**

本プログラムでの処理のイメージを図14に示しました．整数アンビギュイティを求めた後に検定を行う際，LAMBDA法の出力の1つである，残差値を利用します．

残差とは，LAMBDA関数内で処理されている最中の値です．これはFloat解ベースのアンビギュイティと，候補となる整数アンビギュイティとの差の衛星数分の和です．

最小残差であるアンビギュイティ候補と2番目の候補が出力されます．

最小残差であるアンビギュイティ候補が，信頼でき

表1 Fix解を求めるにはLAMBDA法を使うなど入念な評価を行う
Float解の四捨五入では誤差が大きい

| 衛星の系列 | GPS (基準衛星は16番) | | | | | | BeiDou (基準衛星は7番) | | | |
|---|---|---|---|---|---|---|---|---|---|---|
| 衛星番号 | 8 | 21 | 23 | 26 | 27 | 31 | 1 | 3 | 4 | 10 |
| Float解 | −12.3 | 1.6 | 7.8 | −4.7 | 7.3 | −45.2 | 2.5 | 1.6 | 6.4 | 2.8 |
| Fix解 | −11 | 3 | 8 | −3 | 10 | −42 | 5 | 4 | 9 | 3 |

このときのRatio値は4.1

るものであるかどうかを試すために，Ratioテストと呼ばれる検定を行います．

このテストは，2番目の最小残差値を，最も低い残差値で割った値が，しきい値以上であるかどうかで判断しています．本プログラムでは，これまでの経験からしきい値として3を設定しています．RTKLIBのデフォルト値と同じです．

● Float解は正しい値に近いとは限らない

表1に，Float解によるアンビギュイティとLAMBDA法で求められた正しい整数アンビギュイティの比較を示します．

GPSとBeiDouで分けており，それぞれの衛星群の基準衛星は16番と7番です．全部で12機の利用衛星があったため，10個の2重位相差を生成できています．

疑似距離の精度に強く依存するFloat解から推定されたアンビギュイティは，四捨五入するだけでは正しい値にならないことがわかります．

アンビギュイティ決定には，上記のように，搬送波位相の2重差から幾何学的2重差分を除いた値は必ず整数（サイクル）になる，という特徴を利用した手法が一般的です．

自身の位置が数cmで正確にわかっているなら，2重差から逆算して整数アンビギュイティを解くことができます．しかし，そもそも数cmレベルで位置がわかっているならRTKを行いません．

障害物の無い開けた環境で搬送波位相を継続して受信できていると，カルマン・フィルタなどの利用により，Float解の精度が次第に良くなり，10～20cm程度になります．その場合，推定されているFloat解の精度が良いので，正しいFix解を継続して求められます．その状態が理想的なRTK測位です．

## 4 位置を推定

搬送波位相の2重差から整数アンビギュイティが求まれば，観測値から位置を算出できます．

未知の値は求めたい$dx$，$dy$，$dz$の3つなので，整数アンビギュイティが3つ求まっていれば，位置推定が可能です．

基準局の精密座標が既知のとき，基準局から移動局までの基線ベクトルを1～2cmの精度で求めることができるため，移動局の位置精度は1～2cmです．

## 5 精度を高めるためには扱う衛星数を増やす

● 複数測位システムの取り扱い

GPSやQZSSと他国の衛星測位システムといっしょに，RTK演算をするときの方法について述べます．

結論から言うと，受信機NEO-M8P，M8T（ユーブロックス）を使うとき，GPSとQZSSそしてGalileoについては，同一周波数（1575.42MHz）であることから同じ衛星群として解いて問題ありません．

同じ衛星群というのは，図15に示したように，2重位相差をとる際の基準衛星が1つでよいことを意味します．受信機内で，搬送波位相の衛星間の整合性がとれており，整数アンビギュイティ決定に影響を与える大きさのバイアスがないといえます．

GLONASSやBeiDouは，GPSと同じ衛星群として解くことはできません．BeiDouとGLONASSは，それぞれの衛星群で，仰角が一番大きい衛星を基準に選び，それ以外を従衛星として2重位相差をとります．

図11のように行列に並べるときは，PS/QZS/GalileoとBeiDou，GLONASSをそのまま列挙します．

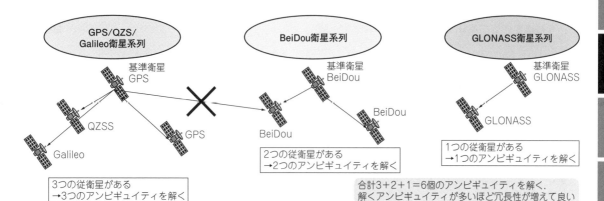

図15 複数の測位システムを利用するときは衛星の系列ごとに別の処理を実行する

利用できる衛星数がGPS/QZS/Galileoで4機，BeiDou衛星が3機，GLONASS衛星が2機だったとき，生成できる2重位相差の数は$(4-1)+(3-1)+(2-1)=6$です．

特に，各国の衛星にそれぞれ1つの周波数に対応しているNEO-M8Pのような受信機では，このトータルの衛星数がアンビギュイティ決定の性能を決定しています．

信頼度の高いFix解を出すには，このトータルの衛星数をおよそ10機以上利用します．通常都市部でも10機以上の衛星が利用できれば，Fix解が間違っている割合は1％以下になりそうです．

GPS/QZSS/GalileoとBeiDouを利用するとき，それぞれの衛星が2機以上，トータルで5機以上利用します．添付のプログラムでは6機以上としています．5機のときの性能があまりよくないためです．

GPS/QZSS/GalileoとGLONASSを利用するときも同様で，原理的にはトータル5機以上利用するので，本プログラムでは6機以上としています．

● 複数周波数を受信できるとさらに測位性能が上がる

NEO-M8Pのような安価な1周波の受信機と，多周波に対応している高価な測量受信機との違いの1つは，利用できる衛星の数です．

RTKのアンビギュイティ決定においては，2重位相差の数がものをいいます．例えば2周波の場合，GPSのみ5機利用していても，L1帯で4つ，L2帯で4つの式を生成できます．あわせて8つです．

単一周波数のみの受信機では，8つの式を準備するのに9機の衛星を利用します．単純に考えると，2周波なら衛星数が半分で良いわけです．

GPS以外の測位システムを低コスト受信機で利用できるため，RTKが実用レベルで活用できるようになってきた，ともいえます．

低コスト受信機でも2周波対応がでてくると，高価な測量用受信機との差はさらに縮まると考えられます．

〈久保 信明〉

# NEO-M8P内部のRTKエンジンの測位能力を確認する方法

NEO-M8PにはRTKエンジンが内蔵されています．設定/評価用ソフトウェアのu-centerを利用すればこの内蔵RTKエンジンを試せます．

安定で永続的な運用ではありませんが（たまに停電やメンテナンスで停止している），私の所属する研究室の屋上に基準局を設置し，補正データをNTRIP Casterで配信しています（表A）．

NEO-M8Pをパソコンに接続し，u-centerを起動します．シリアル・ポートで認識され信号がきていることを確認し，[Receiver]タブのNTRIP client settings画面を開きます．表Aの情報を入力します．入力後，[OK]を押すと，補正データがインターネット回線を介してM8P受信機に送信されます．測位結果もu-centerで確認できます．

接続しているパソコンがインターネットにつながっていることを確認してください．基準局が江東区と中央区の境目付近にあるため，この付近から10km以内で周囲が開けた環境であれば，RTK測位がFixすると思います．

使用衛星はできるだけ多いほうがよいため，GPS + QZSS + BeiDou，またはGPS + QZSS + GLONASSで設定してください．GPSだけにすると，Fixするのに時間がかかります．

▶近くに基準局がないとき

出先で実験などを行うときは，補正データを配信している会社と契約をするとよいです．現在のところ，BeiDouやGalileo衛星は対応されていませんが，日本国内に3つの補正データ配信会社があります．ジェノバ，日本GPSデータサービス，日本テラサットです．詳細はWebサイトをご覧ください．これらの会社の配信データは国土地理院の電子基準点のデータを元にしているので，公共測量にも使えます．

http://www.jenoba.jp/
https://www.gpsdata.co.jp/
https://www.terasat.co.jp/

〈久保 信明〉

表A 東京海洋大学越中島キャンパスの基準局

| 配信元サーバ | 153.121.59.53 |
|---|---|
| 配信サービス | NTRIP Caster |
| マウントポイント | ECJ27（RTCM v3.2, 1 Hz）<br>ECJ22（BINEX, 1 Hz） |
| 認証ユーザ名/<br>パスワード | gspase/gestiss |
| 対応衛星システム | GPS, GLONASS, Galileo,<br>BeiDou, QZSS |
| 基準局アンテナの<br>精密位置 | 35.66633461, 139.7922008, 59.74 |

# 第12章

## フリーウェアとディジタル・ラジオ・キットで作れる！
## 屋内で実験！GPS受信フィールド・シミュレータ

図1　ソフトウェア無線（SDR：Software - Defined Radio）専用ボードbladeRFとオープン・ソースの信号生成処理ソフトウェアGPS-SDR-SIMで自作したGPS受信フィールド・シミュレータを利用すると，屋内で地球全域の測位実験ができる
雨の日や真夏の炎天下でもGPS受信モジュールやコンピュータを持ち出さずに自宅で動作テストができる

　GPS受信機を利用した開発で悩まされるのが場所と天気です．人工衛星からの電波を受信することで測位するGPS受信機を動かすため，それを屋外に持っていきます．雨のときに電子基板を持ち出すのは嫌ですし，夏の炎天下で実験をするのも嫌です．天気の良い日であっても，まわりの建物や樹木が障害物になり，電波の受信に最適な開けた場所を探すのも嫌です．

　そんなときに利用できるのがGPS受信フィールド・シミュレータ（GPS信号シミュレータと呼ぶ）です．GPS信号シミュレータは，GPS受信機のアンテナで受信されている信号と同じ無線信号を発生するシグナル・ジェネレータです．電波の届かない部屋の中であっても，GPS信号シミュレータにGPS受信機のアンテナを接続するだけで，GPS衛星からの信号を受信しているかのように動作試験を行うことができます（図1）．

　市販のGPS信号シミュレータは，数百万～数千万円と高価です．本章では，3万～5万円で買えるソフトウェア無線（SDR：Software-Defined Radio）専用ボードとオープン・ソースの信号生成処理プログラムGPS-SDR-SIMを利用してGPS信号シミュレータを自作してみました．本シミュレータは，GPS受信機を搭載したロボットやガジェットの動作

試験や，位置情報を利用したアプリケーションの開発などに利用できます．　　　　　　　　　〈編集部〉

## 本シミュレータに利用する
## 2つのキー・アイテム

### ① SDR専用ボード

　後述するGPS-SDR-SIMで生成されたベースバンド信号を無線信号としてGPS受信機で受信するため，SDRボードを利用します．

　SDRボードとしては，HackRF One（Great Scott Gadgets）やbladeRF（Nuand）が有名です．これらは，ダイレクト・コンバージョン方式のトランシーバです．内蔵されたD-A/A-Dコンバータにより，ディジタルのベースバンド信号を無線信号にアップ・コンバートして送信したり，受信した無線信号をベースバンド信号にダウン・コンバート後，サンプリングしてディジタル信号に変換したりできます．

　ディジタル化されたベースバンド信号をパソコンで処理するために，USB 3.0などの汎用的な高速シリアル・インターフェースが準備されています．

　SDRと聞くと，ラジオなどの受信機をイメージする方もいると思います．SDRボードのアンテナで受信されたGPS信号をサンプリングして，ディジタルのベースバンド信号に変換したとします．この信号を

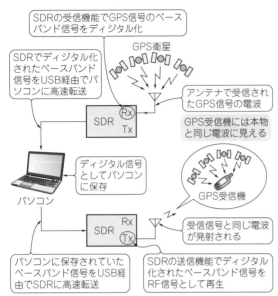

図2　SDRの送受信機能を利用したGPS信号の記録と再生機能による再放射

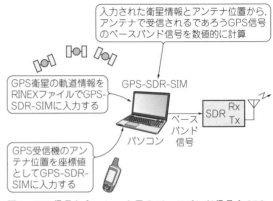

図3　GPS信号シミュレータ用のベースバンド信号をGPS-SDR-SIMを利用してパソコンで生成する
SDRの受信機能で記録したベースバンド信号の代わりに，ソフトウェアで数値的に生成したGPS信号を出力する

適切に処理すれば，SDRを利用したGPS受信機が出来上がります．

**図2**のように，ディジタル化されたベースバンド信号を，SDRの送信機能を利用して，そのまま無線信号として再生したらどうなるでしょうか．このとき，SDRから送信される信号は，SDRの受信アンテナで受信されたGPS信号そのものです．そのため，この信号を受信したGPS受信機は，自分自身の位置ではなく，SDRの受信アンテナの位置を測位します．

### ② GPS信号生成ソフトウェア

**図3**のように，SDRに入力するためのベースバンド信号もパソコンのプログラムで生成してしまえば，GPS信号シミュレータが完成します．これまでは高嶺の花であったGPS信号シミュレータが，数万円のSDRボードとパソコンで実現できます．このGPS信号シミュレータ用のベースバンド信号を生成するプログラムが，GPS-SDR-SIMです．

GPS-SDR-SIMは，人工衛星に搭載するGPS受信機の動作試験のために開発されました．秒速7kmの速度で地球を回る人工衛星での動作試験は，シミュレータなしで地上では実施できません．

ソース・コードは，オープン・ソースのソフトウェアとしてGitHubで公開されています．今回は付属DVD-ROMにWindows版の実行ファイルを準備したので，GPS-SDR-SIMの使い方を紹介します．GPS信号シミュレータの開発や動作原理に興味のある方は，GitHubのソース・コードを参照してください．

https://github.com/osqzss/gps-sdr-sim

### ● SDRとソフトウェアの入手

ホビー・ユーザ向けの代表的なSDRボードで，国内での入手性がよいbladeRFを例に，GPS-SDR-SIMの使い方を解説します．

SDRボードを持っていない方は，この機会に入手してみてください．bladeRFは，製造元のNuandのオンライン・ショップから購入できます．搭載されているFPGAによって，いくつかのバージョンがありますが，機能的には一番安価なbladeRF x40で十分です．ケースは付属しておらず基板だけなので，bladeRF caseも一緒に購入することをお勧めします．

https://www.nuand.com/blog/shop/

国内では構造計画研究所が取り扱いをしており，amazonからも注文できます．

bladeRFでは，Windows用のインストーラが提供されており，次のリンクからダウンロードできます．

https://nuand.com/windows_installers/bladeRF-win-installer-latest.exe

ドライバやライブラリのインストール手順については，bladeRF Windows Install Guideを参照してください．

https://www.nuand.com/bladeRF-doc/guides/bladeRF_windows_installer.html

### ● GPS-SDR-SIMの使い方

#### ▶動作確認

GPS-SDR-SIMはコマンド・ラインで動作するアプリケーションです．

実行ファイルであるgps-sdr-sim.exeのあるフォルダを開いてください．エクスプローラのアドレス・

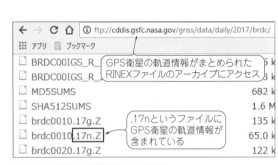

図5 GPS-SDR-SIMのオプション一覧
GPS−SDR−SIMをオプションなしで実行す
るとヘルプが表示される

図4 GPS-SDR-SIMによるベースバンド信号の生成
カレント・フォルダにgpssim.binというファイル名で保存される

図6 GPS衛星の軌道情報の入手方法
Zファイルはgnuzipに対応した解凍ソフトで展開できる

バーに"cmd"と入力すると，カレント・フォルダか
らコマンド・プロンプトが起動します．

　コマンド・プロンプトで，次のコマンド・ラインを
実行すると，図4に示すようにbladeRFに入力するた
めのベースバンド信号の生成が開始されます．

> gps-sdr-sim -e brdc2740.17n

　デフォルトでは，300秒間のベースバンド信号が生
成され，カレント・フォルダにgpssim.binとして保存
されます．このファイルが生成されていれば，GPS-
SDR-SIMの動作確認は成功です．

▶GPS衛星の軌道情報の入手

　コマンド・プロンプトでオプションなしでgps-sdr-
simと入力すると，図5のようにヘルプが表示されます．

　GPS-SDR-SIMの実行に大切なのが，GPS衛星の軌
道情報（ephemeris）がまとめられたRINEX navigation
ファイルです．このファイル名を"-e"オプションで
指定します．ephemerisはGPS衛星ごとに送信され
ているものです．地上で受信された全GPS衛星の1日分
の軌道情報をまとめたbrdc（broadcast ephemeris）ファ
イルは，NASAのFTPサイトで公開されています．

ftp://cddis.gsfc.nasa.gov/gnss/data/daily/

　brdcファイルは，年を示すフォルダの中にDOY（day
of year）順にまとめられています．この最後に，その
年のbrcdフォルダがあります．

　図6に示す例では，2017年のフォルダを開いていま
す．brdcフォルダを開くと，brdc***0.17n.Zという圧
縮ファイルがいくつも見つかります．これが1日分の
brdcファイルで***がDOYを示しています．

　GPS信号シミュレータでの衛星配置は実際の配置と
同じでなくてもよいです．しかし，実際の衛星配置に
近いシナリオでシミュレーションを実施したいのであ
れば，その日のbrdcをダウンロードしてください．
シミュレーションの開始時刻は，このbrdcファイル
に含まれるephemerisの先頭時刻となります．適当な
日付のbrcdファイルをダウンロードしてもよいです．
ダウンロードした圧縮ファイルは，7-zipなどの
gnuzipに対応した解凍ソフトを使って展開してくだ
さい．

　このDOYという日付の数え方は，普段の生活では
あまりなじみがありません．今日が今年の何日目なの
か，暗算するのも難しいです．そんなときは，次のリ
ンクのようなGPS時刻系のカレンダを参照すると便
利です．

http://navigationservices.agi.com/GNSSWeb/

▶受信機位置の指定

　動作確認のように，"-e"オプションでRINEX navi
gationファイルだけを指定したとき，受信機の位置は
デフォルトの東京になります．この静止点位置は，"-l"
オプションで「緯度」，「経度」，「高度」で指定するこ
とができます．緯度・経度の単位は［°］，高度の単位

211

**図7 Google Mapsで緯度・経度の取得**
GPS−SDR−SIMで生成したい受信機の位置情報をGoogle Mapsで
調べることができる

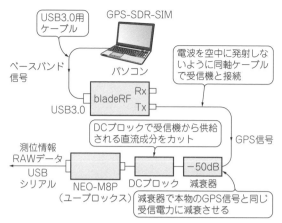

**図8 SDRボードbladeRFで再生したGPS信号の受信**
GPS−SDR−SIMで生成したGPS信号を受信モジュールNEO−
M8Pで受信する

は[m]です．例えば，デフォルトの東京であれば，
"-1 35.681,139.7662,10.0"です．緯度・経度を知りた
いときは，Google Maps上でその位置をクリックする
と，**図7**のようにその場所の名前と一緒に値が表示さ
れます．

▶移動体で受信されるGPS信号の生成

GPS-SDR-SIMは，静止点だけではなく，歩行者や
車，飛行機など，移動体で受信されるGPS信号も生成
できます．そのときは，"-u"オプションでユーザが
作成したモーション・ファイルを指定します．モーシ
ョン・ファイルは，0.1秒間隔の受信機位置をECEF座
標系で記述したCSVファイルです．サンプルとして，
GPS-SDR-SIMのフォルダにcircle.csvがあるので，
モーション・ファイル作成の参考にしてください．

▶ファイルのサイズ

シミュレーションの長さはデフォルトで300秒とし
ていますが，"-d"オプションで変更できます．

GPS-SDR-SIMによって生成されるベースバンド信
号のファイル・サイズは，非常に大きくなります．
例えば，前述した動作確認で生成されたgpssim.binフ
ァイルのサイズは，3GBです．

▶サンプリング周波数と量子化ビット数の設定

GPS-SDR-SIMで生成されるベースバンド信号は，
直交サンプリングでI成分とQ成分の2つの値がペア
で量子化されます．このときのサンプリング周波数は，
"-s"オプションで指定できます．

GPS信号の帯域は約2MHz（片側帯域で1.023 MHz）
なので，サンプリング周波数はそれよりも大きな値を
選びます．デフォルト値は2.6 MHzです．量子化ビッ
ト数はSDRボードで異なり，"-b"オプションで指定
できます．デフォルト値はbladeRFに合わせて16ビ
ットとしています．

● **bladeRFとGPS受信機の接続**

GPS-SDR-SIMで生成されたベースバンド信号の
サンプリング・ファイルをbladeRFで無線信号として
GPS受信機に送信してみます．bladeRFから電波を空
中に発射するには，無線局の免許と登録が必要です．
そこで，bladeRFの送信ポートとGPS受信機の受信ポ
ートを同軸ケーブルで接続し，電波を周囲に発射せず
に実験を行います．そのため，同軸ケーブルで外部ア
ンテナを接続することのできないスマートフォンなど
をGPS信号シミュレータで試験することはできません．
GPS信号を空中に発射して実験するときは，電波暗室
を利用するなど，法令を遵守してください．

実際に屋外で受信されるGPS信号は非常に微弱で
す．bladeRFから発射される電波はそれよりも強いの
で，減衰させます．同軸ケーブルで接続するときは，
50〜60 dBの減衰器を挿入してください．

GPS-SDR-SIMの動作を確認するためのGPS受信
機として，NEO-M8P搭載のトラ技RTKスターター
キット（CQ出版社）を使ってみます．このM8P基板を
はじめ，アンテナを外部接続するタイプのGNSS受信
機は，アンテナに搭載されている低雑音アンプ
（LNA：Low Noise Amplifier）を駆動するために，ア
ンテナ・コネクタから直流電圧が供給されています．
この電圧が減衰器やSDRの出力ポートに入力されな
いように，受信機のアンテナ・コネクタにDCブロッ
クを取り付けてください．これらをすべて接続すると，
**図8**のようになります．

● **GPS信号をbladeRFで送信**

シミュレーションの準備が整いましたので，bladeRF
からGPS信号を送信してみます．GPS-SDR-SIMの
動作確認で生成したベースバンド信号は，量子化され

図9　保存したベースバンド信号のファイルをblade RFに転送するアプリbladerf-cliの起動
bladeRF-cliをインタラクティブ・モードで起動して，GPS-SDR-SIMで生成したベースバンド信号を電波として送信する

たI/Q信号としてgpssim.binファイルに保存されています．この信号ファイルをbladeRFに転送するための汎用ツールとして，ドライバやライブラリと一緒に，bladeRF-cliというアプリケーションがNuandから提供されています．このツールもコマンド・ラインのアプリケーションなので，まずはgpssim.binが保存されているフォルダからコマンド・プロンプトを起動します．

コマンド・プロンプトから"bladerf-cli -i"と入力すると，bladeRF-cliがインタラクティブ・モードで起動し，"bladeRF>"というプロンプトが表示されます．例えば，ここで"info"と入力すると，図9に示すように接続されているbladeRFの情報が表示されます．

"help"を入力すると，インタラクティブ・モードのコマンド一覧が表示されます．インタラクティブ・モードを終了してコマンド・プロンプトに戻るには，"quit"と入力してください．bladeRF-cliの詳しい操作については，bladeRFのwikiページでbladeRF CLI Tips and Trickを参照してください．

https://github.com/Nuand/bladeRF/wiki/bladeRF-CLI-Tips-and-Tricks

GPS-SDR-SIMで生成したベースバンド信号ファイルのgpssim.binをGPS信号の周波数である1575.42 MHzで送信するためには，bladeRF-cliのインタラクティブ・モードで，次の順番でコマンドを入力します．

bladeRF> set frequency 1575.42 M
bladeRF> set samplerate 2.6 M
bladeRF> set bandwidth 2.5 M
bladeRF> txvga1 -25
bladeRF> tx config file=gpssim.bin format=bin
bladeRF> tx start

"set frequency"で送信する信号の中心周波数，"set samplerate"でベースバンド信号のサンプリング周波数を指定します．"set bandwidth"は，送信信号の帯域を指定しています．bladeRFには可変ゲイン・アンプが内蔵されており，送信信号の増幅または減衰を指定できます．"txvga1 -25"では，外付けの減衰器に加えて，−25 dBの減衰を与えています．"tx config"では，送信するベースバンド信号のファイル名とフォーマットを指定しています．GPS-SDR-SIMは，I/Q信号をそれぞれ符号付き整数型で出力しているので，フォーマットにはバイナリを意味する"bin"を指定します．最後に"tx start"と入力することで，GPS信号の送信が開始されます．

● 測位結果

図10にbladeRFから送信されたGPS信号を受信したNEO-M8Pの測位結果を示します．NEO-M8P-0からの出力のモニタリングには，u-center（ユーブロックス社）を利用しています．

https://www.u-blox.com/ja/product/u-center-windows

GPS-SDR-SIMの動作確認で生成したgpssim.binでは，受信機の位置はデフォルトの東京です．u-centerに表示される測位結果も，東京を示しています．

## 精密測位の実験

● 基準局と移動局の信号受信を模擬する

GPS-SDR-SIMは，GPS受信機で受信される信号をそのまま模擬しているので，疑似距離による測位だけではなく，搬送波位相も観測できます．そこで，搬送波位相などのrawデータが出力できるNEO-M8P受信機とGPS-SDR-SIMを利用して，1周波精密測位を試してみます．

実際の精密測位では，基準局と移動局の2台の受信機が同時にGPS信号を受信します．GPS-SDR-SIMを用いれば，シミュレーションの開始時間も自由に選ぶことができるため，1台のGPS受信機だけで，基準局のシミュレーションを実行します．次に同じ開始時間で移動局のシミュレーションを実行することで，2台同時の信号受信を模擬できます．

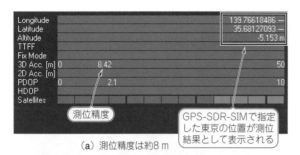

測位精度

GPS-SDR-SIMで指定した東京の位置が測位結果として表示される

（a）測位精度は約8 m

位置

（b）測位結果として東京の位置が地図上に示される

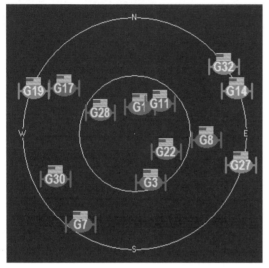

（c）図4で生成されたGPS衛星のプロット

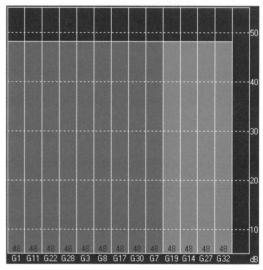

（d）受信したGPS信号の強度

**図10　NEO-M8Pによる測位結果**
GPS-SDR-SIMで生成したGPS衛星からの電波が受信され，東京の位置が測位されている

**表1　精密測位の実験で利用する基準局の座標**

| ECEF座標系 | | 測地座標系 | |
|---|---|---|---|
| $X$ | − 3813409.771 m | 緯度 | 35.274016° |
| $Y$ | 3554349.703 m | 経度 | 137.013765° |
| $Z$ | 3662785.237 m | 高度 | 100 m |

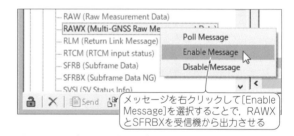

メッセージを右クリックして[Enable Message]を選択することで，RAWXとSFRBXを受信機から出力させる

**図11　RAWデータの出力の設定**
GPS-SDR-SIMによる精密測位を試すために，NEO-M8Pから搬送波位相などを含むRawデータを出力する

● ベースバンド信号を生成する

　GPS-SDR-SIMによる精密測位のデモ用として，付属CD-ROMのrtkフォルダに，基準局と移動局のモーション・ファイルを準備しておきました．まずは，base.csvから基準局のベースバンド信号を生成します．後から生成する移動局のベースバンド信号のファイル名と重複しないように，"-o"オプションで出力ファイル名を"base.bin"としています．

```
> gps-sdr-sim -e brdc2740.174n -u base.csv -o
base.bin
```

　base.csvをテキスト・エディタなどで開いてもらえばわかりますが，基準局は静止点のため，モーション・ファイルの位置情報は時間で変化せず，すべて同じになっています．精密測位の際には，基準局のアンテナ位置として，このECEF座標系の位置を指定してください．

　このアンテナ位置を測地系に変換すると，緯度，経度，高度はそれぞれ**表1**のようになります．

　同じように，移動局のベースバンド信号を生成します．ephemerisファイルやシミュレーションの開始時刻は基準局と同じにします．

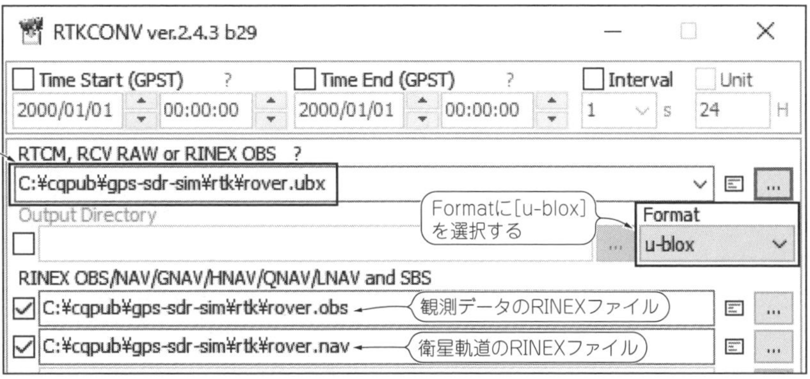

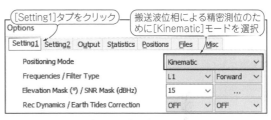

NEO-M8Pで取得したRaw
データのファイル名を指定

Formatに[u-blox]
を選択する

**図13 RTKCONVによるRINEXファイルの生成**
NEO－M8Pで取得したRawデータから，搬送波位相などの観測データと，衛星軌道のRINEXファイルをそれぞれ生成する

観測データのRINEXファイル

衛星軌道のRINEXファイル

ログ・ファイルをCloseするためには，[Eject]ボタンをクリックする

[Stop]ボタンをクリックするとログが停止する．ログ・ファイルはOpenのままである

[Record]ボタンをクリックするとRawデータ出力を保存できる

**図12 NEO-M8Pの評価ソフトu-centerのツール・バー**
u－centerを使うと，NEO－M8Pから出力されるRawデータをログ・ファイルに保存でできる．ログの停止するだけではファイルがOpenのままである．ファイルをCloseするためには，[Eject]ボタンをクリックする

[Setting1]タブをクリック

搬送波位相による精密測位のために[Kinematic]モードを選択

Options

Setting1 Setting2 Output Statistics Positions Files Misc

| Positioning Mode | Kinematic | |
| --- | --- | --- |
| Frequencies / Filter Type | L1 | Forward |
| Elevation Mask (º) / SNR Mask (dBHz) | 15 | ... |
| Rec Dynamics / Earth Tides Correction | OFF | OFF |

**図14 RTKPOSTの[Setting1]タブの設定**
設定完了後，[Setting2]タブで，"Integer Ambiguity Res"のGPSに対応するプルダウンがContinuousであることを確認する

こちらの出力ファイル名は"rover.bin"としています．
> gps‐sdr‐sim ‐e brdc2740.17n ‐u rover.csv ‐o rover.bin

● GPS信号を受信してみる

GPS-SDR-SIMでベースバンド信号のファイルが生成できれば，bladeRFからGPS受信機にGPS信号を送信する手順は，動作試験での単独測位と同じです．

u-centerでは，測位結果をモニタリングするだけでなく，疑似距離や搬送波位相といったRawデータをファイルに保存できます．付属DVD-ROMのrtkフォルダには，サンプルとして基地局と移動局のRawデータが，それぞれbase.ubxとrover.ubxとして保存されています．

NEO-M8PからRawデータを出力させるためには，図11に示すMessage Viewの画面などで，UBXメッセージのRXM-RAWXとRXM-SFRBXを右クリックしてenableにします．

ツール・バーの[Record]ボタンをクリックすると，Rawデータのログが開始され，ubxという拡張子のファイルに保存されます．[Stop]ボタンでログが停止

しますが，ファイルはオープン状態のままです．ファイルを閉じるためには，そのとなりの[Eject]ボタンをクリックします（図12）．

● RTKLIBで測位結果を確認する
▶RINEXファイルの生成

u-centerで保存されたRawデータから，まずはRTKLIBのrtkconvを利用して基準局と移動局のRINEX observationファイル（.obs）とephemerisファイル（.nav）を生成します．図13にrtkconvでrover.ubxからRINEXファイルを生成する例を示します．同じようにbase.ubxからもRINEXファイルを生成してください．
▶精密測位パラメータの設定

これでファイルが揃いました．RTKLIBのrtkpostを利用して精密測位を実行してみましょう．rtkpostを起動したら，まずはOptionsの画面を開いてくだい．

[Setting1]タブでは，"Positioning Mode"に搬送波位相による精密測位モードである[Kinematic]を選んでください（図14）．[Setting2]タブでは，"Integer Ambiguity Res"のGPSに対応するプルダウンが[Continuous]であることを確認してください．

[Positions]タブでは，精密測位の基準局となる表1の座標をBase Stationの欄に入力してください（図15）．これで精密測位に必要なパラメータは設定できました．[OK]ボタンをクリックしてrtkpostのメイン

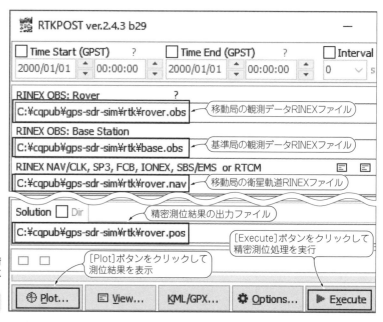

図16 基準局と移動局の観測ファイル，衛星軌道ファイルの読み込みなどを行うRTK POSTのメイン画面
RTKCONVで生成したRINEXファイルを選択して，精密測位処理を実行する

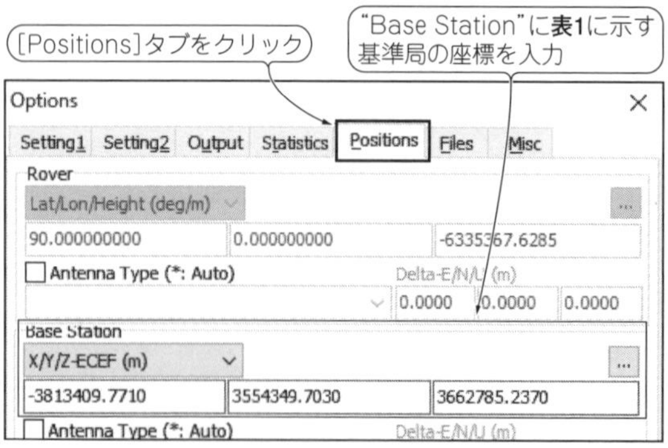

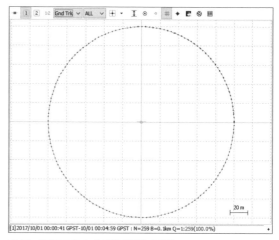

図15 RTKPOSTの基準局座標
精密測位用のパラメータは設定が完了する

図17 RTKPOSTによる精密測位の結果
GPS－SDR－SIMで生成した移動局の位置がFix率100％で精密測位されている

画面に戻ります．

▶観測ファイルと衛星軌道ファイルの読み込み

図16に示すメイン画面では，基準局と移動局の観測ファイルと，これらに共通な衛星軌道ファイルを読み込みます．RINEX OBSのRoverとBase Stationには，それぞれrtkconvで生成したrover.obsとbase.obsのRINEX observationファイルを，RINEX NAVの欄にはrover.navを選択します．

▶精密測位の演算

ファイルを選択後，[Execute]ボタンをクリックすると精密測位の演算が開始されます．測位結果は，Solution の欄に指定されているrover.posにテキストファイルとして保存されます．[Plot]ボタンをクリックすることで移動局の精密測位結果をビジュアライズできます．図17に移動局の測位結果を示します．半径100 mのきれいな円がcmの測位精度で描かれています．

\*　　　　\*

パソコンとSDRボードがあれば，部屋にいながらGPS受信機で世界中のどこでも自由自在に巡り歩くことができます．さらに，地上だけでなく，空でも宇宙でも，好きな場所でGPS受信機をテストすることができます．　　　　　　　　　　〈海老沼 拓史〉

# 第13章

# ポータブル化から製品化事例まで
# RTK応用製作&応用事例

## 第1話　ラズパイより低消費&コンパクト！　5.2Ah電池で連続10時間動作

# Wi-FiマイコンESP32とキットで作るポータブルRTK局の製作

### ● 小型・省電力RTKRover（移動局）とRTKBase（基準局）の製作

RTKRover（移動局），RTKBase（基準局）は，RTKの普及と活用を目的とし，パソコンを不要とする小型化，省電力化を目指したものです．

RTK測位は**図1**のように，アンテナ位置が既知な基準局と未知の移動局にGNSS受信機を必要とします．基準局の補正情報を使用することで，移動局の位置を数センチで推定します．近年，準天頂衛星の打ち上げや受信機が安価で購入可能となり，さまざまな分野への活用が期待されています．

そこで，IoTデバイスをRTK受信機と組み合わせることで小型化，省電力化できると考え，ミニRTKRoverとミニRTKBaseを開発しました．

### ● 作り方

ラズベリー・パイ3とラズベリー・パイzero Wを用いてRTK測位に必要な通信の自動化を実現しました．ここでは，さらなる小型低消費電力化を目指して，IoTマイコン「ESP32」を使います．

始めに，ブレッドボード上に回路を組み，RTKLIB[2]のソースを参考にしてESP32用のNTRIP Clientライブラリを作成しました．

#### ▶回路構築

ESP32とRTK受信機を接続する機器を**表1**に，回路図を**図2**に示します．RTK受信機として，比較的自由に周辺回路を設計できるトラ技RTKスターターキット（CQ出版社）を使用しました．NEO-M8Pモジュール（ユーブロックス）のI/Oを2.54 mmピッチに変

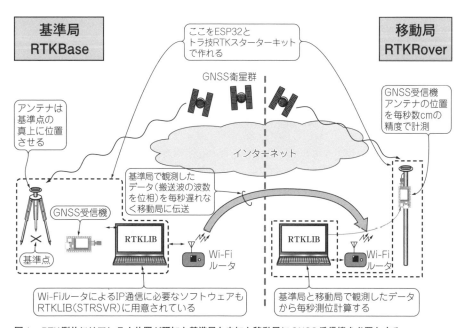

**図1 RTK測位にはアンテナ位置が既知な基準局と未知の移動局にGNSS受信機を必要とする**
精度センチ・メートルの測位技術「ローカル・エリアRTK」の基本構成［インターネット方式（IP通信方式）］

**13**

217

表1　製作に使用した機器類
スターターキット以外の部品代は2,000円程度．合計23,000〜29,000円で作れる

| 品　名 | 入手先 | 参考価格 |
| --- | --- | --- |
| トラ技RTKスターターキット移動局用【TGRTK-B】または基準局用【TGRTK-A】 | CQ出版 WebShop | 22,000円または27,500円 |
| ESP32開発ボード（ESP32-DevKitC） | 秋月電子通商スイッチサイエンス他 | 1,480円 |
| ブレッドボード(6穴版) | 秋月電子通商スイッチサイエンス他 | 280円 |
| 2.54 mmピッチのピン・ヘッダ（トラ技キット実装用） | 秋月電子通商スイッチサイエンス他 | 35円 |
| 単色LED 2色 | 秋月電子通商スイッチサイエンス他 | 1本10~20円 |
| 電気抵抗器 $R$（適正値） | 秋月電子通商スイッチサイエンス他 | 100本入100円 |

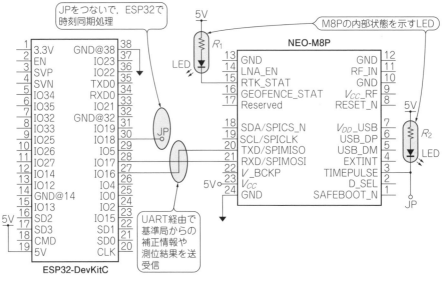

図2　LEDの抵抗は必要な光量に合わせて調整する
ESP32とM8Pを使ったRTKRoverの回路

換し，USBインターフェースを備えたものです．

NEO-M8Pは測位状態（RTK_STAT，TIMEPULSE）をパルス信号で出力[3]しているため，確認用にLEDを取り付けます．衛星観測中は，TIMEPULSEが時刻同期した1Hzのパルス信号を出力するため，ESP32の割り込みのトリガとすれば，時刻同期したアプリケーションを開発できます．

ブレッドボード上の回路を写真1に示します．ESP32-DevkitCを使う場合，1列当たり非接続帯をまたいで11本以上のソケットがあると便利です．

▶ファームウェアの作成

ESP32は，Arduino IDEでWi-FiやBluetoothを使って開発できます．図3にRTKLIBのsrc/stream.cを参考に作成したArduino IDE用のNTRIP Clientライブラリを示します．このライブラリはつぎのGitHubで公開しています．

https://github.com/GLAY-AK2/NTRIP-client-for-Arduino

▶ライブラリの活用

ライブラリを使うと，IMU（Inertial Measurement Unit，慣性計測装置）を搭載して高い更新レートや姿勢推定を利用した測位結果の補正を実現したり，受信機から出力される1HzのTIMEPULSEを利用した時刻同期システムを開発したりできます．

▶F9Pでも使える

RTKRoverは改良を重ねて，ポケット・サイズ（F9P＋ESP32搭載品のケース外形 55×45×18 mm）を実現しています．

M8Pの後継機種であるF9Pに，2周波対応アンテナTOPGNSS GN-GGB0710＋ESP32（自作ファームウェア搭載）を組み合わせて，5.2Ahのモバイル・バッテリで10時間程度の継続運転を達成しました．

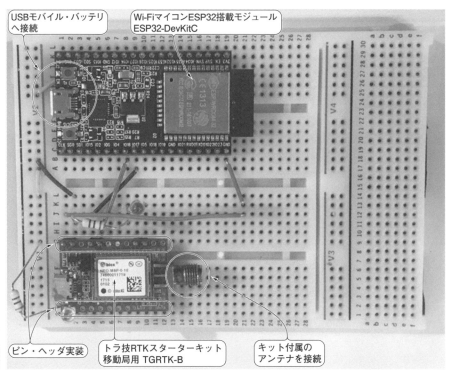

写真1 組み立てはジャンパ線で部品間を接続する
ブレッドボード上に構成したRTKRover例

USBモバイル・バッテリへ接続

Wi-FiマイコンESP32搭載モジュール ESP32-DevKitC

ピン・ヘッダ実装

トラ技RTKスターターキット 移動局用 TGRTK-B

キット付属のアンテナを接続

図3 ESP32はArduino IDEでプログラムが作成できる
自作ライブラリNTRIP Clientのサンプル・プログラム

Bluetoothを利用した測位結果伝送も可能になったので，Android端末でも測位結果をモニタできます．災害現場調査へ適用するなど，RTK測位活用の幅が広がりました．

▶基準局もESP32 + RTKスターターキットで作れる
　同様の組み合わせで，ポータブルな基準局も作れま

す．Arduino IDE用のNTRIP Serverライブラリも
Githubで公開しています．

　https://github.com/GLAY‑AK2/NTRIP‑
　server‑for‑Arduino

〈阿久津 愛貴〉

# 全部入りポータブルRTK局「TouchRTKStation」の製作

GNSS受信機NEO - M8P/T（ユーブロックス製）を屋外で使用する場合には，アンテナのほかに制御用のノートPCやDC電源が必要であり，持ち運びに不便です．

そこで本機はノートPCの代わりにラズベリー・パイを使用し，電源にはモバイル・バッテリを搭載しました．さらに，キーボードやマウスを使わずに操作できるようタッチパネルを用いています．

ソフトウェアはPythonで書かれた自作のGUIを自作し，GNSSの処理機能はLinuxで動作するRTKLIBを使用しています．

ケースは3Dプリンタで自作し，背面にはバッテリが着脱交換できるようにしています．また，GNSSアンテナを上部に取り付け，ケースと一体化して可搬性を高めています．

本機は「TouchRTKStation」と呼ばれ，RTK - GNSSの基準局と移動局の両方で利用できます．

〈編集部〉

## あらまし

### ● システム構成

写真1に示すのが，「TouchRTKStation」と呼んでいるアンテナ一体型GNSS受信機です．

タッチパネルで操作できるようになっており，ノートPCを介さずに，RTK - GNSSの基準局，移動局の機能が使えるようになっています．システム構成を図1に示します．TouchRTKStationはラズベリー・パイ3Bにタッチパネル・ディスプレイを接続し，ラズベリー・パイ3BのUSBポートにNEO - M8P（ユーブロックス製）のGNSS受信機を接続しています．また，交換可能なモバイル・バッテリを背面に搭載し，DC - DCコンバータでラズベリー・パイ3B用の5Vを供給しています．これらは全て，3Dプリンタで作られたケースに入れており，専用のGUIを用意することで，アンテナ一体型GNSS受信機として利用できます．

### ● 3通りの利用手段

TouchRTKStationの利用手段を図2に示します．基準局，移動局どちらで利用する場合でも移動局と基準局間の何かしらの通信手段が必要です．図2(a)に示しているように，ラズベリー・パイ3Bの無線LAN機能を利用してインターネットに接続することで，インターネット経由での基準局GNSSデータの配信や移動局用の補正データの受信が可能です．この場合，補正データの通信プロトコルとして，NTRIPが利用されます．または，図2(b)に示しているように無線LANネットワーク内でのTCP/IPを利用することで，近距離同士の受信機でのRTK - GNSSが利用可能になります．さらに図2(c)のように複数台のUSBタイプ

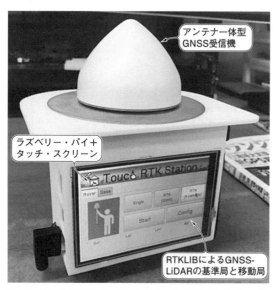

写真1　TouchRTKStationはアンテナ一体型のGNSS受信機で，RTK - GNSSの基準局と移動局の機能が使える

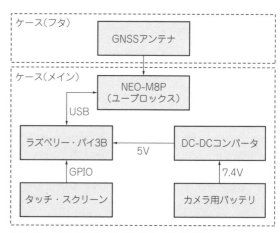

図1　TouchRTKStationはアンテナ一体型の構成

（a）Wi-Fiを利用してインターネット回線で　　（b）Wi-Fiを利用してアクセス・ポイント　　（c）Zigbeeモジュールを利用して補正
　　GNSS補正データを通信　　　　　　　　　　　経由で補正データをTCP/IP通信　　　　　　　データを直接通信

**図2　TouchRTKStationの3通りの利用手段**

のZigbee無線モジュール（Xbee ZBやTWE-Lite）な
どを用いることで，TouchRTKStation同士のダイレ
クトな通信によりRTK-GNSSを行うことも可能です．

　また，TouchRTKStationはリアルタイムにGNSS
データを通信するだけでなく，GNSSの生データと測
位結果をUSBメモリやラズベリー・パイ3B内部に保
存することができ，GNSSロガーとしても利用可能で
す．後処理でRTK-GNSSを行う際に非常に便利な機
能になります．操作は全てタッチ・ディスプレイから
操作可能で，マウスやキーボードを利用する必要はあ
りません．

## 製　作

● ハードウェア

　TouchRTKStationの製作に必要なハードウェアの
情報，ソフトウェアの情報は，https://github.com/
taroz/TouchRTKStationに公開しています．まず必
要な機材，部品を用意します．部品リストを**表1**に示
します．また，利用する部品全体を**写真2**に示します．
▶ケース

　3Dプリンタで製作するためのケースのデータを下
記で公開しています．

https://github.com/taroz/TouchRTKStation/blob/
master/3D

ラズベリー・パイ3BやGNSS受信機を収める本体と，
GNSSアンテナを設置するフタの2つに分かれていま
す．
▶GNSS受信機

　ユーブロックス製のNEO-M8Pを利用します．ラ
ズベリー・パイ3BにUSB接続できるボードのものな
らば構いません．
▶GNSSアンテナ

　GNSS受信機付属のアンテナで構いませんが，ここ
ではアンテナ一体型受信機として使用するために
Tallysman社のTW3710を利用しています．
▶ラズベリー・パイ

　ラズベリー・パイ3（Model B, B+）を想定しています．

**表1　TouchRTKStationで利用する部品リスト**（1台製作費：約
66,000円）

| 部　品 | 型　番 | 入手先 |
|---|---|---|
| ケース | － | 3Dプリンタで製作 |
| GNSS受信機 | NEO-M8P | トラ技RTKスター タキット，CSG Shop |
| GNSS アンテナ | Tallysman TW3710 | DigiKey |
| ラズベリー・ パイ3B | － | － |
| タッチ・ スクリーン | Waveshare 4inch_RPi_ LCD | Waveshare |
| バッテリ | Sony NP-F570, F770互換バッテリ | Amazonなど |
| バッテリ・ ホルダ | Lilliput Battery Plate for Sony Battery F-970 | Amazonなど |
| DC-DC コンバータ | Strawberry Linux LT8697 | Strawberry Linux |
| SMA-TNC ケーブル | | Amazonなど |

※受信機はNEO-M8Tも可

▶タッチスクリーン

　4インチのタッチディスプレイ（Waveshare 4inch_
RPi_LCD）を利用します．
▶バッテリ，バッテリ・ホルダ

　Sonyのカメラ用バッテリ，NP-F570（2900 mAh）
またはNP-770（5000 mAh）互換バッテリを利用しま
す．こちらはリチウム・イオン蓄電池で入手性がよく，
電圧は7.4 Vです．
▶DC-DC変換

　ラズベリー・パイ3に5 Vを供給するために，降圧
型DC-DC変換モジュールを利用します．
▶SMA-TNCケーブル

　GNSSアンテナTallysman TW3710のコネクタは
TNCなため，受信機のSMAコネクタとの接続用に同
軸変換コネクタまたは同軸変換ケーブルを利用します．
▶その他

　マイクロUSBケーブル，熱収縮チューブ，アンテ
ナの下に取り付ける地面反射のマルチパスを防ぐため
のグラウンド・プレーン，測量用ポールに取り付ける
ための5/8インチ・ナットを利用します．

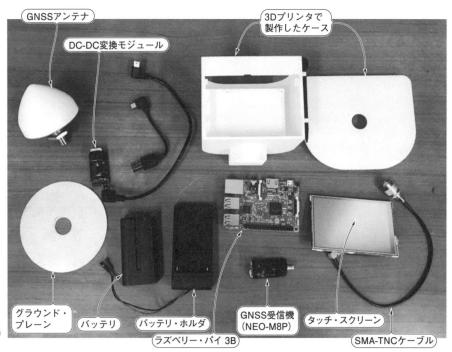

GNSSアンテナ

DC-DC変換モジュール

3Dプリンタで製作したケース

グラウンド・プレーン

バッテリ

バッテリ・ホルダ

ラズベリー・パイ 3B

GNSS受信機（NEO-M8P）

タッチ・スクリーン

SMA-TNCケーブル

写真2 TouchRTKStationで利用する部品

ケースの背面にバッテリ・ホルダをはめこむ

写真3 バッテリ・マウントはケースの背面へ取り付ける

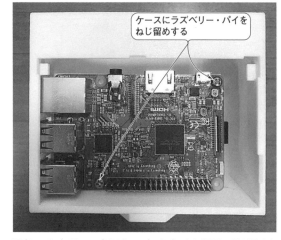

ケースにラズベリー・パイをねじ留めする

写真4 ラズベリー・パイはケース（メイン）へねじ留めして取り付ける

● バッテリ・マウントの加工

まず，バッテリ・マウントと改造を行います．バッテリ・マウント四方のねじを外しカバーを開け，バッテリ・マウントから直接DC-DCコンバータへ接続するように電源ケーブルをはんだ付けします．その後，**写真3**に示すように，3Dプリンタで製作したケース（メイン）に，バッテリ・マウントを嵌め合いで取り付けます．

● 組み立て

ケース（メイン）の下部に，ポール取り付け用の5/8インチ・ナットをはめ込みます．改造したバッテリ・マウントとDC-DCコンバータを接続します．次に写

真4に示すようにラズベリー・パイをケース（メイン）にねじ止めします．ラズベリー・パイにはRaspbianを事前にインストールしておきます．

GNSSアンテナをケース（フタ）に取り付けます．次に各種ケーブルを**写真5**に示すように接続していきます．電源用USBケーブルでDC-DCコンバータ，ラズベリー・パイ3Bを接続し，USBケーブルでGNSS受信機をラズベリー・パイ3BのUSBポートに接続します．また，GNSSアンテナとGNSS受信機も同軸変換ケーブルで接続します．最後にタッチ・ディスプレイをラズベリー・パイ3BのGPIOピンに接続し，フタを閉めて完成です．ケーブル，機器がショートしないように，

写真5の上部に画像があります。

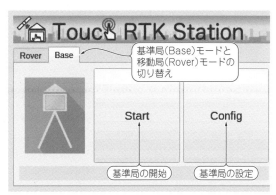
（写真5上部の図）

**DC-DCコンバータと
バッテリ電源を接続**

**GNSS受信機を
USB接続**

**ラズベリー・パイ3BをUSBケー
ブルでDC-DCコンバータと接続**

写真5　ケーブルの接続

熱収縮チューブや絶縁テープなどで絶縁するようにしてください.

● ソフトウェアのインストール

事前準備として, ラズベリー・パイ3B上にRaspbianをインストールしておきます. TouchRTKStationのインストール用のスクリプトは下記においてあります.
https://github.com/taroz/TouchRTKStation/install

タッチ・スクリーンのドライバとTouchRTKStationのGUIソフトウェアのインストールを下記の手順で行います. タッチ・スクリーンを接続した状態でスタートします.

(1) TouchRTKStationのダウンロード
$ cd /home/pi/
$ git clone https://github.com/taroz/TouchRTKStation.git

(2) 設定用シェルスクリプトInstall.sh実行
$ cd /home/pi/TouchRTKStation/install
$ sudo sh Install.sh

(3) Install.sh実行後, 自動で再起動される

(4) タッチ・ディスプレイに画面が出力されるようになる. HDMI出力に戻すには
$ cd LCD - show
./LCD - hdmi

(5) TouchRTKStationの動作確認
$ sudo python3/home/pi/TouchRTKStation/TouchRTKStation.py

(6) 動作を確認したらTouchRTKStationを終了する(全画面表示になっているためCtrl + Alt + Dでデスクトップ表示, またはAlt + F4で終了)

(7) TouchRTKStation自動起動設定用シェルスクリプトAutostart.shを実行
$ cd/home/pi/TouchRTKStation/install
$ sudo sh Autostart.sh

(8) 自動で再起動される

(9) TouchRTKStation.py自動起動

ラズベリー・パイ3Bの電源を入れると, 自動でTouchRTKStationが起動します. TouchRTKStationのソフトウェアは, pythonで書かれており, PyQtを利用してGUIを作成しています. 基本的なGNSSの処理の機能はRTKLIBを利用しており, 移動局ではRTKLIBのアプリケーションであるRTKRCV, 基準局ではSTR2STRを呼び出します. RTKLIBのアプリケーションをそのまま利用しているため, RTKLIBのアップデートをそのまま取り込めます.

### 動作確認

● モード設定

USBメモリをラズベリー・パイ3BのUSBポートに挿入します. 基準局, 移動局モード両方において, 実行時にUSBメモリにGNSS Rawデータ(.ubx)が保存されます. 移動局モードの場合には, 加えて測位結果(.posファイル)が保存されます. USBメモリがない場合には, ラズベリー・パイ3B内のhomeディレクトリに上記のデータは保存されます.

▶基準局モード

Baseタブを選択すると, 図3の画面になります. Configを押すと図4の画面になります. Inputタブは基本的にはDefaultのままで問題ありません. Logタブでデータの保存先を指定します. デフォルトはUSBメモリです. 補正データを配信する場合, ラズベリー・パイ3Bを事前にネットワークに接続し, Output1タブで補正データの出力ストリーム情報を設定します. Zigbeeモジュールなどを利用する場合には, Output2タブでシリアルポートの設定を行います. また, RTCM形式でGNSSデータを配信する場合には, BasePosタブで基準局の座標を入力します.

Startボタンを押すと基準局モードが開始されGNSSデータの配信/保存が始まります. Stopで終了します.

**Touch RTK Station**

Rover | Base

基準局(Base)モードと
移動局(Rover)モードの
切り替え

**Start**
基準局の開始

**Config**
基準局の設定

図3　Baseタブを選択すると基準局モードに切り替えられる

**13**

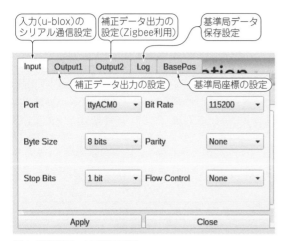

図4 基準局モードの設定画面

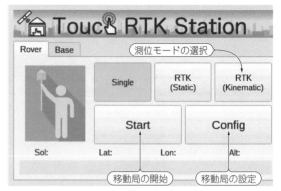

図5 Rover タブを選択すると移動局モードに切り替えられる

以上の手順でLogタブで指定したディレクトリに
GNSSのRawデータが保存されています.

▶移動局モード

　移動局モードでRTK‐GNSSを利用する場合には,
無線LANなどで事前にネットワークに接続しておき
ます.またはZigBeeなどのシリアルポートとして認識
されるUSB無線通信モジュールを接続します.測位モ
ードとして,図5に示すようにSingle(単独測位),RTK
(Static),RTK(Kinematic)のどれかを選択します.

　Configを押すと図6の画面になります.Inputタブ
は基本的にはDefaultのままで問題ありません.
Solution/Logタブで基準局モードと同様に測位結果,
GNSS Rawデータの保存先を指定します.RTK‐GNSS
を行う場合は,Correction1タブで補正データの入力
ストリーム情報を設定します.さらに,BasePosタブ
で基準局の座標を入力します.

　Startボタンを押すと移動局モードが開始します.
測位結果の緯度,経度,楕円体高,測位のステータス
情報が表示されます.エフェメリスのデコードが必要
なため,30秒程度待つ必要があります.Stopで終了し,
GNSS Rawデータ,PosデータがLogタブで指定した
ディレクトリに保存されています.

### ● RTK‐GNSS は TouchRTKStation を2台利用する

　TouchRTKStationを2台用いて,基準局,移動局
モードでRTK‐GNSS測位を行います.本話では,図
1(b)に示したように,Wi-Fiを利用してアクセスポイ
ント経由で補正データをTCP/IP通信します.図7に
基準局側の設定画面,図8に移動局側の設定画面を示
します.基準局ではTCPサーバでRTCM3形式で
GNSS補正データを配信します.このとき,基準局側
のBasePosタブで,基準局の座標を設定しておきます.
図8に示す移動局側では,TCPクライアントで基準局
のTCPサーバへ接続します.ここで,移動局側の

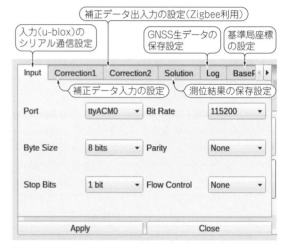

図6 移動局モードの設定画面

BasPosタブで,基準極座標をRTCMにしておきます.

　実行画面を写真6に示します.移動局の画面で,
RTK‐GNSSがFIXになっていることが確認できます.
リアルタイムに測位結果をグラフで表示したい場合に
は,RTKLIBのRTKPLOTなどを用いて,移動局の
モニタ・ポートへ接続します.写真7にRTKPLOTを
用いて移動局に接続し,測位結果を表示する例を示し
ます.移動局では自動的に52001ポートで測位結果を
配信するTCPサーバが立ち上がっています.
RTKPLOTからTCPクライアントで移動局へ接続す
ることで,測位結果を可視化できます.

### ● 各種設定を変更する場合

　TouchRTKStationの設定パラメータを変更するに
は,GUIから毎回入力する必要があります.デフォル
トの設定パラメータを変更するには,直接,python
のスクリプトを編集します.
~/home/TouchRTKStation/TouchRTKStation.py を
エディタで開き,L18～L97に書かれているデフォル
トのパラメータを変更してください.この変更により,

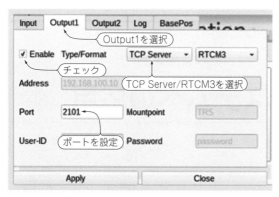

（a）Output1の設定

（b）BasePosの設定

図7　RTK-GNSS用の基準局設定

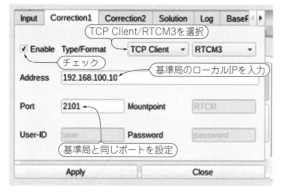

（a）Correction1の設定

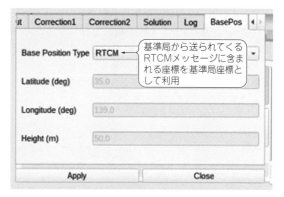

（b）Base Posの設定

図8　RTK-GNSS用の移動局設定

写真6　TouchRTKStationを2台利用したRTK-GNSS

起動時に変更後のパラメータが直接GUI上に入力されるようになります．

　また，移動局の単独測位，RTK-GNSSの測位計算は，RTKLIBのRTKRCVを直接利用しています．測位計算の設定を変更するには，~/homeTouchRTKStation/confの中の，single.conf，kinematic.conf，static.confを直接変更してください．こちらは，RTKLIBのConfファイルそのものです．

● まとめ

　ユーブロックス製のGNSS受信機とラズベリー・パ

写真7　RTKPLOTを利用した移動局測位結果のリアルタイム可視化

イ，タッチ・スクリーンを組み合わせて，使いやすい一体型GNSS受信機を作製しました．ノートPCを利用することなく簡単にRTK-GNSSの基準局，移動局として利用できます．またMITライセンスで公開していますので，自由に利用，改変して構いません．

〈鈴木　太郎〉

225

# 重金属/有機溶媒…
# 土壌汚染マップ作成システムへの応用

**● センチメートル精度で自分の位置がわかるRTKの応用**

　高度約2万kmの周回軌道に位置する衛星から放送される電波を受信して，リアルタイムに数cmの精度で測位するRTK（リアルタイム・キネマティック）法は，1990年代初頭に実用化されました．

　トランジスタ技術誌では，2016年2月号の特集で初めてセンチメータ級の衛星測位が取り上げられました．応用事例の一つとして，橋の橋脚を施工するための3200トンの鋼製型枠をRTK法で位置決めした，20年以上前の大規模な建設工事を紹介しました．

　本話では，土壌汚染状況調査へ応用できる測位システムの開発について紹介します．

　ローコストなRTKとしては，かなり初期の例です．多くの方々の努力が，実現の一翼を担っています．

## 10Hz更新！ 歩きながら位置測定

**● 2002年に土壌汚染対策法が制定**

　有害物質による土壌汚染事例の判明件数が著しく増加したことをきっかけに，2002年に土壌汚染対策法という法律が制定されました．

　土地の利用履歴（有害物質を取り扱う工場など）から，土壌汚染の恐れがある場合や一定面積以上の土地形状を変更する場合は，指定調査機関による土壌汚染状況調査を行い，土壌汚染があれば汚染浄化工事などの対応を課している法律です．

　宅地建物取引業法の重要説明事項には，土壌汚染の項目が設定されています．土壌汚染の恐れのある土地の売買には調査が必要になっています．

**● 土壌汚染マップの作り方**

　調査現場において，土壌採取や観測井戸採掘の地点を決める測量が必要です．

　従来方法による調査地点の設定作業の流れを**図1**に示します．

　まず，図面上で過去の土地利用履歴や地形に基づいて調査区域をメッシュ状（通常10m）に区分けし，メッシュのそれぞれの中心に調査地点を設定します．

　調査現場に出向いて，図面通りに調査地点を現場にマーキングする（「落とす」という）ことで，調査地点の設定作業が完了します．その後，各調査地点において土壌を採取し，分析します．

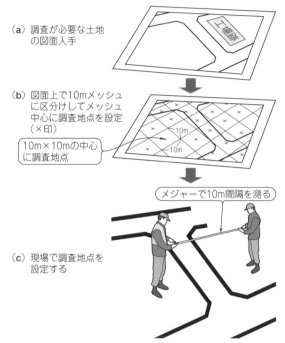

（a）調査が必要な土地の図面入手

（b）図面上で10mメッシュに区分けしてメッシュ中心に調査地点を設定（×印）

10m×10mの中心に調査地点

メジャーで10m間隔を測る

（c）現場で調査地点を設定する

**図1　調査地点の設定作業**

　分析の結果，特定有害物質の量が基準値超過した場合は，土壌汚染のある土地と判定されます．調査結果は，汚染源や汚染地域の広がりから，土壌浄化工事の範囲や方法を検討するデータとなります．

**● 人手も時間もかかる上に作業時間が読めない**

　調査地点の設定作業には，メジャーや光学測量機を用いるので，最低2人の作業員を要します．調査地の地形や環境条件によって労力と作業時間が大幅に異なるため，作業工数を見積もるのが困難です．現場によって作業工数が想定以上になることもよくあります．

　例えば，荒れ地などの起伏の激しい現場だと，メジャーでは正確な水平距離を計測できません．光学測量機では，工場や植栽などでターゲットが見通せないときは見通しがとれる位置まで迂回します．想定より時間と手間を要するケースが少なくありません．

　現場調査費用が増大すれば，分析費用を圧迫します．適正なコスト負担を施主に求めることは難しく，コスト削減が強く求められていました．

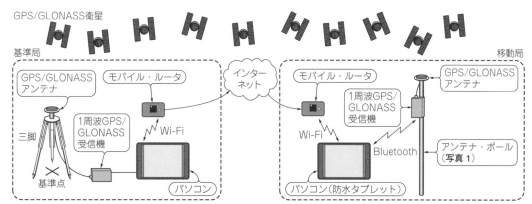

図2　調査地点設定システム「いちぎめくん！」の機器構成

写真1　移動局機器はタブレットとアンテナ付き受信機の2点

表1　「いちぎめくん！」に使っている1周波GPS/GLONASS受信機の仕様

| 項　目 | 仕　様 |
|---|---|
| GNSS受信機 | 1周波GPS/GLONASS受信機GGStar（リット ー），受信機ボードはNovAtel社OEMStar |
| GNSSアンテナ | 1周波GPS/GLONASS対応 |
| 観測信号 | GPS/GLONASS L1 C/Aコード<br>GPS/GLONASS L1搬送波 |
| 受信チャネル | GPS L1：8チャネル<br>GLONASS L1：6チャネル |
| 測位計算<br>ソフトウェア | GNSS測位プログラム・パッケージ<br>RTKLIB |

### ● RTKを使うとアンテナを動かしながら設置ポイントを探せるので作業時間を大幅に短縮できる

　調査地点を精度よく現場に設定するためには，地図上に表示されるアンテナ位置を確認しながら，アンテナ・ポールを前後左右に動かして探る動作が必要です．調査地点は10mごとなので，1cm精度は必要ありませんが，数十cmの精度は欲しいところです．

　RTK以外の測位方法も試しました．センチメートル級のRTK測位は搬送波を利用するため，受信機が高コストです．一般的なC/Aコードを使って測位する受信機でも，コード・ディファレンシャル測位を使えば，サブメートル級（数十cm）の精度が安価に得られます．

　ところがコード・ディファレンシャル測位では，アンテナ・ポールを前後左右に動かして調査地点を探ることがうまくできません．アンテナを数十cm動かしても，地図上のアンテナ位置の表示は変化しないのです．5秒から10秒後に，やっとゆらゆらと測位結果が変化して追従します．

　作業者がアンテナを動かしたとき，時間遅れなく地図上のアンテナ位置の表示が変化しないと，どこにアンテナがあるのかわからず，調査地点を探ることができません．このようなことから，センチメートル級で時間遅れなく追従できるRTK測位が必須になります．

### ● RTKの応用にはソフトウェアが重要

　このシステムは，ソフトウェア（後述するナビゲーション手法）にも特徴があります．従来手法の利用者に違和感がないシステム開発を行いました．RTKの応用は，高精度という特徴を生かしつつ，更なる工夫が必要であることも伝えたいと思います．

## RTKを利用した位置設定システムの開発

### ● システム構成

　開発したシステム[1][2]「いちぎめくん！」の機器構成を図2に示します．持ち運ぶことになる，移動局システムの外観が写真1です．

　いちぎめくん！の移動局は，1周波GPS/GLONASS受信機のほか，GPS/GLONASSアンテナ，アンテナ・ポール，モバイル・ルータ，パソコンから構成されます．パソコン以外はアンテナ・ポールと一体なので，1人で地点設定作業が可能です．

　タッチパネル対応のソフトウェアを作成し，現場作業中に操作が困難なキーボードを排除しました．タブレット型のパソコンを含めて防水仕様としたので，雨天での作業も可能です．

　受信機の仕様を表1に示します．今となってはチャネル数も少なく貧弱に見えますが，現在でも通用する

13

測位性能と省電力性能を兼ね備えています.

## ● 最初は300万円！ 1台も売れなかった

私は2006年から土壌汚染状況調査の開発に携わり，2008年にいちごめくん！を開発，事業化に漕ぎ着けました. しかし当初の価格は300万円で，高価すぎて1台も売れませんでした. 300万円のうち，200万円以上がRTK受信機の仕入れコストです. 仮に300万円で売れたとしても，利益は少ない状態でした.

当時，センチメータ級の衛星測位は使いたいけど，価格が高くて採用できない，という言葉をよく聞きました. それを実感したのがまさにこのときです.

この状況を突破する鍵になったのが，センサコム社の北條先生です. 無線機メーカで衛星測位受信機の開発トップを務めたのちスピンアウトして，大学講師の仕事とともに，研究者向けの衛星受信機を販売する利益度外視の会社を営まれていました.

## ● RTK測位を低コスト化して普及させたい先生たちと出会う

北條先生から紹介を受け，RTKLIBで世界的に有名な高須先生や，宇宙機用GPS受信機を開発された中部大学の海老沼先生に出会いました. 受信機が高価すぎて衛星測位が普及しない，という問題を解決したいという強い意欲を全員が持っていました.

東京海洋大学の安田先生の下で学んだ私は，高須先生が作成したオープンソース測位計算プログラム・パッケージのRTKLIBと，北條先生が開発した受信機(NovAtel社の1周波GPS/GLONASS搬送波受信ボードに電源やインターフェース回路を付加)，海老沼先生が選定したTallysman社のアンテナの構成で，高価な受信機を大幅に低コスト化できる，という答えにたどり着きました.

RTKを普及させるには，実用化事例が必要です. この低コスト構成のRTK受信機をいちごめくん！に組み込んで商品化し，使える技術だと証明することが私の役割だと考えました.

## ● 受信機コストを1/10にした新型は実証試験で従来手法に比べ圧倒的な作業効率を実現

いちごめくん！はWindowsアプリケーションを使ったシステムだったので，容易にRTKLIBを組み込めました. 測位システムの再構成により，受信機コストは1/10になりました.

実証試験の現場は，山梨県の河川敷となる土壌汚染現場です. 人の背より高い草で地面が全く見えない箇所や，落葉樹の林，崖などで歩くことさえ困難な箇所などにある約400点の調査地点を測量しました.

従来使っていた2周波測量用受信機であれば，重く大きい受信機をバックパックで背負い，バッテリ残量を気にしながらの作業です. ところが新型のいちごめくん！は，**写真1**のように，アンテナ・ポールに括り付けた携帯電話用のポシェットに受信機やバッテリが全て入ってしまうコンパクトさです. 測量作業者の機動性が大きく改善されました.

RTKLIBを現場に合った設定にカスタマイズしたことで，Fixは早く，従来の高価な2周波受信機に比較しても遜色ない測位性能が得られました.

この現場では，約400点の地点設定測量を3名の人員による2.5日の作業で実現できました. 3名の内訳は，1名はいちごめくん！の操作，1名は調査地点への杭設置，残りの1名は次の調査地点へ先回りして操作者への指示を出す役割です.

隣の同規模の現場では，光学測量機を使って1チーム3名で3チームが平行して作業にあたりましたが，終了まで1週間以上かかっていました. 比較すると驚異的な作業効率です.

## ● 現場では抜群の性能だったのに開発中のテストでは性能が出ない!?

ローコスト構成のRTKが実用になることがわかりましたが，すぐには事業化できませんでした. 実証試験では測位性能に問題がなかったのに，地元に戻って更なる試験を実施したところ，いつまで待ってもFixしない現象が多発したのです.

実は，受信機ボードを扱う代理店でも把握していた問題で，多くの研究者が何年かけても解決できないことから，実用化を断念していたことがわかりました. RTK測量で精度が出ていることは，Fix解が得られていることで保証する前提となっているため，Fixしないのは致命的な問題です.

## ● 無線の専門家のアドバイスにより問題を解決

どうにも行き詰まっていたとき，新たな救世主が現れました. 無線機を使ったシステム開発に携わるリットー社の坪井社長です. 大手受信機メーカの数々のトラブルを解決してきた無線の専門家です.

受信機ボードや周辺回路がノイズの影響を受けているのではないかとアドバイスをいただき，受信機のグラウンドの取りかたなどに対策を施したところ，なかなかFixしない問題が大きく改善されました.

実証試験は大自然の中なので，周辺にノイズ源がなく正常に使えていたのに対して，地方といえど都市部になると，周辺の電波環境の影響でFixできなかった，というわけです. 実証試験で抜群の性能が得られた実績がなければ，私も諦めていたかもしれません.

そのほかGLONASS利用に伴うIFB(Inter Frequency Bias，チャネル間バイアス)の補正など，いくつも問題はありましたが，高須先生や北條先生の様々な取り

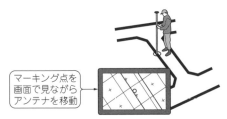

| 元になる図面は紙でOK | 読み込んだ図面から緯度経度データを生成 | RTKなら各点10秒でOK |
|---|---|---|
| | スキャナ | (Lat1, Lon1) (Lat2, Lon2) |
| （a）図面への調査地点の書き込み | （b）図面の読み込み | （c）現場基準点の測量 |

マーキング点を画面で見ながらアンテナを移動

（d）調査地点への誘導

調査地点の正確な位置を示した報告用の書類を出力できる

（e）調査地点設定成果の作成

**図3　開発したシステムによる調査地点設定の作業の流れ**

組みにより，解決にたどり着きました．

このようにFixを確保するノウハウが搭載された「いちぎめくん！」は，驚くことに，受信機メーカからも購入したいという相談があったほど，Fixしない問題は深刻だったようです．RTKの普及を第一に，対策方法についてお伝えするに留めました．

● **測量の専門家でなくても扱えるシステムへ**

測量業界でも同様な作業として，座標値から現場に点を落とす「逆打ち測量」があり，この作業を支援する測量システムも市販されています．

ところが，その測量システムを土壌調査の地点設定作業へ利用しようと思うと，図面上で調査地点を決め，調査地点の座標値を算出し，その座標値を測量ソフトウェアに登録する，という事前作業が必要となってしまいます．

土壌汚染調査の作業者は環境分野が専門で，測量には詳しくないため，この事前準備は大きな負担です．

また，土壌汚染状況調査では，座標値が入った図面は存在せず，ファックスで送られてくる低品質で数値化されていない図面を元にしなければいけないことがよくあります．すると，まずは図面の数値化や現場内への基準点の新設が必要となるのです．

これらの問題を解決するため，座標値を一切必要とせず，従来方法から本システムへの移行にも作業者が戸惑わないナビゲーション手法を新たに開発しました．

**図3**に，開発システムによる調査地点設定の作業の流れを示します．従来の手作業による事前準備作業とほぼ同様に，座標値を意識せず利用できるため，測量の専門知識がなくても容易に作業できます．

＊

最後になりますが，いちぎめくん！は，㈱環境研究センターの三浦 光通氏，高橋 徹氏とともに共同研究で開発に取り組み，その成果を事業化したものです．記事掲載を快く許可頂けたことを感謝いたします．

〈岡本 修〉

# カメラ画像に地下の施工図を重ねる AR測位アプリへの応用

cm級の精度で測位するRTK(リアルタイム・キネマティック)は，受信機の価格が安くなったとはいえ，基準局と移動局がセットなので，有料基準局サービスとの契約や，サーバ運用費のようなシステム的な負担も発生します．ユーザが無理なく負担できるコストでビジネス・モデルを描けなければ，サービスが維持できません．

日本では，位置精度がコストに直結する建設分野からRTKの応用が進んでいます．リアルタイムに位置計測できる利点を生かして，施工方法を改善し大幅なコストダウンに繋げた工事測量や，測量の質が求められる公共測量などで使われています．

第4話では，建設業では異色のAR(Augmented Reality，拡張現実)を使った応用例を紹介します．ローコストなRTKが注目されるきっかけになった象徴的な応用事例です．

## ● 地下配管の複雑化で難しくなってきている都市工事

都市部における地下埋設物は，都市の近代化や人口集中に伴って多様化しています．上下水道管やガス管，送電線，通信ケーブルなどのライフラインが複雑に入り組んでいることも増えてきました．

地下を掘削する工事では，地下に埋設されたライフラインを損傷しないように，それらの位置を工事関係者の全員で共有します．地上からは見えない地下埋設物の情報を共有するために，看板やスプレーでマーキングします．

しかし工事の進捗に伴い，周囲の景色が変わり，マーキングも消えてしまいます．埋設物の敷設状況は直接視認できず，ライフラインごとに異なる紙の図面があるだけです．現場では，その紙の図面を何枚も広げながら，地下埋設物の確認をすることになります．

現場に持ち出す図面は，工事対象の敷地を含む膨大な図面の中から該当するものを抜き出し，持っていく必要もあります．このような手間が掛かる作業であることから，地下埋設物を見落としてライフラインを傷つける事故がときおり発生します．

事故防止のために，地下埋設物を手軽に確認できる方法が求められていて，それを実現したのが本システムです．

## ■ どんなシステム？

### ● 施工図面を元に，地下に埋まっている配管やケーブルをカメラで取得した画像に重ねて表示する

写真1に示すのは，地下埋設物可視化システム[1]（以後，本システム）は，タブレット端末のカメラで写している映像に，埋設物の図面を重ねて投影することで，埋設物の存在や位置を可視化するシステムです．

埋設物の位置を可視化するためには，操作者の位置を正確に把握することが重要です．その実現方法として衛星測位を利用します．

写真1に現場での使用イメージを示します．まるでポケモンGOのように埋設物の図面が映像に重なって表示されます（ちなみに本システムの開発はポケモン

（a）操作者は受信機を身に付けタブレット端末を持つ

タブレット(iPad)
GNSSアンテナ
受信機までは有線接続
胸ポケットにGNSS受信機

（b）カメラ画像に重ねて埋設物の位置が表示できる

上下水道やガスなどの管

**写真1 地下埋設物表示システムの利用イメージ**

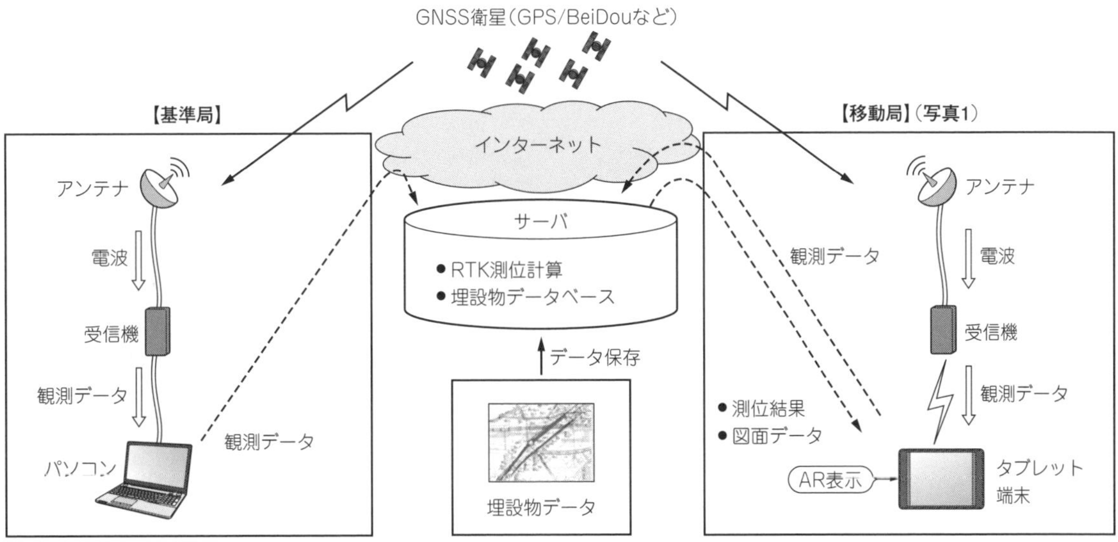

GNSS衛星（GPS/BeiDouなど）

【基準局】

アンテナ

電波

受信機

観測データ

パソコン

観測データ

インターネット

サーバ
● RTK測位計算
● 埋設物データベース

データ保存

埋設物データ

【移動局】（写真1）

アンテナ

観測データ

電波

受信機

観測データ

● 測位結果
● 図面データ

AR表示 → タブレット端末

図1　本システムの機器構成と通信

写真2　GNSSアンテナはタリスマン社のアンテナにグラウンド・プレーンを付けたリットー社TW2710GP

タリスマン社のアンテナ本体
SMAコネクタ
グラウンド・プレーン

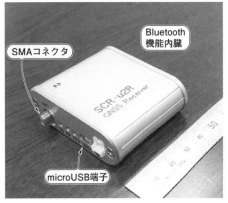

写真3　GNSS受信機はNEO-M8TとBluetoothモジュールを内蔵したセンサコム社SCR-u2R

SMAコネクタ
Bluetooth機能内臓
microUSB端子

GOの配信時期より前）.

● 地下埋設物可視化システムの構成

　本システムの機器構成と通信イメージを図1に示します．RTK測位では基準局と移動局が必要なので，システムは基準局，移動局，およびクラウド上のサーバで構成されています．

　基準局はGNSSアンテナ，GNSS受信機，パソコンの組み合わせ，移動局はGNSSアンテナ，GNSS受信機，タブレット端末の組み合わせです．

　現場事務所などに設置する基準局と，現場内で運用する移動局は，それぞれモバイル・ルータを介してインターネットに接続し，クラウドにあるサーバに観測データを送信します．

　クラウド上のサーバでは，基準局と移動局から送ら

れてきた観測データを元に測位計算プログラム・パッケージRTKLIBで測位計算を行います．

　サーバは，測位結果を移動局のタブレット端末に送信するとともに，位置情報を使って該当する場所の図面データを選択し，これも移動局のタブレットに配信します．

　GNSSアンテナを写真2，GNSS受信機を写真3に示します．アンテナは，タリスマン社TW2710にグラウンド・プレーンを付けたリットー社のGNSSアンテナを利用します．受信機は，本システム専用に開発されたセンサコム社1周波GNSS受信機で，ユーブロックス社のM8モジュールを採用しています．利用する衛星システムはGPSとBeiDouです（QZSSとGalileoも追加可能）．

## ■ 当初タブレット端末のアプリとして
##    作られたが使い物にならなかった

### ● 試作したシステムは現場責任者からNG評価

　本システムの開発チームの中心となった建設会社では，社員全員にタブレット端末（アップル社のiPad）を携帯させていたことから，この端末で動くアプリケーション・ソフトウェアの開発が行われました．

　開発チームでシステムを担当するアプリ開発会社では，自社開発していたAR技術を応用する初の受注案件であり，失敗できない重要なプロジェクトでした．

　開発は順調に進み，晴れて現場でのお披露目の日を迎え，現場社員とともに現場内を巡りながらシステムを説明しました．しかし現場責任者の声は「表示される図面の位置と現場位置が全く合っておらず，操作者の移動にもうまく追従できない．本システムを現場で運用することは難しい」というものでした．

### ● タブレット端末のGPSは高感度でいつでも使える

　iPadには，米国での緊急ダイヤル時の位置を通報するE911へ対応するため，屋内や地下街でも測位ができる高感度化されたGNSS受信機が採用されています．日本でも同様に平成19年4月1日から「位置情報等通知機能等」の搭載を義務化しています．

　クルマのトランク内や電子レンジの中でさえ測位が可能なほどに高感度化するとともに，携帯端末の通信回線を利用して受信できる衛星の情報や航法メッセージ等を得て測位計算する，アシステッドGPS（A-GPS）が使われています．衛星からの信号が途切れ途切れでも，アシスト情報を使って測位計算が可能です．

### ● 単独測位なので精度は1～3m，もっと悪いときも

　iPadなどの携帯端末に内蔵されるGNSS受信機は，単独測位法を利用，つまりGPS衛星からの約1MHzのC/Aコードを利用して測位します．この1MHzの信号には1023ビットの符号が埋め込まれており1ビット当たりの長さは300mとなります．受信機はこの1ビットを1/100～1/300する分解能を有することから，衛星とGNSS受信機アンテナ間を約1mの精度で測距できます．単独測位法では，空が開けた環境で水平方向の測位精度が1～3mと言われています．

　屋内になると，構造物の床や壁を通過して届く信号より，窓から入って床や壁に反射を繰り返して届く信号のほうが信号強度として強く，反射を繰り返した経路（パス）の距離で測位計算されてしまい，精度が落ちます．屋外であってもこれは同様で，ビルなどで反射した反射波が直接波に干渉するマルチパスにより，大きな誤差が生まれます．

　特に携帯端末では，アンテナを筐体に内蔵する制約から，上空に向けて指向性のあるアンテナを配置することはできません．反射波の影響を多く受けます．

　どんな場所でも測位できる反面，反射波が多い環境では精度が大幅に悪化します．上空が開けた障害物のない環境では良好な測位精度だったものの，都市工事の現場へ持ち込んだときは，周囲の障害物で上空が遮蔽され，大きな誤差を生じていたのです．

## ■ RTKと組み合わせることで
##    実用システムが完成

### ● 衛星測位でも人の移動に追従できるのはRTKだけ

　ある学会で委員会活動をしていたメンバから「ローコストRTKについて会社で説明して欲しい」と依頼されました．地下埋設物可視化システムの開発チームが困っていたので解決に繋がれば，ということだったようです．

　当時，私はローコストRTKの普及に取り組んでいましたが，なかなか世の中へ浸透せず，思いあぐねていました．大手建設会社に採用されれば，信用度が上がり普及に弾みがつくと期待できます．私にとっても，願ってもないチャンスだと感じました．

　このシステムでは，要求される端末の台数が多いためローコストが必須であること，操作者が目的地付近での細かい移動に反応して追従できることが必要なこと，厳密にcm級の精度は要求されないこと（解が収束しきらないFloat状態の数十cm精度でもシステムは運用できる）など，ローコストRTKの長所を生かせる応用事例でした．

　テストの現場は都市部の住宅街で，掘削土を運搬する高架の仮設道路が上空に存在するという，遮蔽が厳しい環境でした．GPSに加えてGLONASSが受信可能なローコストRTKで受信感度を調整して試験したところ，単独測位で生じていた大きな誤差は生じず，cm級の測位精度が得られることを確認しました．

　RTKLIBでは，受信感度（CN0：搬送波電力対雑音比）のマスク設定を行うことで，マルチパスの影響で受信感度が低下している衛星を排除できます．

### ● 工事現場での試験運用

　試験運用した工事現場は住宅街の開削で，多数の地下埋設物が存在しました．

　工事現場事務所のプレハブに，**写真4**のように基準局を設置します．

　移動局（操作者）の装備は，先掲の**写真1（a）**です．GNSSアンテナはヘルメットに取り付け，ポケット内にGNSS受信機を入れました．GNSSアンテナとGNSS受信機の接続は有線ですが，GNSS受信機とタブレット端末の接続はBluetoothによる無線を使い，操作者のわずらわしさを軽減しました．

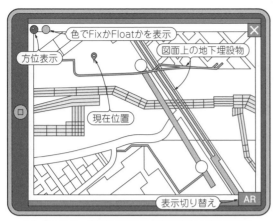

（a）図面表示…埋設物の図面上に現在位置を表示できる

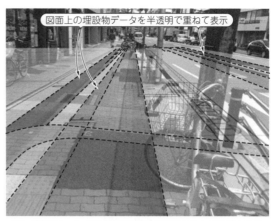

（b）AR表示…カメラ画像に埋設物の位置を重ねて表示できる

図2　現在位置と図面を組み合わせて埋設物がわかりやすいように表示する

写真4　現場事務所のプレハブに基準局のアンテナを設置した

移動局の操作者は，タブレット端末，GNSSのアンテナおよび受信機，モバイル・ルータを携行して現場に向かい，システムを立ち上げます．

表示された図面には，図2(a)に示すように操作者がいる位置が表示されます．続いて，画面右下のARアイコン（緑部）をタップすると，タブレット端末のカメラ表示に切り替わります．タブレット端末の内蔵カメラを掘削工事を行う地表面に向けると，図2(b)に示すように直下に敷設された埋設物のラインが浮き上がるように地表面の映像上に図面が投影されます．

端末を使用する位置や保持する角度などに応じて，地表面のライブ画像に埋設物の敷設ラインが自動的に追随して表示されます．明快で，誰にでも手軽に操作できます．

タブレット画面左上の丸は，色で測位解の収束状況を示しており，操作者が表示画面の精度を確認できます．操作者（移動局）の位置と画面表示を比較し，誤差が数cm以下であることも確認しました．

＊

現在，本システムはその効果が認められ，都市工事で多く採用されています．各種メディアで紹介されるとともに，土木学会技術開発賞をはじめ，いくつかの賞[2]を受賞しました．ローコストRTKの信用を確固たるものとした象徴的なシステムとしても知られることになりました．

本システムの開発に参加して強く感じたことは，衛星測位を応用するには，測位法の特徴を十分に理解する必要があることです．さまざまな測位法を比較したり，設定を変えたりできるRTKLIBは，とても役に立ちました．エンジニアの皆さんには，是非ともRTKLIBを使いこなし，衛星測位を活用して欲しいと思います．

今回紹介した地下埋設物可視化システム「Shimz AR Eye埋設ビュー」は，清水建設㈱の西村 晋一 氏，三木 浩 氏，北尾 秀光 氏および，㈱菱友システムズの石田 新二 氏，西原 邦治 氏，清水 碧 氏らとともに共同で開発に取り組んだものです．開発チームのたゆまぬ努力があって，このような先進的な開発が成し遂げられました．私もその一員として開発に携われたことを嬉しく思います．記事掲載に当たり，快く許可を頂けた2社に感謝いたします．　　　〈岡本 修〉

# 付属DVD-ROMの使い方と収録内容

## 使い方

DVDを開くと，**図A**のようにフォルダとindex.htmlがあります．index.htmlをダブルクリックして開くと，収録内容やファイルへのリンクがあるhtmlファイルがWebブラウザで開きます．

- 1_F9Pmovie
- 2_u-center
- 3_RTKLIB
- 4_F9P評価測位データ
- 5_F9P_PPP_CLAS評価測位データ
- 6_CLAS_MADOCA_RTK比較測位データ
- 7_RTKcore2周波改訂版＆サンプル受信データ
- 8_RTKcore旧バージョン＆サンプル受信データ
- 9_GPS-SDR-SIM
- 10_トラ技2周波RTKスタータ・キット
- 11_トラ技RTKスターターキット
- index.html ← これをダブル・クリックで開く

**図A　付属DVDをエクスプローラで開くと見えるフォルダとファイル**
index.html を開いてください

### ■ 設定ツールのインストールや設定手順の解説動画

**❶ 2周波RTK受信機F9P入門ムービ**

ZED-F9Pを使ったRTK測位に必要な手順を**図B**のような動画で解説しています．動画はMP4形式で収録されていて，多くのWebブラウザでは，index.htmlのリンク（**図C**の①）をクリックすると，そのまま再生できます．

### ■ 設定ツールや測位プログラム

**❷ ユーブロックス社公式の評価/設定ツールu-center**

ZED-F9P，NEO-M8Pを始めとして，ユーブロック

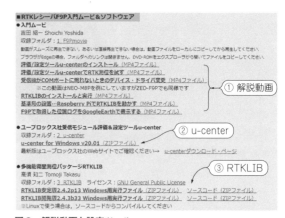

**図C　解説動画と設定ツール**
index.html を開くと，このようにファイルへのリンクが表示される

（a）RTKLIBの入出力設定　（b）測位結果を Google Earth で表示

**図B　ZED-F9Pを使ってRTK測位を行うまでの設定内容を動画で解説**

■測位性能評価データ

ブラウザがEdgeの場合，フォルダへのリンクは開きません

● ユーブロックスZED-F9P評価
岡本 修 Osamu Okamoto
収録フォルダ：5_F9P評価測位データ
**F9P評価測位データ（ZIPファイル）** ←④

● 静止＆移動評価測位データ
久保 信明 Nobuaki Kubo
収録フォルダ：6_F9P_PPP_CLAS評価測位データ
**Excelに整理した測位データ（ZIPファイル）** ←⑤

● CLAS_MADOCA_RTK比較
岸本 信弘 Nobuhiro Kishimoto
収録フォルダ：4_CLAS_MADOCA_RTK比較測位データ
**NMEA形式測位データ（ZIPファイル）** ←⑥

図D　RTKやCLAS，MADOCA-PPPの測位データ

■RTK測位関連ソフトウェア

ブラウザがEdgeの場合，フォルダへのリンクは開きません

● RTK測位演算プログラムRTKコア
久保 信明 Nobuaki Kubo
収録フォルダ：7_RTKcore2周波対応改訂版＆サンプル受信データ　ライセンス：2条項BSD
**RTKコア改訂版（ZIPファイル）**
　改訂版の説明（PDFファイル）　←⑦

1周波用2017年版および1周波受信機NEO-M8Tによるサンプル・データ
収録フォルダ：8_RTKcore1周波用2017年版＆サンプル受信データ　ライセンス：2条項BSD
**RTKコア2017年版（ZIPファイル）**　←⑧

● SDR用GPS信号シミュレータGPS-SDR-SIM RTK対応版
海老沼 拓史 Takuji Ebinuma
収録フォルダ：9_GPS-SDR-SIM　ライセンス：MIT
**GPS-SDR-SIM RTK対応版（ZIPファイル）**　←⑨

図E　RTKの処理内容の理解や実験に役立つソフトウェア

ス社のGNSS受信機をすべて評価／設定できる公式のツールu-centerを収録しています．

年に何度か更新されているので，メーカ公式ページから最新版を入手することをお勧めします．

### ❸ 多機能衛星測位ソフトウェア・パッケージRTKLIB

東京海洋大学の高須知二氏によって作られた，RTKやPPPなどさまざまな衛星測位手法に対応するソフトウェアです．

2周波受信機のZED-F9Pを使う場合，開発版の2.4.3を使ってください．安定版の2.4.2は対応していません．

## ■ 測位結果比較データ

### ❹ F9P評価測位データ

第2章第1話で紹介している測位結果の元データをZIPファイルに圧縮してあります．図D④のリンクをクリックするとダウンロードできます．ZIPファイルを展開した中にあるファイルはNMEA0183形式のデータなので，RTKLIBに含まれる表示プログラムRTKPLOTなどで開けます．

### ❺ F9P,PPP-RTK,CLASの静止＆移動評価測位データ

第2章第2話のF9P測位結果と，第9章で紹介しているCLASとMADOCA-PPP測位結果の元データをZIPファイルに圧縮しています．CSV形式のデータなので，Excelなどで開けます．詳しくはZIPファイルに含まれる評価測位データ.pdfを参照ください．

### ❻ CLAS_MADOCA_RTK比較

第8章で紹介しているCLAS，MADOCA-PPP，RTKの比較結果の元データです．NMEA0183形式のデータなので，RTKLIBに含まれる表示プログラムRTKPLOTなどで開けます．

## ■ 研究向け測位演算プログラムRTKコア

### ❼ RTKコア2周波改訂版＆サンプル受信データ

Visual Studio 2015のプロジェクト・ファイル一式（ソリューション）と，サンプル用の入力データをまとめてZIPファイルに圧縮してあります．index.htmlのリンク（図Eの⑦）をクリックするとダウンロードできます．

展開した中のrtkフォルダにある10181107フォルダ，20181115フォルダに，入力サンプルになる軌道データ（navファイル）と観測データ（obsファイル，基準局と移動局の2つ）があります．

### ❽ RTKコア1周波用（2017年版）＆サンプル受信データ

Visual Studio 2015のプロジェクト・ファイル一式（ソリューション）と，サンプル用の入力データです．

rtkフォルダにある0623フォルダ，0823フォルダが入力サンプル・データとなる軌道データと観測データがあります．

0623フォルダのrefBとrovBはGPS，QZSS，Galileo，BeiDouの組み合わせのデータです．refR,robRはGPS，QZSS，Galileo，GLONSASSの組み合わせのときのデータです．

0823フォルダのデータはNEO-M8Pで受信したデータです．拡張子がubx形式のファイルは，u-blox Raw形式のデータです．

## ■ RTK対応GPS信号シミュレータ

### ❾ GPSレシーバ受信信号シミュレータGPS-SDR-SIM

第12章で紹介しているGPS信号シミュレータです．パソコン上のソフトウェアと組み合わせて無線信号を送受信するソフトウェア無線機（SDR）のbladeRFまたはHackRF Oneと組み合わせて使います．

### ◆第1章第2話◆

(1) 岸本 信弘；特集 第5章 研究！ディファレンシャルGPSで
1cm測位の世界，インターフェース2013年10月号，CQ出版社．

### ◆第1章第3話◆

(1) "Hamamatsu パーソナルモビリティ ツアー，" 浜松地域活
性化ICT技術研究組合，㈱シーポイントラボ・静岡大学，㈱
mocha-chai，
http://hamamatsu-pm.jp/
(2) はままつフラワーパーク，
https://e-flowerpark.com/
(3) "Ninebot," Segway, http://www.ninebot.com/
(4) ニコン・トリンブル；GPSガイダンスシステム CFX-750.
https://www.nikon-trimble.co.jp/products/agriculture/
cfx_750.html
(5) 首相官邸；官民ITS構想・ロードマップ2017.
http://www.kantei.go.jp/jp/singi/it2/kettei/pdf/20170530/
roadmap.pdf
(6) Tech総研，リクナビNEXT；クルマのIT化の最先端「カー
ナビ技術」の27年史，2008年4月17日．
https://next.rikunabi.com/tech/docs/ct_s03600.jsp?p=
001316
(7) 菅沼 直樹；"自動運転システムにおける認知・判断・操作技
術"，高度交通システム2017シンポジウム，情報処理学会．
(8) 自動車技術会；2017年春季大会 ファイナルプログラム．
http://files.jsae.or.jp/taikai/final-program2017.pdf

### ◆第1章第5話◆

(1) 国土地理院；幅員構成に関する規定
http://www.mlit.go.jp/road/sign/pdf/kouzourei_2-2.pdf
(2) T. Takasu; RTKLIB: An Open Source Program Package
for GNSS Positioning
http://www.rtklib.com/
(3) 国土交通省；国道(国管理)の維持管理等の現状と課題につ
いて，2011年．
(4) 浜松市；公共施設長寿命化基本方針(土木施設編)，2009年．
(5) 日刊建設工業新聞；総務省/性能劣る路面管理新システム/
測定車に及ばず，14年度実証結果で判明，"，2015年4月10日2面．

### ◆第4章◆

Pratap Misra；GLOBAL POSITIONING SYSTEM, Ganga-
Jamuna Press.

### ◆第5章◆

(1) みちびき(準天頂衛星システム：QZSS)公式サイト．
http://qzss.go.jp/index.html
(2) 準天頂衛星システム『衛星測位サービス』パンフレット，
2014年9月発行/2017年3月一部改訂．
(3) JAXA，みちびき特設サイト．
http://www.jaxa.jp/countdown/f18/
(4) 久保 信弘；図解よくわかる 衛星測位と位置情報，2018年
3月，日刊工業新聞社．
(5) IS-QZSS-PNT-003，November 5，2018，内閣府．

(6) IS-QZSS-L6-001，November 5，2018，内閣府．
(7) Pratap Misra，Per Enge 著，測位航法学会 訳，"精説GPS"，
改訂第2版，測位航法学会，2010年．

### ◆第5章コラム◆

(1) 準天頂衛星システム「衛星測位サービス」パンフレット，
2014年9月発行/2017年3月一部改訂
(2) JAXA 第一宇宙技術部門
http://www.satnavi.jaxa.jp/project/qzss/
(3) みちびき(準天頂衛星システム：QZSS)公式サイト
http://qzss.go.jp/min-michi/qzss3.html

### ◆第5章Appendix 1◆

(1) 内閣府 宇宙開発戦略推進事務局「みちびきWebサイト」を
元にCQ出版社作成，http://qzss.go.jp/
(2) https://www.gpas.co.jp/，グローバル測位サービス㈱

### ◆第5章Appendix 2◆

(1) みちびき(準天頂衛星システム)，内閣府宇宙開発戦略推進
事務局，
http://qzss.go.jp/index.html
(2) Spresense Arduino Library の使い方，
https://developer.sony.com/ja/develop/spresense/developer
-tools/get-started-using-arduino-ide/set-up-the-
arduino-ide
(3) Spresense Arduino Library 開発ガイド 3.2章 GNSSライブ
ラリ，
https://developer.sony.com/ja/develop/spresense/developer
-tools/get-started-using-arduino-ide/developer-guide#_
gnss_ライブラリ
(4) Spresense ハードウェアドキュメント 3.14章 GNSS用外部
アンテナの使用方法，
https://developer.sony.com/ja/develop/spresense/developer
-tools/hardware-documentation#_gnss用外部アンテナの使
用方法．
(5) 岡田 隆宏(ソニーセミコンダクタソリューションズ㈱)：
GNSS受信機搭載ボードコンピュータ「SPRESENSE」，GPS/
GNSSシンポジウム2018 発表，2018年10月31日，測位航法学会．
(6) 太田 義則：緊急速報 次世代のAIスピーカやドローン開発
に！6コア搭載オーディオ・プロセッサSPRESENSE，トラ
ンジスタ技術 2018年10月号 pp.39～44，CQ出版社．
(7) 太田 義則：最新マイコン SONY発マイコン・ボード
「SPRESENSE」，トラ技ジュニア 2018年秋号(通巻35号)
pp.25～28，CQ出版社．

### ◆第6章◆

(1) Pratap Misra，Per Enge 著，測位航法学会 訳，"精説 GPS"，
改訂第2版，測位航法学会，2010年．
(2) IS-QZSS-L6-001，November 5，2018，内閣府．
(3) PS-QZSS-001，November 5，2018，内閣府．
(4) トランジスタ技術編集部 編，トランジスタ技術 2018年1月
号，"地球大実験 ピタリ1cm！GPS誕生「CD付き」"，January 1,
2018.

(5)* IGS network
http://www.igs.org/network
(6)* 国土地理院 電子基準点観測データ取得.
http://terras.gsi.go.jp/data_service.php
(7)* 内閣府 宇宙開発戦略推進事務局 みちびき(準天頂衛星システム)技術情報-システム概要-センチメータ級測位補強サービス.
http://qzss.go.jp/technical/system/l6.html

◆第7章◆
(1)* 宇宙航空研究開発機構;"MADOCA-SEAD インターフェース仕様書" 2-17年2月, 第A版.
(2)* JAXA, "MADOCA Product"
https://ssl.tksc.jaxa.jp/madoca/public/public_index_en.html
(3) 高須 知二, 安田 明生(東京海洋大), 小暮 聡, 中村 信一, 三吉 基之, 河手 香織(JAXA), 平原 康孝, 澤村 寿一;"複数 GNSS 対応高精度軌道時刻推定ツール MADOCA の開発", 2013-10, 日本航空宇宙学会(JSASS).
(4)* グローバル測位サービス株式会社;"準天頂衛星システム センチメータ級技術実証用補正情報 データフォーマット仕様書", 2017年11月, 第1版.
(5) B.ホフマン-ウェレンホフ, H.リヒテネガー, J.コリンズ著, 西 修二郎 訳, "GPS理論と応用", 2012年, 第6章pp114～132.
(6)* Pratap Misra, Per Enge 著, 測位航法学会 訳, "精説GPS" 改訂第2版, 第5章, pp.168, 測位航法学会, 2010年.

◆第8章◆
(1) みちびき(準天頂衛星システム:QZSS)公式サイト.
http://qzss.go.jp/index.html
(2) 久保 信明;図解よくわかる 衛星測位と位置情報, 2018年3月, 日刊工業新聞社.
(3) IS-QZSS-PNT-003, November 5, 2018, 内閣府.
(4)* IS-QZSS-L6-001, November 5, 2018, 内閣府.
(5) 準天頂衛星システムセンチメータ級技術実証用補正情報データフォーマット仕様書, 2017年11月1版, グローバル測位サービス株式会社.
(6) 国土交通省 国土地理院, "セミ・ダイナミック補正".
http://www.gsi.go.jp/sokuchikijun/semidyna01.html
(7) 公共測量における セミ・ダイナミック補正マニュアル, 2013年6月, 国土交通省国土地理院.

◆第10章◆
(1) 坂井 丈泰;GPS技術入門, 東京電機大学出版局, 2003年.
(2) 西 修二郎;[図説] GPS —測位の理論—, 日本測量協会, 2007年.
(3) 測位航法学会 [訳];[改訂] 第2版 精説GPS 基本概念・測位原理・信号と受信機, 2010年.
(4) 杉本 末雄, 柴崎 亮介 [編集];GPSハンドブック, 朝倉書店, 2010年.
(5) 土屋 淳, 辻 宏道;GNSS測量の基礎, 日本測量協会, 2008.
(6) 西 修二郎 [訳];GNSSのすべて GPS, グロナス, ガリレオ…, 古今書院, 2010年.
(7) 西 修二郎;衛星測位入門-GNSS測位のしくみ-, 技報堂出版, 2016年.
(8) 田中 慎治;ネットワークRTK-GPS測位に関する研究, 東京商船大学 修士学位論文, 2003年.
(9) 樊 春明, 浪江 宏宗, 岡本 修, 田中 慎治, 久保 信明, 安田 明生;静止衛星通信回線を利用したネットワークRTK-GPS

システムの構築に関する研究, 日本航海学会論文集, 第110号, pp.45-50, 2004年.
(10) 内閣府 宇宙開発戦略推進事務局「みちびきWebサイト」を元にCQ出版社作成, http://qzss.go.jp/
(11) 小暮 聡;MADOCA及びMADOCA-PPPの開発状況について, MADOCA利用検討会準備会合, 2016年.

◆第11章◆
(1) RINEX Version 3.02
ftp://igs.org/pub/data/format/rinex302.pdf
(2) Pratap Misra, Per Enge 著, 測位航法学会 訳;精説GPS, 改訂第2版, 測位航法学会, 2010年, 第5章, pp.137～185.
(3) Pratap Misra, Per Enge 著, 測位航法学会 訳;精説GPS, 改訂第2版, 測位航法学会, 2010年, 第5章, 5.7節, pp.168～171.
(4) Pratap Misra, Per Enge著, 測位航法学会 訳;精説GPS, 改訂第2版, 測位航法学会, 2010年, 第7章, pp.252～254.
(5) Pratap Misra, Per Enge著, 測位航法学会 訳;精説GPS, 改訂第2版, 測位航法学会, 2010年, 第7章, pp.253～256.
(6) Teunissen, P.J.G.; The least-squares ambiguity decorrelation adjustment: a method for fast GPS integer ambiguity estimation, Journal of Geodesy, November 1995, Vol. 70, No. 1-2, pp.65-82.
(7) X.-W.Chang, X.Yang, T.Zhou; MLAMBDA: a modified LAMBDA method for integer least-squares estimation, Journal of Geodesy, December,2005, Vol.79, pp.552-565.

◆第13章第2話◆
(1) 岡本 修;reseachmap, https://researchmap.jp/read0195233/
(2) 高須 知二, 久保 信明, 安田 明生;RTK-GPS用プログラムライブラリRTKLIBの開発・評価および応用, GPS/GNSSシンポジウム2007テキスト, pp.213-218, 日本航海学会GPS/GNSS研究会, 2007.
(3) NEO-M8P u-blox M8 High Precision GNSS Modules;u-blox, 2017/3/16, https://www.u-blox.com/sites/default/files/NEO-M8P_DataSheet_%28UBX-15016656%29.pdf

◆第13章第3話◆
(1) 岡本 修, 三浦 光通, 高橋 徹, 塙 和広, 浪江 宏宗;衛星測位を利用した土壌汚染状況調査における調査地点設定システムの開発, 土木学会論文集F3(土木情報学), No.2, pp.I_265-271, 2015.
(2) 岡本修;土木学会2015年度土木情報学委員会システム開発賞「衛星測位を利用した土壌汚染状況調査における調査地点設定システム」, 測量, vol.65(12), pp.14-17, 2015.

◆第13章第4話◆
(1) 三木 浩,岡本 修,西原 邦治;GNSSを活用したAR技術「地下埋設物可視化システム」, アーバンインフラ・テクノロジー推進会議第29回技術研究発表会, RONBUN No.B8, 2017.
(2) 清水建設㈱, 岡本 修, ㈱菱友システムズ;大賞部門優秀賞 地下埋設物可視化システム(Shimz AR Eye埋設ビュー)の開発(JCMA報告平成30年度 日本建設機械施工大賞受賞業績(その3)), 建設機械施工Journal of JCMA;一般社団法人日本建設機械施工協会誌, No.70(11), pp.74-79, 2018.

本書は，月刊「トランジスタ技術」誌に掲載された記事を元に加筆・編集したものです．

- 第1章第1話〜第5話：トランジスタ技術2018年1月号 特集「地球大実験 ピタリ1cm！ 新GPS誕生」第1話〜第5話
- 第1章第6話：トランジスタ技術2016年2月号 特集Appendix5 受信機一式で2千万円！ 私のリアルタイムcm測位初挑戦
- 第2章：トランジスタ技術2019年2月号 特集「みちびき×GPS！ 世界最強1cmナビ体験DVD」第8章〜第9章
- 第3章第1話〜第8話：トランジスタ技術2019年10月号 特集「GPS×カメラ×地図 初歩の自己位置推定」第1章〜第8章
- 第3章第9話：トランジスタ技術2019年10月号 別冊付録「自動運転対応！ リアルタイム1cm測位F9Pレシーバの研究」第2章
- 第3章Appendix3-1：トランジスタ技術2019年2月号 別冊付録「1cmピンポイントGPS「RTK」スタートアップ・マニュアル」第9章
- 第3章Appendix3-2：トランジスタ技術2018年1月号 特集「特集「地球大実験 ピタリ1cm！ 新GPS誕生」第14話
- 第3章Appendix3-3：トランジスタ技術2019年10月号 別冊付録「自動運転対応！ リアルタイム1cm測位F9Pレシーバの研究」第4章
- 第4章：トランジスタ技術2019年2月号 特集「みちびき×GPS！ 世界最強1cmナビ体験DVD」第2章
- 第4章Appendix4-1：トランジスタ技術2018年1月号 特集「特集「地球大実験 ピタリ1cm！ 新GPS誕生」第17話
- 第5章：トランジスタ技術2019年2月号 特集「みちびき×GPS！ 世界最強1cmナビ体験DVD」第3章
- 第5章Appendix5-1：トランジスタ技術2018年12月号 連載「精度数cm！ 準天頂衛星「みちびき」の新測位サービス」第2回
- 第5章Appendix5-2：トランジスタ技術2019年2月号 特集Appendix 精度60cmのみちびき測位を体験！ Arduino ARMマイコン「SPRESENSE」
- 第6章：トランジスタ技術2019年2月号 特集「みちびき×GPS！ 世界最強1cmナビ体験DVD」第4章
- 第6章Appendix6-2：トランジスタ技術2019年2月号 特集Appendix 速報！ みちびきの新センチメートル測位サービスCLASの導入事例
- 第7章〜第9章：トランジスタ技術2019年2月号 特集「みちびき×GPS！ 世界最強1cmナビ体験DVD」第5章
- 第10章：トランジスタ技術2019年1月号 連載「精度数cm！ 準天頂衛星「みちびき」の新測位サービス」第3回〜第10回
- 第11章：トランジスタ技術2018年1月号 特集「地球大実験 ピタリ1cm！ 新GPS誕生」第18話〜第22話
- 第12章：トランジスタ技術2018年1月号 特集「地球大実験 ピタリ1cm！ 新GPS誕生」第23話
- 第13章第1話：トランジスタ技術2019年10月号 別冊付録「自動運転対応！ リアルタイム1cm測位F9Pレシーバの研究」第4章
- 第13章第2話：トランジスタ技術2019年2月号 特集「みちびき×GPS！ 世界最強1cmナビ体験DVD」第11章
- 第13章第3話：トランジスタ技術2019年12月号 一般記事 重金属／有機溶媒…土壌汚染マップの作成
- 第14章第4話：トランジスタ技術2020年1月号 一般記事 カメラ画像に地下の施工図を重ねるAR測位アプリ

## ■ 筆者紹介

● **阿久津 愛貴**（あくつ よしたか）
茨城工専 専攻科卒. 学生時代にRTKの利活用について研究を行う.

● **海老沼 拓史**（えびぬま　たくじ）
テキサス大学オースティン校で宇宙工学の分野でPh.D.を取得. その後, テキサス大学宇宙研究センター, イギリス・サリー大学, 三菱電機株式会社鎌倉製作所, 東京海洋大学, 東京大学などで衛星測位技術や小型衛星の開発に従事. 2015年4月より中部大学に着任, 現職は工学部宇宙航空理工学科准教授.

● **岡本 修**（おかもと おさむ）
茨城工業高等専門学校 機械・制御系教授
1993年西松建設(株)技術研究所研究員, 2000年茨城工業高等専門学校助手, 2002年博士(工学)「リアルタイム・キネマティックGPS測位の建設工事における応用に関する研究」
主に建設業における高精度衛星測位の応用において, 1周波RTK測位の普及等のローコスト化, 遮蔽やマルチパスの多い環境におけるセンチメータ級測位の応用, 誤差補正法に取り組む.

● **岸本 信弘**（きしもと のぶひろ）
マゼランシステムズジャパン株式会社 代表取締役
1987年の創業以来一貫してGNSSシステムを用いた衛星測位技術やGNSS受信機に関する企業活動を展開. ソフトウェア＆ハードウェア, 測位アルゴリズム, アンテナやIMUに関する研究開発を全て自社内で独自に行っている.

● **木谷 友哉**（きたに ともや）
静岡大学准教授. 奈良高専卒. 阪大院修了. 博士(情報科学). 自動二輪車を対象にした高度交通システム(ITS)などの研究に従事. 二輪車計測に関する高精度衛星測位応用に取り組む. 2017年よりhamamatsu-gnss.orgを運営.

● **久保 信明**（くぼ のぶあき）
東京海洋大学 教授(工学博士, 東京大学)
北大修士修了後, NECに入社した頃よりGNSS関連の仕事に携わる. 東京海洋大学に異動後も, GNSSに関する様々な研究や開発を行う. 主にマルチパス誤差低減やRTK測位に関する研究に従事.

● **伊達 央**（だて ひさし）
2003年 東京工業大学 博士(工学)取得, 防衛大学校助手, 講師を経て2015年筑波大学准教授. 非線形システムの制御, 自律移動ロボット等の研究に従事.

● **鈴木 太郎**（すずき たろう）
2012年3月に早稲田大学において博士(工学)を取得. 2019年4月から千葉工業大学未来ロボット技術センター勤務. 専門は移動ロボット, 測位技術全般.

● **高須 知二**（たかす ともじ）
ソフトウェア・エンジニアとして, 宇宙機関連のソフトウェア開発に従事. 2006年から東京海洋大学産学官連携研究員(兼務). 研究対象は高精度衛星測位アルゴリズム. 主な研究実績としてRTKLIBの開発, MADOCAの開発.

● **堂込 健一**（どうごめ けんいち）
無線機メーカで主に携帯電話・業務無線機向けLSIの開発に長年にわたり従事. 電子機器メーカに転職した現在も無線機の開発を継続中. 専門分野はアナログ高周波回路(特に受信機). GNSS受信は電波を受信する楽しい趣味の一環として行っている.

● **中本 伸一**（なかもと しんいち）
サイレントシステム

● **浪江 宏宗**（なみえ ひろむね）
1995年 東京商船大学(現 東京海洋大学)流通情報工学 卒業
2000年 同大学院 博士後期課程 修了, 博士(工学)
同年 防衛大学校 電気情報学群 電気電子工学科 防衛教官 着任, 現在に至る
この間, 準天頂衛星システム(QZSS)/GPS/GNSS衛星測位, 屋内/屋内外シームレス測位に関する研究に従事. 内閣府 宇宙開発戦略推進事務局 準天頂衛星システム事業推進委員会 構成員

● **吉田 紹一**（よしだ しょういち）
1983年　新日本電気入社. パソコンの設計, 生産に関わる
1985年　中東にてパソコン生産に関わる. その後EU, アジア, 北米を転々
2016年　日本電気退社, 関連子会社へ移籍
2017年　関連子会社を退職
2019年　ハードウェア設計およびソフトウェア開発を行うBtS Tech株式会社を起業
ハードウェア, ソフトウェアの両方を取り扱うが, ベースは電子回路技術者. BtS Techの事業拡大に向けて奮闘中.

● **渡邉 豊樹**（わたなべ とよき）
1990年3月, 株式会社リンクシステムを設立. 取締役社長に就任. 工場関係のハードウェアとソフトウェアを製作.

本書に付属のDVD-ROMは図書館およびそれに準ずる施設において，館外へ貸し出すことはできません．
NO 館外貸出不可

# センチメートルGPS測位
# F9P RTK キット・マニュアル

**DVD-ROM付き**

2020年4月1日　初版発行
2022年5月1日　第2版発行

© 岡本 修／吉田 紹一／中本 伸一／岸本 信弘／木谷 友哉／
浪江 宏宗／久保 信明／鈴木 太郎／海老沼 拓史／高須 知二／
伊達 央／堂込 健一／阿久津 愛貴／渡辺 豊樹　2020

| 著　者 | 岡本　修 | 吉田　紹一 |
| --- | --- | --- |
| | 中本　伸一 | 岸本　信弘 |
| | 木谷　友哉 | 浪江　宏宗 |
| | 久保　信明 | 鈴木　太郎 |
| | 海老沼拓史 | 高須　知二 |
| | 伊達　央 | 堂込　健一 |
| | 阿久津愛貴 | 渡辺　豊樹 |

発行人　寺　前　裕　司
発行所　Ｃ　Ｑ　出　版　株　式　会　社
〒112-8619　東京都文京区千石 4-29-14

電話　編集　03-5395-2123
　　　販売　03-5395-2141

ISBN987-4-7898-4803-9
定価は裏表紙に表示してあります
無断転載を禁じます
乱丁，落丁本はお取り替えします
Printed in Japan

編集担当者：内門 和良
DTP：株式会社啓文堂
印刷・製本：三晃印刷株式会社